普通高等教育"十三五"规划教材

食品安全学

胡文忠　主编

U0300564

化学工业出版社

·北京·

内 容 简 介

食品安全关乎人们的身体健康和生命安全。本教材从食品安全相关的科学问题出发，重点介绍了生物性污染、化学性污染、环境污染、天然有毒物质以及食品加工过程、流通过程、包装材料等对食品安全的影响。同时介绍了转基因食品和新资源食品的安全性、食品安全评价及国内外食品安全标准体系等内容。

本教材可作为高等院校食品质量与安全、食品科学与工程、生物工程、包装工程及相关专业广大师生的本科教材，也可供从事食品安全科研、技术管理及生产的人员参考。

图书在版编目（CIP）数据

食品安全学/胡文忠主编 . —北京：化学工业出版社，
2021.11

普通高等教育"十三五"规划教材
ISBN 978-7-122-39900-7

Ⅰ.①食…　Ⅱ.①胡…　Ⅲ.①食品安全-高等学校-
教材　Ⅳ.①TS201.6

中国版本图书馆 CIP 数据核字（2021）第 186140 号

责任编辑：赵玉清　李建丽　　　　　　　文字编辑：朱雪蕊　陈小滔
责任校对：边　涛　　　　　　　　　　　装帧设计：关　飞

出版发行：化学工业出版社（北京市东城区青年湖南街 13 号　邮政编码 100011）
印　　刷：三河市航远印刷有限公司
装　　订：三河市宇新装订厂
787mm×1092mm　1/16　印张 16　字数 400 千字　2022 年 1 月北京第 1 版第 1 次印刷

购书咨询：010-64518888　　　　　　　　售后服务：010-64518899
网　　址：http://www.cip.com.cn
凡购买本书，如有缺损质量问题，本社销售中心负责调换。

定　　价：49.00 元

编写人员名单

主　编　胡文忠

副主编　杨东生　王立英　刘　垚

编　委　（按姓氏笔画排序）

　　　　王立英　王兰英　刘　垚　刘雨萌　杜　娟

　　　　杨　林　杨东生　胡文忠　钟　恬　萨仁高娃

前　言

民以食为天，食以安为先。食品安全与人们的生活密切相关，关乎每个人的身体健康和生命安全。本教材从食品安全相关的科学问题出发，重点介绍了生物性污染、化学性污染、环境污染、天然有毒物质以及食品加工过程、流通过程、包装材料等对食品安全的影响。同时还介绍了人们比较关注的转基因食品和新资源食品的安全性。

食源性疾病快速检测与监控是整个食品安全的重中之重，本书融入了国内外有关食源性病原微生物快速检测的基础理论、内容方法，并对未来食品安全评价与检测技术的发展进行了相关阐述。本教材重点突出，理论与实践相结合，可作为高等院校食品质量与安全、食品科学与工程、生物工程、包装工程及相关专业的广大师生的本科教材，也可供从事食品安全科研、技术管理及生产的人员参考。

本书由珠海科技学院胡文忠教授主编，杨东生副教授、王立英副教授、刘垚高级工程师任副主编，编写分工为：第一章由胡文忠编写，第二章由杨东生、王立英编写，第三章、第四章由刘垚编写，第五章由王兰英、刘雨萌编写，第六章由胡文忠、萨仁高娃编写，第七章由杜娟编写，第八章由刘垚编写，第九章和第十章由钟恬编写，第十一章由杨林编写，第十二章由刘垚编写。

由于食品安全学为多学科交叉的综合性应用技术科学，所涉及的知识内容非常广泛，加之编者学识水平有限，书中疏漏与不妥之处在所难免，敬请读者不吝指正。

胡文忠

2021 年 9 月

目 录

第十二章　食品安全管理体系及法律法规　/ 214

第一章 绪 论

第一节 食品安全的概念、科学内涵、影响因素与危害因子

一、食品安全的概念

安全性是损害和危险性的反义词，常被解释为无风险性和无损伤性。1984 年世界卫生组织（WHO）在《食品安全在卫生和发展中的作用》中，将食品安全与食品卫生作为同义语，定义为：生产、加工、储存、分配和制作食品过程中确保食品安全可靠，有益于健康并且适合人消费的种种必要条件和措施。1996 年世界贸易组织（WTO）在《加强国家级食品安全计划指南》中则把食品安全与食品卫生作为两个不同概念的用语加以区别。其中，食品卫生所指的范围似乎比食品安全稍窄一些。食品卫生是指为了确保食品安全性和适用性，在食物链的所有阶段必须采取的一切条件和措施；而食品安全被定义为对食品按其原定用途进行制作和（或）食用时不会使消费者健康受到损害的一种担保。它主要是指在食品的生产和消费过程中没有达到危害程度的有毒、有害物质或因素的加入，从而保证人体按正常剂量和以正确方式摄入食品时不会受到急性或慢性的危害，这种危害包括对摄入者本身及其后代的不良影响。

食品安全是食品质量的最重要组成部分，忽视食品安全会对人民生活和社会安定带来严重的后果，这给食品的生产者、经营者、社会管理部门及政府决策部门，提出了日益紧迫的课题，即如何从当前和长远的角度把解决食品安全问题落到实处。解决好这个问题，首先需要对食品安全有一个充分的科学的理解。

综合现有的认识与理解，食品安全的定义是：食品中不应含有可能损害或威胁人体健康的有毒、有害物质或因素，从而避免消费者受到急性或慢性毒害或感染疾病，或产生危及消费者及其后代健康的隐患。不少曾被认为是"无污染"或"清洁"的食品并非真的清洁，而许多被宣扬有毒有害的化学物质实际上在环境中和食品中都被发现以极微量广泛存在，这个安全性如何界定？从对人体健康的影响来看，除明显致病以外，所谓慢性毒害、慢性病、健康隐患、对后代的后效等，都需要更明确的解释。

国内外学者提出建议，应区分绝对安全性与相对安全性两种不同的概念。绝对安全性是指确保不能因食用某种食品而危及健康或造成损害的一种承诺，也是食品应绝对无风险。相对安全性是指一种食物成分在合理食用方式、正常食用量的情况下，不会导致

对健康损害的实际确定性。因此，一种食品是否安全，取决于其制作、食用方式是否合理，食用量是否适当，还取决于食用者自身的一些内在条件。这也说明一个问题，那就是对食品消费者和食品生产管理者来讲，前者要求提供没有风险的食品，后者则是从食品的构成和食品科技的现实出发，在提供最丰富营养和最佳品质的同时，力求把可能存在的风险降至最低限度。

同时，从社会不同层面上理解和认识食品安全，还提出很多不同的概念，如：食品安全是个社会概念、社会治理概念，社会由人构成，人以食品为生存的基本条件，食品安全没有保证，人的身体健康和生命安全就没有保证，和谐社会也就无从谈起，即社会的稳定是靠人的安定做基本保证。食品安全是个政治概念，食品安全与生存权紧紧相连，属于政治保障和政府强制的范畴，突显了政治责任。食品安全是个法律概念，如食品安全法、卫生法、质量法。当然，食品安全还是一个经济概念，随着现代社会与经济的飞速发展，经济贸易的全球化，食品工业规模越来越大、食品流通数量越来越多、食品流通范围越来越广。

二、食品安全的科学内涵

食品安全是个综合概念，包括食品质量安全、食品卫生安全、食品健康安全等相关内容。

食品质量安全：指确保食品按照其用途进行加工或者食用时不会对消费者产生危害，食品的理化指标符合安全评价标准，保证食品不会对消费者产生危害。

食品卫生安全：指食物链的整个环节上为保证食品安全和食品适宜性所采取的所有必需的条件和措施，食品微生物指标符合安全评价标准，是保证食品安全的条件和措施。

食品健康安全：指为了健康生活每个人在任何时间都可获得食物，食品安全指标造成健康危害的阈剂量、对健康造成什么危害等。

安全性虽然是危险性的反义词，但是安全性很显然是与某一指定的低危险水平及损害效应的低严重性联系在一起的。所谓安全是指社会能接受的某种严重程度的有害效应的特定危险水平，指在可以接受的危险度下某种物质不会对健康造成损害，是一个应用很广泛的概念。理论上安全性是指无危险度或危险度达到可忽略的程度，而实际上不可能存在绝对的无危险度。对安全性的另一种解释是机体在建议使用剂量和接触方式的条件下，该外源化学物不致引起损害作用的实际可靠性。食品安全性与毒性与其相应的风险概念也是分不开的。安全性常被解释为无风险性和无损伤性。众所周知，没有一种物质是绝对安全的，因为任何物质的安全性数据都是相对的。此外，评价一种食品成分是否安全，并不仅仅取决于其内在的固有毒性，而且要看其是否造成实际的伤害。随着分析技术的进步，已发现越来越多的食品，特别是天然物质中含有多种微量的有毒成分，但这些有毒成分并不一定造成危害。

三、食品安全的影响因素与危害因子

1. 食品安全的影响因素

影响食品安全的主要因素有以下几个方面：①食源性微生物引起的食源性疾病，是食品安全中的重中之重；②长期使用农药、兽药、化肥及饲料添加剂造成的农药兽药残留；③环境污染造成的食物或食品污染；④食品添加剂的不当使用；⑤食品加工、贮藏和包装过程的控制不当；⑥食品新技术、新资源的应用带来的新的食品安全隐患；⑦食品市场监管措施不完善，仍存在着假冒伪劣商品、食品标签滥用、违法生产经营等。

2. 食品安全的危害因子

（1）食品原料生产中的危害因子

① 种植业：农药残留（如有机磷农药）、重金属（如镉、铬）、化肥（如氮肥的过量施用、亚硝胺）、植物毒素（如皂苷、茄碱）、其他（如农用塑料膜的使用、塑料增塑剂——邻苯二甲酯）。

② 养殖业：a. 畜牧养殖，病原微生物（如沙门菌、禽流感病毒）、兽药残留（如抗生素、生化药品）、寄生虫和食品害虫（如弓形虫、螨）；b. 水产养殖，病原微生物（如副溶血弧菌、气单胞菌）、天然毒素（如河豚毒素、贝类毒素）、重金属（如汞、镉、铅）。

（2）食品加工中的危害因子

① 食品加工：分离（如萃取工艺中的有机溶剂残留）、干燥（如霉变、食品风味和品质变化）、发酵（如甲醛、杂油醇）、杀菌和抑菌（如辐射、防腐剂）。

② 食品包装：纸类包装（如黏合剂、油墨）、塑料包装（如增塑剂、着色剂）、金属包装（如涂层溶解、厌氧菌增殖）、茶叶包、卤味包等接触类包装材料风险（烧烤刷、调料刷、蒸笼布、豆腐包布等）。

（3）食品贮藏流通中的危害因子

① 食品贮藏与物流：二次污染（如包装破损）、腐败变质（如高温下肉、乳的变质）。

② 食品消费：保存方法不当——致病微生物增殖、烹饪方法不当——食品中天然有毒成分。

③ 食品工作人员与生产环境：厂址选择、厂房设施、员工素质。

环境污染物在整个食物生产与贮藏链中均可影响食品安全，食品不安全因素可能产生于不同环节，其中的某些有害成分，特别是人工合成的化学品，可因生物富集作用而使处在食物链顶端的人类受到高浓度毒物的危害。

第二节　食品安全的监控

一、人类的食物链与食品安全控制

随着新的食品资源的不断开发，食品品种的不断增加，生产规模的扩大，加工、消费方式的日新月异，储藏、运输等环节的增多，以及食品种类、来源的多样化，原始人类赖以生存的自然食物链变得更为复杂，逐渐演化为今天的自然链和人工链组成的复杂食物链网。这一方面满足了人口增长、消费水平提高的要求；另一方面，也使人类饮食风险增大，确保食品的安全性成为现代人类日益重要的社会问题。

现代人类食物链通常可分为自然链和加工链两部分。第一，从自然链来看，种植业生产中有机肥的搜集、堆制、施用等环节如果忽视了严格的卫生管理，可能将多种侵害人类的病原菌、寄生虫引入农田环境、养殖场和养殖水体，进而进入人类食物链。滥用化学合成农药或将其他有害物质通过施肥、灌溉或随意倾倒等途径带入农田，可使许多合成的、生物难以代谢的有毒化学成分在食物链中富集起来，构成人类食物中重要的危害因子。忽视动物保健及对有害成分混入饲料的控制和监管不够，可能导致真菌毒素、人畜共患病病原菌、有害化学杂质等大量进入动物产品，为消费者带来致病风险。而滥用兽药、抗生素、生长刺激素等化学制剂或生物制品，使其在畜产品中微量残留，进而在消费者体内长期超量积累，产生副作用，尤其对儿童可能造成严重后果。第二，从加工链来看，现代市场经济条件下，蔬菜、水果、肉、蛋、乳、鱼等应时鲜活产品及其他易腐坏食品，在其储藏、加工、运输、销售的多个环节中如何确保不受危害因子侵袭而影响其安全性，是经营者和管理者始终要认真对待的问题，不能有丝毫疏忽。食品加工、包装中滥用人工添加剂和包装材料等，也是现代食品生产中新的不安全因素。在食品送达消费者餐桌的最后加工制作工序完成之前，清洗不充分、病原菌污染、使用调味品、高温煎炸烤等，仍会使一些危害因子出现，形成新的饮食风险。

认识处在人类食物链不同环节的可能危害因子及其可能引发的饮食风险，应用食品毒理学的理论和方法，掌握其发生发展的规律，是有效控制食品安全性问题的基础。

二、我国食品安全的监管体系

食品安全监管是政府的重要职责，健全的食品安全监管体系是实施食品安全监管的重要基础设施和能力基础。目前，我国对食品安全性监管采用国务院设立食品安全委员会，其职责由国务院规定。国务院食品药品监督管理部门依照《食品安全法》和国务院规定的职责，对食品生产经营活动实施监督管理。国务院卫生行政部门依照本法和国务院规定的职责，组织开展食品安全风险监测和风险评估，会同国务院食品药品监督管理部门制定并公布食品安全国家标准。国务院其他有关部门依照本法和国务院规定的职责，承担有关食品安全工作。同时，我国建立了一套食品安全法律法规体系，陆续颁布了一系列法律、行政法规和部门规章，其中包括《食品安全法》、《中华人民共和国产品质量法》、《中华人民共和国农业法》、《中华人民共和国进出口商品检验法》、《国务院关于加强食品等产品安全监督管理的特别规定》、《中华人民共和国工业产品生产许可证管理条例》和《食品生产加工企业质量安全监督管理实施细则》等，为保障食品安全、提升质量水平、规范进出口食品贸易秩序提供了坚实的基础和良好的环境。

我国于2001年建立了食品质量安全市场准入制度。这项制度主要包括三项内容：一是生产许可制度，即要求食品生产加工企业具备原材料进厂把关、生产设备、工艺流程、产品标准、检验设备与能力、环境条件、质量管理、储存运输、包装标识、生产人员等保证食品质量安全的必备条件，取得食品生产许可证后，方可生产销售食品；二是强制检验制度，即要求企业履行食品必须经检验合格方能出厂销售的法律义务；三是市场准入标志制度，即要求企业对合格食品加贴质量安全（QS）标志，对食品质量安全进行承诺。

此外，我国食品安全性监管注重过程管理，建立了包括质量管理体系、食品安全管理体系、风险控制体系、追溯技术体系、全程监管和防范体系等在内的一系列食品安全管理体系。同时政府部门在强化风险预警和应急反应机制建设，建立健全食品召回制度，加强食品安全诚信体系建设等方面做着不懈的努力，以强化食品安全监管、保障人民健康。

参 考 文 献

[1] 王继辉，叶淑红. 食品安全学 [M]. 北京：中国轻工业出版社，2020.
[2] 张彦明，余锐萍. 动物性食品卫生学 [M]. 北京：中国农业出版社，2015.
[3] 腾月. 中国食品安全规制与改革 [M]. 北京：中国物资出版社，2011.
[4] 孙友富. 动物毒素与有害植物 [M]. 北京：化学工业出版社，2000.
[5] 钟耀广. 食品安全学 [M]. 3版. 北京：化学工业出版社，2022.

［6］ 丁晓雯，柳春红．食品安全学［M］．北京：中国农业大学出版社，2011．

［7］ 王硕，王俊平．食品安全学［M］．北京：科学出版社，2018．

［8］ 胡克伟．食品质量安全管理［M］．北京：中国农业大学出版社，2017．

［9］ 赵文．食品安全性评价［M］．北京：化学工业出版社，2006．

［10］ 张小莺，殷文政．食品安全学［M］．北京：科学出版社，2017．

第二章　生物性污染对食品安全的影响

第一节　细菌性污染对食品安全的影响

一、细菌性污染概述及危害

микро生物污染是指由细菌与细菌毒素、霉菌与霉菌毒素和病毒造成的食品生物性污染。食品中的细菌除包括直接引起食物中毒、人畜共患传染病等的致病菌外，还包括能引起食品腐败变质并可作为食品受到污染标志的非致病菌。因此，细菌性污染对人类健康和食品安全造成一定的影响。致病细菌污染是影响食品安全的重要因素。细菌危害因子种类繁多，既包括各种细菌毒素，也包括参与宿主侵染过程的细胞组分，如鞭毛。随着聚合酶链式反应、酶联免疫吸附分析法和纳米金标记技术的交叉融合，近年来涌现了一批新的检测食品中细菌危害因子的方法。细菌性食源性疾病（细菌性食物中毒）常造成群发性的腹泻、呕吐等伤害，给人们的身体健康造成了危害。判断是否为细菌性食源性疾病的依据，主要包括流行病学调查，病人的潜伏期和特有的中毒表现，而实验室诊断是确定食源性疾病病因的主要依据。

二、常见的导致食品污染的细菌

1. 沙门菌

沙门菌（*Salmonella*）是引起食源性疾病的首要因素，是广泛存在于自然界的人畜共患病原菌。人和动物感染沙门菌后可引起严重的胃肠炎，导致食物中毒，感染严重者可能会死亡。据美国疾病预防控制中心（CDC）报道每年约有 4800 万人因食用污染的食品而患病，而沙门菌作为引起食源性疾病的首要因素，在国际上被认为是首选控制的食源性致病菌，对人类的身体健康存在重大隐患。沙门菌容易污染肉类、蛋类等动物性食品，易引起人类感染。WHO 报道沙门菌是当前最重要的传染性致病菌之一。美国食源性疾病主动监测网数据显示沙门菌的感染频率和次数最多，其发病率自 1996 年建网以来一直居高不下，已经成为美国由食源性致病细菌导致死亡的首要原因。在我国，细菌性食物中毒事件中以沙门菌引起食物中毒最为常见，占细菌性食物中毒事件总数的 70%～80%。

（1）生物学特性

沙门菌大小 $(0.6～1.0)\mu m \times (2～3)\mu m$，两端钝圆，无芽孢，除鸡白痢沙门菌和鸡伤寒沙门菌外，其一般有鞭毛，无荚膜，多数有菌毛，革兰氏阴性，兼性厌氧，发酵葡萄糖、麦芽糖和甘露醇，伏-波试验阴性，不能发酵乳糖和蔗糖，不产生吲哚，不分解尿素，大多产生硫化氢。除伤寒杆菌产酸不产气外，其他沙门菌均产酸产气。沙门菌不耐热，60℃条件下加热 1h 或 65℃条件下 15～20min 可被杀死，但在水中可以存活 2～3 周，粪便中 1～2 个月，甚至可在冰冻的土壤中过冬。与其他肠道杆菌相比，胆盐、煌绿等对其抑制作用较小，故可用其制备沙门菌选择性培养基，提高粪便中的沙门菌分离率。由于发现本属细菌的时间比较早，且在研究中的贡献较大，遂命名为沙门菌属。到目前为止，已有 67 种 O 抗原和 2600 个以上血清型被发现，所致疾病称沙门菌病。

沙门菌主要有 O 和 H 两种抗原，少数沙门菌具有表面抗原。O 抗原成分主要为脂多糖，其性质稳定，可在 100℃环境下稳定长达数小时，乙醇或 0.1%石炭酸无法对其造成破坏。脂多糖中的多糖侧链部分对 O 型抗原特异性起决定性作用，用阿拉伯数字 1、2、3 等表示。O 抗原刺激机体主要产生 IgM 抗体。H 抗原可以分为两种，包括第 1 相和第 2 相。第 1 相因其特异性高，又称为特异相，一般用小写英文字母 a、b、c 等表示，第 2 相特异性低，也称非特异相，用 1、2、3 等阿拉伯数字表示。其刺激机体主要产生 IgG 抗体。Vi 抗原（表面抗原），性质不稳定，在 60℃条件下加热、石炭酸处理或人工传代培养等容易被破坏或丢失。Vi 抗原的抗原性弱，存在于细菌表面，与 O 抗原及其相应抗体的反应存在抑制作用。

沙门菌广泛存在于多类食品中，包括生肉、禽、乳制品、蛋、鱼、虾、田鸡腿、椰子、酱油、沙拉调料、蛋糕粉、奶油夹心甜点、花生露、橙汁、可可和巧克力等。

（2）流行病学

沙门菌入侵人体后，往往导致四类综合征：沙门菌病、伤寒、非伤寒型沙门菌败血症和无症状带菌者。沙门菌胃肠炎是由除伤寒沙门菌外任何一型沙门菌所致，通常表现为轻度持久性腹泻。伤寒实际上是伤寒沙门菌所致。未接受过治疗的患者致死率可超过 10%，而对经过适当治疗的患者其致死率低于 1%，幸存者可变成慢性无症状沙门菌携带者。这些无症状携带者不显示发病症状仍能将微生物传染给其他人。

非伤寒型沙门菌败血症可由各型沙门菌感染所致，能影响所有器官，有时还引起死亡。幸存者可变成慢性无症状沙门菌携带者。

（3）预防措施

防止沙门菌污染食品，控制食品中沙门菌的繁殖，加热杀灭病原菌。

2. 致病性大肠埃希菌

大肠埃希菌（*Escherichia coli*），俗称大肠杆菌，是人类和动物肠道中正常菌群的主要成员，每克粪便中约含 10^9 个。该菌对热的抵抗力较其他肠道杆菌强，55℃经 60min 或 60℃加热 15min 仍有部分细菌存活。在自然界的水中可存活数周至数月，在温度较低的粪便中存活更久。对磺胺类、链霉素、氯霉素等敏感，青霉素对它的作用弱，易产生耐药菌株。大肠埃希菌随粪便排出后，广泛分布于自然界，水、牛乳及其他食品一旦检出大肠埃希菌，即意味着这些物品直接或间接被粪便污染。正常情况下，大肠埃希菌不致病，而且还能合成维生素 B 族和维生素 K，产生大肠菌素，对机体有利。但当机体抵抗力下降或大肠埃希菌侵入肠外组织或器官时，可作为条件致病菌而引起肠道外感染。有些血清型可引起肠道感染。致病性大肠埃希菌属根据发病机理主要分为五大类：肠产毒性大肠埃希菌（ETEC）、肠侵袭性大肠埃希菌（EIEC）、肠致病性大肠埃希菌（EPEC）、肠出血性大肠埃希菌（EHEC）和肠集聚性大肠埃希菌（EAEC）。

致病性大肠埃希菌中，一般认为能产生耐热（ST）和不耐热（LT）肠毒素的两种菌株均可引起人的食物中毒。引起大肠埃希菌中毒的主要是一些动物性食品，如乳与乳制品、肉类、水产品等，牛和猪是传播这种病菌、引起中毒的主要原因。1996 年 7 月在日本就发生了大肠埃希菌 O157:H7 型引起的食物中毒，造成 9000 多人中毒，10 人死亡，其原因与生食萝卜苗有关，其中 92 例并发出血性肠炎及出血性尿毒症。2001 年，在江苏、安徽等地暴发的肠出血性大肠埃希菌 O157:H7 食物中毒，造成 177 人死亡，中毒人数超过 2 万人。如仔猪黄、白痢、猪水肿病、牛腹泻和败血症等均可由大肠埃希菌引起。

根据致病性的不同，肠致泻性大肠埃希菌被分为产肠毒素性、侵袭性、致病性、黏附性和出血性 5 种。部分埃希菌株与婴儿腹泻有关，并可引起成人腹泻或食物中毒的暴发。大肠埃希菌 O157:H7 是导致 1996 年日本食物中毒暴发的罪魁祸首，它是肠出血性大肠埃希菌中的致病性血清型，主要侵染小肠远端和结肠。常见中毒食品为各类熟肉制品、冷荤、牛肉、生牛奶，其次为蛋及蛋制品、乳酪、蔬菜、水果、饮料等食品。中毒原因主要是受污染的食品食用前未经彻底加热。

(1) 生物学特性

形态和特征：本属细菌为革兰氏阴性、两端钝圆、中等大小的无芽孢杆菌，绝大多数周生鞭毛，能运动，周身还有菌毛，不产生荚膜，某些菌株有荚膜。

培养特性：

① 需氧及兼性厌氧菌；

② 对营养的要求不高，在普通琼脂上生长良好，在 15～45℃范围内均可生长，但最适生长温度为 37℃，最适 pH 为 7.2～7.4；

③ 在普通琼脂平板上培养 24h，可形成圆形、凸起、光滑、湿润、半透明、边缘整齐、中等大小的菌落，其菌落与沙门菌比较相似，但是，大肠埃希菌菌落对光（45°折射）观察可见荧光；

④ 在肉汤培养基中生长 18～24h 变浑浊，而后底部出现黏性沉淀物，并伴有臭味；

⑤ 在鲜血琼脂平板上生长，有些菌株可见 β 溶血环；

⑥ 在远藤琼脂上长成带金属光泽的红色菌落；

⑦ 在强选择性培养基（SS）上多不生长，少数生长的细菌，也因发酵乳糖产酸而形成红色菌落；

⑧ 在伊红亚甲蓝琼脂上形成紫黑色具有金属光泽的菌落；

⑨ 在麦康凯（麦氏）琼脂上培养 24h 后孤立菌落呈红色。

(2) 致病物质

① 致病因素

侵袭力：大肠埃希菌具有抗原和菌毛，抗原有抗吞噬作用，有抵抗抗体和补体的作用，菌毛能帮助细菌黏附于黏膜表面，有侵袭力的菌株可以侵犯肠道表皮层引起炎症。

内毒素：大肠埃希菌细胞壁具有内毒素的活性。

肠毒素：有两种，不耐热肠毒素（LT），成分可能是蛋白质，加热 65℃经 30min 即被破坏，LT 与霍乱菌肠毒素作用相似，都是刺激小肠上皮细胞的腺苷环化酶，使 ATP 转变为 cAMP，促进肠黏膜细胞的分泌，使肠液大量分泌，引起腹泻；耐热肠毒素（ST）无免疫性，耐热，100℃经 10～20min 不被破坏，也可使肠道细胞的 cAMP 水平升高，引起腹泻。

② 所致疾病

肠外感染：泌尿系统感染最常见，还可引起胆囊炎、肺炎、新生儿或婴儿脑膜炎。

腹泻：肠产毒性大肠埃希菌感染是婴儿及旅游者腹泻的主要原因，肠致病性大肠埃希菌感染是婴儿腹泻的主要原因，肠侵袭性大肠埃希菌主要引起较大儿童和成年人腹泻。

（3）预防措施

因致病性大肠埃希菌中毒原因主要是受污染的食品食用前未经彻底加热，所以食用食品时要加热彻底。

3. 金黄色葡萄球菌

近年来，美国疾病控制中心报告，由金黄色葡萄球菌（*Staphylococcus aureus*）引起的感染占第二位，仅次于大肠埃希菌。金黄色葡萄球菌肠毒素是个世界性卫生问题，在美国由金黄色葡萄球菌肠毒素引起的食物中毒占整个细菌性食物中毒的33%，加拿大则更多，占45%，我国每年此类中毒事件也有发生。

（1）生物学特性

革兰氏阳性需氧或兼性厌氧菌，为球菌，排列成葡萄状，无芽孢、鞭毛，不运动，大多数无荚膜。最适生长温度37℃，最适pH为7.4，对热抵抗力较强，80℃下30min才能被杀死。可在10%～15%氯化钠和40%胆汁中生长，金黄色葡萄球菌能够产生蛋白酶、脂肪酶、磷脂酶、酯酶和溶菌酶，大多数菌株可水解天然的动物蛋白，水解脂类、吐温类和磷脂蛋白质，并释放脂肪酸。所有的毒株产生凝固酶，人和动物来源的菌株通常可凝固兔、人、马和猪的血浆。大多数菌株产生类胡萝卜素，使细胞团呈现出深橙色到浅黄色，色素的产生取决于生长的条件，而且在单个菌株中可能也有变化，可分解葡萄糖、麦芽糖、乳糖、蔗糖，产酸不产气。甲基红反应阳性，伏-波反应弱阳性。许多菌株可分解精氨酸，水解尿素，还原硝酸盐，液化明胶。具有较强的抵抗力，对磺胺类药物敏感性低，但对青霉素、红霉素等高度敏感。

（2）致病物质

金黄色葡萄球菌的流行病学一般有如下特点：季节分布，多见于春夏季；中毒食品种类多，如奶、肉、蛋、鱼及其制品。此外，剩饭、油煎蛋、糯米糕及凉粉等引起的中毒事件也有报道。上呼吸道感染患者鼻腔带菌率83%，所以人畜化脓性感染部位常成为污染源。

致病性：葡萄球菌性食物中毒是葡萄球菌肠毒素所引起的疾病，可引发不同程度的急性胃肠炎症状，恶心、呕吐最为突出而且普遍，腹痛、腹泻次之。当金黄色葡萄球菌污染了含淀粉及水分较多的食品，如牛奶和奶制品、肉、蛋等，在温度条件适宜时，经8～10h即可产生相当数量的肠毒素。

致病力强弱主要取决于其产生的毒素和侵袭性酶：

① 溶血毒素：外毒素，分甲、乙、丙、丁、戊五种，能损伤血小板，破坏溶酶体，引起机体局部缺血和坏死。

② 杀白细胞素：可破坏人体的白细胞和巨噬细胞。

③ 血浆凝固酶：侵入人体时，该酶使血液或血浆中的纤维蛋白沉积于菌体表面或凝固，阻碍吞噬细胞的吞噬作用。葡萄球菌形成的感染易局部化与此酶有关。

④ 脱氧核糖核酸酶：产生的脱氧核糖核酸酶能耐受高温，可用来作为依据鉴定金黄色葡萄球菌。

⑤ 肠毒素：产生数种引起急性胃肠炎的蛋白质性肠毒素，现已鉴定出葡萄球菌肠毒素有A、B、C1～C3、D、E、G、H共9种，肠毒素A是最常见的。

（3）预防措施

防止带菌人群对各种食物的污染，需要定期对生产加工人员进行健康检查，患局部化脓性感染（如疖疮、手指化脓等）、上呼吸道感染（如鼻窦炎、化脓性肺炎、口腔疾病等）的人员要暂时停止其工作或调换岗位。

防止金黄色葡萄球菌对奶及其制品的污染，牛奶厂要定期检查奶牛的乳房，不能挤用患化脓性乳腺炎乳牛的牛奶；奶挤出后，要迅速冷至－10℃以下，以防毒素生成、细菌繁殖。奶制品要以消毒牛奶为原料，注意低温保存。

对肉制品加工厂，患局部化脓感染的禽、畜尸体应除去病变部位，经高温或其他适当方式处理后进行加工生产。

防止金黄色葡萄球菌肠毒素的生成，应在低温和通风良好的条件下贮藏食物，以防肠毒素形成；在气温高的春夏季，食物置冷藏或通风阴凉地方也不应超过6h，并且食用前要彻底加热。

4. 志贺菌

志贺杆菌是日本志贺诘在1898年首次分离得到的，因此而得名。志贺菌（*Shigella*）是目前致肠道感染的主要病原菌之一，属于肠杆菌科的志贺菌属，又称痢疾杆菌，为革兰氏阴性杆菌，需氧或兼性厌氧。人类对痢疾杆菌有很高的易感性，幼儿可引起急性中毒，死亡率甚高。临床上通常表现腹部疼挛痛、腹泻和发热，患者将不能从事饮食业、炊事及保育等工作。志贺菌在不卫生和人口密集的条件下可迅速传播，如餐厅、食堂。据统计，每年全球感染志贺菌的人数高达2亿，其中95%的致死病例发生在发展中国家。我国每年仅记录的志贺菌感染病例高达40万，仅次于肝炎和结核。

（1）生物学特征

本属细菌为两侧平行、末端钝圆的革兰氏阴性杆菌短杆菌。无芽孢、无荚膜、无鞭毛，多数有菌毛。与肠杆菌科各属细菌的主要区别为不运动。分解葡萄糖，产酸不产气，大多数不发酵乳糖，伏-波试验阴性，不分解尿素，不形成硫化氢，不能利用枸橼酸盐作为碳源。

培养特性：

① 需氧或兼性厌氧，但厌氧时生长不很旺盛。

② 对营养要求不高，在普通琼脂培养基上易于生长。

③ 在10～40℃范围内可生长，最适温度为37℃左右，最适pH值为7.2。

④ 在固体培养基上，培养18～24h后，形成圆形、隆起、透明、直径2～3mm、表面光滑、湿润、边缘整齐的菌落。

志贺氏菌有K和O抗原而无H抗原。K抗原是自患者新分离的某些菌株的菌体表面抗原，不耐热，加热100℃、1h被破坏。K抗原在血清学分型上无意义，但可阻止O抗原与相应抗血清的凝集反应。O抗原分为群特异性抗原和型特异性抗原，前者常在几种近似的菌种间出现；K型特异性抗原的特异性高，用于区别菌型。根据志贺菌抗原构造的不同，可分为4群48个血清型（包括亚型）。

A群：又称痢疾志贺菌（*Sh. dysenteriae*），通称志贺痢疾杆菌。不发酵甘露醇。有12个血清型，其中8型又分为3个亚型。

B群：又称福氏志贺菌（*Sh. flexneri*），通称福氏痢疾杆菌。发酵甘露醇，有15个血清型（含亚型及变种），抗原构造复杂，有群抗原和型抗原。根据型抗原的不同，分为6型，又根据群抗原的不同将型分为亚型；X、Y变种没有特异性抗原，仅有不同的群抗原。

C群：又称鲍氏志贺菌（*Sh. boydii*），通称鲍氏痢疾杆菌。发酵甘露醇，有18个血清型，各型间无交叉反应。

D群：又称宋内氏志贺菌（*Sh. sonnei*），通称宋内氏痢疾杆菌。发酵甘露醇，并迟缓发酵乳糖，一般需要 3～4 天。只有一个血清型，有两个变异相，即Ⅰ相和Ⅱ相；Ⅰ相为 S 型，Ⅱ相为 R 型。

根据志贺菌的菌型分布调查，我国一些主要城市在过去 20～30 年中均以福氏菌为主，其中以 2a 亚型、3 型多见；其次为宋内氏菌；志贺菌与鲍氏菌则较少见。志贺菌Ⅰ型的细菌性痢疾已发展为世界性流行趋势，我国至少在 10 个地区发生了不同规模流行。了解菌群分布与菌型变迁情况，对制备菌苗、预防菌痢具有重大意义。其生化特性如表 2-1。

表 2-1　志贺菌生化特性

生化群	5%乳糖	甘露醇	棉子糖	甘油	靛基质
A 群：痢疾志贺菌	－	－	－	（＋）	－/＋
B 群：福氏志贺菌	－	＋	＋	－	－/＋
C 群：鲍氏志贺菌	－	＋	－	（＋）	－/＋
D 群：宋内氏志贺菌	＋/（＋）	＋	＋	d	－

注：＋阳性；－阴性；－/＋多数阴性，少数阳性；（＋）迟缓阳性；d 有不同生化型。

（2）致病物质

① 侵袭力：志贺菌的菌毛能黏附于回肠末端和结肠黏膜的上皮细胞表面，继而在侵袭蛋白质作用下穿入上皮细胞内，一般在黏膜固有层繁殖形成感染灶。此外，凡具有 K 抗原的痢疾杆菌，一般致病力较强。

② 内毒素：各型痢疾杆菌都具有强烈的内毒素。内毒素作用于肠壁，使其通透性增高，促进内毒素吸收，引起发热、神志障碍，甚至中毒性休克等。内毒素能破坏黏膜，形成炎症、溃疡，出现典型的脓血黏液便。内毒素还作用于肠壁植物神经系统，致肠功能紊乱、肠蠕动失调和痉挛，尤其直肠括约肌痉挛最为明显，出现腹痛、频繁便意等症状。

③ 外毒素：志贺菌 A 群 1 型及部分 2 型菌株还可产生外毒素，称志贺毒素，为蛋白质，不耐热，75～80℃下 1h 被破坏。该毒素具有三种生物活性：a. 神经毒性，将毒素注射家兔或小鼠，作用于中枢神经系统，引起四肢麻痹、死亡；b. 细胞毒性，对人肝细胞、猴肾细胞和海拉（HeLa）细胞均有毒性；c. 肠毒性，具有类似大肠埃希菌、霍乱弧菌肠毒素的活性，可以解释疾病早期出现的水样腹泻。

（3）预防措施

特异性预防主要采用口服减毒活菌苗，试用者有 Sd 株、神氏 2a 变异株等。这些活菌苗虽有一定的预防作用，但免疫力弱、维持时间短、服用量大、型间无保护性交叉免疫，故大规模应用还受一定限制。治疗可用磺胺类药、氨苄西林、氯霉素、黄连素等。中药黄连、黄柏、白头翁、马齿苋等均有疗效。

5. 单核细胞增生李斯特菌

单核细胞增生李斯特菌（*Listeria monocytogenes*）（以下简称单增李斯特菌）污染食品，导致李斯特病的发病率日趋上升，对食品中的单增李斯特菌做出快速的检测和鉴定，是预防李斯特病的有效方法。单增李斯特菌广泛存在于自然界中，不易被冻融，能耐受较高的渗透压，在土壤、地表水、污水、废水、植物、青贮饲料、烂菜中均有该菌存在，所以动物很容易食入该菌，并通过口腔-粪便的途径进行传播。据报道，健康人粪便中单增李斯特菌的携带率为 0.6%～16%，有 70% 的人可短期带菌，4%～8% 的水产品、5%～10% 的奶及其产品、30% 以上的肉制品及 15% 以上的家禽均被该菌污染。

（1）生物学特性

单核细胞增生李斯特菌属乳酸杆菌科，为革兰氏阳性小杆菌，无芽孢及荚膜，根据菌体和鞭毛抗原可将本菌分为 11 个血清型。此菌于 1926 年从自然感染的兔中分离出，因患病动物单核细胞增加，而命名为单核细胞增多性杆菌；英国外科医师生前对本病临床情况有较详细记载，1940 年本菌改称单核细胞增生李斯特菌。

李斯特菌在环境中无处不在，在绝大多数食品中都能找到李斯特菌。肉类、蛋类、禽类、海产品、乳制品、蔬菜等都已被证实是李斯特菌的感染源。李斯特菌中毒严重的可引起血液和脑组织感染，很多国家都已经采取措施来控制食品中的李斯特菌，并制定了相应的标准。目前国际上公认的李斯特菌共有七个菌株：单核细胞增生李斯特菌（*Listeria monocytogenes*）、绵羊李斯特菌（*Listeria ivanovii*）、英诺克李斯特菌（*Listeria innocua*）、威尔斯李斯特菌（*Listeria welshimeri*）、西尔李斯特菌（*Listeria seeligeri*）、格氏李斯特菌（*Listeria grayi*）和默氏李斯特菌（*Listeria murrayi*）。其中单增李斯特菌是唯一能引起人类疾病的。单核细胞增生李斯特菌是一种常见的土壤细菌，在土壤中它是一种腐生菌，以死亡的和正在腐烂的有机物为食。它广泛存在于自然界中，食品中存在的单增李斯特菌对人类的安全具有危险，该菌在 4℃ 的环境中仍可生长繁殖，是冷藏食品中威胁人类健康的主要病原菌之一。关于在一系列不同生长条件下单核增生李斯特菌转录组（细胞中的全部 mRNA 转录体）的一项新的研究，得出从腐生到致病生活方式的这种转变的性质。该研究的数据显示了一个转录程序，其复杂程度出乎意料，它涉及 50 个非编码 RNA，同时还有一系列新的调控 RNA，包括几个长反义 RNA。在感染过程中，李斯特菌通过协调的全组转录变化成功重塑其转录程序，其中某些非编码 RNA 优先在小肠或血液中生长的细胞中表达。李斯特菌通常在过期速食食品、黄油、冻肉和奶酪上滋长蔓延。美国每年有大约 800 例李斯特菌染病病例，大多数因为食用上述食品。单增李斯特菌在 4℃ 冰箱保存的食品中也能生长繁殖，人们在未经高温彻底加热处理的情况下食用被单增李斯特菌污染的食物，就会出现感染症状，因而李斯特菌病又称为"冰箱病"。

（2）致病性

人主要通过食入软奶酪、未充分加热的鸡肉、未再次加热的热狗、鲜牛奶、巴氏消毒奶、冰激凌、生牛排、羊排、卷心菜、芹菜、西红柿、法式馅饼、冻猪舌等而感染，85%～90% 的病例是由被污染的食品引起的。该菌可通过眼及破损皮肤、黏膜进入体内而造成感染，孕妇感染后通过胎盘或产道感染胎儿或新生儿，栖居于阴道、子宫颈的该菌也引起感染，性接触也是本病传播的可能途径，且有上升趋势。其进入人体是否得病与菌量和宿主的年龄免疫状态有关，因为该菌是一种细胞内寄生菌，宿主对它的清除主要靠细胞免疫功能，因此，易感者为新生儿、孕妇、40 岁以上的成人、免疫功能缺陷者。

（3）预防措施

单增李斯特菌在一般热加工处理中能存活，热处理已杀灭了竞争性细菌群，使单增李斯特菌在没有竞争的环境条件下易于存活，所以在食品加工中，中心温度必须达到 70℃ 持续 2min 以上。单增李斯特菌在自然界中广泛存在，所以即使产品已经过热加工处理充分灭活了单增李斯特菌，但也有可能造成产品的二次污染，因此蒸煮后防止二次污染是极为重要的。由于单增李斯特菌在 4℃ 下仍然能生长繁殖，所以未加热的冰箱食品增加了食物中毒的危险。冰箱食品需加热后再食用。

6. 副溶血性弧菌

副溶血性弧菌（*Vibrio parahaemolyticus*）是一种海洋细菌，主要来源于鱼、虾、蟹、贝类和海藻等海产品。此菌对酸敏感，在普通食醋中 5min 即被杀死；对热的抵抗力较弱。进食含有该菌的食物可致食物中毒，也称嗜盐菌食物中毒。临床上以急性起病、腹痛、呕吐、腹泻及水样便为主要症状。

（1）生物学特性

为革兰氏阴性杆菌，随培养基不同菌体形态差异较大，有卵圆形、棒状、球杆状、梨状、弧形等多种形态。两极浓染。菌体一端有单鞭毛，运动活泼。无芽孢、无荚膜。该菌嗜盐畏酸，在无盐培养基上，不能生长，3%～6%食盐水加速繁殖，每8～9min为1周期，低于0.5%或高于8%盐水中停止生长。在食醋中1～3min即死亡，56℃下加热5～10min灭活，在1%盐酸中5min死亡。

培养特性：需氧，营养要求不高，在普通培养基中加入适量NaCl即能生长。NaCl最适浓度为35g/L，在无盐培养基中不生长。本菌不耐热，不耐冷，不耐酸，对常用消毒剂抵抗力弱。生长所需pH为7.0～9.5，最适pH为7.7，在液体培养基表面形成菌膜。在NaCl琼脂平板上呈蔓延生长，菌落边缘不整齐、凸起、光滑湿润，不透明；在SS培养基（沙门菌-志贺菌培养基）上不生长或长出1～2mm扁平无色半透明的菌落，不易挑起，挑起时呈黏丝状。在羊血琼脂平板上，形成2～3mm、圆形、隆起、湿润、灰白色菌落，某些菌株可形成β溶血或α溶血。在硫代硫酸盐柠檬酸盐胆盐蔗糖琼脂培养基（TCBS）琼脂上不发酵蔗糖，菌落绿色。

（2）致病性

本病经食物传播，主要的食物是海产品或盐腌渍品，常见者为蟹类、乌贼、海蜇、鱼、黄泥螺等，其次为蛋品、肉类或蔬菜。进食肉类或蔬菜而致病者，多因食物容器或砧板污染所引起。男女老幼均可患病，但以青壮年为多，病后免疫力不强，可重复感染。

（3）预防措施

加工海产品的案板上副溶血弧菌的检出率为87.9%。因此，对加工海产品的器具必须严格清洗、消毒。海产品一定要烧熟煮透，加工过程中生熟用具要分开。烹调和调制海产品拼盘时可加适量食醋。食品烧熟至食用的放置时间不要超过4个小时。

7. 小肠结肠炎耶尔森菌病

小肠结肠炎耶尔森菌（*Yersinia enterocolitica*）广泛分布于自然界，是能在冷藏温度下生长的少数几种肠道致病菌之一。本菌天然寄居在多种动物体内，如猪、鼠、家畜等，通过污染食物（牛奶、猪肉等）和水经粪-口途径感染或因接触染疫动物而感染。它除引起胃肠道症状外，还能引起呼吸系统、心血管系统、骨骼结缔组织等疾患，甚至可引起败血症，造成死亡。该菌还是重要的食源性致病菌，很多国家都已将该菌列为进出口食品的常规检测项目。

（1）生物学特性

小肠结肠炎耶尔森菌为肠杆菌科耶尔森菌属，为革兰氏阴性小杆菌，有毒菌株多呈球杆状，无毒菌株以杆状多见。对营养要求不高，能在麦康凯琼脂上生长，但较其他肠道杆菌生长缓慢，培养的最适宜温度为28℃，最适pH值为7～8，初次培养菌落为光滑型，通过传代接种后菌落可能呈粗糙型。

本菌具有嗜冷性，在水中和低温下（4℃）能生长，因此，食品冷藏保存时，应防止被该菌污染。

野生动物、家畜（猪、狗和猫）、牡蛎体内和水源中都能分离到本菌，亦可从健康人或患者粪便中分离得到，其传播方式可能与摄入被尿、粪便污染的食物（尤其是肉类）和接触感染动物等有关。

本菌可产生耐热肠毒素，121℃下30min不被破坏，对酸碱稳定，pH1～11不失活。肠毒素产生迅速，在 25℃下培养 12h，培养基上清液中即有肠毒素产生，24～48h 达高峰。肠毒素是引起腹泻的主要因素。毒力型菌株均有 VW 抗原（蛋白脂蛋白复合物），为毒力的重要因子，与侵袭力有关，侵袭力可能是耶尔森菌感染肠道表现的病理基础。

（2）流行病学

一年四季均有发病，冬春季节发病率明显升高，这与耶尔森菌嗜冷特性有关。该病菌在全球范围内均有发现，是比利时、丹麦等欧洲国家肠道传染病的主要病种，目前日本是世界上报告小肠结肠炎耶尔森菌病暴发疫情最多的国家，其次为美国。我国耶尔森菌病呈现散发状态，部分地区有暴发流行的报告。主要传播途径如下：人群传播，感染者的便、尿带菌可引起人群间的相互传染，同时感染者的咽喉、舌、痰和气管分泌物等均带菌，因而不能排除呼吸道传播可能；食物传播，被认为是一种食源性病原菌，被污染的水源、奶制品、肉类、水产品、蔬菜、水果等都可能作为经口感染的传播因子；动物传播，家畜和家禽的广泛感染和长期排菌，直接威胁着接触的人群，蝇体内分离出菌，在食物污染方面也起一定作用。

（3）预防措施

动物传染源管理：几乎所有家畜都曾发现有该菌的自然感染，猪、牛、羊等应圈养并妥善处理家畜排泄物（无害化处理），发现病畜时，应积极治疗或宰杀，妥善处理屠宰场废弃物，严防污染周围环境、水源及食物，大力捕杀老鼠，有条件的地方，应加强狗和猫的菌检。

病人管理：做好传染病报告，疫区消毒，病人隔离，患者排泄物（包括粪、尿和眼、咽、呼吸道分泌物及伤口脓液等）及时消毒处理，患者隔离饮食、护理。

切断传播途径：做好"三管一灭"工作，加强环境卫生，注意饮食卫生，密切接触病人者须勤洗手，日常生活中避免与有病动物接触。

8. 空肠弯曲菌

空肠弯曲菌（*Campylobacter jejuni*）是弯曲菌属中的一个亚种，隶属于螺菌科。已被认为是引起急性腹泻的重要病原菌。目前已证明为人畜共患病病菌，人们食用受到该菌污染的食品和饮用水可引起急性肠炎。空肠弯曲菌肠炎是由空肠弯曲菌引起的急性肠道传染病，临床以发热、腹痛、血性便、粪便中有较多中性白细胞和红细胞为特征。弯曲菌最早于 1909 年自流产的牛、羊体内分离出，称为胎儿弧菌，1947 年首次从人体分离出该菌。

（1）生物学特性

本菌为革兰氏阴性多形态菌，螺旋形，弯曲杆状。大小为（0.3～0.4）$\mu m \times$（1.5～3）μm，呈 S 形或纺锤形，菌体一端或两端有单根鞭毛，长度为菌体的 2～3 倍，在固体培养基上培养时间过久，如超过 48h 以衰老的球形菌居多。动力阳性。

培养特性：

① 初次分离时需要在含 5％氧、85％氮和 10％二氧化碳环境中生长，传代后能在 10％二氧化碳环境中生长，在多氧和绝对无氧环境中均不生长。

② 培养适宜温度为 25～43℃，最适温度为 42℃，最适 pH7.2。

③ 对糖类既不发酵也不氧化，呼吸代谢无酸性或中性产物，生长不需要血清，从氨基酸或三羧酸循环中获得能量。

④ 在布氏肉汤中生长呈均匀混浊。

⑤ 在血琼脂上，初分离出现两种菌落特征：第一型菌落不溶血、灰色、扁平、湿润，有光泽，看上去像水滴，边缘不规则，常沿划线蔓延生长；第二型菌落也不溶血，常呈分散凸起的单个菌落（直径 1～2mm），边缘整齐、半透明，有光泽，呈单个菌落生长。当菌种

传代后，如遇环境温度不适宜，易出现第二型。

（2）流行病学

本属菌抵抗力不强，易被直射阳光及弱消毒剂等杀灭，不耐干燥，加热至58℃经5min可杀死。对青霉素、头孢霉素耐受，对红霉素、四环素、庆大霉素敏感。该菌在胆管中生长，小肠上端微需氧环境中适宜本菌生存和繁殖，造成空肠、回肠和大肠组织损伤，通过肠黏膜侵入血液。空肠弯曲菌引起的病变主要在回肠和空肠见斑块样炎症，伴有肠系膜淋巴结炎。

（3）预防措施

空肠弯曲病最重要的传染源是动物。如何控制动物的感染，防止动物排泄物污染水、食物至关重要，因此做好三管即管水、管粪、管食物乃是防止弯曲菌病传播的有力措施。

目前正在研究减毒活菌苗及加热灭活菌，可望在消灭传染源、预防感染方面起重要作用。

9. 肉毒梭状芽孢杆菌

肉毒梭状芽孢杆菌（*Clostridium botulinum*）广泛存在于自然界，特别是土壤中，所以极易污染食品。该菌是一种专性厌氧的腐生菌，革兰氏阳性，菌体粗大，具有4～8根周毛性鞭毛，运动迟缓，没有荚膜，芽孢卵圆形，近端位，芽孢比繁殖体宽。固体培养基上菌落形态多样，常规培养基生长形成的菌落半透明，呈绒毛网状，常常扩散成菌苔；血平板培养基上生长出现与菌落几乎等大或者较大的溶血环；在乳糖卵黄牛奶平板上形成的菌落表面及周围形成彩虹薄层。

（1）生物学特性

肉毒梭菌是革兰氏阳性粗短杆菌，有鞭毛、无荚膜。产生芽孢，芽孢为卵圆形，位于菌体的次极端或中央，芽孢大于菌体的横径，所以产生芽孢的细菌呈现梭状。适宜的生长温度为35℃左右，严格厌氧。在中性或弱碱性的基质中生长良好，其繁殖体对热的抵抗力与其他不产生芽孢的细菌相似，易于杀灭。但其芽孢耐热，一般煮沸需经1～6h，或121℃高压蒸汽4～10min才能杀死。它是引起食物中毒病原菌中对热抵抗力最强的细菌之一。所以，罐头的杀菌效果一般以肉毒梭菌为指示细菌。

（2）致病性

肉毒梭菌产生的肉毒毒素本质是蛋白质，为神经毒素，共产生六种毒素：A、B、C、D、E、F。其中A、B、E、F与人类的食物中毒有关。肉毒毒素毒性剧烈，少量毒素即可产生症状甚至致死，对人的致死量为0.1μg。毒素摄入后经肠道吸收进入血液循环，输送到外围神经，毒素与神经有强的亲和力，阻止乙酰胆碱的释放，导致肌肉麻痹和神经功能不全。潜伏期可短至数小时，通常24h以内发生中毒症状，也有两三天后才发病的。先有一般不典型的乏力、头痛等症状，接着出现斜视、眼睑下垂等眼肌麻痹症状，再是吞咽和咀嚼困难、口干、口齿不清等咽部肌肉麻痹症状，进而膈肌麻痹、呼吸困难，直至呼吸停止导致死亡。死亡率较高，可达30%～50%，存活病人恢复十分缓慢，从几个月到几年不等。

（3）预防措施

通过热处理减少食品中肉毒梭菌繁殖体和芽孢的数量是最有效方法，采用高压蒸汽灭菌方法制造罐头可以获得"商业无菌"的食品，其他加热处理包括巴氏消毒法，它是一种有效杀灭繁殖体的措施。这种毒素有不耐热的性质，高温处理（90℃下15min或煮沸5min）可以破坏可疑食物中的毒素，使食品在理论上处于安全状态，当然，对可疑有肉毒毒素存在的食品不得食用。将亚硝酸盐和食盐加进低酸性食品也是有效的控制措施，在腌制肉品时使用亚硝酸盐有非常好的效果。但在肉品腌制过程中起作用的不单单是亚硝酸盐，许多因素以及它们和亚硝酸盐的相互反应抑制了肉毒梭菌生长和毒素的产生。冷藏和冻藏是控制肉毒梭菌生长和毒素产生的重要措施。低 pH、产酸处理以及降低水分活性可以抑制一些食品中肉毒梭菌的生长。

10. 其他细菌——蜡样芽孢杆菌

可产生抗菌物质，抑制有害微生物的繁殖，降解土壤中的营养成分，改善生态环境，是芽孢杆菌属中的一种。

（1）生物学特征

菌体细胞杆状，末端方状，成短或长链，$(1.0\sim1.2)\mu m\times(3.0\sim5.0)\mu m$。产芽孢，芽孢圆形或柱形，中生或近中生，$1.0\sim1.5\mu m$，孢囊无明显膨大。革兰氏阳性，无荚膜，运动。菌落大，表面粗糙，扁平，不规则。菌落形态：在普通琼脂平板培养基上，37℃，培养24h，可形成圆形或近似圆形、质地软、无色素、稍有光泽的白色菌落（似蜡烛样颜色），直径5～7mm。在甘露醇卵黄多黏菌素琼脂培养基（MSP）上生长更旺盛，菌落直径达8～10mm，质地更软，挑起来呈丝状，培养时间稍长，菌落表面呈毛玻璃状，并产生红色色素。在蛋白胨酵母膏平板上菌落为灰白色，不透明，表面较粗糙，似毛玻璃状或融蜡状，菌落较大。蜡状芽孢杆菌细菌对外界有害因子抵抗力强，分布广，是典型的菌体细胞，有部分菌株能产生肠毒素，呈杆状（约$1.5\mu m$），有色，孢子呈椭圆形，有致呕吐型和腹泻型胃肠炎肠毒素两类。

（2）培养特性

需氧，最适生长温度30～32℃。在肉汤中混浊生长，有菌膜或壁环，振摇易乳化。在普通琼脂平板上，菌落灰白色，不透明，边缘不整齐，表面粗糙，呈毛玻璃状或白蜡状。在血平板上，菌落呈浅灰色，不透明，似白色毛玻璃状，有溶血环。在甘露醇卵黄多黏菌素平板上，菌落呈粉红色，具有白色混浊环（不发酵甘露醇，产生卵磷脂酶）。生化特性：能分解葡萄糖、麦芽糖、蔗糖、水杨苷，产酸不产气。不分解乳糖、甘露醇、阿拉伯糖、山梨醇、木糖，$H_2S(-)$，尿素酶试验（-），卵磷脂酶（+），伏-波试验（+），液化明胶。致病性：食品蜡样芽孢杆菌数量$>10^6/g$（mL）时常可导致食物中毒，中毒的主要原因是其产生的肠毒素。肠毒素类型：耐热肠毒素，100℃下30min不能被破坏，常在米饭中形成；不耐热肠毒素，能在各种食物中形成。临床症状：食物中毒，分为呕吐型和腹泻型两类。

三、食品细菌性污染的防控措施

细菌性食物中毒是指因摄入被致病菌或其毒素污染的食品引起的食物中毒。细菌性食物中毒是食物中毒中最常见的一类。细菌性食物中毒可分为感染型和毒素型。凡食用含大量病原菌的食物引起的中毒为感染型食物中毒，凡是食用由细菌大量繁殖产生毒素的食物而引起的中毒为毒素型食物中毒。

细菌性食物中毒的特点：①有明显的季节性，尤以夏秋季发病率最高。②动物性食品是引起细菌性食物中毒的主要中毒食品。③发病率高，病死率因中毒病原而异。

沙门菌属是引起沙门菌属食物中毒的病原菌。沙门菌属种类繁多，至今已有2300多种的血清型，沙门菌为G^-菌，生长繁殖的最适温度为20～37℃，它们在普通水中可生存2～3周，在粪便和冰水中生存1～2月。沙门菌属在自然环境中分布很广，人和动物均可带菌，主要污染源是人和动物肠道的排泄物，正常人体肠道带菌在1%以下，肉食生产者带菌可高达10%以上，沙门菌食物中毒全年均可发生，但以6～9月份夏秋季节多见。引起中毒的食品主要是动物性食品，如各种肉类、蛋类、家禽、水产类以及乳类等，其中以肉、蛋类最易受到沙门菌污染，其带菌率远远高于其他食品，患沙门菌感染而患病的人及动物或其带菌者的排泄物可直接污染食品，这是食物被污染的主要原因。沙门菌食物中毒发生原因多为食品被沙门菌污染并在适宜条件下大量繁殖，在食品加工中加热处理不彻底，未杀灭细菌，或已灭菌的熟食再次污染沙门菌并生长，食用前未加热或加热不彻底等因素均可导致中毒的发生。沙门菌食物中毒是大量活菌进入消化道，附着于肠黏膜上生长繁殖并释放内毒素引起的以急性胃肠炎等症状为主的中毒性疾病。一般病程3～5天，预后良好，严重者尤其是儿童、老人及病弱者如不及时救治，可导致死亡。预防措施为防止污染、控制繁殖、杀灭病原菌。

致病性大肠埃希菌食物中毒，大肠埃希菌主要存在于人和动物的肠道，随粪便分布于自然界中。大肠埃希菌在自然界生存活力较强，在土壤、水中可存活数月。普通大肠埃希菌是肠道正常菌，不仅无害，还能合成维生素B族、维生素K供给人体，它产生的大肠菌素可抑制某些病原微生物在肠道的繁殖。在大肠埃希菌菌属中的致病性大肠埃希菌，当人体抵抗力降低时，或食入大量活的致病性大肠埃希菌污染的食物时，则可引起食物中毒。致病性大肠埃希菌存在于人畜肠道中，随粪便污染水源、土壤，受污染的水和土壤、带菌者的手、污染的餐具等均可污染或交叉污染食物。受污染的食品多为动物性食品，如肉、奶等，也可污染果汁、蔬菜、面包。此病全年可发生，以5～10月多见。

预防措施：首先要防止食物被致病性大肠埃希菌污染。要通过强化肉品检疫，控制生产环节污染，加强对从业人员健康检查等经常性卫生管理入手，减少食品污染概率。烹饪中特别要防止熟肉制品被生肉、容器及工具等交叉污染，被污染食品必须在致病性大肠埃希菌产毒前将其杀灭。

葡萄球菌肠毒素广泛分布于人及动物的皮肤、鼻咽腔、指甲下和自然界中，该菌对外界环境抵抗力较强，在干燥状态下可生存数日，加热70℃要1h才能将病原菌杀灭。葡萄球菌有两个典型的菌种，金黄色葡萄球菌和表皮葡萄球菌，其中以金黄色葡萄球菌的致病作用最强，能引起化脓性病灶及败血症，可污染食物并产生肠毒素而引起食物中毒。葡萄球菌分布广，但其传染源是人和动物，一般有30%～50%的人鼻咽腔带有此菌。金黄色葡萄球菌感染的患者其鼻腔带菌率达80%以上，人手上有14%～44%的带菌率。患有化脓性病灶的乳牛，则奶中带菌率非常高。引起中毒的食物以剩饭、凉糕、奶油糕点、牛奶及其制品、鱼虾、熟肉制品为主。葡萄球菌食物中毒以夏秋季多见，其他季节亦可发生。食品被金黄色葡萄球菌污染后，在适宜的条件下细菌迅速繁殖，产生大量的肠毒素。产毒的时间长短与温度和食品种类有关。一般37℃需12h或者18℃需3天才能产生足够中毒量的肠毒素而引起食物中毒。在20%～30%的CO_2环境中和有糖类、蛋白质、水分的存在下，有利于肠毒素的产生。肠毒素耐热性强，带有肠毒素的食物煮沸120min才能被破坏，所以在一般的烹调加热中不能被完全破坏。一旦食物中有葡萄球菌肠毒素的存在，就容易发生食物中毒。

葡萄球菌肠毒素食物中毒的预防包括防止污染和防止肠毒素形成两个方面。①防止葡萄球菌污染食物，要防止带菌人群对各种食物的污染，必须定期对食品加工人员、餐饮从业人员、保育员进行健康检查。对患有化脓性感染、上呼吸道感染者应调换工作。要加强畜禽蛋奶等食品卫生质量管理。②防止肠毒素形成，应在低温、通风良好条件下贮藏食物，这样不仅能防止细菌生长且能防止肠毒素的形成。食物应冷藏，食用前要彻底加热。

副溶血性弧菌食物中毒是我国沿海地区夏秋季节最为常见的一种食物中毒。副溶血性弧菌是G^-嗜盐弧菌，在温度37℃，含盐量在3%～3.5%的环境中能极好的生长。对热敏感，56℃加热1min可将其杀灭。副溶血性弧菌广泛存在于温热带地区的近海海水、海底沉积物和鱼贝类等海产品中。由此菌引起的食物中毒季节性很强，大多发生于夏秋季节。引起中毒的食物主要是海产食品和盐渍食品，如海产鱼、虾、蟹、贝、咸肉、禽、蛋类以及咸菜或凉拌菜等。据报道，海产鱼虾的平均带菌率为 45%～49%，夏季高达 90% 以上。食品中副溶血性弧菌主要来自于近海海水及海底沉积物对海产品及海域附近塘、河水的污染，使该区域生活的淡水产品也受到污染；沿海地区的渔民、饮食从业人员、健康人群都有一定的带菌率，有肠道病史的带菌率可达 32%～35%。带菌人群可污染各类食品。食物容器、砧板、菜刀等加工食物的工具生熟不分时，常引起生熟交叉污染的发生。被副溶血性弧菌污染的食物，在较高温度下存放、食前不加热或加热不彻底，或熟制品受到带菌者的污染，或生熟的交叉污染，副溶血性弧菌将随污染食物进入人体肠道并生长繁殖，当达到一定量时即引发食物中毒。

预防措施：预防副溶血性弧菌食物中毒的措施可多方面进行。低温保存海产食品及其他食品是一种有效办法；烹调加工各种海产食品时原料要洁净并烧熟煮透。防止污染、控制生长繁殖和杀灭细菌三个环节入手能有效预防此类食物中毒的发生。

第二节　真菌性污染对食品安全的影响

一、真菌性污染概述及危害

真菌在发酵食品行业的应用非常广泛，但许多真菌也会产生真菌毒素，从而引起食品污染。尤其自 20 世纪 60 年代发现具有强致癌性的黄曲霉毒素以来，真菌与真菌毒素对食品的污染日益引起各方重视。真菌毒素不仅具有较强的急性毒性和慢性毒性，还具有致癌、致畸、致突变性，如黄曲霉（*Aspergillus flavus*）、寄生曲霉（*Aspergillus parasiticus*）产生的黄曲霉毒素，麦角菌（*Claviecps purpurea*）产生的麦角碱，以及杂色曲霉（*Aspergillus versicolor*）、构巢曲霉（*Aspergillus nidulans*）产生的杂色曲霉毒素等。真菌毒素的毒性可以分为神经毒、肝脏毒、肾脏毒、细胞毒等，如黄曲霉毒素具有强烈的肝脏毒，可以引起肝癌。常见的产毒真菌主要有曲霉（*Aspergillus*）、青霉（*Penicillium*）、镰刀菌（*Fusarium*）、交链孢霉（*Alternaria*）等。真菌生长繁殖及产生毒素需要一定的温度与湿度，因此真菌性食物中毒往往有较为明显的季节性和地区性。在我国北方地区食品中黄曲霉毒素 B_1 污染较轻，而长江沿岸和长江以南地区则较重。有调查发现，肝癌等癌症的发病率与当地的粮食霉变现象有一定关系。

二、常见污染食品的真菌

1. 曲霉属及其毒素

曲霉属（*Aspergillus*）是发酵工业和食品加工业的重要菌种，已被利用的近 60 种。2000 多年前，我国用它制酱，它也是酿酒、制醋曲的主要菌种。现代工业利用曲霉生产各种酶制剂（淀粉酶、蛋白酶、果胶酶等）、有机酸（柠檬酸、葡萄糖酸、五倍子酸等），农业上用作糖化饲料菌种。

曲霉广泛分布在谷物、空气、土壤和各种有机物上。生长在花生和大米上的曲霉，有的能产生对人体有害的真菌毒素，如黄曲霉毒素 B_1 能导致癌症，有的则引起水果、蔬菜、粮食霉腐。曲霉菌丝有隔膜，为多细胞霉菌。在幼小而活力旺盛时，菌丝体产生大量的分生孢子梗。分生孢子梗顶端膨大成为顶囊，一般呈球形。顶囊表面长满一层或两层辐射状小梗（初生小梗与次生小梗）。最上层小梗瓶状，顶端着生成串的球形分生孢子，以上几部分结构合称为"孢子穗"。孢子呈绿、黄、橙、褐、黑等颜色，这些都是菌种鉴定的依据。分生孢子梗生于足细胞上，并通过足细胞与营养菌丝相连。曲霉孢子穗的形态，包括分生孢子梗的长度、顶囊的形状、小梗着生是单轮还是双轮，分生孢子的形状、大小、表面结构及颜色等，都是菌种鉴定的依据。曲霉属中的大多数仅发现了无性阶段，极少数可形成子囊孢子，故在真菌学中仍归于半知菌类。

曲霉菌中常见的为黄曲霉，半知菌类，黄曲霉群的一种常见腐生真菌，多见于发霉的粮食、粮制品及其他霉腐的有机物上。菌落生长较快，结构疏松，表面灰绿色，背面无色或略呈褐色。菌体由许多复杂的分枝菌丝构成；曲霉菌检测广泛使用 Bio-Rad 曲霉菌抗原检测试剂盒（Platelia TM Aspergillus Ag）。黄曲霉毒素是由黄曲霉和寄生曲霉在生长繁殖过程中所产生的一种对人类危害极为突出的一类强致癌物质。黄曲霉毒素是一类结构类似的化合物，目前已知黄曲霉毒素除了常见的 AFB_1、AFB_2、AFG_1、AFG_2、AFM_1、AFM_2、AFB_{2a}、AFG_{2a}、$AFBM_2$、$AFGM_{2a}$ 外，尚有多种黄曲霉毒素的代谢产物、异构物和相似物。通常所说的 AFT 是指 AFB_1。

黄曲霉毒素的理化性质：在紫外线照射下，B 族毒素发出蓝紫色荧光，而 G 族毒素发出黄绿色荧光；热稳定性非常好，分解温度高达 $280℃$；难溶于水、己烷、乙醚、石油醚，可溶于甲醇、乙醇、氯仿、丙酮、二甲基甲酰胺（DMF）。

黄曲霉毒素由黄曲霉和寄生曲霉菌生长繁殖产生。这两种霉菌在自然界中普遍存在，易污染食品，尤其是花生和玉米。黄曲霉毒素对食品的污染及其程度受地区和季节因素以及作物生长、收获、贮存的不同条件影响。

黄曲霉毒素产生的条件：温度、pH 值、湿度、基质、盐、空气、微量元素和其他霉菌。

黄曲霉毒素的毒性：主要作用于动物的肝脏，引起肝脏组织的损伤，导致肝癌；诱发肿瘤的敏感性，易诱发肿瘤。

黄曲霉毒素在急性中毒、慢性中毒和"三致"作用方面的体现具体如下：

（1）急性毒性

根据对动物的半致死量（LD_{50}）（表 2-2），黄曲霉毒素属于剧毒物，其毒性为氰化钾的 10 倍，砒霜的 68 倍。黄曲霉毒素中以 AFB_1 的毒性最强，AFG_2 的毒性最弱。主要表现为肝脏细胞变性、坏死、出血等以及肾脏细胞变性、坏死。

表 2-2　黄曲霉毒素 B_1 对几种动物的 LD_{50}

动物	LD_{50}/（mg/kg）	动物	LD_{50}/（mg/kg）
豚鼠	1.4	羊	2.0
小白鼠	9.0	猫、狗	0.5~1.0
大鼠	10.2	雏鸭	0.34
虹鳟鱼	2.03	猕猴	2.2~7.8
家兔	0.3	猪（6~7kg）	0.62
鸡	6.3	鲶鱼	10.0~15.0（5 天）

（2）慢性毒性

主要表现为动物生长障碍、肝脏出现慢性损害等。

（3）"三致"作用

埃姆斯（Ames）试验和仓鼠细胞体外转化实验中均表现为强致突变性，它对大鼠和人均有明显的致畸作用。家畜、鱼类、禽类、灵长类等诱发实验性肝癌或其他肿瘤，黄曲霉毒素是目前所知致癌性最强的化学物质。

（4）安全防控措施

① 花生、大豆、米谷、小麦等在贮存前应将其水分含量迅速降至8%～13%以下，并贮存在干燥的地方，75%相对湿度以下，室温10℃以下；

② 贮存期间注意通风防潮；

③ 减少食品表面环境的氧浓度；

④ 加强对贮存和市售粮油、豆谷等农产品检验；

⑤ 化学防霉（溴甲烷、二氯乙烷）；

⑥ 豆类、谷类应先淘洗后烹煮；

⑦ 挑选霉变粒。

黄曲霉毒素的脱毒方法：最根本措施是预防食品被霉菌污染。

① 剔除毒粒。将发霉、变质、损伤及虫蛀的花生、玉米粒去除，可使含毒量大大降低。

② 加水搓洗。淘米时反复搓洗4～6次，随水倾去悬浮物，去毒率可达50%～88%。

③ 加碱、高压去毒。碱性条件下，黄曲霉毒素的结构被破坏并溶解于水。反复水洗或加高压，去毒率可达85.7%。

④ 干热处理时黄曲霉毒素非常稳定，但普通烘烤半小时后，花生中的黄曲霉毒素 B_1 也可减少80%。一般而言，湿热处理比干热处理能更有效地降低黄曲霉毒素的含量。

⑤ 有机溶剂萃取的方法也有部分应用，但这种方法非常昂贵和耗时。毒素不能完全清除，同时也使食物中的营养素损失了。

⑥ 许多化学品如过氧化氢、臭氧和氯气曾被用于降解食物中的黄曲霉毒素，这些物质容易同食物中的黄曲霉毒素反应。较为有效的化学去毒方法是使用氨水，可用于玉米和粗棉籽的脱毒。

2. 青霉属及其毒素

青霉一般指青霉属，为分布很广的子囊菌纲中的一属，和曲霉属有亲缘关系，有200多种，代表种是灰绿青霉，从土壤或空气中很易分离。分枝成帚状的分生孢子从菌丝体伸向空中，各顶端的小梗产生链状的青绿-褐色的分生孢子。

青霉通常在柑橘及其他水果上，冷藏的干酪及被它们的孢子污染的其他食物上均可找到，其分生孢子在土壤内、空气中及腐烂的物质上到处存在。青霉属腐生生活，其营养来源极为广泛，是一类杂食性真菌，可生长在任何含有机物的基质上。

青霉的营养体为无色或淡色的菌丝体，菌丝各细胞之间有横隔膜，细胞内通常为多核。整个菌丝体分为伸入营养基质中吸取营养的基质菌丝和伸向空气中的气生菌丝。在气生菌丝上产生简单的长而直立的分生孢子梗，顶端以特殊的对称或不对称的帚状的方式分枝，称为帚状枝。分枝为多极的分生孢子梗最后产生许多瓶梗，在瓶梗上着生分生孢子链。分生孢子为球形至卵形，呈绿色、蓝色或黄色，即通常看到的各种青霉菌落特有的颜色。

青霉与人类生活息息相关。少数种类能引起人和动物感染疾病；许多种青霉能造成柑橘、苹果、梨等水果的腐烂；对工业产品、食品、衣物也造成危害；在生物实验室中，它也是一种常见的污染菌。加强通风，降低温度，减少空气相对湿度，可以大大减轻青霉的危害。但在另一方面，青霉对人类非常重要，在工业上，它可用于生产柠檬酸、延胡索酸、葡萄糖酸等有机酸和酶制剂；非常名贵的娄克馥干酪、丹麦青干酪都是用青霉酿制而成的；最著名的抗生素——青霉素，就是从青霉的某些品系中提取而来，它是最早发现、最先提纯、临床上应用最早的抗生素；当前发现的另一重要抗生素——灰黄霉素，是由灰黄青霉产生的，是抑制诸如脚癣之类的真菌性皮肤病的最好抗生素。

青霉菌中的黄绿青霉、岛青霉、橘青霉等霉菌易产生毒素进而对人类生产生活带来影响。如黄变米，即失去原有的颜色而表面呈黄色的大米，主要由黄绿青霉、岛青霉、橘青霉等霉菌的侵染造成。黄绿青霉可产生神经毒素，急性中毒表现为神经麻痹、呼吸麻痹、抽搐，慢性中毒表现为溶血性贫血。岛青霉产生的黄天精和环氯素引起肝内出血、肝坏死和肝癌。橘青霉产生的橘青霉毒素毒害肾脏。有一些出血综合征也是由真菌毒素引起。如拟分枝镰刀菌和梨孢镰刀菌产生的 T2 毒素，其急性症状为全身痉挛，心力衰竭死亡；亚急性或慢性中毒常表现为胃炎，恶心，口腔、鼻腔、咽部、消化道出血，白细胞极度减少，淋巴细胞异常增大，血凝时间延长，等等。葡萄状穗霉菌产生的毒素引起皮肤类和白血病症状，初期症状是流涎，鄂下淋巴肿大，眼、口腔黏膜、口唇充血，继而黏膜龟裂。开始白细胞增多，继之血小板、白细胞减少，血凝时间长，许多组织呈坏死性病变，造成死亡。

展青霉毒素主要存在于霉烂苹果和苹果汁中。在苹果酒、苹果蜜饯等制品，以及梨、桃、香蕉、葡萄、杏、菠萝等食品中也曾有检出，侵染米粒时，呈灰白病斑，白垩状。展青霉毒素的毒性：以神经中毒症状为主要特征，表现为全身肌肉震颤痉挛、对外界刺激敏感性增强、狂躁、后躯麻痹、跛行、心跳加快、粪便较稀、溶血检查阳性等；具有致癌性，对大鼠和小鼠没有致畸作用，但对鸡胚有明显的致畸作用。

橘青霉毒素主要污染大米，尤其是加工精磨后的大米，是黄变米中的霉菌毒素之一。在花生、小麦、大麦、燕麦和黑麦中都曾有检出橘青霉毒素的报告。我国目前还没有相关标准。橘青霉毒素是一种肾毒素，导致急性或慢性肾病，并伴随多尿、口渴、呼吸困难的症状，对小肠平滑肌具有兴奋作用，导致动物机体胃肠功能紊乱，发生腹泻。

3. 链孢霉及其毒素

链孢霉广泛分布于自然界土壤中和禾本科植物上，尤其在玉米芯、棉籽壳上极易发生。其分生孢子在空气中到处飘浮，主要以分生孢子传播危害，是高温季节发生的最重要的杂菌。链孢霉（Neurospora）亦叫脉孢霉、粗糙脉孢霉（N. crassa）、红面包霉，俗称红霉菌、红娥子，常见的有粗糙脉孢菌和间型脉孢菌。在分类学上属子囊菌亚门，粪壳霉目，粪壳霉科。无性世代为半知菌亚门，丝孢纲，丝孢目，丝孢种的链孢霉属。链孢霉生长初期呈绒毛状，白色或灰色，匍匐生长，分枝，具隔膜，生长疏松，呈棉絮状。分生孢子梗直接从菌丝上长出，与菌丝无明显差异，梗顶端形成分生孢子。分生孢子卵形或近球形，成串悬挂在气生菌丝上，呈橘红色。大量分生孢子堆积成团时，外观与猴头菌子实体相似。

三、食品真菌性污染的防控措施

凡是生长在培养基上，长成绒毛状或棉絮状菌丝体的真菌，统称为霉菌。霉菌属于多细胞的真核微生物，在自然界分布很广。当霉菌污染食物或在农作物上生长繁殖时，就会使食品发霉或使农作物发生病害，不仅造成巨大的经济损失，而且使食物腐败变质。

食品中的水分含量和环境是影响霉菌生长与产毒的主要因素。如粮食含水分 17%～18%是霉菌繁殖和产毒的良好条件。曲霉、青霉以及镰刀菌属均为中性霉菌，适于繁殖的环境相对湿度为 80%～90%。大多数霉菌繁殖的适宜温度为 25～30℃，0℃以下和 30℃以上多数霉菌产毒能力减弱或丧失。霉菌主要污染粮油及其制品，预防霉菌及其毒素对人体健康的危害是食品工作者的重要职责，其具体可采取以下措施。

1. 食品原料防霉

防霉是预防食品被霉菌污染的最根本措施。而环境的温度、湿度和氧气是影响霉变的 3 个主要因素。防霉的主要措施是控制食品中的水分和食品贮存环境中的温度、湿度。对粮食、油料的防霉工作，不仅要注意入库的粮食、油料，而且应在粮食收获、脱粒、晾晒和入库等过程中就注意防霉。

2. 生产过程预防

针对诸如面包、蛋糕、牛奶等产品的霉菌预防，空间环境消毒是重中之重，厂家需要从以下几点出发考虑霉菌在生产过程中的预防工作：

① 选择能够杀灭霉菌的消毒产品；

② 选择拥有霉菌杀灭经验的消毒厂家，尤其是具备丰富食品行业消毒经验的厂家，对自身的车间环境进行分析和取样检测以确定污染源。

3. 日常管理加强消毒力度

归根到底，消毒工作要靠员工去执行，因此，制定严格的规章，并且能够落实生产责任是保证消毒效果的重要一环。

第三节　病毒性污染对食品安全的影响

一、病毒性污染概述及危害

与细菌、真菌不同，病毒的繁殖离不开宿主，所以病毒往往先污染动物性食品，然后通过宿主、食物等媒介进一步传播。带有病毒的水产品、患病动物的乳和肉制品一般是病毒性食物中毒的起源。同细菌、真菌引起的病变相比，食源性病毒引发的疾病更加难以得到有效治疗，且更容易暴发流行。常见食源性病毒主要有甲型肝炎病毒（hepatitis A virus）、戊型肝炎病毒（hepatitis E virus）、轮状病毒（rotavirus）、诺沃克病毒（Norwalk virus）、朊病毒（prion）、禽流感病毒（avian influenza）等，这些病毒曾经或仍在肆虐，造成了许多重大的疾病群发事件。

二、肝炎病毒

肝炎病毒是指引起病毒性肝炎的病原体。人类肝炎病毒有甲型、乙型、丙型、丁型、戊型和庚型病毒之分。除了甲型和戊型病毒通过肠道感染外，其他类型病毒均通过密切接触、血液和注射方式传播。甲型肝炎病毒呈球形，无包膜，核酸为单链 RNA。乙型肝炎病毒呈球形，具有双层外壳结构，外层相当于一般病毒的包膜，核酸为双链 DNA。除乙型肝炎病毒遗传物质为双链 DNA 外，其他类型病毒均为单链 RNA。

1. 甲型肝炎病毒

1973 年 Feinslone 首先用免疫电镜技术在急性期患者的粪便中发现甲型肝炎病毒（hepatitis A virus，HAV）。甲型肝炎病毒为小 RNA 病毒科嗜肝病毒属。人类感染 HAV 后，大多表现为亚临床或隐性感染，仅少数人表现为急性甲型肝炎。一般可完全恢复，不转为慢性肝炎，亦无慢性携带者。

（1）生物学特性

HAV 是一种 RNA 病毒，属微小核糖核酸病毒科，病毒呈球形，直径约为 27nm，无囊膜，衣壳由 60 个壳微粒组成，呈二十面体立体对称，特异性抗原（HAVAg）每一壳微粒由 4 种不同的多肽即 VP1、VP2、VP3 和 VP4 所组成。在病毒的核心部位，为单股正链 RNA，除决定病毒的遗传特性外，兼具信使 RNA 的功能并有传染性。HAV 的单股 RNA，其长度相当于 7400 个核苷酸。在 RNA 的 3′ 末端有多聚腺苷序列，在 5′ 末端以共价形式连接一个由病毒基因编码的细小蛋白质，称病毒基因组蛋白（VPG）。它在病毒复制过程中，能使病毒核酸附着于宿主细胞的核蛋白体上进行病毒蛋白质的生物合成。

（2）流行病学

甲型肝炎病毒引起甲型肝炎，这种肝炎的传染源主要是病人。其病毒通常由病人粪便排出体外，通过被污染的手、水、食物、食具等传染，严重时会引起甲型肝炎流行。

（3）预防措施

① 隔离病人：注意对其粪便进行消毒，对病人的隔离期限不少于 30 天，对幼儿机构的病人应隔离 40 天。在流行地区，对病人及有密切接触的人一般要观察 4~6 周。在家庭隔离治疗的病人要严格遵守个人卫生制度，病人使用过的东西要认真地进行消毒。

② 切断传播途径：重点在搞好卫生措施，如水源保护、饮水消毒、食品卫生、食品消毒，加强个人卫生、粪便管理等。

③ 保护易感人群。

2. 乙型肝炎病毒

乙型肝炎病毒（HBV）是一种 DNA 病毒，基因是双链、环形、不完全闭合 DNA。病毒最外层是病毒的外膜或称衣膜，其内层为核心部分，核蛋白即是核心抗原（HBcAg），不能在血清中检出。乙肝表面抗原阳性（HBsAg）阳性者的血清在电子显微镜下可见 3 种颗粒，直径为 22nm 的小球形颗粒和管形颗粒，直径为 42nm 的大球形颗粒，大球形颗粒又称为丹氏（Dane）颗粒，是完整的 HBV 颗粒。HBV 在外界抵抗力很强，能耐受一般浓度的消毒剂，60℃高温能耐受 4h。煮沸 10min、高压蒸汽消毒及 2% 过氧乙酸浸泡 2min 均可灭活。

（1）生物学特性

大球形颗粒（Dane 颗粒）为完整的病毒颗粒，由包膜和核衣壳组成，包膜含 HBsAg、糖蛋白和细胞脂肪，核心颗粒内含核蛋白、环状双股 HBV-DNA 和 HBV-DNA 多聚酶，是病毒的完整形态，有感染性。小球形颗粒以及管形颗粒均由与病毒包膜相同的脂蛋白组成，前者主要由 HBsAg 形成中空颗粒，不含 DNA 和 DNA 多聚酶，不具传染性；后者是小球形颗粒串联聚合而成，成分与小球形颗粒相同。

（2）流行病学

在高流行区，乙型肝炎病毒最常见的传播途径是分娩时的母婴传播（围产期传播）或水平传播（通过接触感染血液），特别是在生命最初五年从感染幼儿传给未感染幼儿。被母亲感染的婴儿和 5 岁前获得感染的婴儿发展到慢性感染的情况十分常见。

乙型肝炎也通过针刺伤、纹身、穿刺和接触受感染的血液和体液（如唾液和经血、阴道分泌物和精液）传播。乙型肝炎也通过性传播，特别是未接种疫苗的男性行为者和有多个性伴侣或与性工作者存有接触的异性恋者。

（3）预防措施

接种乙肝疫苗是主要的预防办法。世界卫生组织建议所有婴儿在出生后尽早（最好是在 24h 内）接种乙肝疫苗。从全球来看，婴儿乙肝常规免疫接种已有所上升，2017 年的覆盖率（第三剂）估计为 84%。2015 年，五岁以下儿童慢性乙肝病毒感染流行率估计已降低到 1.3%，这可归因于乙肝疫苗的广泛使用。

3. 丙型肝炎病毒

1974 年 Golafield 首先报告输血后非甲非乙型肝炎。1989 年美国科学家迈克尔·侯顿（Michael Houghton）和他的同事们利用分子生物学方法，终于找到了病毒的基因序列，克隆出了丙肝病毒，并命名本病及其病毒为丙型肝炎（hepatitis C）和丙型肝炎病毒（HCV）。由于 HCV 基因组在结构和表型特征上与人黄病毒和瘟病毒相类似，将其归为黄病毒科 HCV。

(1) 生物学特性

HCV 病毒体呈球形，直径小于 80nm（在肝细胞中为 36～40nm，在血液中为 36～62nm），为单股正链 RNA 病毒，在核衣壳外包绕含脂质的囊膜，囊膜上有刺突。HCV 仅有 Huh7、Huh7.5、Huh7.5.1 三种体外细胞培养系统，黑猩猩可感染 HCV，但症状较轻。

(2) 流行病学

丙型肝炎的传染源主要为急性临床型和无症状的亚临床病人、慢性病人和病毒携带者。一般病人发病前 12 天，其血液即有感染性，并可带毒 12 年以上。HCV 主要为血液传播，国外 30%～90%人输血后所患肝炎为丙型肝炎，我国输血后所患肝炎中丙型肝炎占 1/3。此外还可通过其他方式传播如母婴垂直传播、家庭日常接触和性传播等。

(3) 预防措施

丙型肝炎的预防方法基本与乙型肝炎的相同。我国预防丙型肝炎的重点应放在对献血员的管理上，加强消毒隔离制度，防止医源性传播。

4. 丁型肝炎病毒

1977 年意大利学者 Rizzetto 用免疫荧光法在慢性乙型肝炎病人的肝细胞核内发现一种新的病毒抗原，并称为 δ 因子（delta agent）。2017 年 10 月 27 日，世界卫生组织国际癌症研究机构公布的致癌物清单初步整理参考，丁型肝炎病毒在 3 类致癌物（对人体致癌性尚未归类的物质或混合物）清单中。

(1) 生物学特性

它是一种缺陷病毒，必须在 HBV 或其他嗜肝 DNA 病毒的辅助下才能复制增殖，现已正式命名为丁型肝炎病毒（hepatitis D virus，HDV）。HDV 体形细小，直径 35～37nm，核心含单股负链共价闭合的环状 RNA 和 HDV 抗原（HDAg），其外包以 HBV 的 HBsAg。经核酸分子杂交技术证明，HDV-RNA 与 HBV-DNA 无同源性，也不是宿主细胞的 RNA。HDV-RNA 的分子量很小，只有 5.5×10^5，这决定了 HDV 的缺陷性，不能独立复制增殖。

(2) 流行病学

流行病学调查表明，HDV 感染呈世界性分布，但主要分布于意大利南部和中东等地区。丁型肝炎病毒的传播途径与乙型肝炎病毒相同，经皮肤或通过性行为方式接触受到感染的血液或血液制品传播。在罕见情况下可以通过垂直方式传播。乙肝病毒疫苗接种可防范丁型肝炎病毒合并感染，因此儿童乙肝病毒免疫接种规划的扩展使得全世界丁型肝炎的发病率出现下降。

(3) 预防措施

预防和控制丁型肝炎病毒感染需要通过乙肝免疫、血液安全、注射安全和减少伤害来防止乙肝病毒传播。乙肝免疫对于已经感染乙肝病毒的人而言无法带来丁型肝炎病毒感染保护。

5. 戊型肝炎病毒

戊型肝炎是一种经粪-口传播的急性传染病。自 1955 年印度由水源污染发生了第 1 次戊型肝炎大暴发以来，先后在印度、尼泊尔、苏丹、吉尔吉斯斯坦及我国新疆等地都有流行。1989 年 9 月，东京国际肝炎会议正式命名为戊型肝炎，其病原体戊型肝炎病毒（hepatitis E virus，HEV）在分类学上属于戊型肝炎病毒科戊型肝炎病毒属。

（1）生物学特性

HEV 是单股正链 RNA 病毒，呈球形，直径 27～34nm，无囊膜，核衣壳呈二十面体立体对称。尚不能在体外组织培养，但黑猩猩、食蟹猴、恒河猴、非洲绿猴、须狨猴对 HEV 敏感，可用于分离病毒。HEV 在碱性环境中稳定，在镁离子、锰离子存在情况下可保持其完整性，对高温敏感，煮沸可将其灭活。

（2）流行病学

戊型肝炎病毒主要通过因饮用受到粪便污染的水而形成的粪口途径传播。粪口途径导致了很大一部分戊型肝炎临床病例的发生。戊型肝炎的风险因素与环境卫生不佳有关，感染者通过粪便排出的戊型肝炎病毒进入饮用水供应系统。已确定存在其他传播途径，但所造成的临床病例很少。这些传播途径包括：

① 食用未煮熟的源自受感染动物的肉或肉类产品（如猪肝）；

② 输入受到感染的血液制品；

③ 纵向传播，即由孕妇传给婴儿。

（3）预防措施

预防是控制该病的最有效方法。可以通过以下方法减少戊型肝炎病毒的传播和戊型肝炎的发生：维持公共供水系统的质量标准，建立妥善的人类粪便处理系统。

从个人层面，可以通过下列措施降低感染风险：保持良好的卫生习惯，避免使用洁净度不明的水和冰。

三、轮状病毒

轮状病毒（rotavirus，RV）是一种双链核糖核酸病毒，属于呼肠孤病毒科。它是婴儿与幼儿腹泻的单一主因，几乎世界上每个大约五岁的小孩都曾至少感染过一次轮状病毒。然而，每一次感染后人体免疫力会逐渐增强，后续感染的影响就会减轻，因而成人就很少受到其影响。轮状病毒总共有七种，以英文字母编号为 A、B、C、D、E、F 与 G 等。其中，A 种是最为常见的一种，而人类轮状病毒感染超过 90％的案例也都是该种造成的。

轮状病毒是由粪口途径传染的。它会感染与小肠连接的肠黏膜细胞（enterocyte）并且产生肠毒素（enterotoxin），肠毒素会引起肠胃炎，导致严重的腹泻，有时候甚至会因为脱水而导致死亡。虽然轮状病毒于 1973 年就被澳洲的露丝·毕夏普（Ruth Bishop）所发现，而且造成婴儿与幼儿总计超过 50％因为严重腹泻而住院治疗的案例，但是在公共卫生社群中它仍然没有被广泛重视，特别是在发展中国家更是如此。除了对人类健康的影响之外，轮状病毒也会感染动物，是家畜的病原体之一。

1. 生物学特性

人类主要是受到轮状病毒 A 种、B 种与 C 种的感染，而其中最常见的是轮状病毒 A 种的感染。而这七种轮状病毒都会在其他动物身上造成疾病。在轮状病毒 A 种之中有不同的病毒株，称之为血清变异株（serovar）。与流行性感冒病毒类似，轮状病毒使用了双重的分类系统，这样分类法是依据这个病毒体表面的两个结构性蛋白质来作分类的。

2. 流行病学

轮状病毒是由粪口途径所传染的，借弄脏的手、弄脏的表面以及弄脏的物体来传染，而且有可能经由呼吸途径传染。

轮状病毒在自然环境中是稳定的，也可以在河口的样本中发现，其样本大概每加仑（美制，1 加仑＝3.785412dm³）可以发现 1～5 颗有传染性的轮状病毒颗粒。消灭细菌与寄生虫的卫生设备似乎对于轮状病毒的控制是无效的，因为在高卫生水平与低卫生水平的国家中，轮状病毒感染的发病率是相似的。

3. 预防措施

2006 年两种对抗轮状病毒 A 种感染的疫苗已经证明对儿童是安全而且有效的：分别是由葛兰素史克制造的"罗特律"（Rotarix&reg）与由默克大药厂制造的"轮达停"（RotaTeq&reg）。两种疫苗皆是口服接种，并且都包含了无作用力的活病毒。轮状病毒疫苗在澳大利亚、欧洲、加拿大、巴西、埃及、印度、以色列、南非、巴拿马、阿根廷与美国等地都可以取得。

轮状病毒疫苗计划（Rotavirus Vaccine Program）是一个适宜卫生科技组织（Program for Appropriate Technology in Health，PATH）、世界卫生组织与美国疾病控制与预防中心的合作计划，该计划由全球疫苗免疫联盟（GAVI）资助。该计划的目的是制造可以让发展中国家使用的轮状病毒疫苗，来降低儿童因为痢疾而产生的疾病与儿童死亡率。

四、星状病毒

星状病毒科可以引起幼小动物出现腹泻症状，包括哺乳动物和禽类。哺乳动物根据宿主的不同分为人星状病毒、猫星状病毒、猪星状病毒、绵羊星状病毒以及貂星状病毒；禽类星状病毒包括火鸡星状病毒、鸟肾炎病毒。

1. 生物学特性

星状病毒呈球形，核衣壳为规则二十面体，无包膜。自然感染获得的病毒颗粒直径为 28nm，约 10％的病毒颗粒有特征性的 5～6 个角；细胞培养获得的病毒颗粒直径为 41nm，包括 10nm 的刺突。细胞培养获得的病毒颗粒亦具有感染性。星状病毒衣壳蛋白的结构尚不十分清楚，可因其宿主物种和血清型的不同而有所不同。

2. 流行病学

患者、隐性感染者和病毒携带者是星状病毒性胃肠炎的主要传染源。已经证实粪口传播是星状病毒性胃肠炎的主要传播方式，接触传播为星状病毒性胃肠炎的辅助传播方式，水体污染和食品污染偶可造成星状病毒性胃肠炎的暴发。

星状病毒性胃肠炎属世界性传染病，人类星状病毒血清型 1（HastV21）是流行最广泛的血清型。星状病毒和肠腺病毒感染是婴幼儿腹泻的第二位原因，仅次于轮状病毒。星状病毒性胃肠炎在热带地区主要流行于雨季；在亚热带和温带地区多流行于干燥和寒冷季节，流行多发生在 11 月～次年 5 月，流行高峰多在 3～4 月。星状病毒性胃肠炎的年龄分布尚不清楚，但有研究指出，星状病毒性胃肠炎主要发生在 5 岁以下儿童，也可见于托老院的老年人。

3. 预防措施

应遵循以切断传播途径为主的综合性原则，最重要的措施是洗手、减少水体和食品污染，目前尚无有关星状病毒疫苗研制的报道。

五、杯状病毒

1998 年，国际病毒分类委员会（International Committee on Taxonomy of Viruses，

ICTV）批准，将杯状病毒科分为四个属，分别是：潟湖病毒（lagovirus）[以兔出血病病毒（rabbit hemorrhagic disease virus）为代表]、诺沃克样病毒 [以诺沃克病毒（Norwalk virus）为代表]、札幌样病毒 [以札幌病毒（sapo virus）为代表]、膀胱病毒（vesivirus）[以猪水疱疹病毒（swine vesicular exanthem virus）为代表]。

其中，潟湖病毒和膀胱病毒感染动物，而诺沃克样病毒（NLV）和札幌样病毒（SLV）则主要感染人，二者合称为人类杯状病毒（HuCV）。HuCV 是引起儿童和成人非细菌性胃肠炎的主要病原之一，常在医院、餐馆、学校、托儿所、孤儿院、养老院、军队、家庭及其他人群中引起暴发。

以诺如病毒为例，对其进行简单介绍：

1. 生物学特性

诺如病毒为无包膜单股正链 RNA 病毒，病毒粒子直径 27～40nm，基因组全长 7.5～7.7kb，病毒衣壳由 180 个 VP1 和几个 VP2 分子构成，180 个衣壳蛋白首先构成 90 个二聚体，然后形成二十面体对称的病毒粒子。

诺如病毒在氯化铯（CsCl）密度梯度中的浮力密度为 $1.36～1.41g/cm^3$，在 0～60℃ 的温度范围内可存活，且在 pH2.7 的环境室温下能存活 3h，20% 乙醚 4℃ 下 18h，能耐受普通饮用水中 3.75～6.25mg/L 的氯离子浓度（游离氯 0.5～1.0mg/L）。但使用 10mg/L 的高浓度氯离子（处理污水采用的氯离子浓度）可灭活诺如病毒，酒精和免冲洗洗手液没有灭活效果。

2. 流行病学

（1）传播途径

诺如病毒传播途径包括人传人、经食物和经水传播。人传人可通过粪口途径（包括摄入粪便或呕吐物产生的气溶胶）或间接接触被排泄物污染的环境而传播。食源性传播是通过食用被诺如病毒污染的食物进行传播，如感染诺如病毒的餐饮从业人员在备餐和供餐中污染食物，或食物在生产、运输和分发过程中被含有诺如病毒的人类排泄物或其他物质（如水等）所污染。牡蛎等贝类海产品和生食的蔬果类是引起病毒暴发的常见食品。经水传播可由桶装水、市政供水、井水等其他饮用水源污染所致。一起暴发中可能存在多种传播途径。例如，食物暴露引起的点源暴发常会导致在一个机构或社区内出现续发的人与人之间传播。

（2）季节性

诺如病毒具有明显的季节性，人们常把它称为"冬季呕吐病"。根据 2013 年发表的系统综述，全球 52.7% 的病例和 41.2% 的暴发发生在冬季（北半球是 12 月～次年 2 月，南半球是 6～8 月），78.9% 的病例和 71.0% 的暴发出现在凉爽的季节（北半球是 10 月～次年 3 月，南半球是 4～9 月）。

3. 预防措施

目前，针对诺如病毒尚无特异的抗病毒药和疫苗，其预防控制主要采用非药物性预防措施，包括病例管理、保持手卫生、环境消毒、食品和水安全管理、风险评估和健康教育。这些措施既适用于聚集性和暴发疫情的处置，也适用于散发病例的预防控制。

六、腺病毒

腺病毒（adenovirus）是一种没有包膜的直径为 70～90nm 的颗粒，由 252 个壳粒呈二十面体排列构成，每个壳粒的直径为 7～9nm。衣壳里是线状双链 DNA 分子，约含 4.7kb，两端各有长约 100bp 的反向重复序列。由于每条 DNA 链的 5′ 端同分子质量为 $55×10^3Da$ 的蛋白质分子共价结合，可以出现双链 DNA 的环状结构。

1. 生物学特性

腺病毒呈无囊膜的球形结构，其病毒粒子在感染的细胞核内常呈晶格状排列，每个病毒颗粒包含一个 36kb 的线性双链 DNA，两端各有一个 100～600bp 的末端反向重复序列（inverted terminal repeat，ITR），ITR 的内侧为病毒包装信号，是病毒包装所需要的顺式作用元件。腺病毒含 13%DNA 和 87% 的蛋白质，病毒体分子量约为 $175×10^6$。病毒基因组为线状双链 DNA，含 35～36kb，腺病毒 12、18 和 31 型的 DNA 组成中，（G+C）含量最低（48%～49%），属于对动物具有高致癌性基因型。腺病毒 1、2、4、5、8 等型的（G+C）含量较高（61%），致癌性反而低或无。这是一种用于人腺病毒分离株分组的标准，根据其基因同源性将人腺病毒分为 A～F 等 6 组。

2. 流行病学

腺病毒感染主要在冬春季流行，容易在幼儿园、学校和军营新兵中暴发流行。一般来说，腺病毒主要通过呼吸道飞沫、眼分泌物，经呼吸道或接触传播；肠道感染主要通过消化道传播。

3. 防治措施

其预防措施和其他呼吸道、消化道传染病预防相似，主要是勤洗手，勤消毒，避免接触患者及其呼吸道飞沫。平常多饮水，多吃蔬菜和水果，注意锻炼身体；室内多通风，保持室内环境清洁；冬春流行季节尽量少去人员密集的公共场所，外出时戴口罩，避免接触病人，以防感染。

一旦发生急性发热、咽喉疼痛和结膜炎的症状，要及早到医院看病，早隔离、早治疗。出现 5 人以上集体发病的情况要及时向所在地区防疫部门报告，及时采取有效的防控措施，避免疾病蔓延。在腺病毒流行季节，托幼机构上呼吸道感染患儿应回家隔离休息，以免造成传播流行。出现严重咳嗽和呼吸困难症状多属严重病例，应及时到医院住院治疗，以免延误病情。

七、其他病毒

1. 朊病毒

朊病毒又称朊粒、蛋白质侵染因子、毒朊或感染性蛋白质，是一类能侵染动物并在宿主细胞内复制的小分子无免疫性疏水蛋白质。

朊病毒与常规病毒一样，有可滤过性、传染性、致病性、对宿主范围的特异性，但它比已知的最小的常规病毒还小得多（30～50nm）；电镜下观察不到病毒粒子的结构，且不呈现免疫效应，不诱发干扰素产生，也不受干扰作用。朊病毒对人类最大的威胁是可以导致人类和家畜患中枢神经系统退化性病变，最终不治而亡。因此，世界卫生组织将朊病毒病和艾滋病并立为世纪之最危害人体健康的顽疾。

朊病毒的传播途径包括：食用动物肉骨粉饲料、牛骨粉汤；医源性感染，如使用脑垂体生长激素、促性腺激素和硬脑膜移植、角膜移植、输血等。朊病毒特点是耐受蛋白酶的消化和常规消毒作用，由于它不含核酸，用常规的 PCR 技术还无法检测出来。朊病毒存在变异和跨种族感染，具有大量的潜在感染来源，主要为牛、羊等反刍动物，未知的潜在宿主可能很广，传播的潜在危险性不明，很难预测和推断。朊病毒可感染多个器官，已知的主要为脑髓，但在潜伏期内除中枢神经系统外，各种组织器官均有感染，且感染多途径，除消化道外，神经系统、血液均可感染，预防难度大，人畜一旦发病，6个月至1年全部死亡，100%的死亡率。

对于人类而言，朊病毒病的传染有两种方式。其一为遗传性的，即家族性朊病毒传染；其二为医源性的，如角膜移植、脑电图电极的植入、不慎使用污染的外科器械以及注射取自人垂体的生长激素等。至于人和动物间是否有传染，尚无定论，这有待于科学家的进一步研究证实。

2. 肠道病毒

肠道病毒（enterovirus）属于小RNA病毒科，病毒为二十面体立体对称，无包膜。肠道病毒包括脊髓灰质炎病毒、柯萨奇病毒A群、柯萨奇病毒B群、埃可病毒和新肠道病毒。该病毒被命名为肠道病毒是因为它们可以在肠道中繁殖。肠道病毒对环境因素有较强的抵抗力，在一般环境中可以生存数周，因此食品一旦受到污染被人食用后人就有患疾的危险。人肠道病毒分布广泛，主要通过粪-口途径传播，少数也经气溶胶传播，病毒可经感染者的粪便排出体外。肠道病毒引起婴幼儿的多种疾病，最典型的症状是胃肠炎。感染的症状通常很轻微，多数无临床症状。然而，肠道中的病毒可能扩散到其他器官，引起严重的疾病，甚至是致命的脑膜炎和瘫痪。

3. 哺乳动物腺病毒

哺乳动物腺病毒（mammalian adenovirus）属于腺病毒科，该病毒为无包膜的双链DNA病毒，一部分腺病毒引起人体的呼吸道感染，一部分腺病毒则引起人体的胃肠炎。腺病毒主要经粪-口途径传播，约10%儿童胃肠炎由该病毒引起，四季均可发病，以夏季多见。该病毒可从污泥、海水和贝壳类食品中检出。

4. 口蹄疫病毒

口蹄疫病毒（foot-and-mouth disease virus）属于小RNA病毒科，病毒粒子无包膜。口蹄疫为人畜共患病，主要侵害偶蹄类动物，可以传播给人，但它克服种间障碍传播给人的概率较低，人发生口蹄疫感染是比较罕见的。口蹄疫病毒在新鲜、部分烹饪和腌制的肉以及未经巴氏消毒的奶中可存活相当长时间。摄入这些产品或与感染动物接触可引起人的感染。人与人之间的直接传染尚未见报道。人感染的潜伏期为2～6天，症状有身体不适、发热、呕吐、口腔溃疡等，有时手指、脚趾、鼻翼和面部皮肤出现小水泥。感染人的病毒多为O型，其次为C型和A型。

八、食品病毒性污染及防控措施

我国食品的病毒污染以肝炎病毒的污染最为严重，有显著的流行病学意义。其中甲型肝炎、戊型肝炎被认为是通过肠道传播，即粪-口途径，其中相当一部分人是通过被污染的食品而感染。20世纪40年代前，通过奶传播的小儿脊髓灰质炎病毒被认为是唯一的食源性感染病毒。近年来，甲型肝炎病毒、轮状病毒、诺如病毒引起的食源性疾病事件屡有报道，在世界各地病毒已成为一个引起食源性疾病的重要原因。有研究表明病毒性胃肠炎出现的频率仅次于普通感冒，居食源性病毒感染的第二位。任何农产品都可以作为病毒的传播工具，例如病毒性肝炎。由病毒引起的食源性疾病的诊断和控制及病原的分离鉴定等越来越受到重视。与细菌不同的是，病毒很难从污染食物中检测和分离，分离检测技术也研究不充分，因此确认食品是否受到病毒污染并引起食源性疾病还存在很大困难。

1. 病毒对食品污染途径与特点

一般情况下，病毒只能在活的细胞中复制，不能在人工培养基中繁殖。因此，人和动物是病毒复制、传播的主要来源。引起小儿麻痹症的脊髓灰质炎病毒可在污泥和污水中存留10天以上，在这种环境中生长的蔬菜就可能带有该病毒，污染源的病毒的主要传播途径有：

① 通过粪便、尸体直接污染农产品原料和水源，如细小病毒、呼吸道病毒等。

② 从业人员通过手、生产工具、生活用品等在食品加工、运输、销售等过程中对食品造成污染，如乙型肝炎病毒。

③ 携带病毒的动物与健康动物相互接触后，使健康动物染毒，导致动物性食品被污染，如牛、羊肉中的口蹄疫病毒，禽肉和禽蛋中的禽流感病毒。

④ 蚊、蝇、鼠、跳蚤等可作为某些病毒的传播媒介，造成食品污染，如乙肝病毒、流行性出血热病毒等。

⑤ 污染食品的病毒被人和动物吸收，并在体内繁殖后，可通过生活用品、粪便、唾液、尸体等对食品造成再污染，导致恶性循环。

2. 预防措施

预防控制主要采用非药物性预防措施，包括病例管理、保持手卫生、环境消毒、食品和水安全管理、风险评估和健康教育。这些措施既适用于聚集性和暴发疫情的处置，也适用于散发病例的预防控制。

（1）病例管理

鉴于病毒的高度传染性，对诺如病毒感染人员进行规范管理是阻断传播和减少环境污染的有效控制手段。原则如下：

病例：在其急性期至症状完全消失后72h应进行隔离。轻症患者可居家或在疫情发生机构就地隔离；症状重者需送医疗机构按肠道传染病进行隔离治疗，医疗机构应做好感染控制，防止院内传播。

从事食品操作岗位的病例及隐性感染者，建议对食品从业人员采取更为严格的病例管理策略。

（2）保持手卫生

保持良好的手卫生是预防病毒感染和控制传播最重要最有效的措施。应按照《消毒技术规范》（2002年版）中的6步洗手法正确洗手，采用肥皂和流动水至少洗20s。需要注意的是，消毒纸巾和免冲洗的手消毒液不能代替标准洗手程序，各集体单位或机构应配置足够数量的洗手设施（肥皂、水龙头等），要求相关人员勤洗手。此外，还需注意不要徒手接触即食食品。

（3）环境消毒

环境消毒的总体原则如下：

学校、托幼机构、养老机构等集体单位和医疗机构应建立日常环境清洁消毒制度。

化学消毒剂是阻断诺如病毒通过被污染的环境或物品表面进行传播的主要方法之一，最常用的是含氯消毒剂，按产品说明书现用现配。

发生病毒感染聚集性或暴发疫情时，应做好消毒工作，重点对患者呕吐物、排泄物等污染物污染的环境物体表面、生活用品、食品加工工具、生活饮用水等进行消毒。

患者尽量使用专用厕所或者专用便器。患者呕吐物含有大量病毒，如不及时处理或处理不当很容易造成传播，当病人在人群密集场所发生呕吐，应立即向相对清洁的方向疏散人员，并对呕吐物进行消毒处理。

实施消毒和清洁前，需先疏散无关人员。在消毒和清洁过程应尽量避免产生气溶胶或扬尘。环境清洁消毒人员应按标准预防措施佩戴个人防护用品，注意手卫生，同时根据化学消毒剂的性质做好化学品的有关防护。

（4）食品安全管理

加强对食品从业人员的健康管理，急性胃肠炎患者或隐性感染者须向本单位食品安全管理人员报告，应暂时调离岗位并隔离；对食堂餐具、设施设备、生产加工场所环境进行彻底清洁消毒；对高风险食品（如贝类）应深度加工，保证彻底煮熟；备餐各个环节应避免交叉污染。

（5）水安全管理

暂停使用被污染的水源或二次供水设施，通过适当增加投氯量等方式进行消毒；暂停使用出现污染的桶装水、直饮水，并立即对桶装水机、直饮水机进行消毒处理；经卫生学评价合格后方可启用相关饮用水。

集体单位须加强二次供水监管和卫生学监测，禁止私自使用未经严格消毒的井水、河水等作为生活用水，购买商品化饮用水须查验供水厂家的资质和产品合格证书。农村地区应加强人畜粪便、病例排泄物管理，避免污染水源。

（6）风险评估

疾病预防控制机构需根据疫情的规模、传播危险因素、控制措施落实情况等，实时开展疫情发展趋势研判和风险评估，提出针对性的控制措施建议。

（7）健康教育

疫情流行季节，各级政府及其卫生、教育、宣传、广电等部门应高度重视、密切合作，充分利用 12320 热线、广播、电视、报纸、网络、手机短信、宣传单/宣传栏等多种方式，开展病毒感染防控知识的宣传，提高社区群众防控意识，养成勤洗手、不喝生水、生熟食物分开、避免交叉污染等健康的生活习惯。

第四节　寄生虫污染对食品安全的影响

一、寄生虫污染概述及危害

寄生虫（parasites）即专营寄生生活的生物，其中通过食品感染人体的寄生虫统称为食源性寄生虫（foodborneparasites）。寄生虫的种类很多，其形态和生理特征也并不相同，主要包括原虫（protozoa）、蠕虫（helminth）和医学昆虫节肢动物（arthropod）。蠕虫分 3 大类，分别是吸虫（trematodes）、绦虫（cestodes）和线虫（roundworms）。寄生虫可通过多种途径污染食品和饮水，经口进入人体，引起人的食源性寄生虫病的发病和流行，特别是能在脊椎动物与人之间自然传播。影响食品安全性的寄生虫主要是食源性寄生虫，以蠕虫中的寄生虫最为常见。自然界中生物之间的关系复杂而多样。寄生关系是一种生物生活在另一生物的体表或体内，使后者受到危害，受到危害的生物称为宿主或寄主，寄生的生物称为寄生物或寄生体。寄生物从宿主中获得营养，生长繁殖，并使宿主受到损害，甚至死亡。寄生物和宿主可以是动物、植物或微生物。动物性寄生物称为寄生虫。以人和动物为寄主的寄生虫可诱发人畜共患寄生虫病（parasitic zoonoses），损害人体健康。寄生虫对人类的危害除由病原体引起的疾病以及因此而造成的经济损失外，有些寄生虫还可作为媒介引起疾病的传播。联合国开发计划署和 WHO 要求防治的 6 类主要热带疫病中，有 5 类是寄生虫病。

1. 食源性寄生虫病的流行病学

（1）传染源

食源性寄生虫病的传染源是感染了寄生虫的人和动物，包括病人、病畜、带虫者、转续宿主和储存宿主（保虫宿主）。寄生虫从传染源通过粪便排出，污染环境，进而污染食品。

（2）传播途径

食源性寄生虫病的传播途径为消化道。人体感染常由生食含有感染性虫卵的蔬菜或未洗净的蔬菜和水果所致，或者因生食或半生食含感染期幼虫的畜肉和鱼虾而受感染。寄生虫通过食物传播的途径主要有以下 3 种：

① 人→环境→人，如隐孢子虫（*Cryptosporidium parvum*）、贾第鞭毛虫（*Giardia lamblia*）、蛔虫（*Ascaris lumbricoides linnaeus*）、钩虫（*Hookworm*）等。

② 人→环境→中间宿主→人，如猪带绦虫（*Taenia solium*）、牛带绦虫（*Taeniasis bovis*）、肝片吸虫（*Fasciola hepatica*）等。

③ 保虫宿主→人或保虫宿主→环境→人，如旋毛虫（*Trichinella spiralis*）、弓形虫（*Toxoplasma gondii*）等。

（3）流行特点

食源性寄生虫病的暴发流行与食物有关，病人在近期食用过相同的食物；发病集中，短期内可能有多人发病（如隐孢子虫病和贾第虫病）；病人具有相似的临床症状；其流行具有明显的地区性和季节性，如旋毛虫病、华支睾吸虫病（clonorchiasis sinensis）的流行与当地居民的饮食习惯密切相关，细颈囊尾蚴病（cysticercosis tenuicollis）和细粒棘球蚴病（echinococcosis granulosa）的流行与当地气候条件、生产环境和生产方式有关；并殖吸虫虫卵在温暖潮湿的条件下容易发育为感染性幼虫，感染多见于夏秋季节。

2. 食源性寄生虫对人类的危害

寄生虫能通过多种途径污染食品和饮水，经口进入人体，引起人的食源性寄生虫病的发生和流行，特别是能在脊椎动物与人之间自然传播和感染的人畜共患寄生虫病不但对人体健康与生命构成严重威胁，而且给畜牧业生产及经济带来严重损失。所以，寄生虫是食品卫生检验的重要项目，与食品安全关系密切的蠕虫最为常见。据报道，全世界人口中感染率最高的几种寄生虫分别为蛔虫（*Ascaris lumbricoides*）、钩虫、贾第鞭毛虫、绦虫（*cestode*）、猪囊尾蚴（*Cysticercus cellulosae*）、华支睾吸虫、后睾吸虫、姜片吸虫和并殖吸虫（*Paragonimus*）。近年来，食源性寄生虫病种类不断增加，有些呈地方性流行，发病人数也有增长趋势。寄生虫侵入人体，在移行、发育、繁殖和寄生过程中对人体组织和器官造成的主要损害有三方面。

夺取营养：寄生虫在人体寄生过程中，从寄生部位吸取蛋白质、糖类、矿物质和维生素等营养物质，使感染者出现营养不良、消瘦、体重减轻等症状，严重时发生贫血（如感染钩虫）。

机械性损伤：寄生虫侵入机体、移行和寄生等生理过程均可对人体的组织和器官造成不同程度的损伤，如钩虫寄生于肠道可引起肠黏膜出血，许多蛔虫的幼虫在人体内移行过程中可引起各种组织器官损害，其中以皮肤和肺脏病变较多，导致皮肤幼虫移行症（cutaneous larva migrans）和内脏幼虫移行症（visceral larva migrans），患者出现发热、荨麻疹等症状。

毒素作用与免疫损伤：有些寄生虫可产生毒素，损害人体的组织器官；有些寄生虫的代谢产物、排泄物或虫体的崩解物也能损害组织，引起人体发生免疫病理反应，使局部组织出现炎症、坏死、增生等病理变化。

二、几种常见的食源性寄生虫

1. 原虫

原虫属原生动物亚界（Subkingdom protozoa），为单细胞动物。人的食源性感染通常因为食用被原虫包囊污染的饮用水或食品，也可因食用含有原虫的动物源性食品。通过食品能感染人体的原虫主要有阿米巴、弓形虫、肉孢子虫、隐孢子虫、贾第鞭毛虫、小袋虫、微孢子虫等。

(1) 阿米巴

① 病原

由溶组织内阿米巴寄生于人和动物的肠道及其他组织所引起的食源性寄生虫病称为阿米巴病（amebiasis），以阿米巴痢疾和阿米巴肝脓肿为特征。阿米巴病为世界性分布，以热带和亚热带地区为高发区。人群感染率高低与公共卫生条件、饮食和生活习惯有关，在世界范围内人群平均感染率约10%，少数不发达地区达50%。

溶组织内阿米巴（Entamoeba histolytica）属内阿米巴科的内阿米巴属。1928年，Brumpt曾提出溶组织内阿米巴有两个种，其中一个可引起阿米巴病，而另一种虽与溶组织内阿米巴形态相似，生活史相同，但无致病性，并命名为迪斯帕内阿米巴（Entamoeba dispar）。引起阿米巴病的是溶组织内阿米巴，而迪斯帕内阿米巴无致病性。溶组织内阿米巴又称痢疾内阿米巴、痢疾变形虫，它的滋养体大小在$10\sim60\mu m$之间，滋养体在肠腔里形成包囊的过程叫作被囊（encyst，成囊）。滋养体在肠腔以外的脏器或外界不能成囊。包囊抵抗力较强，在粪便中可存活2周左右，在水中可存活5周，并具有感染力，通过蟑螂和苍蝇的消化道后仍具有感染性。

② 传染源和传播途径

主要传染源为慢性感染者、恢复期病人和无症状的带虫者。阿米巴包囊污染食品、饮用水或餐具，经口感染是主要传播途径。人生食有包囊污染的瓜果蔬菜可引起感染；蝇和蟑螂可携带包囊污染食物，而造成本病传播。食源性暴发流行常常发生于食用由包囊携带者加工的食品或不卫生的饮食习惯。

③ 对人体的危害

阿米巴病的潜伏期在2～26天不等，以两周多见。阿米巴滋养体可侵入人的结肠和其他器官，引起肠道出现糜烂、脓肿、溃疡、坏死和出血等病灶；虫体分泌的物质具有肠毒素样活性，可引起腹泻。阿米巴可侵入肝、肺、脑、泌尿生殖道、胸膜、腹膜和皮肤等组织，在局部组织和器官形成脓肿和溃疡，引起肠外阿米巴病（extraintestinal amebiasis）。

(2) 弓形虫

弓形体（toxoplasma）又称弓浆虫、弓形虫，是一种原虫，可寄生于人及多种动物体内，引起弓形虫病（toxoplasmosis），又称弓浆虫病、弓形体病。弓形虫病呈世界性分布，广泛存在于200多种哺乳动物和鸟类中，人群感染也比较普遍。温暖潮湿地区人群弓形虫的感染率较寒冷干燥地区高，且随着年龄的增长而升高。

① 病原体

刚地弓形体属于孢子纲，真球虫目，弓形虫科，弓形虫属，对人体致病及与传播有关的为滋养体、包囊和卵囊。滋养体又称速殖子，呈新月形、香蕉形或弓形，大小为$(2\sim4)\mu m\times(4\sim8)\mu m$，一端稍尖，一端钝圆。滋养体对高温和消毒剂较敏感，但对低温有一定抵抗力，在 $-8 \sim -2 ℃$ 可存活 56 天。包囊呈柠檬状、圆形、卵圆形或正在出芽的不规则形状等。包囊型虫体主要寄生在脑、骨骼肌和视网膜以及心、肺、肝、肾等处，呈卵圆形，有较厚的囊膜，囊中的虫体数目可由数十个至数千个不等，包囊的直径可达 $50 \sim 60 \mu m$，包囊抵抗力较强，在冰冻状态下可存活 35 天，$4 ℃$ 存活 68 天，胃液内存活 3h，但包囊不耐干燥和高温，$56 ℃$ 加热 $10 \sim 15 min$ 即可被杀死。卵囊对外界环境、酸、碱和常用消毒剂的抵抗力很强，在室温下可存活 3 个月，但对热的抵抗力较弱，$80 ℃$ 加热 1min 用消毒剂可丧失活力。

② 传染源和传播途径

人体弓形虫病的重要传染源是动物。猫科动物为主要传染源，其粪便中含有大量卵囊。畜禽肉中带有的包囊和滋养体也可成为传染源。弓形虫可通过口、皮肤、黏膜和胎盘传播给人，但人体感染的主要原因是食入含有卵囊和包囊的食物，如食用含有弓形虫包囊的生肉或未煮熟的肉。少数因饮用弓形虫病山羊的乳，或者饮用卵囊污染的水或食入含卵囊污染的蔬菜而致病。

③ 对人体的危害

弓形虫主要经消化道侵入人体，引起消化道黏膜损伤、细胞破裂、局部组织坏死。虫体寄生于淋巴结、脑、眼、心、肺、肝和肌肉，引起组织器官形成坏死病灶和以单核细胞浸润为主的特征性病理变化。弓形虫寄生部位不同，临床表现差异很大，免疫功能正常者多为隐性感染，仅 $10 \% \sim 20 \%$ 感染者有症状。弓形虫毒素（toxoplasma toxin）、弓形虫因子（toxoplasma factor，TF）和弓形虫素（toxoplasmin）等对人体也有毒性作用。

弓形虫能引起孕妇流产、早产或死产。怀孕早期感染对胎儿的损害更大，可引起先天性弓形虫病，胎儿畸形、新生儿的视力降低或失明、中枢神经系统受损，重者出现肝脏肿大、惊厥、脊柱裂、腭裂、无眼、脑积水和脑畸形等。

（3）肉孢子虫

由肉孢子虫寄生于人、哺乳类、爬行类、鸟类等体内所引起的人畜共患病称为肉孢子虫病（sarcocystosis），人肉孢子虫（*Sarcocystis. homins*）和猪人肉孢子虫（*S. suihominis*）的中间宿主分别为牛和猪，其成虫均寄生于人的小肠，故又称人肠肉孢子虫。肉孢子虫病呈世界性分布。在我国有些地区如云南大理等地区当地居民有进食凉拌生牛肉（如"剁生""生酸牛肉""牛杀皮"）或生猪肉（如"生皮"）的习惯，人体感染率可高达 62.5%。

① 传染源和传播途径

传染源为感染的牛、猪和羊等家畜。感染途径主要经消化道，人通过进食含有肉孢子虫包囊的牛肉或猪肉而感染。

② 对人体的危害

肉孢子虫经口进入人体，侵入小肠黏膜固有层，在其内生长发育，引起肠黏膜水肿、充血，甚至发生坏死性肠炎。人体感染后主要表现消化道症状，出现恶心、呕吐、厌食、腹痛、腹胀、腹鸣、腹泻等，也有头痛、发热等症状，严重时贫血。

（4）隐孢子虫

隐孢子虫为体积微小的球虫类寄生虫，广泛存在于多种脊椎动物体内。由隐孢子虫寄生于人、哺乳类、爬行类、鸟类和鱼类的消化道与呼吸道黏膜引起的人畜共患病称为隐孢子虫病（cryptosporidiosis）。隐孢子虫病呈世界性广泛分布，在发展中国家的检出率高于发达国家，在寄生虫性腹泻中本病的发病率位居世界第一位。温暖潮湿地区和季节多见，生活居住条件差和卫生习惯不良易导致本病的流行。

① 病原

目前发现的隐孢子虫至少有 6 种，隐孢子虫卵囊呈圆形或椭圆形，直径 4～6μm，成熟卵囊内含 4 个裸露的子孢子和残留体。子孢子呈月牙形，残留体由颗粒状物和空泡组成。隐孢子虫完成整个生活史只需要一个宿主。生活史可简单分为裂体增殖、配子生殖和孢子生殖三个阶段。虫体在宿主内的发育时期称为内生阶段。随宿主粪便排出的成熟卵囊为感染阶段。

② 传染源和传播途径

传染源为感染的猪、牛和羊等家畜。感染途径主要经消化道，也可通过口腔分泌物或飞沫传播。由于人食用被卵囊污染的食品或饮用水而受感染，其中水源污染是造成近年来本病在人群中暴发流行的主要原因。

③ 隐孢子虫对人体的危害

隐孢子虫吸附于人的肠黏膜上皮细胞，进一步寄生于细胞内，大量繁殖，损害黏膜绒毛，导致消化功能紊乱。虫体反复自体感染，引起肠黏膜大面积受损，出现凹陷、萎缩、脱落等变化；虫体毒素与其他有毒代谢产物作用，可引起腹泻。隐孢子虫常与其他肠道病原体联合感染。人感染后最常见的症状是严重腹泻，每天排便 5～20 次，并伴有恶心、呕吐等症状。有时粪便恶臭带有黏液、腹痛、体重明显下降，或有痉挛性腹痛、头痛、低热、厌食、肌肉疼痛、衰弱等症状，也有并发肠外寄生，引起咽喉炎、气管炎、肺炎、急性胆囊炎或硬化性胆管炎等，最终因全身衰竭而死亡。隐孢子虫也可以寄生于呼吸道、肺脏、扁桃体、胰腺、胆囊和胆管等器官。此外，艾滋病患者并发隐孢子虫胆囊炎、胆管炎时，除呈急性炎症改变外，尚可引起坏疽样坏死。

（5）其他原虫

① 贾第鞭毛虫

由蓝氏贾第鞭毛虫（*Giardia lamblia*）寄生于人和动物的小肠（偶尔寄生于胆道或胆囊）所引起的人畜共患病称为贾第虫病（giardiasis）。因本病曾在国际旅游者中流行，故称"旅游者腹泻"。目前，贾第虫病已被列为全世界危害人类健康的 10 种主要寄生虫病之一。本病呈世界性分布，人群感染率为 2%～15%，近年来有上升趋势，有些地区高达 20%～60%，我国人群感染较为普遍。病人、有病动物（如家畜、宠物和野生动物）和带虫者随粪便排出包囊，为主要传染源。传播途径主要为排泄物-口，人因食入被包囊污染的食品或水而感染，其中水源传播是感染本病的重要途径。通过食源性传播方式在贫穷、人口拥挤、水源不足以及卫生状况不良等地区更为普遍。虫体及其代谢产物刺激肠黏膜，引起组织损伤、肠道功能紊乱。急性感染者有上腹部疼痛、腹胀、腹泻并带有黏液、恶心、呕吐、全身不适、体重降低、衰弱等症状，有时出现胆绞痛和黄疸。长期腹泻导致营养不良、消瘦、贫血、发育不良。任何年龄的人群对贾第鞭毛虫均有易感性，儿童、老年体弱者和免疫功能缺陷者尤其易感。幼儿发病后，出现严重腹泻、吸收不良、衰弱和体重减轻等症状。慢性感染者最多见，表现为周期性腹泻，病程长达数年。

② 小袋虫

小袋虫病（balantidiasis）又称结肠小袋纤毛虫痢疾（balantidialdysentery），是由结肠小袋纤毛虫（*Balantidium.coli*）寄生于人和动物的大肠所引起的人畜共患病。本病呈世界性分布，以热带和亚热带地区较为普遍。多种动物均可感染，其中猪的感染较为普遍，是最重要的传染源，感染率可达 60%。人体感染主要是通过食用被包囊污染的食品或饮用水。结肠小袋纤毛虫包囊的抵抗力较强，在室温下可存活 2 周至 2 个月，在潮湿环境中能存活 2 个月。虫体寄生于人的结肠，引起肠黏膜破坏和脱落，重度感染时导致消化功能紊乱。

③ 微孢子虫

微孢子虫病（microsporidiosis）是由微孢子虫（*microsporidium*）寄生于人和多种动物肠道引起的人畜共患病。人体感染与其免疫功能低下和免疫抑制有关。本病广泛分布于非洲、美洲和欧洲，中国香港地区也有人体感染的报道。微孢子虫孢子从宿主肠道随粪便排出，污染环境、水和食品，被人食入而感染。肠道微孢子虫病的主要特征为慢性腹泻和消瘦，大便多呈水样，无黏液或脓血，常伴有恶心、食欲不振，对高蛋白质类、糖类及高脂肪类食物耐受差，严重时脱水，等等。有时虫体可随血液循环扩散至脑、眼、肝、肾和肌肉等部位，引起局部组织出现肉芽肿和脉管炎。角膜炎病人有畏光、流泪、异物感、眼球发干、视物模糊等症状。中枢神经系统受损时，患者有头痛、神志不清、呕吐、四肢痉挛等症状。免疫缺陷者症状严重。

2. 吸虫

吸虫（*trematode*）属于吸虫纲，经食品传播的吸虫主要有华支睾吸虫、并殖吸虫、姜片吸虫、肝片吸虫等。

(1) 华支睾吸虫

由华支睾吸虫（*Clonorchis sinensis*）寄生于人、家畜、野生动物的肝内胆管所引起的人畜共患病称为华支睾吸虫病，简称肝吸虫病。华支睾吸虫病主要分布于亚洲。国内除西北和西藏等地外，已有 25 个省（自治区、直辖市）有不同程度流行。

① 病原

华支睾吸虫属于后睾目，后睾科，支睾属。成虫寄生于人和哺乳动物的肝胆管内，在人体内可存活 20～30 年。第一中间宿主为淡水螺，第二中间宿主为淡水鱼或虾。华支睾吸虫是一种雌雄同体的吸虫。虫体长、扁平，呈叶状稍尖，后端较钝，体表平滑，平均大小为 $(10～25)mm×(3～5)mm$，呈乳白色，半透明。成虫呈叶状或葵花子状，体薄而柔软，活时为淡红色，死后为灰白色。有口吸盘和腹吸盘，口吸盘大于腹吸盘。卵甚小，虫卵形似芝麻粒，上端有卵盖，后端有一小突起，棕黄色，大小为 $29\mu m×17\mu m$，卵内含一个毛蚴。

② 传染源和传播途径

螺蛳、淡水鱼、虾等为中间宿主。虫卵随寄主粪便排出，被螺蛳吞食后，经过胞蚴、雷蚴和尾蚴阶段，然后从螺体逸出，附在淡水鱼体上，如果人或动物（终寄主）食用含有囊蚴的鱼肉，则囊蚴进入人体消化道，囊壁被溶化，幼虫破囊而出，然后移行到胆管和胆道内发育为成虫。成虫寄生在人、猪、猫、犬的胆管里。成虫在人体内寄生可达 15～25 年。

③ 对人体的危害

华支睾吸虫成虫在胆管内寄生对局部有机械性刺激作用，产生的有毒分泌物和代谢产物使胆管上皮细胞脱落、增生，胆管变窄，虫体阻塞胆管导致胆汁淤滞。如果人吃进囊蚴的数量少时可无症状，若吃进的数量多或反复多次感染，可出现腹痛、肝肿大、黄疸、腹泻、浮肿等症状，重者可引起腹水。胆道内成虫死亡后的碎片和虫卵又可形成胆石的核心而引起胆石症。

华支睾吸虫病的危害性主要是会使患者的肝脏受损。病变主要发生于肝脏的次级胆管。病理研究表明受华支睾吸虫感染的胆管呈腺瘤样病变。感染严重时在门脉区周围可出现纤维组织增生和肝细胞的萎缩变性，甚至形成胆汁性肝硬化。华支睾吸虫病的并发症和合并症很多，有报道多达 21 种，其中较常见的有急性胆囊炎、慢性胆管炎、胆结石、肝胆管梗阻等。成虫偶尔寄生于胰腺管内，引起胰管炎和胰腺炎。临床上见到的病例多处在慢性期，患者的症状往往经过几年才逐渐出现。

（2）并殖吸虫

并殖吸虫（*Paragonimus*）寄生于人和猫、犬等动物的肺脏和其他组织所引起的人畜共患病称为并殖吸虫病（paragonimiasis），又称肺吸虫病。本病主要分布于亚洲、非洲和美洲。

① 病原

并殖吸虫简称肺吸虫，国内主要病原体是卫氏并殖吸虫（*Paragonimuswestermani*）和斯氏狸殖吸虫（*Pagumogonimus skrjabini*）。卫氏并殖吸虫成虫寄生于人的肺脏，第一中间宿主为短沟蜷或瘤似黑螺，第二中间宿主是溪蟹或蝲蛄（拟螯虾）。

② 传染源和传播途径

病人和带虫者、病畜和保虫宿主并排出虫卵者均为传染源。此病感染率的高低与生活和饮食习惯以及淡水螺的滋生有密切关系。主要因为生食或半生食含囊蚴的蟹类或蝲蛄时，囊蚴经口感染人体，也有因食用含幼虫的野猪肉或饮用生溪水而感染。儿童感染多因捕捉蟹类玩、生吃或烧烤吃蟹肢或蝲蛄而感染。此外，用切过生鱼的刀具及砧板切熟食，或者用盛放过生鱼的容器盛装熟食，或者加工人员接触过生鱼的手未清洗再触及食品等均可造成食品的交叉污染，也有使人感染的可能。

③ 对人体的危害症状

因虫体种类、寄生数量、发育程度和寄生部位不同而异，轻者食欲不振、乏力、消瘦、低热，重者高热、头晕、胸痛、咳嗽、咯血、咯痰、哮喘、腹痛、腹泻、肝脏肿大、出现荨麻疹、盗汗。并殖吸虫病的潜伏期为数日至数月，通常分急性期和慢性期。急性期症状较明显，如腹痛、腹泻、高热、出现荨麻疹、胸痛、咳嗽等。慢性期有多种类型，胸肺型主要症状为咳嗽、胸痛；皮肤肌肉型以游走性皮下结节为主；腹型以腹痛、腹泻、便血及肝肿大为主；神经系统型为脑内寄生时可致癫痫、瘫痪，脊髓寄生者较少见，但可影响下肢活动。

（3）姜片吸虫

由布氏姜片吸虫（*Fasciolopsis buski*）寄生于人和猪小肠中引起的人畜共患病称为姜片吸虫病（fasciolopsiasis），简称姜片虫病。本病主要流行于亚洲温带和亚热带地区，我国分布于长江以南及山东、河南、陕西等 19 省（自治区、直辖市），有些地区人群感染率高达70％以上。凡有生食媒介植物习惯者容易感染，以儿童和青少年多见。

① 病原

布氏姜片吸虫俗称姜片虫，是寄生在人、猪小肠内的大型吸虫。感染而发病后，严重者可导致死亡，是一种危害性较大的吸虫。姜片吸虫成虫长椭圆形，虫体肥厚，背腹扁平，形似姜片。虫体大小为（20～75）mm×（8～20）mm。

② 传染源和传播途径

感染的猪和人是终末宿主，为主要传染源。中间宿主较多，在我国有尖口圆扁螺、大圆扁螺、半球多脉肩螺等。虫卵随终末宿主的粪便排出体外后，在水中适宜的温度（27～32℃）下经 3～7 周孵化为毛蚴。当毛蚴在水中遇到中间宿主扁螺后，会钻入其体内，逐步发育成许多尾蚴。尾蚴从螺体逸出后，可吸附在红菱、茭白、荸荠、大菱、藕、水浮莲等水生植物表面，进而发育成囊蚴。当人和猪食入带有囊蚴的水生植物后，在小肠液及胆汁的作用下脱囊成为幼虫并吸附在十二指肠或空肠黏膜上，经 1～3 个月发育为成虫。一条成虫每天产卵 1500~25000 个。

③ 对人体的危害

包括机械性损伤及虫体代谢产物引起的变态反应。姜片吸虫用吸盘吸附于人的小肠黏膜，引起组织水肿、出血，形成溃疡、坏死和脓肿，虫体夺取营养与代谢产物引起的毒性反应等也与发病有关，大量感染时可发生肠梗阻。姜片虫病潜伏期 1~3 个月，轻度感染者症状轻微或无症状，中、重度者可出现食欲缺乏、腹痛、间歇性腹泻（多为消化不良）、恶心、呕吐等胃肠道症状，以腹痛为主。不少患者有自动排虫或吐虫史，儿童常有神经症状如夜间睡眠不好、磨牙、抽搐等，少数患者因长期腹泻、严重营养不良可产生水肿和腹水，重度晚期患者可发生衰竭、虚脱或继发肺部、肠道细菌感染，造成死亡，偶有虫体集结成团导致肠梗阻者。

(4) 肝片吸虫

由肝片吸虫（*Fasciola hepatica*）寄生于人、羊、牛和其他哺乳动物的胆管中引起的人畜共患病称为肝片吸虫病（fascioliasis hepatica）。肝片吸虫病呈世界性分布，牛羊感染率在 20%~60%。

① 病原

肝片吸虫成虫寄生在终寄主（人和哺乳动物）的肝脏胆管中，中间寄主为椎实螺。随同终寄主粪便排出的虫卵经尾蚴发育为囊蚴，附着在水稻、水草等植物的茎叶上。动物或人经口吃进囊蚴后，囊蚴在小肠内蜕皮，在向肝组织钻孔的同时，继续生长发育为成虫，最后进入胆管内，可生存 2~5 年之久。

② 传染源和传播途径

人和动物是肝片吸虫的终末宿主，中间宿主为椎实螺。成虫寄生在终末宿主的肝脏胆管中，卵随胆汁进入消化道后，可随粪便排出体外，通过污染椎实螺生长的环境而进入螺体，以无性繁殖的方式发育为幼虫（尾蚴），尾蚴从螺体逸出后，在 5~120min 内浮游到植物茎叶上或在水面上，很快脱尾，形成囊蚴，等待动物捕食。附有囊蚴的水草被动物或人经口摄入后，囊蚴于十二指肠蜕皮，最后进入胆管，发育为成虫。成虫在动物体内可生存 3~5 年。椎实螺在我国气候温和、雨量充足的南方地区分布很广，春夏两季可大量产卵繁殖。

③ 对人体的危害

肝片吸虫主要损害肝脏，引起胆管上皮细胞增生、急性肝炎、胆管扩张、肝实质梗死、肝硬化和腹膜炎。严重感染并伴有异位寄生时可导致发热、食欲减退、黄疸、贫血和衰竭，甚至死亡。有时童虫移行至肺、皮下、胃、脑和眼部，患者出现肺部感染和皮肤变态反应等症状。

3. 绦虫

绦虫（*tapeworm*）属于绦虫纲（Cestoidea），经食品传播的绦虫主要有猪带绦虫、牛带绦虫、猪囊尾蚴、膜壳绦虫、细粒棘球绦虫、阔节裂头绦虫、曼氏裂头蚴等。

(1) 猪囊尾蚴

猪囊尾蚴病（cysticercosis cellulosae）是由猪囊尾蚴寄生于人和猪的骨骼肌及心肌、脑和眼睛等组织引起的寄生虫病。囊尾蚴（*cysticercus*）是绦虫的幼虫，寄生在宿主的横纹肌及结缔组织中，呈包囊状，故俗称"囊虫"。在动物体内寄生的囊尾蚴有多种，通过肉食品传播给人类的有猪囊尾蚴和牛囊尾蚴，以猪囊尾蚴较为常见。囊尾蚴发育形成的成虫为绦虫，是一种常见的食源性人畜共患寄生虫。

① 病原

猪囊尾蚴病原体成熟的猪囊虫大小似黄豆粒，为半透明水泡状包囊。猪带绦虫为猪囊尾蚴的成虫，呈链形带状，长达 2～8m，其头节呈球形，具有 4 个吸盘和 1 个顶突。顶突上有许多小钩，可牢牢地吸附于小肠壁上吸取营养物质。

② 传染源和传播途径

猪带绦虫病患者是猪囊尾蚴病的唯一传染源。人体感染囊尾蚴的方式有三种：a. 体内自体感染，猪带绦虫感染者因呕吐反胃，致使肠内容物逆行至胃或十二指肠中，绦虫虫卵经消化液消化后，孵出六钩蚴进入组织，造成体内自体感染；b. 体外自体感染，猪带绦虫感染者通过不清洁的手把自体排出的虫卵带入口腔而感染；c. 异体感染，也称外源性感染，由于食品污染了猪带绦虫虫卵，被人吞食而感染。异体感染是人体感染囊尾蚴的主要方式，是食品卫生和个人卫生不良所致。

③ 对人体的危害

人患绦虫病时出现食欲减退、体重减轻、慢性消化不良、腹痛、腹泻、贫血、消瘦等症状。患有钩绦虫病时，肠黏膜的损伤较重，少数发生虫体穿破肠壁而引发腹膜炎。患囊尾蚴时，如侵害皮肤，表现为皮下有囊尾蚴结节。侵入肌肉引起肌肉酸痛、僵硬，影响视力，严重的导致失明。侵入脑内出现精神错乱、幻听、幻视、语言障碍、头痛、呕吐、抽搐、癫痫、瘫痪等神经症状，甚至突然死亡。

（2）其他绦虫

① 膜壳绦虫

膜壳绦虫病（hymenolepiasis）分布于世界各地，我国分布也很广泛。小膜壳绦虫（*Hymenolepis nana*）的成虫寄生于人、鼠及其他啮齿动物的小肠，虫卵污染环境和食品，尤其是蔬菜，被人食入而导致感染。人也可发生自身感染（autoinfection），或食入蚤类、面粉甲虫（*Tenebrio* sp.）和拟谷盗（*Tribolium* sp.）等中间宿主而感染。严重感染时有头痛、失眠、恶心、呕吐、腹痛、腹泻、食欲减退和消瘦等症状，尤以儿童易感染。

缩小膜壳绦虫（*H. diminuta*）寄生于人或鼠的肠道，患者有轻微的神经和胃肠道症状，重者出现眩晕和贫血。本病的流行与虫体具有广泛的中间宿主（如甲虫、螳螂、谷蛾、大黄粉虫等昆虫）有密切关系，人体感染因误食混在粮食中的害虫所致。因此，应采用综合防治措施，消灭仓储害虫等中间宿主和保虫宿主鼠类，注意个人卫生和饮食卫生。

② 细粒棘球绦虫

细粒棘球蚴病（echinococcosis granulosa）是由细粒棘球绦虫（*Echinococcus granulosus*）的幼虫引起的人畜共患病，又称包虫病（echinococcosis）。本病呈世界性分布，以牧区多见，我国分布也很广，主要流行于西北、西南和华北等牧区与半农半牧区，人体感染地区主要在西北，以儿童和年轻人居多。成虫寄生于犬科动物的小肠，排出虫卵污染食品、水源或饲料，被人或家畜食入而感染。棘球绦虫主要寄生于肝脏，其次为肺、脑、肾、肌肉、皮肤、脊髓及体腔，可引起人体过敏，局部肿块。临床表现有发热、肝区疼痛，重者有全身中毒症状，发生过敏性休克。

③ 阔节裂头绦虫

阔节裂头绦虫病（diphyllobothriasis latum）主要分布于亚寒带和温带，全世界约有1000 万人感染。阔节裂头绦虫为大型绦虫，成虫寄生于人和犬科动物小肠，在人体内可存活 5～13 年。人体感染因食入含阔节裂头蚴的生的或半生的鳞鱼、狗鱼、江鳕等淡水鱼及其制品所致，如喜食生鱼、用少量食盐腌制或烟熏的鱼、鱼子或果汁浸鱼等均可使人感染。患者表现轻度腹痛、腹泻或便秘、疲惫乏力和肢体麻木，重者有贫血、感觉异常、运动失调等症状。

④ 曼氏裂头蚴

曼氏裂头蚴病（sparganosis mansoni）是由曼氏迭宫绦虫中绦期——裂头蚴寄生于人体引起的疾病，对人体危害较严重。曼氏迭宫绦虫（*Spirometra mansoni*）终寄主为猫、犬、狐、虎、豹等。第一中间寄主淡水蚤足虫（如剑水蚤、镖水蚤），第二中间寄主蝌蚪，猫、犬等为终寄主。人可以作为曼氏迭宫绦虫的第二中间寄主、转续寄主或为终寄主，但人不是正常终寄主，所以成虫很快就被排出。人因食入生的或半生的蛙、蛇、鸡、猪和马肉，或者饮用生水（含受感染的剑水蚤）而感染。裂头蚴侵害眼睛、皮下组织、脑和内脏，引起炎症、浮肿和脓肿。

⑤ 犬复殖孔绦虫

犬复殖孔绦虫（*Dipylidium caninum*），成虫常见寄生于猫和狗的肠道，跳蚤为虫体发育正常的中间宿主和传播媒介，患者也是经口吞食了含有拟囊尾蚴的食物而感染。

⑥ 西里伯瑞列绦虫

西里伯瑞列绦虫（*Raillietina celehensis*），成虫寄生于鼠类肠道，其正常的中间宿主是蚂蚁，多见于学龄前儿童，患儿因吞食了含有该绦虫拟囊尾蚴的零食而受感染。

4. 线虫

线虫（*Caenorhabditis elegans*）属于线形动物门，种类繁多，在中国畜禽中已发现线虫病原 350 余种。绝大多数营自生生活。广泛分布于水和土壤中，经食品传播的线虫主要有旋毛虫、蛔虫、毛首鞭形线虫（鞭虫）、钩虫、烧虫、异尖线虫、东方毛圆线虫、广州管圆线虫、肾膨结线虫等。

（1）似蚓蛔线虫

似蚓蛔线虫（*Ascaris lumbricoides Linnaeus*），简称蛔虫，是最常见的人体寄生虫之一，成虫寄生于小肠可引起蛔虫病。人的蛔虫病是蛔虫寄生于人体小肠内引起的一种常见寄生虫病，在儿童中发病率相对较高。蛔虫成虫呈圆柱形，似蚯蚓状；虫卵为椭圆形，卵壳表面常附有一层粗糙不平的蛋白质膜，因受胆汁染色而呈棕黄色。

① 病原

蛔虫的成虫寄生于宿主的小肠内，虫卵随粪便排出体外，在适宜的环境中单细胞卵发育为多细胞卵，再发育为第一期幼虫，经一定时间的生长和蜕皮，变为第二期幼虫，再经 3~5 周才能变成感染性的虫卵。感染性虫卵一旦与食品、水等一起经口被摄入人体，在小肠内可孵出第二期幼虫，通过小肠黏膜进入淋巴管或微血管，再经胸导管或门静脉到达心脏，随血液到达肝、肺，然后经支气管、气管、咽喉再返回小肠内寄生，并逐渐长大为成虫。成虫在小肠里能生存 1~2 年，有的可长达 4 年以上。

② 传染源和传播途径

当灰尘、水、土壤或蝇、鼠以及带虫卵的手污染蔬菜、水果及水生生物后，若食用前未洗净或未彻底杀灭虫卵，可导致人体感染蛔虫病。

③ 蛔虫感染的危害

人感染蛔虫而发病时，早期危害主要是幼虫在肺内移行造成发热、咳喘、蛔虫性肺炎；幼虫滞留在肝时，可造成小点出血，肝细胞混浊肿胀、脂肪变性或坏死；后期危害主要是成虫在小肠内生活造成的，轻者不表现症状，严重感染时可致消瘦、贫血、腹痛、便秘或腹泻、呕吐等症状。成虫的数量多时互相扭结成团，可引起肠梗阻。蛔虫喜欢钻孔，还可引起肠穿孔、腹膜炎、阑尾炎，钻入气管可引起窒息，钻入胆管可引起胆管阻塞、化脓性胆管炎或胆管破裂，胆汁外流，胆囊内胆汁减少，肝脏黄染和变硬等病变。蛔虫在寄生生活中所分泌的有毒物质和排出的代谢产物，可作用于宿主的中枢神经和血管，引起过敏症状，如烦躁、荨麻疹、夜间磨牙、低热、兴奋和麻痹等。

（2）旋毛虫

旋毛虫（*Trichinella spiralis*）是一种动物源性人畜共患寄生虫，可导致人、畜以损害横纹肌为主的全身性疾病。几乎所有的哺乳动物对旋毛虫均易感，除澳大利亚未发现本地患者及动物感染外，现已发现有150多种哺乳动物可自然感染旋毛虫。

① 病原

旋毛虫的成虫呈微小线状，雄虫大小为（1.4～1.6）mm×（0.04～0.05）mm，可分泌具有消化功能和强抗原性的物质，可诱导宿主产生保护性免疫。

② 传染源和传播途径

旋毛虫的成虫和幼虫寄生于同一宿主体内，不需要在外界环境中发育。造成旋毛虫感染的食物主要是生的或半生的含有活体旋毛虫包囊的猪肉、野猪肉、狗肉或熊肉等，如果肉制品在加工时中心温度未能达到杀虫温度，也可能含有活的旋毛虫包囊，如熏肉、腌肉、酸肉、腊肠等。另外，切生肉的刀或砧板、容器等若污染了旋毛虫包囊，也可成为传播因素。

③ 旋毛虫对人体的危害

当人食用含有旋毛虫包囊的动物肌肉后，经胃液和肠液的消化作用，包囊被消化，幼虫在十二指肠由包囊中逸出，并钻入十二指肠或空肠上部的黏膜，在48h内发育为成虫。经交配后7～10天开始产幼虫，每条雌虫可产幼虫1～10000条，寿命为4～6周。幼虫穿过肠壁随血液循环到达人体各部的横纹肌，一般在感染后1个月内形成包囊，约经数年后，包囊两端开始钙化，幼虫可随之死亡。但有时钙化包囊内的幼虫可继续存活数年以上，有文献记载，幼虫在人体内最长可活31年。

（3）钩虫

钩虫病是钩虫寄生人体小肠所引起的疾病，是威胁我国人体健康的重要寄生虫病之一。

① 病原

钩虫是一种常见的肠道寄生虫，长约1cm，寄生于人的十二指肠及小肠内。

② 传染源和传播途径

主要经皮肤感染人体，也可因生食含钩蚴的蔬菜经口腔黏膜侵入人体。钩虫为寄生虫，除人体感染外，十二指肠钩虫还可感染犬、猪、猫、狮、虎、猴等。钩虫的发育温度以22～34.5℃为宜，在15℃以下或37℃以上停止发育。

③ 钩虫对人体的危害

人感染钩虫的主要途径为：一是经皮肤感染幼虫（丝状蚴），二是生食被幼虫污染的蔬菜。人感染钩虫可引起钩蚴性皮炎，成虫可引起腹痛，持续性黑便、贫血为其主要症状，部分病人有异食癖，如食生米、泥土、瓦片等。

（4）广州管圆线虫

广州管圆线虫（*Angiostrongylus cantonensis*）主要寄生于鼠肺部血管中，偶尔可寄生在人体，引起广州管圆线虫病，又名嗜酸性粒细胞增多性脑膜脑炎。

① 病原

广州管圆线虫病是人畜共患的寄生虫病，人主要因进食含有广州管圆线虫幼虫的生或半生的螺肉而感染，也可因为生吃被幼虫污染的蔬菜、瓜果，喝含幼虫的生水而感染。

② 广州管圆线虫对人体的危害

广州管圆线虫的幼虫进入人体后，可在人体内移行而进入人脑等器官，主要侵犯人体的中枢神经系统，引起以脑脊液中嗜酸性粒细胞显著升高为特征的脑膜脑炎，使人发生急剧的头痛，甚至不能受到任何震动，走路、坐下、翻身时头痛都会加剧，伴有恶心呕吐、颈项强直、活动受限、抽搐等症状，重者可导致瘫痪、死亡。

（5）其他线虫

① 异尖线虫

异尖线虫病（anisakiasis）主要分布于荷兰、美国、德国、日本和智利等国家。我国东海、黄海和南海出产的 33 种鱼类中有 23 种鱼感染有异尖线虫，其中乌贼的感染率为 10%，10 种鱼的感染率高达 80%。寄生于人体的异尖线虫很多，其中简单异尖线虫寄生于人的消化道，人因生食含有包囊的海产鱼类和乌贼而感染。患者有腹痛、恶心、呕吐、低热、腹胀，也有出现荨麻疹、皮肤干燥、口腔炎等症状，严重感染时引起胃穿孔。

② 蠕形住肠线虫

蠕形住肠线虫病由蠕形住肠线虫引起。蠕形住肠线虫（*Enterobius vermicularis*）即蛲虫。蠕形住肠线虫病一般发生于托儿所或幼儿园等学龄前儿童群居的场所，儿童经手或食物等途径吞食了蛲虫虫卵，寄生于盲肠、阑尾、结肠、直肠及回肠下段。蛲虫感染呈世界性分布，我国各地亦十分普遍，但以甘肃、四川、海南和广东等省最为严重。

蛲虫病（enterobiasis）传染途径有 4 种：自身感染、接触感染、吸入感染和逆行感染。蛲虫的机械刺激及其毒性物质的作用，使肛门产生炎性病变或湿疹，亦可引起继发感染。患者肛门周围或会阴部产生瘙痒，可引起食欲减退等消化道症状，寄生虫在体内的代谢产物可导致精神兴奋、失眠不安、小儿夜惊及异食症等精神症状。

③ 鞭虫

鞭虫病（trichuriasis）由毛首鞭形线虫（*Trichuris trichiura*）引起，毛首鞭形线虫俗称鞭虫，该虫生活史发育环节、分布区域和感染途径均与蛔虫类似，常与人蛔虫混合感染寄生。

④ 刚刺颚口线虫

刚刺颚口线虫病由刚刺颚口线虫（*Gnathostoma hispidum*）引起，成虫常见于猪胃中，虫体较大，以虫体头部钻入猪胃壁。幼虫经剑水蚤和鱼类发育后，其感染期幼虫寄生于鱼肌肉中，人体感染主要因生食含幼虫的淡水鱼（如乌鳢、黄鳝、沙鳢、鳅等）。幼虫在人的肌肉和皮下组织中移行长达数年之久，形成脓肿或硬结节。幼虫进入脊髓或脑，患者出现神经症状，甚至死亡。

颚口线虫病主要分布于亚洲，日本和泰国有食生鱼的习惯，人体感染较为严重。

⑤ 棘颚口线虫

棘颚口线虫病由棘颚口线虫（*G. spinigerum*）引起，棘颚口线虫常与刚刺颚口线虫混合感染，其传播途径和感染方式类似于刚刺颚口线虫。

⑥ 陶氏颚口线虫

陶氏颚口线虫病由陶氏颚口线虫（*G. doloresi*）引起，经鳝鱼传播，流行、传播和感染途径与刚刺颚口线虫和棘颚口线虫类似。

⑦ 粪类圆线虫

粪类圆线虫病由粪类圆线虫（*Strongyloides stercoralis*）引起，该线虫感染期幼虫可经口随食物进入人体内。

⑧ 旋毛形线虫

旋毛形线虫病由旋毛形线虫（*Trichinella spiralis*）引起，旋毛形线虫幼虫包囊寄生于多种脊椎动物肉类中，人们通过烧烤等方式食用了未经煮熟煮透的含有旋毛形线虫幼虫包囊的动物肉类而受到感染。

三、食源性寄生虫病的防治

食源性寄生虫的生活史比较复杂，影响寄生虫病流行的因素又较多，因此应采用以下综合防治措施：

（1）切断传染源

在流行地区要开展普查、防疫、检疫、驱虫和灭虫工作。

（2）消灭中间宿主

选择适宜方法消灭螺、剑水蚤等中间宿主以及蝇、蟑螂和鼠等传播媒介和保虫宿主。

（3）加强食品卫生监督检验

在动物屠宰过程中，必须进行肉品中囊尾蚴、旋毛虫和肉孢子虫的检验，合理处理病畜肉，防止带虫的肉品、水产品和其他食品上市出售。在食品加工过程中，严禁用含有寄生虫的肉、鱼或其他被污染的原料加工食品。保持饮用水和食品加工用水卫生，来自湖泊、池塘、溪流或其他未经处理的水在洗涤食品或饮用之前，必须经净化消毒或加热煮沸。

（4）改进烹调方法和不卫生习惯

加强食品卫生宣传教育，改变不良饮食习惯，肉和水产品应烧熟煮透，不生食肉、鱼、蟹或其他动物性食品，蔬菜和水果在食用前应清洗干净，不饮生水和生乳，饭前便后要洗手。

（5）保持环境卫生

改善公共卫生，为了防止人畜粪便污染环境、饲料、水源和食品，应利用堆肥、发酵、沼气等多种方法处理粪便，以杀灭其中的寄生虫虫卵，使其达到无害后方可使用。

（6）加强动物饲养管理

禁用生肉、鱼、虾或其废弃物饲喂动物，在寄生虫病流行地区，严禁放牧食用动物。

目前我国在食源性寄生虫防控方面所采取的主要防控策略包括以下几个方面：

① 充分发挥政府在动物检疫工作中的领导作用。根据《中华人民共和国动物防疫法》规定，各级人民政府对辖区内的动物检疫工作负领导责任。因此，在动物检疫工作中，应充分发挥政府的领导作用，加大各级政府对检疫设备的硬件投入，彻底改变动物检疫设备短缺、检疫手段滞后的局面。

② 健全和完善相关法规。《中华人民共和国动物防疫法》及其相关法规已对动物及其产品的检疫作了详细规定，并发挥了巨大作用，但随着国家的经济发展和两个文明程度的提高，目前仍有一些条款待修改和补充完善。

严厉打击违法违纪违规行为：畜牧部门要加强对畜牧执法人员的管理，加大对其违法违纪违规行为的查处力度，规范执法行为，真正做到文明执法、公正执法。由政府牵头，组织畜牧、工商、卫生、公安等部门加大对私屠乱宰、逃避检疫、经营病死畜禽的打击力度。

③ 技术保障。依靠科技进步，研究和改进了寄生虫病预防、诊断、治疗的技术和方

法，从而提高了寄生虫病防治水平。研究制定防治标准和技术规范；研制开发了快速、方便、灵敏性高、特异性强的包虫病、黑热病、囊虫病、肝吸虫病诊断工具；开发和研制了安全、有效、价廉的包虫病、囊虫病、肝吸虫病治疗药物和犬包虫病疫苗。加强了寄生虫病防治队伍建设，提高综合防治能力，并使寄生虫病防治专业人员的工作和生活条件逐步得到改善。

④ 建立和健全寄生虫病防治的数据资料统计制度。通过定期采用先进的技术方法，进行牛、羊寄生虫检查和流行病学调查研究，获得准确可靠的数据资料，是开展牛、羊寄生虫病防治工作，制定措施的科学依据。数据资料的统计工作要采用计算机数据库管理，并逐步实现网络化。应用计算机预测和预报寄生虫病的发生和流行，分析驱虫药物防治效果，提出翔实的数据和准确的结论，不断更新和改进防治技术，完善综合防治措施，提高管理水平，将有效地控制牛、羊的主要寄生虫病的危害，为牛、羊养殖业的发展带来显著的经济效益。

⑤ 建立食源性寄生虫防治示范区。为探索新时期寄生虫病防治工作模式，原卫生部疾病控制局在全国多个食源性寄生虫感染率较高的省市县（区、市）建立了寄生虫病综合防治示范区（简称示范区）。在整个项目实施过程中，健康教育和宣传起到了非常重要的作用。采取以健康教育为先导，有计划、有组织、有系统地采取多种形式进行宣传教育活动，使目标人群健康教育覆盖率大于90％。

总之，由于寄生虫病的临床表现大多缺乏特异性，只有保持高度的警惕，熟练掌握食源性寄生虫病原的生活史、形态学、致病性等病原生物学特点及其与环境、人的行为等社会、自然因素的关系等规律，结合其所致寄生虫病的临床表现，采集适当的标本，选用适当的病原学论断方法，才能为建立和完善食源性寄生虫病的检测、监测、报告、预警、干预等控制规划与措施等各个环节提供可靠的技术保障。

第五节　食品害虫对食品安全的影响

一、食品害虫污染概述及危害

食品害虫（food pest）是指能引起食源性疾病、毁坏食品和造成食品腐败变质的各种害虫，通常包括有害昆虫、鼠类和其他有害生物。这些有害生物的控制简称为虫害控制（pest control）。

食品害虫属节肢动物门（Arthropoda），主要是昆虫纲（Insecta）和蛛形纲（Arachnida），大多属于昆虫和螨类，主要为害储藏食品。食品害虫种类繁多，分布广泛，抵抗力强，具有耐干燥、耐热、耐寒、耐饥饿、食性复杂、适应力和繁殖力强等特点，而且虫体小，易隐藏，有些有翅，能进行远距离飞行和传播。因此，食品害虫极易在食品中生长繁殖。盛放食品的地方因清扫、消毒、灭虫等措施不力，或缺少应有的卫生设备，均会使粮食、食品被昆虫卵所污染，遇适宜的温度、湿度，各种害虫便会迅速繁殖。如粮食中的甲虫类，肉、鱼、酱和咸菜中的蝇蛆，食糖中的螨等，都是由昆虫造成的污染。

昆虫是影响食品安全性的一个重要因素，它们对粮食、水果和蔬菜等食品的破坏性很大。虫害不仅仅是昆虫能吃多少粮食的问题，而主要是当昆虫侵蚀了食品之后所造成的损害给细菌、酵母和霉菌的侵害提供了可乘之机，从而造成了进一步的损失，还能通过食品广泛传播病原微生物，引起和传播食源性疾病。由于昆虫具有较强的爬行或飞行能力，在污染食品、传播疾病危害中有着特别的作用。常见的有害昆虫有苍蝇、蟑螂、螨虫等。

食品害虫，不仅蛀蚀和破坏食品，引起食品发热和霉变，而且可携带多种病原体污染食品，从而影响食品安全性，威胁食用者的健康。因此，防止和控制食品害虫在保证食品安全与卫生方面具有重要的意义。

二、昆虫类

1. 蝇

蝇（muscidae）是日常生活中最常见、最主要的传播疾病的媒介昆虫，也是食品卫生中普遍存在的问题。蝇的种类较多，与食品污染有关的主要是家蝇和大头金蝇等。家蝇能侵入任何地方，污染各种食物，传播多种病原体如病毒、细菌、霉菌和寄生虫等。蝇以人的各种食物以及人畜排泄物为食。蝇的幼虫则以腐败食物为食。因此，蝇或其幼虫体表或内部携带着大量的病原体。当家蝇与食物接触时，它们携带的病原体被传播到食物中或转移到苍蝇粪便中。此外，苍蝇只能摄取液体食物，在进食固体时，先将唾液和吸取的液体呕出以便溶解食物，而它们的唾液或呕吐物中含的病原体可以在进食时污染食品、设备物品及器具。人摄入受苍蝇污染的食物有可能导致食源性疾病。

预防和控制蝇危害最为有效的方法就是防止其飞入加工、储藏、制备及经营食品的区域，从而减少在这些区域中蝇的数量。迅速彻底地消除食品加工区域内的废弃物可防止蝇的侵入。安装纱窗和双道门具有防止苍蝇侵入的作用。为了减少食品企业周围环境对苍蝇的吸引，室外垃圾应尽可能远离门口，垃圾应置于密闭容器中。

2. 蟑螂

蟑螂（blattodea）是全世界食品加工和食品服务部门内最为普遍的一类害虫，学名称蜚蠊，是食品危害中最大型的害虫。蟑螂的个体一般在 13～60mm，体扁平，头小下弯，隐于顿前胸的面部，口器为咀嚼式。蟑螂是夜行性和喜温性的爬行昆虫，喜欢生活在温暖、潮湿、阴暗、不受惊扰、接近水源和食源的地方，一般在 24～35℃之间最为活跃。其主要特点见缝就钻、昼伏夜出、耐饥不耐渴、繁殖速度快等。蟑螂具有较强的耐饥力，在有水条件下，不吃任何食物可存活 40 天，不喝水也能存活 7～10 天。在 60℃以上或 5℃以下才易死亡。蟑螂羽化后 6～7 天，性发育成熟，雌雄蟑螂即可进行交配。雌蟑螂只需交配一次，便可终身产卵，繁殖能力极强。蟑螂污染食物，可传播多种疾病。研究表明，经蟑螂携带和传播的病原体主要有：细菌类，如副霍乱弧菌、痢疾杆菌、猩红热溶血性链球菌、鼠伤寒沙门菌等 40 多种，以肠道菌最为重要；病毒类，如乙肝病毒、脊髓灰质炎病毒、腺病毒等，以及 SARS 冠状病毒特异性引物扩增可疑阳性；寄生虫类，如钩虫、蛔虫、绦虫、蛲虫、鞭虫等多种寄生虫卵、原虫；真菌类，如黄曲霉菌、黑曲霉菌等。所携带和传播的病原体可引起多种疾病。

3. 甲虫

甲虫（coleoptera）是危害食品及粮食的重要类群，体长 2～18mm。在全世界，鞘翅目储藏食品害虫有几百种，但重要的仅 20 多种。它们是玉米象（*Sitophilus zeamais*）、米象（*Sitophilus oryzae*）、谷象（*Sitophilus granarius*）、咖啡豆象（*Araecerus fasciculatus*）、谷蠹（*Rhyzopertha dominica*）、大谷盗（*Tenebroides mauritanicus*）、锯谷盗（*Oryzaephilus surinamensis*）、米扁虫（*Ahasverus advena*）、锈赤扁谷盗（*Cryptolestes ferrugine-*

us）、长角扁谷盗（*Cryptolestes pusillus Schoenherr*）、土耳其扁谷盗（*Cryptoles testurcicus*）、杂拟谷盗（*Tribolium confusum*）、赤拟谷盗（*Tribolium castaneum Herbst*）、脊胸露尾甲（*Carpophilus dimidiatus*）、黄斑露尾甲（*Carpophilus hemipterus*）、日本蛛甲（*Ptinus japonicus Reitter*）、裸蛛甲（*Globose spider beetle*）、烟草甲（*Lasioderma serricorne*）、药材甲（*Stegobium paniceum*）、白腹皮蠹（*Dermestes maculatus Degeer*）、绿豆象（*Callosobruchus chinensis*）、蚕豆象（*Bruchus rufimanus Boheman*）和豌豆象（*Bruchus pisorum*）等。

4. 蛾类

蛾类成虫展翅可达20mm。在两对翅上覆有许多微小鳞片并构成图案，归在鳞翅目中。蛾类成虫不取食，危害食品的是其幼虫。根据织物和食品与包装材料中的蛀洞可以鉴别害虫种类。重要的种类有麦蛾（*Sitotroga cerealella*）、粉斑螟（*Ephestia cautella*）、烟草粉螟（*Ephestia elutella*）和印度谷螟（*Plodia interpunctella*）等。保持良好的环境卫生、合理存放食品可以有效防止蛾类的危害。

5. 书虱

书虱（*Liposcelidae*）成虫体长约2mm，属于啮虫目，全身淡黄色，半透明，常栖息于纸张和古旧书籍中，故有书虱的名称。中国主要的种类有无色书虱和嗜虫书虱等。由于它对贮藏大米的危害严重，有"米虱"之俗称。大米保管不善，贮藏4个月后由它造成的质量损失可达4%～6%。在欧洲各国书虱是一种家庭害虫，危害食糖和粉状食品。

三、螨类

螨（*acarid*）属于蛛形纲（Arachnida）、蜱螨目（Arachnoidea），是一群体形微小的节肢动物，危害食品及影响人类健康的螨类主要是属于粉螨亚目的螨类。因其个体大小恰如一颗散落的面粉，故有"粉螨"之俗称，成螨体长不到0.5mm，肉眼不易见。一旦在食品仓库里发现螨类，此时已经造成了重大的经济损失。螨虫主要污染储藏食品中的食糖、蜜饯、糕点、乳粉、干果及粮食。尤其是在糖的储存、运输和销售时，容易受到螨虫的污染。人因接触或误食螨及其分泌物、排泄物、皮屑等可引起过敏反应性疾病。在中国，危害贮藏食品的螨类有98种，主要有粉螨和肉食螨。预防螨虫污染的措施是保持食品的干燥，保持室内卫生、通风。食用储存过久的白糖，应先加热处理，70℃、3min以上即可杀灭螨虫。

1. 粉螨

粉螨（*Acaroid mites*）属于粉螨科（Acaridae），为世界性分布，种类很多，滋生于温暖潮湿的场所，主要危害粮食、油料、面粉、饼干、食糖、干果、蘑菇、干酪、腊肉和火腿等食品，常常携带霉菌孢子污染食品，引起食品霉烂及霉菌毒素残留，尤其对花生、玉米及其制品为害严重。粉螨的代谢产物和排泄物具有毒性。它不仅危害粮食和菜籽饼粕等物品，而且它们的尸体、蜕下的皮、排泄物等是人类变态反应疾病的过敏原，引起过敏性哮喘、持续性鼻炎等疾病。如果人与被污染的食品接触可发生皮炎，人误食或吸入后可引起肠道、呼吸道、泌尿生殖道等部位的病变，患者发生螨病，并可引起孕妇流产。螨性皮炎：被粉螨叮咬或接触含有大量螨类的储藏食品时，皮肤上出现红斑、丘疹、疱疹和脓疱。肺螨症（pulmonary acariasis）：患者有支气管炎或支气管哮喘的症状，粮食部门从业人员容易感染。肠螨症（intestinal acariasis）：粉螨随食物进入消化道，侵害黏膜，引起肠炎。

2. 尘螨

尘螨（*Dermatophagoid mite*）属于蚍螨科，尘螨属的一种微型生物，有30余种，其中与食品和人类过敏性疾病有关的主要是粉尘螨，常存在于面粉厂、食品仓库，以面粉、棉籽饼和霉菌为食物，常与粉螨滋生一处。尘螨是一种强烈过敏原，对人体健康危害很大，特别是儿童，可引起尘螨性哮喘、过敏性鼻炎和皮炎。

3. 害嗜鳞螨

害嗜鳞螨隶属于蛛形纲（Arachnida），是我国常见的储藏物害螨之一，常发现于稻谷、大米、碎米、小麦、大麦、高粱、玉米、中草药以及草垛堆等储藏物中，且害嗜鳞螨种群数量一般都高于腐食酪螨或粗脚粉螨的种类数量，是我国储藏物害螨的优势种之一，该螨不仅造成储藏物数量的损失，而且可因其尸体、排泄物、代谢产物等污染储藏物与储藏环境导致储藏物品质的严重下降，甚至使食用者或作业人员患各种螨病，如肺螨病、哮喘病、皮炎等病症。

4. 腐食酪螨

腐食酪螨属于粉螨科。它是头号贮藏食品害螨，为害脂肪和蛋白质含量较高的储藏食品，易在蛋粉、干酪、干鱼、干菜、油料、果仁和坚果中生长，也可为害粮食及其制品。虫体在粮食表面活动，蛀食粮粒胚部或由伤口侵入内部，被害食品因虫尸聚集及螨排出的分泌物而发霉变质。它体形微小，生活史短，食性复杂，适应性强。因而，只要环境条件适宜，它便能大量繁殖起来，这样成千上万只腐食酪螨用其尸体、排泄物、蜕下的皮壳、代谢产物而污染了食品，特别是粉状食品。现已证实，它是引起人类变态反应的重要致敏原。它与粉尘螨和尘螨有交叉抗原性，均可由呼吸系统、消化系统和皮肤接触等途径而使人体致敏。在无尘螨的场合下，它可取代尘螨而起过敏原作用，使人类引起哮喘，它也是引起人类肺螨病的螨种之一。

5. 纳氏皱皮螨

纳氏皱皮螨属于粉螨科，身体上有微小纵沟形成皱纹，故有"皱皮"之名。它对食品的危害程度仅次于腐食酪螨，甚至在青霉素粉剂中也能生长繁殖，能使人产生螨性皮炎。在皱皮螨属中，危害贮藏食品的害螨仅纳氏皱皮螨和棉兰皱皮螨（*S. medanensis*）两种。

6. 甜果螨

甜果螨属于果螨科（Carpoglyphidae），嗜食干果、食糖等甜食品。它是食糖、蜜饯、杏脯等甜食品的重要害螨，若存放在仓库里的食糖保管不妥，甜果螨会大量繁殖起来而使食糖变为半流体。它是引起人类肠螨病的重要螨种。

四、食品害虫的防治措施

防治食品害虫，必须遵守"以防为主，综合防治"的原则，采用清洁卫生防治、物理与机械防治、生物防治、化学防治、习性防治、检疫防治等措施。

食品生产过程中保持食品加工间和储藏库清洁卫生和干燥，妥善保藏食品，防止害虫滋生。及时清理垃圾和废弃物，可有效防止苍蝇和蟑螂滋生。使用风幕、纱幕和双道门等防止苍蝇进入食品加工车间。使用生物、物理和化学方法杀灭害虫和鼠类。改善仓储条件，控制库内温度、湿度，采用低温储藏、气调储藏、辐照技术或药剂熏蒸食品，防止害虫滋生。食品在入库前、储藏中和进出口时，要进行食品害虫检验检疫。保持食品完整，减少杂质，提高食品质量，增强食品抗虫性能，可抑制害虫发生。具体害虫防治措施：

1. 昆虫类

（1）蝇

蝇类的生命周期有 4 个阶段：卵、幼虫、蛹和成虫。卵阶段非常短，蝇在蛹阶段被完整地保护着，杀虫剂无法进入，而幼虫和成虫阶段是最有效的防治时期。通常在幼蝇喜爱的进食处用杀虫剂控制幼蝇，成蝇的控制主要使用物理方法防治，分为两类：预防进入和诱捕。

预防进入就是将成蝇拒之门外，使用门帘、气帘、窗帘是很好的方法，但是会受到人们频繁进出的影响。如果苍蝇已进入了房屋，有许多方法可以诱捕。用紫外线进行诱捕在世界各地都获得了巨大的成功，不仅可以诱捕苍蝇，对其他飞行昆虫也有效。

（2）蟑螂

蟑螂的防治措施主要包括：保持环境整洁，清除垃圾、杂物，清扫卫生死角，清除蟑迹；堵洞抹缝，用水泥将蟑螂滋生藏匿处的孔洞、缝隙堵嵌填平，及时修缮家具缝隙，修缮漏水的水龙头，堵塞各类废弃的开口管道，消除或尽量减少蟑螂的滋生场所；收藏好食物、饲料，清除散落残存的食物，及时处理涌水泔脚，减少蟑螂可取食的食源和水源；检查进入室内的货物，发现携带的蟑螂或虫卵应及时清除杀死，防止蟑螂带入。

（3）甲虫

甲虫是一种世界性的储藏物害虫，食性复杂。在粮食仓库里危害谷物、豆类、油料等粮食，在烟叶仓库里危害储藏的烟叶、香烟和雪茄等烟草制品。调查分析近几年食品车间甲虫防治主要分为物理清理和化学清理，物理清理是依靠诱捕器监控，在生产车间各重点区域安装驱虫灯，阻断各区域间虫情的交叉感染。在密闭条件良好的生产车间内安装甲虫诱捕器对甲虫进行诱捕，一定注意不要把室外的甲虫和其他虫子吸引至车间内。

化学清理为根据甲虫在生产车间的衍生规律，在甲虫繁殖频繁时期进行杀虫，控制虫口数。使用的杀虫药品以低毒的水溶性农药为宜，喷药防治期间应关闭通风设备和通风口，封闭害虫防治区域，喷药结束后封闭时间应不低于 24h，封闭结束后，防治区域应通风换气不少于 4h。

（4）蛾类

蛾类防治主要分以下三个方面。环境的整顿：把容器积水倒掉、地板或水槽积水清除、室外水沟维持畅通。消灭幼虫：在化粪池中滋生的幼虫，可以投入昆虫生长调节剂如灭幼脲等。成虫的清除：使用电蚊拍、喷灭害灵等。

（5）书虱

书虱的寄主主要包括玉米、稻米、小麦、高粱、面粉、各种谷物。主要为害贮存 2～3 年的陈粮，成虫啃食，幼虫蛀食谷粒。防治措施主要包括：清洁仓库，堵塞各种缝隙；选择晴天摊晒粮食；使用粮食防虫包装袋；低温冷冻除虫，−10℃以下时，将贮粮摊开 7～10cm 厚，冷冻 12h；植物熏避除虫，将花椒或茴香 12～13g 装入纱布小袋埋入粮食中，一般每 50kg 粮食放 2 袋；药剂触杀，每 40kg 粮食用磷化铝 4～5g，防效达 85%。

2. 螨类

螨类防治主要包括物理防治、化学防治和环境防治三类。物理防治措施包括：高温杀螨，将耐热的食品放入 70℃以下几小时，即可杀死螨；高温清洗，50℃下 7min，60℃下 30s 即可杀死尘螨，加洗洁精效果更好；冷冻杀螨，冬季仓库开窗，或用干冰来杀死食品中的尘螨。环境防治是指杜绝螨类食物来源（尘螨食物主要是人的皮屑、长霉菌的食品、猫狗口水与皮屑、蟑螂排泄物与尸体等有机物质），并保持房屋仓库通风采光，保持室内干燥，经常清除室内尘埃。化学防制通常以5％卡死克（氟虫脲）乳油，1000～2000倍喷雾；20％哒螨灵（速螨酮）可湿性粉剂，2000～4000倍喷雾；将棉球蘸上敌敌畏，放在被熏料下，然后盖塑料布熏蒸。

参 考 文 献

[1] 钟耀广. 食品安全学 [M]. 2版. 北京：化学工业出版社，2010.

[2] 车振明，李明远. 食品安全学 [M]. 北京：中国轻工业出版社，2013.

[3] 丁晓雯，柳春红. 食品安全学 [M]. 北京：中国农业大学出版社，2011.

[4] 赵笑虹. 食品安全学概论 [M]. 北京：中国轻工业出版社，2010.

[5] 陈卫平，王伯华. 食品安全学 [M]. 北京：化学工业出版社，2016.

[6] 王际辉. 食品安全学 [M]. 北京：中国轻工业出版社，2013.

[7] 纵伟. 食品安全学 [M]. 北京：化学工业出版社，2016.

[8] 张小莺，殷文政. 食品安全学 [M]. 北京：科学出版社，2012.

[9] 侯红漫. 食品安全学 [M]. 北京：中国轻工业出版社，2014.

[10] 吴祖芳. 现代食品微生物学 [M]. 杭州：浙江大学出版社，2017.

[11] 李凤梅. 食品微生物检验技术 [M]. 北京：化学工业出版社，2015.

[12] 魏升云，张淑珍，方鹤松. 轮状病毒肠炎研究进展 [J]. 临床儿科杂志，2004，22（6）：409-411.

[13] 刘佩红，徐锋，沈莉萍，等. 沙门氏菌检测技术研究进展 [C]. 中国畜牧兽医学会家畜传染病学分会第六届全国会员代表大会暨第11次学术研讨会论文集. 2005.

[14] 姚璐. 论食品安全监管中对生物性污染的防控 [J]. 食品安全导刊，2018，15：42.

[15] 谭龙飞，黄壮霞. 食品安全与生物污染防治 [M]. 北京：化学工业出版社，2007.

[16] 流亮. 细菌性食物污染 [J]. 科学之友，2007，11：63.

[17] 秦健英. 影响细菌性食物中毒查明的因素及解决对策探讨 [J]. 临床合理用药杂志，2012，05（19）：139.

[18] 万磊. 2015-2017年某地区细菌性食物中毒发生状况与病原菌检验分析 [J]. 河南预防医学杂志，2019，30（5）：380-382，419.

[19] 孙若玉，任亚妮，张斌. 生物性污染对食品安全的影响 [J]. 食品研究与开发 2015，11：146-149.

[20] 王发园，陈欣. 食品的微生物污染 [J]. 农学学报，2009，4：86-87.

[21] 李慧芸，王军，张宝善. 真菌毒素对食品的污染及防止措施 [J]. 食品研究与开发，2004，25（3）：28-32.

[22] 李双青，李晓敏，张庆合. 植物油中真菌毒素检测技术的研究进展 [J]. 色谱，2019，37（6）：569-580.

[23] 赵丽杰，高星，吴丽华. 粮食及其制品中真菌毒素限量标准及检测方法概述 [J]. 现代面粉工业，2019，3：26-28.

第三章 化学性污染对食品安全的影响

第一节 农药残留对食品安全的影响

一、农药残留的概念及来源

1. 农药和农药残留

农药（pesticide）是一种在农业活动中广泛应用的生产资料。联合国粮农组织（Food and Agriculture Organization of the United Nations，FAO）定义农药为用于预防、消灭、控制任何害虫的一种或者几种物质的混合物。植物生长调节剂、脱叶剂等虽不是作为控制害虫而开发的，但此类化合物也被包括在 FAO 定义的农药中。根据我国《农药管理条例》（2017）的定义，农药是指用于预防和控制危害农业、林业的病、虫、草、鼠和其他有害生物以及有目地调节植物、昆虫生长的化学合成或者来源于生物、其他天然物质的一种物质或者几种物质的混合物及其制剂。

农药残留（pesticide residue）是指由于农药的施用（包括主动和被动施用），而在食品、农产品和动物饲料中出现的任何特定物质，包括被认为具有毒理学意义的农药衍生物，如农药转化物、代谢物、反应产物及杂质等。一般来说，农药残留量是指农药本体物及其代谢物残留量的总和。提及农药残留量还必须明确农药最大残留限量及每日允许摄入量（acceptable daily intake，ADI）的概念。所谓农药最大残留限量是指在按照"良好农业规范"使用农药后，在食品或农产品内部或表面允许残留的农药最大浓度；而每日允许摄入量则是指人类终生每日摄入某物质，而不产生可检测到危害健康的估计量。也即当农药过量或长期施用，导致食物中农药残留量超过最大残留限量时，就有可能对人体或家畜产生不良影响，或通过食物链对生态系统中其他生物造成毒害。

2. 农药的分类

目前，全世界实际生产和使用的农药超过一千种，绝大部分为化学合成农药。为使用和研究方便，需要对农药进行分类，按用途可分为杀虫剂、杀菌剂、除草剂、杀螨剂、植物生长调节剂和杀鼠药等；按化学成分可分为有机氯类、有机磷类、氨基甲酸酯类、拟除虫菊酯类、苯氧乙酸类、有机锡类等；按药剂作用方式，可分为触杀剂、胃毒剂、熏蒸剂、内吸剂、引诱驱避剂、拒食剂、不育剂等；按其毒性可分为高毒、中毒、低毒三类；按杀虫效率可分为高效、中效、低效三类；按农药在植物体内残留时间的长短可分为高残留、中残留和低残留三类。

3. 食品农药残留的来源

施用于农作物上的各种农药，其中一部分附着于作物上，一部分散落在土壤、大气和水等环境中，环境残存的农药中有一部分又会被植物吸收。残留农药直接通过植物果实、水或大气进入人、畜体内，或通过环境、食物链最终转移给人、畜。因此，动植物在生长期间或食品在加工和流通中均可能受到农药的污染，从而导致食品中的农药残留。其主要来源如下。

(1) 施药后直接污染

在农业生产中，农药直接喷洒于农作物的茎、叶、花和果实等表面，若过量使用将造成农产品污染。部分农药被作物吸收进入植株内部，经过生理作用运转到植物的根、茎、叶和果实，代谢后残留于农作物中，尤其以皮、壳和根茎部的农药残留最高。在畜禽养殖中，使用广谱驱虫和杀螨药物（如有机磷、拟除虫菊酯、氨基甲酸酯类等制剂）杀灭动物体表寄生虫时，如果药物用量过大被动物吸收或舔食，在一定时间内可造成畜禽产品中的农药残留。在农产品贮藏中，为了防止其霉变、腐烂或植物发芽而过量施用农药造成食用农产品直接污染。

作物中农药的残留量与农药的性质、农药使用浓度以及作物品种有较大的关系。一般来讲，农药使用浓度与农药残留量有很大的关系，农药施药量越大，农药残留量越高，反之农药残留量越低。从作物本身角度来说，作物种类不同对各种农药表现出的吸收情况也不相同，所以造成的污染程度也不同。在一般情况下，亲水性的和粗糙的表面比疏水性的和光滑的表面能够吸收更多的农药；比表面积大的作物，由于易受药液污染，特别是内吸性强的农药，农药残留量也相对高一点。

(2) 从环境中吸收

一般情况下农田、草场和森林施药后，有 $40\%\sim60\%$ 农药降落至土壤，$5\%\sim30\%$ 的药剂扩散于大气中，逐渐积累，并通过多种途径进入生物体内，致使农产品、畜产品和水产品出现农药残留问题。

当农药落入土壤后，逐渐被土壤粒子吸附，植物通过根茎部从土壤中吸收农药，引起植物性食品中农药残留。水体被污染后，鱼、虾、贝和藻类等水生生物从水体中吸收农药，引起组织内农药残留。用含农药的工业废水灌溉农田或水田，也可导致农产品中农药残留。甚至地下水也可能受到污染，畜禽可以从饮用水中吸收农药，引起畜产品中农药残留。虽然大气中农药含量甚微，但农药的微粒可以随风、大气飘浮，通过降雨、降雪等自然现象造成很远距离的土壤和水源的污染，进而影响栖息在陆地和水体中的生物。

农作物的污染程度与农药的性质（如稳定性、挥发性和水溶性等）、土壤的性质（如酸碱性、有机质含量）和作物的品种等因素有关。一般情况下，稳定性好、难挥发和脂溶性的农药在土壤中存在的时间长，因而污染程度也相对较大。如我国自 1983 年全面禁止生产六六六、滴滴涕（DDT），但由于其稳定性强，难以降解，其影响到现在还没有完全消除。另外，由于农药在碱性条件下易降解，所以农作物在酸性土壤中吸收的农药要大于碱性土壤中；同样，由于土壤对农药的吸附能力不同，农作物更易在沙质土壤中吸收农药，而在黏土和有机质含量高的土壤中吸收比较困难。作物从土壤中吸收农药的能力还因作物种类不同而异，一般最易从土壤中吸收农药的是胡萝卜，其次是草莓、菠菜、萝卜、马铃薯、甘薯等，难以吸收农药的作物有番茄、圆辣椒、白菜等。当然，作物与农药的种类很多，因而一种作物吸收农药的难易程度，并不是对所有农药而言，总的来说，根菜类、薯类吸收土壤中残留农药的能力强，而菜类、果菜类吸收农药的能力较弱。

（3）通过食物链污染

农药污染环境，经食物链传递时可发生生物富集，致使农药的轻微污染而造成食品中农药的高浓度残留。生物富集是指生物体从环境中能不断吸收低剂量的农药，并逐渐在其体内积累的现象。

一般畜产品中含有的农药残留主要是畜禽取食了被农药污染的饲料，造成农药在机体的蓄积，尤其是积累在动物的肝、肾、脂肪等组织中，有些能随乳汁排出或者转移至卵中。水产品中含有的农药残留主要是施用在农田或生活环境中的农药被冲刷至塘、湖、江、河或农药厂的废水、废渣排入河流后污染了水质及江河的底质，再通过生物富集作用在水生植物（如水草、藻类等）中浓缩起来，鱼虾等动物取食了这些污染农药的植物或贝类等，吸食了淤泥中的有机质，农药即转入它们体内，大鱼、水鸟吞食了小鱼后又转入大鱼、水鸟体中，从而导致食物受到农药的污染。

（4）其他途径

① 加工和贮运中污染

食品在加工、贮藏和运输中，使用被农药污染的容器、运输工具，或者与农药混放、混装均可造成农药污染。

② 意外污染

拌过农药的种子常含大量农药，不能食用。

③ 非农用杀虫剂污染

各种驱虫剂、灭蚊剂和杀蟑螂剂逐渐进入食品厂、医院、家庭等，使人类食品受农药污染的机会增多，范围不断扩大。此外，高尔夫球场和城市绿化地带也经常大量使用农药，经雨水冲刷和农药挥发均可污染环境，进而污染人类的食物和饮用水。

二、常见的农药残留及危害

1. 食品中农药残留危害概述

环境中的农药被生物摄取或通过其他方式进入生物体，蓄积于体内，通过食物链传递并富集，进入食物链顶端——人体内的农药不断增加，严重威胁人类健康。大量流行病学调查和动物实验研究结果表明，农药对人体的危害可概括为以下三方面：

（1）急性毒性

急性中毒主要由职业性原因（如生产和使用）中毒、自杀或他杀以及误食、误服农药，或者食用刚喷洒高毒农药的蔬菜和瓜果，或者食用因农药中毒而死亡的畜禽肉和水产品而引起。中毒后常出现神经系统功能紊乱和胃肠道症状，严重时会危及生命。

（2）慢性毒性

目前使用的绝大多数有机合成农药都是脂溶性的，易残留于食品原料中。若长期食用农药残留量较高的食品，农药则会在人体内逐渐蓄积，可损害人体的神经系统、内分泌系统、生殖系统、肝脏和肾脏，引起结膜炎、皮肤病、不育、贫血等疾病。这种中毒过程较为缓慢，症状短时间内不很明显，容易被人们所忽视，而其潜在的危害性很大。

（3）特殊毒性

目前通过动物实验已证明，有些农药具有致癌、致畸和致突变作用，或者具有潜在"三致"作用。

在食品中容易检出或市面上主要使用的几种农药有有机氯农药、有机磷、氨基甲酸酯类农药以及拟除虫菊酯类农药。其毒性分别介绍如下。

2. 有机氯农药

（1）常用种类和性质

有机氯农药是一类应用最早的高效广谱杀虫剂，大部分是含一个或几个苯环的氯衍生物，主要品种有六六六和DDT，其次是艾氏剂、异艾氏剂、狄氏剂、异狄氏剂、毒杀芬、氯丹、七氯、开蓬等。有机氯农药，如六六六和DDT等虽已停止使用多年，但由于化学性质相当稳定，在环境中残留时间长，不易分解，可不断迁移和循环，从而波及全球的每个角落，是一类重要的环境污染物。有机氯农药具有高度选择性，多蓄积于动植物的脂肪或含脂肪多的组织，在果蔬食品中有机氯残留已基本消除。

（2）有机氯农药对人体的危害

有机氯农药可影响机体酶的活性，引起代谢紊乱，干扰内分泌功能，降低白细胞的吞噬功能与抗体的形成，损害生殖系统，使胚胎发育受阻，导致孕妇流产、早产和死产。人中毒后出现四肢无力、头痛、头晕、食欲不振、抽搐、麻痹等症状。

（3）有机氯农药的允许限量

食品法典委员会推荐的人体六六六的ADI值为每千克体重0.008mg，DDT的ADI值为每千克体重0.02mg。我国《食品安全国家标准　食品中农药最大残留限量》（GB 2763）规定原粮中艾氏剂、狄氏剂、七氯的含量≤0.02mg/kg。

3. 有机磷农药

（1）常用种类和性质

有机磷类（organophosphates）广泛用于农作物的杀虫、杀菌、除草，为我国使用量最大的一类农药。高毒类主要有对硫磷、内吸磷、甲拌磷、甲胺磷等，中等毒类有敌敌畏、乐果、甲基内吸磷、倍硫磷、杀螟硫磷、二嗪磷等，低毒类有马拉硫磷和敌百虫等。

有机磷农药大部分是磷酸酯类或酸胺类化合物，多为油状，具有挥发性和大蒜臭味，难溶于水，易溶于有机溶剂，在碱性溶液中易水解破坏。生物半衰期短，不易在农作物、动物和人体内蓄积。有机磷农药的使用量越来越大，而且反复多次用于农作物，因此这类农药对食品的污染比有机氯农药严重。

（2）有机磷农药对人体的危害

有机氯农药停止使用后，有机磷农药随之成为我国主要农药品种，也成为目前植物性食品中农药残留的主要检测对象，尤其是果蔬及其制品。其中一些有机磷农药已经成为该类食品出口贸易的主要检测指标。

有机磷农药经皮肤、黏膜、呼吸道或随食物进入人体后，分布于全身组织，以肝脏最多，其次为肾脏、骨骼、肌肉和脑组织。大量接触或摄入后可导致急性中毒，主要出现中枢神经系统功能紊乱症状。轻者有头痛、恶心、呕吐、胸闷、视力模糊等，中度中毒时有神经衰弱、失眠、肌肉震颤、运动障碍等症状，重者表现为肌肉抽搐、痉挛、昏迷、血压升高、呼吸困难，并能影响心脏功能，最后因呼吸麻痹而死亡。

（3）有机磷农药的允许限量

FAO/WHO建议对硫磷的ADI值为每千克体重0.005mg，甲胺磷、敌敌畏的ADI值为每千克体重0.001mg，马拉硫磷、甲基对硫磷的ADI值为每千克体重0.002mg，辛硫磷的ADI值为每千克体重0.001mg。

4. 氨基甲酸酯农药

（1）常用种类和性质

氨基甲酸酯（carbamates）农药是针对有机磷农药的缺点而研制出的一类农药，具有高效、低毒、低残留的特点，广泛用于杀虫、杀螨、杀线虫、杀菌和除草等方面。杀虫剂主要有西维因（甲萘威）、涕灭威、速灭威、克百威、抗蚜威、异丙威、仲丁威等，除草剂有灭草灵、灭草猛等。氨基甲酸酯农药易溶于有机溶剂，在酸性条件下较稳定，遇碱易分解失效。在环境和生物体内易分解，土壤中半衰期 8～14 天。大多数氨基甲酸酯农药对温血动物、鱼类和人的毒性较低。

（2）氨基甲酸酯农药对人体的危害

氨基甲酸酯农药的中毒机理和症状基本与有机磷农药类似，但它对胆碱酯酶的抑制作用是可逆的，水解后的酶活性可不同程度恢复，且无迟发性神经毒性，故中毒恢复较快。急性中毒时患者出现流泪、肌肉无力、震颤、痉挛、低血压、瞳孔缩小，甚至呼吸困难等胆碱酯酶抑制症状，重者心功能障碍，甚至死亡。

（3）氨基甲酸酯农药的允许限量

FAO/WHO 建议甲萘威和呋喃丹的 ADI 值为每千克体重 0.01mg，抗蚜威的 ADI 值为每千克体重 0.02mg，涕灭威的 ADI 值为每千克体重 0.05mg。

5. 拟除虫菊酯农药

（1）常用种类和性质

拟除虫菊酯（pyrethroids）农药是一类模拟天然除虫菊酯的化学结构而合成的杀虫剂和杀螨剂，具有高效、广谱、低毒、低残留的特点，广泛用于蔬菜、水果、粮食、棉花和烟草等农作物。目前常用 20 多个品种，主要有氯氰菊酯、溴氰菊酯、氰戊菊酯、甲氰菊酯、二氯苯醚菊酯等。

拟除虫菊酯农药不溶或微溶于水，易溶于有机溶剂，在酸性条件下稳定，遇碱易分解。在自然环境中降解快，不易在生物体内残留，在农作物中残留期通常为 7～30 天。农产品中的拟除虫菊酯农药主要来自喷施时直接污染，常残留于果皮。这类杀虫剂对水生生物毒性大，生产 A 级绿色食品时，禁止用于水稻和其他水生作物。

（2）拟除虫菊酯农药对人体的危害

拟除虫菊酯属中等或低毒类农药，在生物体内不产生蓄积效应，因其用量低，一般对人的毒性不强。这类农药主要作用于神经系统，使神经传导受阻，出现痉挛等症状，但对胆碱酯酶无抑制作用。严重时抽搐、昏迷、大小便失禁，甚至死亡。

（3）拟除虫菊酯农药的允许限量

FAO/WHO 建议溴氰菊酯的 ADI 值为每千克体重 0.01mg，氰戊菊酯的 ADI 值为每千克体重 0.02mg，二氯苯醚菊酯的 ADI 值为每千克体重 0.05mg。

三、食品农药残留的控制措施

食品中农药残留对人体健康的损害是不容忽视的。为了确保食品安全，必须采取正确对策和综合防治措施，防止食品中农药的残留。

1. 加强农药管理

为了实施农药管理的法制化和规范化，加强农药生产和经营管理，许多国家设有专门的农药管理机构，并有严格的登记制度和相关法规。美国农药归属环保署（EPA）、食品药品监督管理局（FDA）和农业部（USDA）管理。我国也很重视农药管理，颁布了《农药登记规定》，要求农药在投产之前或国外农药进口之前必须进行登记，凡需登记的农药必须提供农药的毒理学评价资料和产品的性质、药效、残留、对环境影响等资料。2017年最新修订的《农药管理条例》，规定农药的登记和监督管理工作主要归属农业行政主管部门，并实行农药登记制度、农药生产许可证制度、产品检验合格证制度和农药经营许可证制度，未经登记的农药不准用于生产、进口、销售和使用。《农药登记毒理学试验方法》（GB/T 15670）和《食品安全国家标准　食品安全性毒理学评价程序》（GB 15193.1）规定了农药和食品中农药残留的毒理学试验方法。

2. 合理安全使用农药

为了合理安全使用农药，中国自20世纪70年代后相继禁止或限制使用了一些高毒、高残留、有"三致"作用的农药。1971年农业部发布命令，禁止生产、销售和使用有机汞农药，1974年禁止在茶叶生产中使用农药六六六和DDT，1983年全面禁止使用六六六、DDT和林丹。1982年颁布了《农药安全使用规定》，将农药分为高、中、低毒三类，规定了各种农药的使用范围。《农药安全使用规范　总则》（NY/T 1276）和《农药合理使用准则》（GB 8321.1~GB 8321.7），特别是准则中详细规定了各种农药在不同作物的使用时期、使用方法、使用次数、安全间隔期等技术指标。合理使用农药，不但可以有效地控制病虫草害，而且可以减少农药的使用，减少浪费，最重要的是可以避免农药残留超标。有关部门应在继续加强《农药合理使用准则》制定工作的同时，加大宣传力度，加强技术指导，使《农药合理使用准则》真正发挥其应有的作用。而农药使用者应积极学习，树立道德观念，科学、合理使用农药。

（1）掌握使用剂量

不同农药有不同的使用剂量，同一种农药在不同防治时期用药量不一样，而且各种农药对防治对象的用量都是经过技术部门试验后确定的，对选定的农药不可任意提高药量，或增加使用次数。如果随意增加药量，不仅造成农药的浪费，还产生药害导致作物特别是蔬菜农药残留。而采用减少药量的方法虽能控制农药残留，但达不到应有的防治效果。为此在生产中首先应根据防治对象，选择最合适的农药品种，掌握防治的最佳用药时机；其次严格掌握农药使用标准，既保证防治效果，又降低了农药残留。

（2）掌握用药关键时期

根据病虫害发生规律、危害特点在关键时期施药。预防兼治疗的药剂宜在发病初期应用，纯治疗也是在病害较轻时应用效果好。防治病害最好在发病初期或前期施用。防治害虫应在虫体较小时防治，此时幼虫集中，体形小，抗药力弱，施药防治最为适宜。

（3）掌握安全间隔期

严格执行农药使用安全间隔期。安全间隔期即最后一次使用农药距离收获时的时间，不同农药由于其稳定性和使用量等的不同，都有不同间隔要求，间隔时期短，农药降解时间不够造成残留超标。

（4）选用高效低毒低残留农药

为防止农药含量超标，在生产中必须选用对人畜安全的低毒农药和生物剂型农药，禁止剧毒、高残留农药的使用。农作物生长后期，在生物农药难以控制时，可用这类农药进行防治。

（5）交替轮换用药

注意不同种类农药轮换使用。多次重复施用一种农药，不仅药效差，而且易导致病虫害对药物产生抗药性。当病虫草害发生严重，需多次使用时，应轮换交替使用不同作用机制的药剂，这样不仅避免和延缓抗性的产生，而且有效地防止农药残留超标。

（6）采取生物防治方法

充分利用田间天敌控制害虫进行防治。首先选用适合天敌生存和繁殖的栽培方式，保持天敌生存的环境。例如，果园生草栽培法，就可保持一个利于天敌生存的环境，达到保护天敌的目的。其次要注意，农作物一旦发现害虫危害，应尽量避免使用对天敌杀伤力大的化学农药，而应优先选用生物农药。

3. 制定和完善农药残留限量标准

FAO/WHO及世界各国对食品中农药的残留量都有相应规定，并进行广泛监督。中国政府也非常重视食品中农药残留，制定了食品中农药残留限量标准和相应的残留限量检测方法，确定了部分农药的ADI值，并对食品中农药进行监测。为了与国际标准接轨，增加中国食品出口量，还有待于进一步完善和修订农产品和食品中农药残留限量标准。应加强食品卫生监督管理工作，建立和健全各级食品卫生监督检验机构，加强执法力度，不断强化管理职能，建立先进的农药残留分析监测系统，加强食品中农药残留的风险分析。

4. 加强农药残留监测

开展全面、系统的农药残留监测工作能够及时掌握农产品中农药残留的状况和规律，查找农药残留形成的原因，为政府部门提供及时有效的数据，为政府职能部门制定相应的规章制度和法律法规提供依据。

我国先后颁布实施了《中华人民共和国食品安全法》《中华人民共和国农产品质量安全法》《农药管理条例》《农药合理使用准则》《食品中农药最大残留限量》等有关法律法规，制定了387种农药在284种（类）食品中3650项限量指标和残留检测方法标准，以及《食品中农药残留风险评估指南》等其他配套技术规范。同时，24个省（自治区、直辖市）出台与农产品质量安全相关的地方性法规，初步形成了比较完善的农产品质量安全法规体系和农药残留标准技术体系，并且加强了对违反有关法律法规行为的处罚，这是防止农药残留超标的有力保障。

5. 健全安全用药宣传教育体系

要强化安全用药宣传、培训和技术指导机构建设。重点是市、县和乡镇的指导机构建设，建立健全以农业标准化技术委员会和农技推广部门为主，农业院校、成人技术学院等其他组织为辅，中央、地方和基层各有侧重又相互补充的宣传、教育和培训体系。建立统一宣传、逐级培训的工作机制，并建设咨询和服务平台，利用信息技术，建立集标准发布、宣传贯彻、咨询服务和技术推广等信息于一体，公开、透明、快捷、高效的互动平台。特别是要利用网络、手机和报纸等媒介，主动做好服务。

6. 食品农药残留的消除

农产品中的农药，主要残留于粮食糠麸、蔬菜表面和水果表皮，可用机械的或热处理的方法以消除或减少，尤其是化学性质不稳定、易溶于水的农药，在食品的洗涤、浸泡、去壳、去皮、加热等处理过程中均可大幅度消减。粮食中的DDT经加热处理后可减少13%～49%，大米、面粉、玉米而经过烹调制成熟食后，六六六残留量没有显著变化，水果去皮后DDT可全部除去，六六六有一部分还残存于果肉中。肉经过炖煮、烧烤或油炸后DDT可除去25%～47%。植物油经精炼后，残留的农药可减少70%～100%。粮食中残留的有机磷农药，在碾磨、烹调加工及发酵后能不同程度地消减。马铃薯经洗涤后，马拉硫磷可消除95%，去皮后消除99%。食品中残留的克菌丹通过洗涤可以除去，经烹调加热或加工成罐头后均能被破坏。

为了逐步消除和从根本上解决农药对环境和食品的污染问题，减少农药残留对人体健康和生态环境的危害，除了采取上述措施外，还应积极研制和推广使用低毒、低残留、高效的农药新品种，尤其是开发和利用生物农药，逐步取代高毒、高残留的化学农药。在农业生产中，应采用病虫害综合防治措施，大力提倡生物防治，进一步加强环境中农药残留监测工作，健全农田环境监控体系，防止农药经环境或食物链污染食品和饮水。此外，还须加强农药在贮藏和运输中的管理工作，防止农药污染食品，或者被人畜误食而中毒。大力发展无公害食品、绿色食品和有机食品，开展食品卫生宣传教育，增强生产者、经营者和消费者的食品安全知识，严防食品农药残留及其对人体健康和生命的危害。

第二节　兽药残留对食品安全的影响

一、兽药残留的概念及来源

1. 兽药残留的概念

根据联合国粮食与农业组织和世界卫生组织（FAO/WHO）食品中兽药残留联合立法委员会的定义，兽药残留（residue of veterinary drug）是指动物产品的任何可食部分所含兽药的母体化合物或其代谢物，以及与兽药有关的杂质。所以兽药残留既包括原药，也包括药物在动物体内的代谢产物和兽药生产中所伴生的杂质。

兽药在动物体内残留量与兽药种类、给药方式及器官和组织的种类有很大关系。在一般情况下，对兽药有代谢作用的脏器，如肝脏、肾脏，其兽药残留量高。由于不断代谢和排出体外，进入动物体内兽药的量随着时间推移而逐渐减少，动物种类不同则兽药代谢的速率也不同，比如通常所用的药物在鸡体内的半衰期大多数在12h以下，多数鸡用药物的休药期为7天。

随着膳食结构的不断改善和对动物性蛋白质需求的不断增加，人们对肉制品、奶制品、鱼制品等动物性食品的要求也越来越高，食品兽药的残留也引起了普遍的关注。世界卫生组织认为兽药残留将是今后食品安全性问题中最严重的问题之一。

2. 兽药残留的来源

随着人们对肉制品的需求量不断增长，现代畜牧业日益趋向于规模化和集约化生产，兽药及饲料添加剂被越来越多地用于降低动物的发病率与死亡率、提高饲料利用率、促生长和改善产品品质等，已成为现代畜牧业生产中不可缺少的物质基础。然而畜、禽、鱼等动物集约化饲养的生产方式也带来了严重的食品安全隐患。在这种饲养条件下，密度高，疾病极易蔓延，致使用药频率增加；同时，由于改善营养和防病的需要，必然要在天然饲料中添加一些化学控制物质来改善饲喂效果。这些饲料添加剂的主要作用包括完善饲料的营养特性、提高饲料的利用效率、促进动物生长和预防疾病、减少饲料在贮存期间的营养物质损失以及改进畜、禽、鱼等产品的某些品质。这样往往造成药物残留于动物组织中，对公众健康和环境具有直接或间接危害。因此，充分认识肉制品中兽药残留的来源有十分重大的意义。

在动物治疗和使用预防药物时，没有正确地遵守休药期或弃乳期，造成养殖环节的用药不当是产生兽药残留的最主要原因。产生兽药残留的主要原因大致有以下几个方面。

（1）未严格执行休药期有关规定

休药期也称为消除期，是指动物从停止给药到许可屠宰或它们的乳、蛋等产品许可上市的间隔时间。休药期是依据药物在动物体内的消除规律确定的，就是按最大剂量、最长用药周期给药，停药后在不同的时间点屠宰，采集各个组织进行残留量的检测，直至在最后那个时间点采集的所有组织中均检测不出药物为止。

休药期因动物种属、药物种类、制剂形式、用药剂量、给药途径及组织中的分布情况等不同而有差异。通过休药期这段时间，畜禽可通过新陈代谢将大多数残留的药物排出体外，使药物的残留量低于最高残留限量从而达到安全浓度。不遵守休药期规定，造成药物在动物体内大量蓄积，产品中的残留药物超标，或出现不应有的残留药物，会对人体造成潜在的危害。未能严格遵守休药期是食品兽药残留超标最主要的原因。到目前为止，只有一部分兽药规定了休药期，由于确定一个药品的休药期的工作很复杂，还有一些药品没有规定休药期，也有一些兽药不需要规定休药期。

（2）滥用兽药或使用劣质兽药

各种抗生素、激素等药物作为药物性饲料添加剂给养殖业带来的巨大商业利益，改变了人们对药物作用的观念，提高动物的生产性能逐渐成为动物药品的重要作用。自 20 世纪 50 年代亚治疗剂量的抗生素等药物添加剂逐渐成为动物饲料或饮用水的常规成分，到 70 年代，80％以上的家禽家畜长期或终生使用药物添加剂，约 50％的兽用抗生素被用于非治疗性目的。滥用青霉素类、磺胺类和喹诺酮类等抗菌药，随意配伍用药，任意使用复合制剂，使用人用药物，这些因素均可造成药物残留。

（3）违规使用兽药及饲料添加剂

农业部在 2003 年 265 号公告中明确规定，不得使用不符合《兽药标签和说明书管理办法》规定的兽药产品，不得使用《食品动物禁用的兽药及其它化合物清单》所列产品及未经农业部批准的兽药，不得使用进口国明令禁用的兽药，肉禽产品中不得检出禁用药物。为了加强兽药监督管理，农业部于 2013 年 8 月 1 日通过 2 号令《兽用处方药和非处方药管理办法》，在 2014 年 2066 号公告中也明确规定兽药生产企业应按照《兽药产品说明书范本》要求印制标签和说明书，《兽药产品说明书范本》未收载的产品按照批准的标签和说明书样稿印制。但事实上，个别饲料生产厂家、养殖户为了追求最大的经济效益，违规使用兽药及饲料添加剂的情况依然存在。2002 年，农业部、卫生部、国家药品监督管理局联合发布了《禁止在饲料和动物饮用水中使用的药品的目录》，该公告规定的违禁药物 5 类：肾上腺受体激动剂、性激素、蛋白同化激素、精神药品及各种抗生素滤渣。2002 年 3 月农业部又发布了《食品动物禁用的兽药及其它化合物清单》，该清单规定的禁用兽药包括 β-受体激动剂类、性激素类和磺胺类等在内的 21 种兽药。2010 年 12 月农业部 1519 号公告根据《饲料和饲料添加剂管理条例》有关规定，禁止在饲料和动物饮用水中使用苯乙醇胺 A 等物质，禁用了包括盐酸齐帕特罗、马布特罗、苯乙醇胺 A 在内的 11 种物质。农业部于 2015 年 9 月就关于停止生产洛美沙星、培氟沙星、氧氟沙星、诺氟沙星 4 种原料药的各种盐、脂及其各种制剂的公告征求意见。但有的养殖户或饲料企业为了一时的经济效益，不惜以身试法。例如为使畜禽增重、增加瘦肉率而使用兴奋剂类（瘦肉精），为促进畜禽生长而使用性激素类（己烯雌酚），为减少畜禽的活动，达到增重的目的而使用催眠镇静类药物（氯丙嗪、安定、利血平等）。

此外，在我国《饲料药物添加剂使用规范》中明确规定了可用于制成饲料药物添加剂的兽药品种及相应的休药期。但是，个别饲料生产企业和养殖户，超量添加药物，甚至添加禁用激素类、抗生素类、人工合成化学药品等，这也是兽药残留的重要原因。

（4）用药错误，违背有关标签的规定

我国《兽药管理条例》明确规定，标签必须写明兽药的主要成分及其含量等，可是有些兽药企业为了逃避报批，个别饲料生产企业受到经济利益的驱动，人为向饲料中添加如盐酸克仑特罗、雌二醇、绒毛膜促性腺激素等各种畜禽违禁药品。还有的企业为了保密或逃避报批，不在饲料标签上标示出人工合成的化学药品，这便造成了兽药在肉制品中的残留，从而造成用户盲目用药，这些违规做法可造成兽药残留超标。

屠宰前，为逃避检查，用药掩饰有病畜禽临床症状，以逃避宰前检验，这也能造成畜产品的兽药残留。

二、常见的兽药残留

在动物源食品中危害较大的兽药及药物饲料添加剂主要包括抗生素类、磺胺类、呋喃类、抗寄生虫类和激素类等药物。

1. 抗生素类

（1）抗生素药物的用途

按抗生素（antibiotics）在畜牧业上应用的目标和方法，可将它们分为两类：治疗动物临床疾病的抗生素；用于预防和治疗亚临床疾病的抗生素，即作为饲料添加剂低水平连续饲喂的抗生素。

尽管使用抗生素作为饲料添加剂有许多副作用，但是由于抗生素饲料添加剂除防病治病外，还具有促进动物生长、提高饲料转化率、提高动物产品的品质、减轻动物的粪臭、改善饲养环境等功效。因而，事实上抗生素作为饲料添加剂已很普遍。

（2）常用种类

治疗用抗生素主要品种有青霉素类、四环素类、杆菌肽、庆大霉素、链霉素、红霉素、新霉素和林可霉素等。常用饲料药物添加剂有盐霉素、马杜霉素、黄霉素、土霉素、金霉素、潮霉素、伊维菌素、庆大霉素和泰乐菌素等。

2. 磺胺类药物

（1）磺胺类药物的用途

磺胺类（sulfonamides）药物是一类具有广谱抗菌活性的化学药物，广泛应用于兽医临床。磺胺类药物于 20 世纪 30 年代后期开始用于治疗人的细菌性疾病，并于 1910 年开始用于家畜，1950 年起广泛应用于畜牧业生产，用以控制某些动物疾病的发生和促进动物生长。

（2）常见的种类

磺胺类药物根据其应用情况可分为三类：用于全身感染的磺胺药（如磺胺嘧啶、磺胺甲基嘧啶、磺胺二甲嘧啶），用于肠道感染、内服难吸收的磺胺药物和用于局部的磺胺药（如磺胺醋酰）。目前应用于畜牧业的磺胺类药主要有苯并咪唑类、阿维菌素类、二硝基类、有机磷化合物、环丙氨嗪等。

3. 激素和 β-受体激动剂类

激素是由机体某一部分分泌的特种有机物，可影响其机能活动并协调机体各个部分的作用，促进畜禽生长。20 世纪人们发现激素后，激素类生长促进剂在畜牧业上得到广泛应用，但由于激素残留不利于人体健康，产生了许多负面影响，许多种类现已禁用。农业农村部规定，禁止所有激素类及有激素类作用的物质作为动物促进生长剂使用，但在实际生产中违禁使用者还很多，给动物性食品安全带来很大威胁。

β-受体激动剂是从1980年起开始出现的新型饲料添加剂，是一种化学传递物质，能激活β-肾上腺素能受体，促进细胞内脂肪发生降解，以及使由脂肪降解产生的脂肪酸加速氧化，具有降低脂肪、提高瘦肉率、促进生长的功能。β-受体激动剂因为能够促进瘦肉生长、抑制动物脂肪生长，所以统称"瘦肉精"。"瘦肉精"让猪肉的瘦肉率提高，带来更多经济价值，但它有很危险的副作用。2001年12月27日，2002年2月9日、4月9日和2010年12月27日，农业部分别下发文件禁止食品动物使用β-激动剂类药物作为饲料添加剂（农业部176号、193号、1519号公告）。

（1）常见的种类

激素的种类很多，按化学结构可分固醇或类固醇（主要有肾上腺皮质激素、雄性激素、雌性激素等）和多肽或多肽衍生物（主要有垂体激素、甲状腺素、甲状旁腺素、胰岛素、肾上腺素等）两类。按来源可分为天然激素和人工激素：天然激素指动物体自身分泌的激素，人工激素是用化学方法或其他生物学方法人工合成的一类激素。

β-受体激动剂有16种，常见的主要有莱克多巴胺、盐酸克仑特罗、沙丁胺醇、硫酸沙丁胺醇、硫酸特布他林、西巴特罗、盐酸多巴胺7种。

（2）用途

在畜禽饲养上应用激素制剂和β-受体激动剂有许多显著的生理效应，如加速催肥，还可提高胴体的瘦肉与脂肪的比例。

4. 其他兽药

除抗生素外，许多人工合成的药物有类似抗生素的作用。化学合成药物的抗菌驱虫作用强，而促生长效果差，且毒性较强，而且有些还存在残留与耐药性问题，甚至有致癌、致畸、致突变的作用。化学合成药物添加在饲料中主要用在防治疾病和驱虫等方面，也有少数毒性低、副作用小、促生长效果较好的抗菌剂作为动物生长促进剂在饲料中加以应用。

三、兽药残留的危害

1. 兽药残留对人体健康的危害

人类在食用残留有激素、抗生素等的食品后，主要表现为以下方面的危害：

（1）一般毒性作用

人若长期食用含有兽药抗生素残留的食品，药物将不断在体内蓄积，当浓度达到一定量后，就会使人体产生多种急慢性中毒。人体对氯霉素反应比动物更敏感，特别是婴幼儿的药物代谢功能尚不完善，氯霉素的超标可引起致命的"灰婴综合征"反应，严重时还会造成人的再生障碍性贫血；氨基糖苷类的链霉素可以损害前庭和耳蜗神经，导致眩晕和听力减退，甚至导致药物性耳聋；四环素类药物能够与骨骼中的钙结合，抑制骨骼和牙齿的发育。

除了这些急慢性毒性外，有些药物具有致癌、致畸或致突变作用（简称"三致"作用）。例如，雌性激素类（己烯雌酚）、同化激素（苯丙酸诺龙）、喹噁啉类（卡巴氧）、硝基呋喃类（呋喃西林、呋喃他酮）、硝基咪唑类、砷制剂等药物具有"三致"作用。

（2）过敏反应和变态反应

经常食用一些含有低剂量抗菌药物残留的食品能使易感个体出现过敏反应症状，如青霉素、四环素类、磺胺类和氨基糖苷类等能使部分人群发生过敏反应甚至休克，并在短时间内出现血压下降、皮疹、喉头水肿、呼吸困难等严重症状；青霉素类药物具有很强的致敏作用，轻者表现为接触性皮炎和皮肤反应，重者表现为致死的过敏性休克；四环素药物可引起过敏和荨麻疹；磺胺类则表现为皮炎、白细胞减少、溶血性贫血和药热；喹诺酮类药物也可引起变态反应和光敏反应。

（3）细菌耐药性

动物经常反复接触某一种抗菌药物后，其体内敏感菌株将受到选择性的抑制，从而使耐药菌株大量繁殖。而抗生素饲料添加剂长期、低浓度的使用是耐药菌株增加的主要原因。在某些情况下，经常食用含有药物残留的动物性食品，动物体内的耐药菌株可通过动物性食品传递给人体，当人体发生疾病时，会给临床上感染性疾病的治疗带来一定的困难，耐药菌株感染往往会延误正常的治疗过程。日本、美国等国的研究者证实，在乳、肉和动物脏器中存在耐药菌株。当这些食品被人食用后，耐药菌株就可能进入人体消化道内。耐药因子的转移是在人的体内进行的，但迄今为止，具有耐药性的微生物通过动物性食品迁移到人体内而对人体健康产生危害的问题尚未得到解决。

（4）菌群失调

在正常条件下，人体肠道内的菌群由于在多年共同进化过程中与人体能相互适应，对人体健康产生有益的作用。如某些细菌能合成维生素 B 族和维生素 K 以供人体食用。过多应用药物会使菌群的这种平衡发生紊乱，造成一些非致病菌死亡，从而导致长期的腹泻或引起维生素缺乏等反应，对人体造成危害。

（5）"三致"作用

"三致"是指致畸、致癌、致突变。苯并咪唑类药物是兽医临床上常用的广谱抗蠕虫病的药物，可持久地残留于肝内并对动物具有潜在的致畸性和致突变性。另外，残留于食品中的丁苯咪唑、苯咪唑、丙硫咪唑和苯硫氨酯具有致畸作用，克球酚、雌激素则具有致癌作用。

（6）激素的副作用

激素类物质虽有很强的作用效果，但也会带来很大的副作用。人们长期食用含低剂量激素的动物性食品，由于积累效应，有可能干扰人体的激素分泌体系和身体正常机能，特别是类固醇类和β-受体激动剂类在体内不易代谢破坏，其残留对食品安全威胁很大。儿童食用残留有促生长激素的食品能够导致性早熟。20 世纪后期，发现环境中存在一些影响动物内分泌、免疫和神经系统功能的干扰物质，成为环境激素样物质，这些物质通过食物链进入人体，会产生一系列的健康负面效应，如导致与内分泌相关的肿瘤、生长发育障碍、出生缺陷和生育缺陷等，给人体健康带来深远的影响。

除了直接对人体产生毒害以外，兽药残留还对生态环境产生不可估量的危害。例如，动物在食用兽药残留后，排泄物中的抗菌药物和耐药菌株被释放到环境后，对水源和土壤都造成一定的污染，而这些微生物在污泥中长期保持耐药性质。例如，污水中 1mg/L 的雌二醇即能诱导雄鱼发生雌性化；抗球虫药常山酮对水生动物（如鱼、虾）有很强的毒性；有机砷制剂作为添加剂大量使用，随排泄物进入环境后，对土壤固氮细菌、解磷细菌、纤维素分解细菌等均产生抑制作用。另外，进入环境中的兽药被动地由植物富集，然后进入食物链，同样危害人类的健康。有机磷和有机氯杀虫剂常用来驱杀动物体内和体外寄生虫，排泄物中的有磷杀虫剂对生态环境的危害性很高，而有机氯杀虫剂在环境中能长期存在，易被动物、植物富集并具有"三致"作用。己烯雌酚、氯烃吡啶在环境中降解很慢，能在食物链中高度富集，影响人类的健康。

2. 兽药残留对畜牧业生产和环境的影响

滥用药物对畜牧业本身也有很多负面影响，并最终影响食品安全。如长期使用抗生素会造成畜禽机体免疫力下降，影响疫苗的接种效果。长期使用抗生素还容易引起畜禽内源性感染和二重感染。

四、食品兽药残留的防控措施

1. 兽药残留的控制

中国近年来对兽药残留问题也给予了很大重视，软硬件建设都取得了很大进步。农业部在2001年颁布了《饲料药物添加剂使用规范》（以下简称《规范》），并规定只有列入《规范》附录一中的药物才被视为具有预防动物疾病、促进动物生长作用，可在饲料中长期添加使用；列入《规范》附录二中的药物是用于防治动物疾病，须凭兽医处方购买使用，并有规定疗程，仅可通过混饲给药，而且所有商品饲料不得添加此类兽药成分；附录之外的任何其他兽药产品一律不得添加到饲料中使用。

为保证给予动物内服或注射药物后药物在动物组织中残留浓度能降至安全范围，必须严格规定药物休药期，并制定药物的最大残留限量（MRL）。

2. 兽药残留的监测

为控制兽药残留，严格落实休药期的实施，检测监督是关键。

（1）健全法律法规

1984年在FAO/WHO共同组成的食品法典委员会（CAC）倡导下，成立了兽药残留法典委员会（CC/RVDF），负责筛选建立适用于全球兽药及其他化学药物残留的分析和取样方法，对兽药残留进行毒理学评价，制定最高兽药残留法规及休药期法规。美国从1998年1月开始实施《危害分析关键控制点》，明确规定了食品中兽药残留的临界值，超标的一律不许上市。欧盟公布多种兽药违禁品种，1998年还宣布禁止在养鸡过程中使用螺旋霉素、杆菌肽锌和泰乐菌素等。改革开放以来，我国虽然在法律法规的建设上加大了力度，但是，法律体系仍有待进一步健全，与发达国家相比仍有一定差距。1991年国务院办公厅在关于加强农药、兽药管理的通知中明确提出开展兽药残留监控工作。农业部也于1999年成立了全国兽药残留专家委员会，颁布了《动物性食品中兽药最高残留限量》，并发布了《中华人民共和国动物及动物源食品中兽药残留监控计划》和《官方取样程序》的法规。于2020年4月1日实施的GB 31650—2019《食品安全国家标准　食品中兽药最大残留限量》标准，规定了动物性食品中阿苯达唑等104种（类）兽药的最大残留限量；规定了醋酸等154种允许用于食品动物，但不需要制定残留限量的兽药；规定了氯丙嗪等9种允许作治疗用，但不得在动物性食品中检出的兽药，适用于与最大残留限量相关的动物性食品。

（2）加强兽药残留分析方法的研究，建立兽药残留的监控体系

建立药物残留分析方法是有效控制动物性食品中药物残留的关键措施。我国目前的兽药检测方法大多是仪器法，主要应用的仪器有高效液相色谱仪（HPLC）、气相色谱仪（GC）、液质联用仪（LC/MS）、气质联用仪（GC/MS）。但这些仪器价格昂贵且操作方法复杂，存在检测成本高、检测周期长等缺点，不适宜大规模普查、监控。因此，未来应首先发展简单快速准确灵敏和便携化的残留分析技术；发展高效高灵敏的联用技术和多残留分级确证技术；分析过程自动化或智能化，以提高分析效率降低成本。建设国家、部以及省地级兽药残留机构，形成自中央至地方完整的兽药残留检测网络结构。加大投入开展兽药残留的基础研究和实际监控工作，初步建立起适合我国国情并与国际接轨的兽药残留监控体系，实施国家残留监控计划，力争将残留危害减小到最低程度。

(3) 兽药的审批

动物性食品生产过程中的用药和药物饲料添加剂使用，对食品安全有着非常重要的影响，加强这类药物的管理和审批，更加慎重地使用药物是非常重要的。

从 20 世纪 60 年代后期，许多国家开始用"三致"实验来审定新药，复查并淘汰了一批老药。同时一些先进国家在饲料添加剂的管理中，也明确了要进行"三致"实验，以证实饲料添加剂的安全性。

美国对兽药有比较严谨的审批程序，由卫生和人类事务部公共卫生署下设的食品药品监督管理局（FDA）负责管理审批药物，包括药物饲料添加剂。新兽药在获得 FDA 批准之前，必须在临床上进行有效性和安全性试验。

(4) 开发、研制、推广和使用无公害、无污染、无残留的非抗生素类药物及其添加剂

除了加强兽药的安全管理以外，加速开发并应用新型绿色安全的饲料添加剂，来逐渐替代现有的药物添加剂，减少致残留的药物和药物添加剂的使用，是解决目前动物性食品安全问题的一项重要举措，也是兽药发展的一大趋势。目前已开发的具有应用潜力的安全饲料添加剂主要有微生态制剂、酶制剂、酸化剂、中草药制剂、天然生理活性物质、糖菇素、甘露寡糖、大蒜素等，都可达到治疗、防病的目的。尤其以中草药添加制剂和微生物制剂的生产前景最好。中草药制剂可提高动物的免疫力，只有提高了自身免疫功能，才能提高机体对外界致病菌的抵抗力。总之，只有采取适合我国国情，发展具有中国特色的具有保护生态环境的无公害、无残留、无污染的特色产品，才能从根本上解决药物残留及对人体的危害问题。

第三节　重金属污染对食品安全的影响

重金属一般是指密度大于 $4.5g/cm^3$ 的金属，也常指原子量大于 55 的金属。重金属常见的有铜、锌、铁、钴、镍、锰、镉、汞、钨、铬、金、银等。尽管锰、铜、锌等重金属是生命活动所需要的微量元素，但是大部分重金属，如汞、铅、镉等并非生命活动所必需，而且所有重金属超过一定浓度都对人体有毒。

一、食品重金属污染的来源

存在于食物中的各种元素，其理化性质及生物活性有很大的差别，有的是对人体有益的元素（如钾、钠、钙、镁、铁、铜、锌），但过量摄入这些元素对人体反而有害；有的是对人体有毒害作用的元素（如铅、砷、镉、汞等）。由于重金属一般以单质或化合物形式广泛存在于地壳中，自然界中原本存在的重金属对环境影响较小。采矿、废气排放、污水灌溉和使用重金属等人为因素造成重金属进入大气、土壤、水体中，特别进入土壤及水体的重金属，不可避免地会通过食物链进入农产品和水产品中来，甚至直接进入日常饮水中，给食品安全造成很大的威胁。研究表明，食品污染的重金属元素以镉最为严重，其次是汞、铅、铬等。食品中重金属污染的主要来源如下：

1. 自然环境

有的地区因地理条件特殊，土壤、水或空气中这些元素含量较高。在这种环境里生存的动物、植物体内及加工的食品中往往也有较高的含量。

2. 食品生产加工

在食品加工时所使用的机械、管道、容器或加入的某些食品添加剂中，存在的重金属元素及其盐类，在一定条件下可能污染食品。

3. 农用化学物质及工业"三废"的污染

随着工农业生产的发展，有些农药中所含的重金属元素，在一定条件下，可引起土壤的污染和在食用作物中的残留。含有各种重金属元素的工业废气、废渣和废水不合理的排放，也可造成环境污染，并使这些工业"三废"中的重金属元素转入食品。

二、重金属对食品安全的影响

食品中的重金属元素经消化道吸收，通过血液分布于体内组织和脏器，除了以原有形式为主外，还可以转变成具有较高毒性的化合物形式。多数重金属元素在体内有蓄积性，能产生急性和慢性毒性反应，还有可能产生致畸、致癌和致突变作用。可见重金属元素对人体的毒性机制是复杂的，一般来说，下列任何一种机制都能引起毒性：

1. 阻断了生物分子表现活性所必需的功能基团

例如，Hg^{2+}、Ag^+ 与酶半胱氨酸残基的巯基结合，半胱氨酸的巯基是许多酶的催化活性部位，当结合重金属离子时，就抑制了酶的催化活性。

2. 置换了生物分子中必需的金属离子

一些重金属离子会与生物分子中的必需金属离子发生置换进而阻断生物分子的活性。

3. 改变生物分子构象或高级结构

例如核苷酸负责储存和传递遗传信息，一旦构象或结构发生变化，就可能引起严重后果，如致痛和先天性畸形。

对食品安全性有影响的重金属元素较多，下面就几种主要的重金属元素的毒性危害作简要介绍。

三、常见几种重金属危害特点

1. 铅

铅（Pb）在自然界里以化合物状态存在。纯净的铅是较软的、强度不高的金属，新切开的铅表面有金属光泽，但很快变成暗灰色，这是受空气中氧、水和二氧化碳的作用，表面迅速生成一层致密的碱式碳酸盐保护层的缘故。铅的化合物在水中溶解性不同，铅的氧化物不溶于水。

（1）铅对食品的污染

食品中铅的来源很多，包括动植物原料、食品添加剂及接触食品的管道、容器、包装材料、器具和涂料等，均会使铅转入到食品中。另外，很多行业如采矿业、冶炼业、蓄电池制造业、交通运输业、印刷业、塑料制造业、涂料制造业、焊接业、陶瓷业、橡胶业、农药制造业等都使用铅及其化合物，除少量被回收利用以外，大部分铅以各种形式排放到环境中造成污染，也引起食品的铅污染。

（2）食品中铅的毒性与危害

摄入含铅的食品后，有 5%～10% 的铅主要在十二指肠被吸收，经过肝脏后，部分随胆汁再次排入肠道中。进入体内的铅可产生多种毒性和危害。

① 急性毒性

铅中毒可引起多个系统症状，但最主要的症状为食欲不振、口有金属味、流涎、失眠、头痛、头昏、肌肉关节酸痛、腹痛、便秘或腹泻、贫血等，严重时出现痉挛、抽搐、瘫痪、循环系统衰竭。

② 亚慢性和慢性毒性

当长期摄入含铅食品后，对人体造血系统产生损害，主要表现为贫血和溶血；对人体肾脏造成伤害，表现为肾小球萎缩、肾小管渐进性萎缩及纤维化等；对人体中枢神经系统与周围神经系统造成损伤，引起脑病与周围神经病变，其特征是迅速发生大脑水肿，相继出现惊厥、麻痹、昏迷，甚至引起心、肺衰竭而死亡。

③ 生殖毒性、致癌性、致突变性

微量的铅即可对精子的形成产生一定影响，还可引起人类死胎和流产，并可通过胎盘屏障进入胎儿体内，对胎儿产生危害，并可诱发良性和恶性肾脏肿瘤。但流行病学的研究指出，关于铅对人的致癌性，至今还不能提供决定性的证据。

（3）食品中铅的限量标准

1972 年 FAO/WHO 食品添加剂专家联合委员会推荐铅的暂定每周耐受摄入量（PTWI）成年人为 0.05mg/kg（以体重计）。1986 年制定儿童 PTWI 为 0.025mg/kg（以体重计）。

我国颁布实施的《食品安全国家标准　食品中污染物限量》（GB 2762—2017）中规定，乳及乳制品、饮料、冷冻饮品等食品中铅≤0.3mg/kg，包装饮用水中铅≤0.01mg/kg，肉制品≤0.5mg/kg，谷物及其制品中铅≤0.2mg/kg，新鲜蔬菜、水果中铅≤0.1mg/kg，蔬菜、水果制品中铅≤1.0mg/kg，蛋类和豆类中铅≤0.2mg/kg，豆制品中铅≤0.5mg/kg。

2. 汞

汞（Hg）呈银白色，俗称水银，是室温下唯一的液体金属。汞在室温下有挥发性，汞蒸气被人体吸入后会引起中毒，空气中汞蒸气的最大允许浓度为 0.1mg/m^3。汞不溶于冷的稀硫酸和盐酸，可溶于氢碘酸、硝酸和热硫酸。各种碱性溶液一般不与汞发生作用。汞的化学性质较稳定，不易与氧作用，但易与硫作用生成硫化汞，与氯作用生成氯化汞及氯化亚汞。与烷基化合物可以形成甲基汞、乙基汞、丙基汞等，这些化合物具有很大毒性，有机汞的毒性比无机汞大。

（1）汞对食品的污染

食品中的汞以单质汞、二价汞的化合物和烷基汞 3 种形式存在。一般情况下，食品中的汞含量通常很少，但随着环境污染的加重，食品中汞的污染也越来越严重。

（2）食品中汞的毒性与危害

对大多数人来说，因为食物而引起汞中毒的危险是非常小的。人类通过食品摄入的汞主要来自鱼类食品，且所吸收的大部分的汞属于毒性较大的甲基汞。

① 急性毒性

有机汞化合物的毒性比无机汞化合物大。由无机汞引起的急性中毒，主要可导致肾组织坏死，发生尿毒症。有机汞引起的急性中毒，早期主要可造成肠胃系统的损害，引起肠道黏膜发炎，剧烈腹痛，严重时可引起死亡。

② 亚慢性及慢性毒性

长期摄入被汞污染的食品，可引起慢性汞中毒，使大脑皮质神经细胞出现不同程度的变性坏死，表现为细胞核固缩或溶解消失。局部汞的高浓度积累，造成器官营养障碍，蛋白质合成下降，导致功能衰竭。

③ 致畸性和致突变性

甲基汞对生物体还具有致畸性和生育毒性。母体摄入的汞可通过胎盘进入胎儿体内，使胎儿发生中毒。严重者可造成流产、死产或使初生幼儿患先天性水俣病，表现为发育不良，智力减退，甚至发生脑麻痹而死亡。另外，无机汞可能还是精子的诱变剂，可导致畸形精子的比例增高，影响男性的性功能和生育力。

(3) 食品中汞的限量标准

WHO规定成人每周摄入总汞量不得超过0.3mg，其中甲基汞摄入量每周不得超过0.2mg。我国颁布实施的《食品安全国家标准　食品中污染物限量》（GB 2762—2017）中规定汞允许残留量（mg/kg，以汞计）：谷物及其制品≤0.02、新鲜蔬菜≤0.01、乳及乳制品≤0.01、肉类≤0.05、鲜蛋≤0.05、水产品中甲基汞≤0.5（肉食性鱼类及其制品≤1.0）。

3. 镉

镉（Cd）呈银白色，略带淡蓝光泽，质软，在自然界是比较稀有的元素，在地壳中含量估计为0.1～0.2mg/kg。镉在潮湿空气中可缓慢氧化并失去光泽，加热时生成棕色的氧化层。镉蒸气燃烧产生棕色的烟雾。镉与硫酸、盐酸和硝酸作用生成相应的镉盐。镉对盐水和碱液有良好的抗蚀性能。氧化物呈棕色，硫化物呈鲜艳的黄色，是一种很难溶解的颜料。

(1) 镉对食品的污染

植物性食品中镉主要来源于冶金、冶炼、陶瓷、电镀工业及化学工业（如电池、塑料添加剂、食品防腐剂、杀虫剂、颜料）等排出的"三废"。动物性食物中的镉也主要来源于环境，正常情况下，其中镉的含量是比较低的。但在污染环境中，镉在动物体内有明显的生物蓄积倾向。

(2) 食品中镉的毒性与危害

① 急性毒性

镉为重金属元素，其化合物毒性更大。自然界中，镉的化合物具有不同的毒性。硫化镉、硒磺酸镉的毒性较低，氧化镉、氯化镉、硫酸镉毒性较高。镉引起人中毒的剂量平均为100mg。急性中毒者主要表现为恶心、流涎、呕吐、腹痛、腹泻，继而引起中枢神经中毒症状，严重者可因虚脱而死亡。

② 亚慢性和慢性毒性

长期摄入含镉食品，可使肾脏发生慢性中毒，主要是损害肾小管和肾小球，导致蛋白尿、氨基酸尿和糖尿。同时，镉离子取代了骨骼中的钙离子，从而妨碍钙在骨质上的正常沉积，也妨碍骨胶原的正常固化成熟，导致软骨病。

③ 致畸、致突变和致癌性

1987年国际癌症研究机构（IARC）将镉定为ⅡA级致癌物，1993年被修订为ⅠA级致癌物。镉可引起肺、前列腺和睾丸发生肿瘤。在实验动物体中，镉能引起皮下注射部位、肝、肾和血液系统的癌变。镉还是一个很弱的致突变剂。

(3) 食品中镉的限量标准

1988年FAO/WHO推荐镉的暂定每周耐受摄入量（PTWI）为0.007mg/kg（以体重计），我国颁布实施的《食品安全国家标准　食品中污染物限量》（GB 2762—2017）中规定镉含量（以镉计，mg/kg）为：谷物及其制品≤0.1，稻谷、糙米、大米≤0.2，新鲜蔬菜、水果及其制品≤0.05，肉及肉制品≤0.1，鱼类≤0.1，鱼类罐头≤0.2。

4. 铬

铬（Cr）单质为钢灰色金属，在自然界中主要以铬铁矿 $FeCr_2O_4$ 形式存在。按照在地壳中的含量，铬属于分布较广的元素之一。铬的天然化合物很稳定，不易溶于水。

（1）铬对食品的污染

铬在大气、水中含量低，土壤中有一定的铬含量（主要以三价铬存在），但由于性质稳定、溶解度低而难以进入植物体内，所以正常情况下食品中铬的含量较低。铬污染主要来源于环境，生产、加工、贮存、运输过程等环节的污染，以及生产过程中的非法添加。

（2）食品中铬的毒性与危害

联合国粮农组织/世界卫生组织食品添加剂联合专家委员会（JECFA）和欧盟食品科学委员会（SFC）至今还没有规定铬的暂定每周耐受摄入量（PTWI）值。中国营养学会目前推荐成人每天铬的适宜摄入量为 $50\mu g$，而可耐受最高摄入量为 $500\mu g/d$。如果误食饮用，可致腹部不适及腹泻等中毒症状，引起过敏性皮炎或湿疹。呼吸摄入铬则对呼吸道有刺激和腐蚀作用，引起咽炎、支气管炎等。水污染严重地区的居民，经常接触或过量摄入者，易得鼻炎、结核病、腹泻、支气管炎、皮炎等。

（3）食品中铬的限量标准

我国食品安全国家标准 GB 2762 中规定，食品中铬限量指标（mg/kg）：谷物及其制品≤1.0、新鲜蔬菜≤0.5、豆类≤1.0、肉及肉制品≤1.0、水产动物及其制品≤2.0、乳粉≤2.0、乳及其制品（生乳、巴氏杀菌乳、灭菌乳、调制乳、发酵乳）≤0.3，茶叶中铬限量值为 5.0mg/kg。我国 GB 8537—2018《食品安全国家标准　饮用天然矿泉水》规定，天然矿泉水铬限量值为 0.05mg/kg。

5. 砷

砷（As）的化合物广泛存在于岩石、土壤和水中。砷有灰色、黄色和黑色三种同素异形体。砷的化合物有无机砷和有机砷化合物。砷化氢是一种无色、具有大蒜味的剧毒气体。硫化砷可认为无毒，如雄黄和雌黄，不溶于水，难溶于酸。硫化砷可溶于碱，在氧化剂的作用下也可以变成可溶性和挥发性的有毒物质。

（1）砷对食品的污染

砷广泛分布于自然环境中，几乎所有的土壤中都存在砷。含砷化合物被广泛应用于农业中作为除草剂、杀虫剂、杀菌剂、杀鼠剂和各种防腐剂。因大量使用，造成了农作物的严重污染，导致食品中砷含量增高。此外，在动物饲料中大量掺入对氨基苯砷酸等含砷化合物作为促生长剂，对动物性食品的安全性也造成了严重影响。

（2）食品中砷的毒性与危害

砷可以通过食道、呼吸道和皮肤黏膜进入机体。正常人一般每天摄入的砷不超过0.02mg。砷在体内有较强的蓄积性，皮肤、骨骼、肌肉、肝、肾、肺是体内砷的主要贮存场所。单质砷基本无毒，砷的化合物具有不同的毒性，三价砷的毒性比五价砷大，砷能引起人体急性和慢性中毒。

① 急性毒性

砷的急性中毒通常是由误食而引起。三氧化二砷（俗称砒霜）口服中毒后，主要表现为急性胃肠炎、呕吐、腹泻、休克、中毒性心肌炎、肝病等。严重者可表现为兴奋、烦躁、昏迷，甚至呼吸麻痹而死亡。

② 慢性毒性

砷慢性中毒是长期少量经口摄入受污染的食品引起的。主要表现为食欲下降、体重下降、胃肠障碍、末梢神经炎、结膜炎、角膜硬化和皮肤变黑。长期受砷的毒害，皮肤出现白斑，后逐渐变黑，角化增厚呈橡皮状，出现龟裂性溃疡。

③ 致癌性、致畸性和致突变性

1982年经世界卫生组织研究确认，无机砷为致癌物，可诱发多种肿瘤。如皮癌、肺癌、乳腺癌、泌尿系统癌、大肠恶性肿瘤、淋巴肉瘤、血管肉瘤、结肠癌、胰腺癌、骨癌、脑癌和肝癌等。

(3) 食品中砷的限量标准

FAO/WHO暂定砷的每日允许最大摄入量为0.05mg/kg（以体重计），对无机砷暂定每周耐受摄入量建议为0.015mg/kg（以体重计）。

我国颁布实施的《食品安全国家标准　食品中污染物限量》（GB 2762—2017）中规定总砷的含量（mg/kg，以砷计）为：谷物及其制品≤0.5、油脂及其制品≤0.1、调味品≤0.5、包装饮用水≤0.01、新鲜蔬菜≤0.5、肉及肉制品≤0.5。无机砷的含量为：水产动物及其制品和水产调味品≤0.5，稻谷、糙米、大米≤0.2，鱼类及其制品和鱼类调味品≤0.1。

四、食品重金属污染的防控措施

化学元素造成的污染比较复杂，重金属污染食品后不容易去除，因此为保障食品的安全性，防止食物中毒，应积极采取各种有效措施，防止其对食品的污染。

1. 加强食品卫生监督管理

制定和完善食品化学元素允许限量标准。加强对食品的卫生监督检测工作。进行全膳食研究和食品安全性研究工作。

2. 加强化学物质的管理

禁止使用含有有毒重金属的农药、化肥等化学物质，如含汞、含砷制剂。严格管理和控制农药、化肥的使用剂量、使用范围、使用时间及允许使用农药的品种。食品生产加工过程中使用添加剂或其他化学物质原料应遵守食品卫生规定，禁止使用已经禁用的食品添加剂或其他化学物质。

3. 加强食品生产加工等过程中器具等的管理

生产加工、贮藏、包装食品的容器、工具、器械、导管、材料等应严格控制其卫生质量。对镀锡、焊锡中的铅含量应当严加控制。限制使用含砷、含铅等金属的上述材料。一些有毒化学元素含量（如镉、铬、铅等）不得超过国家卫生标准。

4. 加强环境保护，减少环境污染

严格按照环境标准执行工业废气、废水、废渣的处理和排放，避免有毒化学元素污染农田、水源和食品。

第四节　有害有机物污染对食品安全的影响

一、食品有害有机物污染概述

化学制品与化学物质几乎渗透到人类生产和生活的各个方面，这些物质在使用后被有意或无意地排放到环境中，并在环境中发生一系列的迁移转化，有的转化为有毒有害物质，有的聚集，有的通过各种途径进入人体，造成危害。有机污染物比较繁杂，有的来自工业三废的污染，有的是食品加工过程中微生物和环境的共同作用产生的，有的是通过低级动植物富集最后聚集到食品乃至人体中，还有的是在食品生产、运输等过程中，在接触各种容器、工具、包装材料时某些化学成分可能混入或溶解到食品中。这些污染物绝大部分具有危害性强（大部分具有强烈的致癌作用）、存在持久和难以消除等特点，已经严重危害人类的身体健康，甚至影响到人类的后代。本节将针对有害有机物污染对食品的安全性影响进行论述，重点介绍亚硝基化合物、氯丙醇、二噁英、多氯联苯等对食品安全的影响。

二、硝酸盐、亚硝酸盐及亚硝基化合物污染食品途径及防控措施

1. N-亚硝基化合物前体物的来源

（1）硝酸盐和亚硝酸盐的来源

食品是硝酸盐和亚硝酸盐的主要来源，人体通过食物和饮水摄入硝酸盐已成为当今社会与农业有关的环境问题之一。膳食中硝酸盐和亚硝酸盐来源很多，主要包括食品添加剂的使用，农作物从自然环境中摄取和生物机体氮的利用，以及含氮肥料和农药的使用，工业废水和生活污水的排放，等等。其中食品添加剂是直接来源，肥料的大量使用是主要来源。

① 食品添加剂。硝酸盐和亚硝酸盐是允许用于肉及肉制品生产加工中的发色剂和防腐剂。其发色作用机理是亚硝酸盐在肌肉中的乳酸作用下生成亚硝酸，亚硝酸很不稳定，可分解产生一氧化氮，并与肉类中的肌红蛋白或血红蛋白结合生成亚硝基肌红蛋白和亚硝基血红蛋白，从而使肉制品具有稳定的鲜艳红色，并使肉制品具有独特风味。硝酸盐在肉中硝酸盐还原菌的作用下生成亚硝酸盐，然后起发色作用。同时，亚硝酸钠具有独特的抑制肉毒梭菌生长的作用，与食盐并用可增加抑菌效果。目前还没有找到它的最佳替代品。

② 环境中的硝酸盐和亚硝酸盐及在植物体中的富集。硝酸盐广泛存在于自然环境（水、土壤和植物）中。矿物（如煤和石油）燃料和化肥等工业生产以及汽车尾气排放等因素造成的大气污染，使得大气中富含氮氧化物 NO_x。岩石是土壤中氮源的主要来源。大量使用含氮肥料（土壤缺锰、钼等微量元素时更严重）、农药以及工业与生活污水的排放，均可造成土壤中硝酸盐含量的增加，同时也加剧了土壤中硝酸盐的淋溶过程。

硝酸盐由土壤渗透到地下水，对水体造成严重污染，水体中的亚硝酸盐含量一般不太高，但它的毒性是硝酸盐的 10 倍。

微生物的根瘤菌及植物的固氮作用，构成了植物体硝酸盐的重要来源。农作物在生长过程中吸收的硝酸盐，在植物体内酶的作用下还原成可利用氮，并与经过光合作用合成的有机酸生成氨基酸和核酸，从而构成植物体。当光合作用不充分时，造成过多硝酸盐在植物体内蓄积，同时植物体还可以从土壤中富集硝酸盐，因此人摄入的植物类食品，尤其是蔬菜中含有大量的硝酸盐。试验发现，有如下几种情形可导致蔬菜中亚硝酸盐含量增加。

新鲜蔬菜中亚硝酸盐含量相对较少，在存放过程中尤其是腐烂后，亚硝酸盐含量显著增加，且腐烂程度愈严重，亚硝酸盐含量就愈多。推断其机理可能是蔬菜本身含有一定量亚硝酸盐，采摘时机械损伤导致总的呼吸强度增加，植物体内酶活性增强，因而加速了亚硝酸盐的生成。在贮藏后期，由于细菌生长活跃，细菌的硝基还原酶可将植物体内的硝酸盐转变为

亚硝酸盐，尤其是在自然通风和自然密封贮藏的后期。

新腌制的蔬菜，在腌制的 2～4 天亚硝酸盐含量增加，在 20 天后又降至较低水平，而变质腌菜中亚硝酸盐含量更高。

烹调后的熟菜存放过久，亚硝酸盐含量增加。谷物、蔬菜中的硝酸盐与食品中添加的硝酸盐和亚硝酸盐随食物进入人体，其中的硝酸盐主要在口腔和胃部转化为亚硝酸盐。唾液腺可以浓缩富集硝酸盐（唾液中的硝酸盐水平是血液的 20 倍）并分泌到口腔中，经口腔细菌还原为亚硝酸盐。此外当胃部处于低胃酸水平时造成细菌生长，也可以将硝酸盐还原为亚硝酸盐。

③ 硝酸盐和亚硝酸盐的体内转化与合成研究表明，植物体中的硝酸盐和摄入人体的硝酸盐都可以在各自体内硝酸盐还原酶的作用下转化为亚硝酸盐，硝酸盐和亚硝酸盐还可以由机体内源性形成，已经证实机体每天可以恒定产生大约 85mg 硝酸钠。机体内存在一氧化氮合酶，可将精氨酸转化成为一氧化氮和瓜氨酸，一氧化氮可以形成过氧化氮，后者与水作用释放亚硝酸盐。

(2) 前体胺和其他可亚硝化的含氮化合物及来源

人类食物中广泛存在可以亚硝化的含氮有机化合物，主要涉及伯胺、仲胺、氨基酸、多肽等。作为食品天然成分的蛋白质、氨基酸和磷脂，都可以是胺和酰胺的前体物，或者本身就是可亚硝化的含氮化合物。

在食品中即使是多肽和氨基酸也可以发生亚硝化反应。如肉中大量存在的脯氨酸很容易形成 N-亚硝基脯氨酸，在食品加工过程中采用高温加热可脱去羧基形成致癌的 N-亚硝基吡咯烷。研究还发现，最简单的甘氨酸发生亚硝化，可以形成具有致癌、致突变的重氮乙酸；而腌菜、腌肉中的酪氨酸可以脱氨基形成酪胺，同样可以形成具有致癌、致突变性的重氮化合物。

另外，许多胺类也是药物、化学农药（特别是氨基甲酸酯类）和一些化工产品的原料，它们也有可能作为 N-亚硝基化合物的前体物。

2. N-亚硝基化合物的来源

(1) 食品中 N-亚硝基化合物的来源

N-亚硝基化合物的前体物广泛存在于食品中，在食品加工过程中易转化成 N-亚硝基化合物。据目前已有的研究结果，鱼类、肉类、蔬菜类、啤酒类等食品中含有较多的 N-亚硝基化合物。

① 鱼类及肉制品中的 N-亚硝基化合物。鱼和肉类食物中，本身含有少量的胺类，但在腌制和烘烤加工过程中，尤其是油煎烹调时，能分解出一些胺类化合物。腐烂变质的鱼和肉类，可分解产生大量的胺类，其中包括二甲胺、三甲胺、脯氨酸、腐胺、脂肪族聚胺、精胺、吡咯烷、氨基乙酰-1-甘氨酸和胶原蛋白等。这些化合物与添加的亚硝酸盐等作用生成亚硝胺。鱼、肉类制品中的亚硝胺主要是吡咯亚硝胺（NPYR）和二甲基亚硝胺（NDMA）。腌制食品如果再用烟熏，则 N-亚硝基化合物的含量将会更高。

② 蔬菜瓜果中的 N-亚硝基化合物。植物类食品中含有较多的硝酸盐和亚硝酸盐，在对蔬菜等进行加工处理（如腌制）和贮藏过程中，硝酸盐转化为亚硝酸盐，并与食品中蛋白质的分解产物胺反应，生成微量的 N-亚硝基化合物，其含量在 $0.5～2.5\mu g/kg$ 范围内。

③ 啤酒中的 N-亚硝基化合物。啤酒酿造所用大麦芽如是经过明火直接加热干燥过程的，那么空气中的氮被高温氧化成氮氧化物后作为亚硝化剂与大麦芽中的胺类〔大

麦芽碱（hordeine）、芦竹碱（gramine）等〕及发芽时形成的大麦醇溶蛋白反应形成NDMA。

④ 乳制品中的 N-亚硝基化合物。一些乳制品中，如干奶酪、奶粉、奶酒等，存在微量的挥发性亚硝胺，可能与啤酒中的 N-亚硝基化合物形成机制相同，是奶粉在干燥过程中产生的，亚硝胺含量一般在 $0.5 \sim 5.2 \mu g/kg$ 范围内。

⑤ 霉变食品中的 N-亚硝基化合物。霉变食品中也有亚硝基化合物的存在，某些霉菌可引起霉变粮食及其制品中亚硝酸盐及胺类物质的增高，为亚硝基化合物的合成创造了物质条件。

（2） N-亚硝基化合物的内源性合成

研究表明，在人和动物体内均可内源性合成 N-亚硝基化合物，因此人体除通过食品摄入的亚硝基化合物外，体内合成也是亚硝基化合物的来源之一。人体合成亚硝胺的部位主要有口腔、胃和膀胱。唾液中含有亚硝酸盐，每天唾液分泌的亚硝酸盐约 9mg，在不注意口腔卫生时，口腔内残余的食物在微生物的作用下发生分解并产生胺类，这些胺类和亚硝酸盐反应可生成亚硝胺，而唾液成分中的硫氰酸根可加速这一反应的进程，胃酸使胃内呈酸性环境，为亚硝胺的合成提供条件，而胃液的重要成分氯离子也会影响 N-亚硝基化合物的形成。但正常情况下，胃内合成的亚硝胺不是很多，而在胃酸缺乏如慢性萎缩性胃炎时，胃液的pH 增高，细菌可以增长繁殖，硝酸盐还原菌将硝酸盐还原为亚硝酸盐，腐败菌等杂菌将蛋白质分解产生胺类，使合成亚硝胺的前体物增多，有利于亚硝胺在胃内的合成；当泌尿系统感染时，在膀胱内也可以合成亚硝基化合物。

3. N-亚硝基化合物的控制

人体亚硝基化合物的来源有两种：一是由食物摄入，二是体内合成。无论是食物中的N-亚硝基化合物，还是体内合成的 N-亚硝基化合物，其合成的前体物质都离不开亚硝酸盐和胺类。因此减少亚硝酸盐的摄入是预防亚硝基化合物危害的有效措施。建议采取如下措施减少 N-亚硝基化合物对人体的危害：

① 搞好食品卫生，防止微生物污染。霉变或其他微生物污染可将硝酸盐还原为亚硝酸盐，同时可使食品蛋白质分解，产生胺类物质，因而可加速 N-亚硝基化合物生成。所以减少微生物污染，防止食品变质，可有效地降低 N-亚硝基化合物的生成量。

② 控制食品加工中硝酸盐及亚硝酸盐的使用量。腌制鱼和肉时，尽量少加亚硝酸盐及硝酸盐或使用替代品，如在肉制品生产中间时加入维生素 C 或维生素 E，不仅可以破坏亚硝酸盐而阻断 N-亚硝基化合物的形成，而且可以增加亚硝酸盐的发色作用。另外腌肉时使用的胡椒粉或花椒粉等香料，应该与食盐分开包装，不适宜预先将其混合在一起，以避免形成N-亚硝基化合物，同时尽量少食盐腌和泡制食品。

③ 提倡多食用能够降低 N-亚硝基化合物危害的食品。已经证明维生素 C、维生素 E 和某些酚类化合物对 N-亚硝基化合物在食品中和动物体内的生成有阻断作用。新鲜蔬菜和水果，不仅亚硝酸盐含量低，而且维生素 C 含量高，茶叶中的茶多酚、中华猕猴桃、沙棘和野玫瑰果汁等都具有这种功效。大蒜中的大蒜素有抑菌作用，能抑制硝酸还原菌的生长，减少硝酸盐在胃内转化为亚硝酸盐，从而减少 N-亚硝基化合物在胃内的合成。在食品或药品中将这些化合物作为配方的一部分加入，被证实是可以减少 N-亚硝基化合物危害人体的有效手段。

④ 抑制体内 N-亚硝基化合物的合成。注意口腔卫生、维持胃酸的分泌量、防止泌尿系统的感染等，可以减少人体这些部位 N-亚硝基化合物的内源性合成。

三、氯丙醇污染食品途径及防控措施

1. 食品中氯丙醇污染的来源

食品中氯丙醇污染是食品安全领域的热点问题。国内外研究表明 3-氯丙醇（3-MCPD）常见于水解蛋白质调味剂和酱油中，已被认为具有生殖毒性、神经毒性，且能引起肾脏肿瘤，是确认的人类致癌物。在非天然酿造酱油、调味品、保健食品以及儿童营养食品中，可能含有氯丙醇。氯丙醇污染的来源如下：

（1）酸水解植物蛋白（酸解 HVP）

食品中氯丙醇的污染首先在酸解 HVP 中发现，许多风味食品添加酸解 HVP 的生产过程中可以污染 3-氯丙醇和 1,3-二氯丙醇（1,3-DCP）。

（2）酱油

对不同类型的酱油进行调查，包括传统发酵酱油和以酸处理或酸解 HVP 为原料的低级别酱油（我国称为"水解植物蛋白调味液"），结果发现在没有很好控制的情况下，酸处理可以产生 3-MCPD。

（3）不含酸解 HVP 成分的食物

主要是焙烤食品、面包和烹调与腌制肉鱼。

（4）家庭烹调

在烤面包、烤奶酪和炸奶油过程中可以使 3-MCPD 含量升高。

（5）包装材料

食品和饮料因为包装材料的迁移有低水平的 3-MCPD 污染，在某些因为采用 ECH 交联树脂进行强化的纸张（如茶叶袋、咖啡滤纸和肉吸附填料）和纤维素肠衣中也含有 3-MCPD。

（6）饮水

有报道指出英国的饮用水含有 3-氯丙醇，这是因为一些水处理工厂使用以环氧氯丙烷交联的阳离子交换树脂作为絮凝剂对饮用水进行净化。目前经过努力，在聚胺型絮凝剂中 3-MCPD 的水平在 40mg/kg，水处理时聚胺型絮凝剂中 3-MCPD 的使用量为 2.5mg/L，这可以使饮用水中 3-MCPD 的污染水平小于 0.1μg/L。

2. 氯丙醇的控制

目前部分国家已制定酱油中 3-氯丙醇推荐限量并研究防止其污染酱油生产工艺，我国《食品安全国家标准　食品中污染物限量》（GB 2762—2017）中对食品中 3-氯-1,2-丙二醇的含量做出了规定，液态调味品≤0.4mg/kg，固态调味品≤1.0mg/kg。

四、二噁英污染食品途径及防控措施

1. 食品中的二噁英

二噁英（dioxins）是指多氯代二苯并对二噁英（PCDD）和多氯代二苯并呋喃（PCDF）类似物的总称，共计 210 种，包括 75 种 PCDD 和 135 种 PCDF，其中以 2,3,7,8-四氯二苯并对二噁英毒性最强。二噁英和多氯联苯（PCB）的理化性质相似，是已经确定的除有机氯农药以外的环境持久性有机污染物（persistent organic pollutant，POP）。二噁英具有极强的致癌性、免疫毒性和生殖毒性等多种毒性作用，已经证实这类物质化学性质极为稳定、难以生物降解，并能在食物链中富集。

人群对二噁英的接触具有不同的途径，包括直接吸入、空气摄入、食物摄入等。人体主

要是通过膳食摄入二噁英，而动物性食品是其主要来源。二噁英极具亲脂性，因而在食物链中可以通过脂质发生转移和生物积累，易蓄积于乳类、肉类、蛋类中。经研究发现，绿藻、水螺和鱼比较容易累积，而陆上动物如果活动区域够大，不局限于受污染区，则累积情况没有水生生物严重。

胃肠道吸收外来化学物质随各种化学物质溶解度的不同而不同，溶解度大的可完全吸收（如 2,3,7,8-四氯二苯并呋喃），而完全不溶解的几乎不吸收（如八氯代二苯并二噁英）。有些研究发现吸收量还与化学物质的剂量有关，低剂量时吸收相对增加，高剂量时吸收相对减少。

2. 二噁英的控制措施

应该监测饲料中 PCDD 和 PCB 的污染以预防食品中二噁英及其类似物的污染。

垃圾焚烧是二噁英产生的一个重要来源。目前中国建设垃圾焚烧厂和垃圾发电厂时应当充分考虑控制二噁英的产生，如严格控制新建日处理 300t 以下的垃圾焚烧厂项目，关闭污染严重的小型垃圾焚烧厂，同时建立二噁英检测中心。

建立食品和饲料（包括谷物、油脂和添加剂等）中二噁英（PCDD）和多氯联苯（PCB）的监控水平、监测方法和允许限量标准。

应该定期实行对食品和饲料中 PCDD 和 PCB 污染水平和膳食摄入量的监测。

五、多氯联苯污染食品途径及防控措施

1. 食品中多氯联苯污染的来源

多氯联苯（poly chlorinated biphenyls，PCB）是一种持久性有机污染物，又是典型的环境内分泌干扰物（endocrine disrupting chemical，EDC），也被称为二噁英类似化合物，PCB 是含氯的联苯化合物，依据氯取代的位置和数量不同，异构体有 200 多种。

多氯联苯对人畜均有致癌、致畸等毒性作用，即使在极低浓度下也可对人的生殖、内分泌、神经和免疫系统造成不利影响，被列入优先污染物 POP 的首批行动计划名单，科学家们甚至在北极熊体内和南极的海鸟蛋中也检测出了这类物质。PCB 具有持久性、生物蓄积性、长距离大气传输性等 POP 类物质的基本特性，因此，尽管 1977 年后各国陆续停止生产和使用 PCB，但其对环境和人体健康的影响依然普遍存在。

PCB 在食物链中有生物富集的作用，并且容易长期储存在哺乳动物脂肪组织内。PCB 主要来源于垃圾焚烧、含氯工业产品的杂质、纸张漂白以及汽车尾气排放等。此外，光化学反应和某些生化反应也会产生 PCB 污染物。人体暴露多氯联苯的途径如下所述：

① 职业暴露。多氯联苯性质稳定，并具有阻热和绝缘性，工业用途极为广泛，例如用作变压器、电容器等电器设备的绝缘油和热载体，用作塑料和橡胶的软化剂以及涂料、油墨添加剂等，在生产和使用过程中均可接触。

② 饮食暴露。PCB 可通过工业"三废"的直接排放，垃圾焚烧、渗漏和大气沉降等方式进入环境，长期、广泛地存在于大气、水体、土壤、动植物中，并经食物链蓄积。有研究表明，鱼体内蓄积的 PCB 浓度可为水体中 PCB 浓度的 10 万倍以上。高浓度的 PCB 主要存在于鱼类、乳制品和脂肪含量高的肉类中，摄取这些被 PCB 污染的食物，是人类暴露 PCB 的主要途径。

③ 宫内及母乳暴露。蓄积在母体脂肪组织中的 PCB，可经胎盘和乳汁进入胎儿或婴儿体内。

④ 意外事故暴露。如发生在日本和中国台湾的米糠油污染事件，在对米糠油进行脱味的过程中，发生管道渗漏，使作为加热载体的PCB进入米糠油中，致使食用这种油的数千人出现不同程度的中毒症状。

2. 多氯联苯的控制措施

多氯联苯是《斯德哥尔摩国际公约》中12种持久性有机污染物之一。由于多氯联苯难以分解，在环境中循环造成广泛的危害，从北极的海豹到南极的海鸟蛋中都含有多氯联苯。其毒性不但能引起肝损伤乃至致癌等危害，而且多氯联苯还是干扰人和动物机体内分泌系统的"环境激素"，使人和动物机体的生殖系统发生严重病变。多氯联苯的同类物在土壤、水体和大气等环境介质中不停地迁移，并最终通过生物圈的食物链在生物体内积累和浓缩。在海水、河水、土壤、大气中都发现有多氯联苯的污染。目前，世界各国对多氯联苯的生产和使用均有控制。多氯联苯的主要控制措施如下。

① 减少高脂肪动物性食品的摄入。PCB通过生物体在食物链中高度富集并具有亲脂性等特点，可在位于食物链中较高层的家畜、禽类等的脂肪组织中长期蓄积。人类位于食物链的末端，应尽量控制高脂肪动物性食品的摄入。

② 合理选择食用水产品。一些研究表明，被PCB污染的水体中，脂肪含量较高的鱼类（如大马哈鱼）和贻贝中PCB的含量较高。关于食用水产品应遵循以下原则：选择食用小鱼小虾，选择脂肪含量低的品种，最好不要吃鱼内脏、鱼皮和鱼腹等脂肪含量高的部分。

③ 严格执行国家相关管理规定。

④ 彻底清除可能的污染源。目前，中国大部分含PCB的电容器已报废，部分仍在使用。有些地区对PCB封存数量、地点等情况不清，相当一部分PCB电容器因封存时间过长，已经腐蚀泄漏，造成封存地和水体的污染，个别地区还发生了违规拆解含多氯联苯电力装置的事件。因此，科学、彻底地清除PCB可能的污染源，已成当务之急。

六、反式脂肪酸污染食品途径及防控措施

1. 食品中反式脂肪酸污染的来源

油脂的加工是食品加工中常见和使用非常广泛的加工方式，油脂在烹调过程中能够改善食品的风味和品质，给食品带来很好的口感，提供给人体必需的脂肪酸。反式脂肪酸（trans fatty acid，TFA）是加工油脂类或含油脂类的加工食品当中一类常见的一种组成成分，有很多研究都报道了TFA与心血管疾病存在的密切关系。人体过量摄入TFA会引起血清中胆固醇和低密度脂蛋白胆固醇的升高，有导致或加重冠心病的可能性，有增加心血管疾病和糖尿病的危险。TFA是分子中含有一个或多个反式双键的、非共轭不饱和脂肪酸，空间结构的改变使反式脂肪酸的理化性质也发生极大的变化，最显著的是熔点。反式脂肪酸表现出一些特性，是介于饱和脂肪酸和顺式脂肪酸之间的性质。反式脂肪酸进入食品主要有三种不同渠道，一是一些动物脂肪中自然存在，二是植物油脂经氢化加工，三是植物油脂经高温加工。但不管哪种渠道，反式脂肪酸都是由不饱和脂肪酸异构化反应而来。油脂的加工和使用过程中产生反式脂肪酸的途径主要有以下三种情况：

（1）油脂的氢化

油脂氢化改性是工业中为了增加油脂塑性和稳定性，延长货架期，而采用的增大油脂饱和度的一种加工方法。在氢化过程中油脂中的不饱和的双键转化为单键的同时，产生部分异

构化产物——反式脂肪酸。在人造奶油、黄油和起酥油制作过程中，不饱和脂肪双键被氢所还原变成大量饱和脂肪酸的同时，也部分异化成不饱和脂肪酸。超声波氢化和电化学氢化等新工艺，所产生的反式脂肪酸比传统的工艺产生得低，而酶技术的应用更能大大提高产物的一个选择性。

（2）油脂的精炼

天然植物油均由顺式不饱和脂肪酸构成，基本不含反式脂肪酸或含量很少，但油脂在进行精炼脱臭处理时，油脂中的不饱和脂肪酸会暴露在空气和高温环境中，油脂中的二烯酸酯、三烯酸酯等会发生热聚合反应，更易发生异构化，使反式脂肪酸含量增加。反式脂肪酸主要产生在脱臭阶段，通常在脱臭过程中会形成 3%～6% 的反式异构体，形成反式异构体的多少与加热温度、保持时间和植物油种类有关，脱臭温度越高，高温状态保持时间越长，反式脂肪酸形成量也就越多。

（3）食品加工和保藏

未添加氢化油脂的焙烤食品中，反式脂肪酸主要产生于加热过程中，当煎炸油或加工原料中含有较多的反式脂肪酸时，产品中便会有较多的反式脂肪酸，经部分氢化的植物油具有较长的货架期，在高温煎炸过程中具有较好的稳定性。氢化植物油常温下呈固态或半固态，可增加食物的口感和风味，让氢化过程中油脂的不饱和双键转变为单键的同时，也发生不饱和双键的异构化反应，产生反式脂肪酸。传统油脂氢化是在镍催化条件下进行的，由于反式脂肪酸具有比顺式脂肪酸更稳定的结构，在高温高压的条件下，能够大量生成。

2. 反式脂肪酸污染的控制措施

反式脂肪酸的过量摄入是值得引起注意的不良饮食习惯，合理的膳食和良好的生活方式对预防糖脂代谢紊乱具有重要的意义。人们日常饮食中反式脂肪酸主要来源是含有氢化油的食物，如植物性固体油脂，某些烘烤食品，如炸薯条、炸鸡块等快餐食品，因此限制反式脂肪酸的摄入，改善生产工艺和食品配方是减少反式脂肪酸危害的重要途径。

参 考 文 献

[1]　钟耀广. 食品安全学 ［M］. 北京：化学工业出版社，2010.

[2]　丁晓雯. 食品安全学 ［M］. 北京：中国农业大学出版社，2011.

[3]　黄昆仑，车会莲. 现代食品安全学 ［M］. 北京：科学出版社，2018.

[4]　王硕，王俊平. 食品安全学 ［M］. 北京：科学出版社，2018.

[5]　国家卫生和计划生育委员会，国家食品药品监督管理局. 食品安全国家标准　食品中污染物限量：GB 2762—2017 ［S］. 北京：中国质检出版社，2017.

[6]　国家卫生健康委员会，国家市场监督管理局，农业农村部. 食品安全国家标准　食品中农药最大残留限量：GB 2763—2021 ［S］. 北京：中国农业出版社，2019.

[7]　陈火君，朱凰榕. 我国农产品安全现状与对策 ［J］. 安徽农业科学，2014，42（25）：8730-8732，8735.

[8]　吴娟. 我国畜产品安全存在的问题及风险评估 ［J］. 肉类工业，2013，05：49-55.

[9]　韩露，朱薇，林永健，等. 泡菜中亚硝酸盐控制方法的研究 ［J］. 中国调味品，2019，44（1）：198-200.

[10]　杨海莹，郭凤军，范维江，等. 饮食中亚硝酸盐的来源及其对人体的影响 ［J］. 食品研究与开发，2016，37（3）：209-213.

[11]　王凡. 几种蔬菜腌渍过程中亚硝酸盐含量变化的研究 ［J］. 农产品加工，2016，1：6-9，11.

［12］ 蔡鲁峰，李娜，杜莎，等 . N-亚硝基化合物的危害及其在体内外合成和抑制的研究进展 ［J］. 食品科学，2016，37（5）：271-277.

［13］ 葛泽河，虞洋，马洪波 . 食品中氯丙醇的危害及其消除方法研究进展 ［J］. 吉林医药学院学报，2014，35（4）：305-308.

［14］ 苏传友，郑楠，李松励，等 . 二噁英的理化性质及在乳中污染的研究进展 ［J］. 中国乳品工业，2019，47（6）：22-27.

［15］ 马武仁，卿颖，李子琪，等 . 食品中典型持久性有机污染物暴露及毒性通路研究进展 ［J］. 中华预防医学杂志，2019，6：645-652.

［16］ 余晓琴，周佳 . 食品中污染物多氯联苯的解读 ［N］. 中国市场监管报，2019-12-19（008）.

［17］ 黄昭先，王满意，武德银，等 . 食品专用油脂中反式脂肪酸及其控制 ［J］. 粮食与油脂，2019，32（8）：21-23.

［18］ 毛伟峰，宋雁 . 食品中常见甜味剂使用方面存在的主要问题及危害 ［J］. 食品科学技术学报，2018，36（6）：9-14.

第四章 食品添加剂对食品安全的影响

食品添加剂是食品工业发展的重要影响因素之一，随着国民经济的增长和人民生活水平的提高，食品的质量与品种的丰富就显得日益重要。如果要将丰富的农副产品作为原料，加工成营养平衡、安全可靠、食用简便、货架期长、便于携带的各种食品，食品添加剂的使用是必不可少的。如今，食品添加剂已进入所有的食品加工业和餐饮业，从某种意义上说，没有食品添加剂就没有现代食品加工业。

目前，全世界批准使用的食品添加剂有 25000 余种，我国允许使用的品种也有 150 多种。食品添加剂可以改善风味、调节营养成分、防止食品变质，从而提高质量，使加工食品丰富多彩，满足消费者的各种需求，因而对食品工业的发展起着重要的作用。但若不科学地使用食品添加剂，也会带来很大的负面影响。近年来食品添加剂对食品安全性的影响引起了人们的广泛关注。

第一节 食品添加剂概述

一、食品添加剂的定义

《食品安全法》规定：食品添加剂（food additives）是指为改善食品品质和色、香、味以及为防腐、保鲜和加工工艺的需要而加入食品中的人工合成或者天然的物质，包括营养强化剂。《食品安全国家标准 食品添加剂使用标准》（GB 2760—2014）规定：食品用香料、胶基糖果中基础剂物质、食品工业用加工助剂也包括在内。世界各国对食品添加剂的定义不尽相同，美国的联邦法规将食品添加剂定义为"由于生产、加工、贮存或包装而存在于食品中的物质或物质的混合物，而不是食品的基本成分"。日本在《食品卫生法》中规定，食品添加剂是指"在食品制造过程中，为生产或保存食品，用混合、浸润等方法在食品里使用的物质"。中国、日本、美国都将食品强化剂纳入食品添加剂的范围，不仅如此，美国的食品添加剂还包括食品加工过程中间接使用的物质如包装材料等。但是，欧盟各国和联合国食品添加剂法典在食品添加剂定义中明确规定"不包括为改进营养价值而加入的物质"。

二、食品添加剂的主要作用

1. 改变食品的品质

食品的颜色、味道、形状是确保食品质量的主要标准。在不加入食品添加剂的食品生产中，加工后的食品往往在色泽、味道、品质上很难达到消费者的要求，味道不尽如人意，形态较差，不被广大消费者所接受。加入食品添加剂改善加工工艺，可以改变这些不利因素，使食品更能被接受，满足各种口味人群对食品的需要。在食品生产中合理使用澄清剂、助滤剂和消泡剂等对食品加工有着非常重要的作用，例如利用葡萄糖酸内酯作为豆腐凝固剂，有利于豆腐的批量生产和机械化操作。在食品制造业大规模发展的今天，添加剂的运用对食品生产的发展具有重要的意义。

2. 适应不同人群的需要

在食品添加剂的应用中，食品添加剂不仅能改变食品的品质，还能满足不同人群和不同体质人群的需要。比如一个糖尿病患者在选择食品时不能选择含糖的食品，如果要满足患者的味觉需求，就需要在食品中加入甜味剂，这样不但满足了患者的味觉需求，还保证患者的身体健康。在我国的有些山区，人们会患一种称为缺碘性甲状腺肿的病，人们可以通过在食盐中加入碘，进行此类疾病的预防。

3. 延长食品的食用期限

食品添加剂的另一项主要作用是延长食品的有效食用期限。现今的食品类别多样，食品的防腐保鲜尤为重要。在食品加工中加入合适的添加剂可以达到防腐保鲜的目的，不但改变了食品的观感和口感，更延长了食品的食用期限，使食品的营养成分得以保持。现阶段食品工业生产更是广泛地使用添加剂，使食品方便携带，便于贮存，更加实用，从而实现食品的商业价值。相对于食品生产厂商来说，添加剂的使用不但改变了食品的质量和结构，更对生产工艺和产品质量提出了更高的要求。例如海鲜食品的防腐保藏，如不使用添加剂，海鲜食品的变质程度将达30%以上，合理地使用防腐剂，可以防止海鲜食品变质氧化，避免不必要的损失。

三、食品添加剂的分类

1. 根据制造方法分类

（1）化学合成的添加剂

利用各种有机物、无机物通过化学合成的方法得到的添加剂称为化学合成的添加剂。目前，使用的添加剂大部分属于这一类，如防腐剂中的苯甲酸钠，漂白剂中的焦硫酸钠，色素中的胭脂红、日落黄等。

（2）生物合成的添加剂

通常是以粮食等为原料，利用发酵方法，通过微生物代谢生产的添加剂称为生物合成添加剂。若在生物合成后还需要化学合成的添加剂，则称之为半合成法生产的添加剂，如调味用的味精，酸度调节剂中的柠檬酸、乳酸等。

（3）天然提取的添加剂

采用分离提取的方法，从天然的动、植物体等原料中分离纯化后得到的食品添加剂称为天然提取的添加剂。如香料中天然香精油、薄荷，色素中的辣椒红等。此类添加剂比较安全，其中一部分又具有一定的功能及营养，符合食品产业发展的趋势。

2. 根据使用目的分类

（1）满足消费者嗜好的添加剂

① 与味觉相关的添加剂：调味料、酸味料、甜味料等。调味料主要调整食品

的味道，大多为氨基酸类、有机酸类、核酸类等，如谷氨酸钠（味精）；酸味料通常包括柠檬酸、酒石酸等有机酸，主要用于糕点、饮料等产品；甜味剂主要有砂糖与人工甜味剂，为了满足人们对低热量食品的需要，开发出的糖醇逐步在生产并使用。

② 与嗅觉相关的添加剂：天然香料与合成香料。它们一般与其他添加剂一起使用，但使用剂量很少。天然香料是从天然物质中抽提的，一般认为比较安全。

③ 与色调相关的添加剂：天然着色剂与合成着色剂。主要在糕点、糖果、饮料等产品中应用。有些罐装食品自然褪色，所以一般使用先漂白、再着色的方法处理。在肉制品加工中，通常使用硝酸盐与亚硝酸盐作为护色剂。

（2）防止食品变质的添加剂

为了防止有害微生物对食品的侵蚀，延长保质期，保证产品质量，防腐剂的使用是较为普遍的。但是防腐剂大部分是毒性强的化学合成物质，因此并不提倡使用这些物质，即使在食品中使用也要严格限制在添加的最大限量内，以确保食品的安全。

（3）改良食品质量的添加剂

如增稠剂、乳化剂、面粉处理剂、水分保持剂等均对食品质量的改进起着重要的作用。

（4）食品营养强化剂

以强化补给食品营养为目的的一类添加剂，主要是无机盐类微量元素和维生素类等。

3．根据添加剂功能分类

可分为酸度调节剂、抗结剂、消泡剂、抗氧化剂、漂白剂、膨松剂、胶基糖果中基础剂物质、着色剂、护色剂、乳化剂、酶制剂、增味剂、面粉处理剂、被膜剂、水分保持剂、营养强化剂、防腐剂、稳定剂、凝固剂、甜味剂、增稠剂、食品香料、食品工业用加工助剂等，共23类。

4．根据添加剂安全性分类

FAO/WHO下设的食品添加剂专家联合委员会（JECFA）为了加强对食品添加剂安全性的审查与管理，制定出它们的ADI（每日允许摄入量），并向各国政府建议。该委员会建议把食品添加剂分为如下四大类。

第1类为安全使用的添加剂，即一般认为是安全的添加剂，可以按正常需要使用，不需建立ADI。

第2类为A类，是JECFA已经制定ADI和暂定ADI的添加剂，它又分为两类：A_1 类和 A_2 类。A_1 类：毒理学资料清楚，已经制定出ADI的添加剂。A_2 类：已经制定出暂定ADI，但毒理学资料不够完善，暂时允许用于食品。

第3类为B类，曾经进行过安全评价，但毒理学资料不足，未建立ADI，或者未进行安全评价者，它又分为两类：B_1、B_2 类。B_1 类：曾经进行过安全评价，因毒理学资料不足，未建立ADI。B_2 类：未进行安全评价。

第4类为C类，进行过安全评价，根据毒理学资料认为，应该禁止使用的食品添加剂或应该严格限制使用的食品添加剂，它分为两类：C_1 和 C_2 类。C_1 类：根据毒理学资料认为，在食品中应该禁止使用的添加剂。C_2 类：应该严格限制，作为某种特殊用途使用的添加剂。

第二节　食品添加剂的危害及对食品安全的影响

一、食品添加剂的危害

食品添加剂是把双刃剑，除具有有益作用外，有些品种尚有一定的毒性。食品添加剂的毒性是指其对机体造成损害的能力，概括来说具有"三致"作用，即致癌、致畸和致突变。毒性除与物质本身的化学结构和理化性质有关外，还与其有效浓度、作用时间、接触途径和部位、物质的相互作用与机体的功能状态等条件有关。因此，不论食品添加剂的毒性强弱、剂量大小，对人体均有一个剂量与效应关系的问题，即物质只有达到一定浓度或剂量水平，才显现毒害作用。因此，食品添加剂毒性的共同特点是要经历较长时间才能显露出来，即对人体产生潜在的毒害，这也是人们关心食品添加剂安全性的原因。

对于食品添加剂的毒性的研究是从色素致癌作用开始的。早在 20 世纪初，猩红色素具有促进上皮细胞再生的作用，所以在外科手术后新的组织形成时可使用这种色素。但是在1932 年，日本的科学家发现，用与 O-氨基偶氮甲苯有类似构造的猩红色素喂养动物时，肝癌的发病率几乎是 100％。这个试验是对色素安全性评价的最初探讨。大量动物实验已证明很多添加剂长期过量食用都会对人体造成一定的危害，人工合成色素多数是从煤焦油中制取，或以苯、甲苯、萘等芳香烃化合物为原料合成的，这些着色剂多属偶氮化合物，在体内转化为芳香胺，经 N-羟化和酯化易与大分子亲核中心结合而形成致癌物，因而具有致癌性；甜精（乙氧基苯脲）除了引起肝癌、肝肿瘤、尿道结石外，还能引起中毒；苯甲酸可导致肝脏、胃严重病变，甚至死亡；对羟基苯甲酸类会影响发育；亚硝酸盐产生的亚硝基化合物具有致癌作用；水杨酸、着色料、香料等对儿童的过激行为具有一定的影响。因此，食品添加剂的使用应严格按国家规定，否则将严重威胁消费者健康。

二、食品添加剂对食品安全的影响

食品厂商在生产的过程中，合理科学地加入添加剂对食品的质量提高和营养的保持是具有积极意义的。合理地使用添加剂可以防止食品中有毒细菌的滋生，防止食品变质，延长食品的食用期限。国家为了保证食品添加剂的使用安全也先后出台了一系列的相关规范和标准，如 GB 2760—2014《食品安全国家标准　食品添加剂使用标准》、《食品添加剂卫生管理办法》、《中华人民共和国食品安全法》以及《食品添加剂生产企业卫生规范》等。然而有些食品生产企业在食品添加剂的使用上，仍然存在着违规、超量、不达标的问题，对食品安全造成很大影响。

1. 食品添加剂的过量使用

现代医学研究证实，食品添加剂的用量需控制在一定程度和标准以内，超过标准和用量的食品添加剂，会对人体功能免疫系统造成严重危害。例如，在面粉生产中超量加入添加剂吊白块，消费者食用后会造成严重的肺部疾病。GB 2760—2014《食品安全国家标准　食品添加剂使用标准》中明确规定了添加剂在各类食品生产中的最大用量。有些食品生产厂商为了增加食品的感官吸引力，往往超量使用添加剂。

2. 食品添加剂的违规使用

目前我国对食品添加剂的使用品种和生产已做出了明确的规定。但仍有一些企业违法添加禁用添加剂。例如在辣酱的生产过程中加入明令禁止的苏丹红，苏丹红并非食品添加剂，而是一种化学染色剂。它的化学成分中含有一种称作萘的化合物，该物质具有偶氮结构，这种化学结构决定了它具有致癌性，对人体的肝肾器官具有明显的毒性作用。食品生产企业严重超标使用添加剂的情况还有一些，例如我国 2008 年发生的三聚氰胺事件，三聚氰胺（melamine）是一种三嗪类含氮杂环有机化合物，重要的氮杂环有机化工原料，食用了受三聚氰胺污染乳粉的婴幼儿会产生肾结石病症。

3. 食品添加剂的超范围使用

我国在 GB 2760 中明确规定了每种食品添加剂在食品加工中的使用范围，但没有引起一些食品生产企业的足够重视，某些食品生产企业为了迎合消费者的心理，增加食品的视觉效果，更改了食品添加剂的使用范围。例如产地葡萄酒往往以绿色食品为销售手段，在产品生产加工中，加入胭脂红等食用色素，达到色彩艳丽的目的。

我国葡萄酒生产严格规定，不允许加入香料、色素类添加剂，否则消费者长期食用会产生中毒现象，毒素在体内停留时间过长会引发身体功能紊乱，导致器官病变。此外还有一些生产者在粉丝中以不同的比例添加亮蓝、日落黄、柠檬黄色素，充当红薯粉条和绿豆粉丝等。

食品添加剂的合理使用是不会对人体健康产生影响的，只有超量、超标、超范围的使用才会对人体健康产生影响。食品安全事关人民群众的健康和生命安全，关系到国家的经济健康发展和社会稳定，食品添加剂的正确使用是确保食品安全的关键。一般来说，正规厂家生产的食品，都会严格按照国家标准使用食品添加剂，消费者是可以放心食用的。

第三节　食品添加剂在食品加工中的使用规范

一、食品添加剂的剂量

食品添加剂通过食品安全评价的毒理学试验，确定长期使用对人体安全无害的最大限量。使用时，严格按照使用要求执行，使用量控制在限量内。众所周知，所有的化合物无论大小均有毒性作用，衡量其毒性大小常用以下概念：

1. 无作用量或最大无作用量

即使是毒性最强的化合物，若限制在微量的范围内给动物投予，动物并没有中毒反应，这个量称为无作用量（NL）或最大无作用量（MNL）。

2. 每日允许摄入量

由以上两个量可以推测出，即使人体终生持续食用也不会出现明显中毒现象的食品添加剂摄入量为每日允许摄入量（ADI），单位是 $\mu g/kg$ 或 mg/kg（以体重计）。由于人体与动物的敏感性不同，不可将动物的无作用量（NL）或最大无作用量（MNL）直接用于人，一般安全系数为 100（特殊情况例外），所以人的 ADI 可用动物的 MNL 除以安全系数 100 即可得出 ADI。

二、食品添加剂的使用方法

根据添加剂的特性，确定使用方法，并且应严格遵守质量标准。使用时防止因使用方法不当而影响或破坏食品营养成分的现象出现。若使用复合添加剂，其中的各种成分必须符合单一添加剂的使用要求与规定。

三、食品添加剂的使用范围

因各种添加剂的使用对象不同，使用环境不同，所以要确定添加剂的使用范围。比如，专供婴儿的主辅食品，除按规定可以加入食品营养强化剂外，不得加入人工甜味剂、色素、香精、谷氨酸钠和不适宜的食品添加剂。

四、食品添加剂的滥用

不得使用食品添加剂掩盖食品的缺陷或作为伪造的手段。生产厂家不得使用非定点生产厂家或无生产安全许可证厂家生产的食品添加剂。

第四节　我国对食品添加剂的管理

我国于 1973 年成立"食品添加剂卫生标准科研协作组"，开始有组织、有计划地管理食品添加剂。1977 年制定了最早的《食品添加剂使用卫生标准（试行）》（GB/T 50—1977）。1980 年在原协作组基础上成立了中国食品添加剂标准化技术委员会，并于 1981 年制定了《食品添加剂使用卫生标准》（GB 2760—1981），经多次修订，目前现行的为《食品安全国家标准　食品添加剂使用标准》（GB 2760—2014）。此外，2002 年修订了《食品添加剂生产管理办法》和《食品添加剂卫生管理办法》，2009 年颁布了《中华人民共和国食品安全法》。以上这些标准和法律、法规的颁布，大大加强了我国食品添加剂的有序生产、经营和使用，保障了广大消费者的健康和利益。

另外我国对生产、使用新的食品添加剂的主要审批程序为：生产或研制单位提出安全性评价等申请资料；省、自治区、直辖市一级卫生部门初审意见；报送中国食品添加剂标准化技术委员会秘书处；由食品添加剂标准科研协作组组织预审；中国食品添加剂标准化技术委员会审定；经卫健委批准后列入食品添加剂使用卫生标准。

第五节　常见食品添加剂简介

一、食品防腐剂

食品防腐剂是一类具有抑制微生物增殖或杀死微生物作用的化合物。到目前为止，我国规定使用的防腐剂有苯甲酸、苯甲酸钠、山梨酸、山梨酸钾、丙酸钙等 32 种，且都为低毒、安全性较高的品种。只要食品生产厂商所使用的食品防腐剂品种、数量和范围，严格控制在 GB 2760 规定的范围之内，是不会对人体产生任何急性、亚急性或慢性危害的。但部分食品生产企业违规、违法乱用滥用食品防腐剂的现象时有发生，而我国目前食品生产中使用的防腐剂绝大多数都是人工合成的，长期过量摄入会对人体健康造成一定的损害。以目前广泛使用的食品防腐剂苯甲酸为例，国际上对其使用一直存有争议。例如因为已有苯甲酸及其钠盐蓄积中毒的报道，欧盟儿童保护集团认为它不宜用于儿童食品中，日本也对它的使用做出了严格限制。即使是作为国际上公认的安全防腐剂山梨酸和山梨酸钾，过量摄入也会影响人体新陈代谢的平衡。

1. 苯甲酸及其盐类

苯甲酸及其盐类为白色结晶或粉末，无气味或微有气味。苯甲酸未解离的分子抑菌作用强，故在酸性溶液中抑菌效果较好，最适 pH4，用量一般为 $0.1\%\sim0.25\%$。苯甲酸钠和苯甲酸钾必须转变成苯甲酸后才有抑菌作用。动物实验表明，用添加 1% 苯甲酸的饲料喂养大鼠 4 代，对生长、生殖无不良影响；用添加 8% 苯甲酸的饲料，喂养大白鼠 13 天后，有 50% 左右死亡；还有的试验表明，用添加 5% 苯甲酸的饲料喂养大鼠，全部都出现过敏、尿失禁、痉挛等症状，而后死亡。苯甲酸的大鼠经口 LDs 为 $2.7\sim4.44g/kg$，MNL 为 $0.5g/kg$，犬经口 LDs 为 $2g/kg$。苯甲酸类防腐剂可以用于酱油、醋、碳酸饮料和果汁等酸性液态食品的防腐。因有叠加中毒现象的报道，在使用上有争议，虽各国仍允许使用，但使用范围越来越窄，如在日本的进口食品中已部分停止使用。因其价格低廉，在中国仍作为主要防腐剂使用。

2. 山梨酸及其盐类

山梨酸及其盐类为白色至黄白色结晶性粉末，有微弱特殊气味。山梨酸学名为己二烯酸，是一个含有两个不饱和双键的六碳脂肪酸。与其他脂肪酸一样，山梨酸在人体内可参与正常代谢，被完全氧化生成二氧化碳和水，同时每克产生 6.6kcal（1kcal＝4.1868J）热量，其中约 50% 可被利用，对人体无害，能抑制细菌、霉菌和酵母的生长，使用越来越普遍。在 pH4 的水溶液中抑菌效果较好。常用浓度为 $0.05\%\sim0.2\%$。山梨酸与其他防腐剂合用可产生协同作用。

山梨酸及其盐类抗菌力强、毒性小，是安全性很高的防腐剂，ADI 为 $25mg/kg$。以添加 4%、8% 山梨酸的饲料喂养大鼠，经 90 天后：4% 剂量组未发现病态异常现象；8% 剂量组肝脏微肿大，细胞轻微变性。以添加 0.1%、0.5% 和 5% 山梨酸的饲料喂养大鼠 100 天，对大鼠的生长、繁殖、存活率和消化均未发现不良影响。山梨酸的大鼠经口 LDs 为 $10.5g/kg$，MNL 为 $2.5g/kg$。山梨酸钾的大鼠经口 LDs 为 $4.2\sim6.17g/kg$。

二、食品着色剂

以给食品着色为主要目的的添加剂称着色剂，也称食用色素。食用色素使食品具有悦目的色泽，对刺激食欲有重要意义，按来源分为化学合成色素和天然色素两类。我国允许使用的化学合成色素有苋菜红、胭脂红、赤藓红、新红、柠檬黄、日落黄、靛蓝、亮蓝，天然色素有甜菜红、紫胶红、越橘红、辣椒红、红米红等 45 种。

食用人工合成色素对人体的毒性作用可能有三方面，即一般毒性、致泻性与致癌性，特别是致癌性，应引起注意。如奶油黄、橙黄 SS 及碱性槐黄可使动物致癌而被禁用，它们的致癌机制一般认为可能与它们多属偶氮化合物有关。偶氮化合物在体内进行生物转化，可形成两种芳香胺化合物。许多合成色素除本身或其代谢产物具有毒性外，在生产过程中还可能混入有害金属，色素中还可能混入一些有毒的中间产物，因此必须对着色剂（主要是合成色素）进行严格卫生管理，应严格规定食用色素的生产单位种类、纯度、规格、用量以及允许使用的食品。

我国允许使用并制定国家标准的（食用天然色素）有 40 多种，FAO/WHO 1994 年对其 ADI 规定的品种有姜黄素 $0\sim0.1mg/kg$、葡萄红 $0\sim2.5mg/kg$、焦糖（氨法生产）$0\sim$

$200\mu g/kg$，其他均无须规定 ADI。

苋菜红是食品着色剂，根据我国 GB 2760 规定可用于红绿丝、染色樱桃罐头（装饰用）中，最大使用量 0.10g/kg；在各种饮料类、配制酒、糖果、糕点上彩装、青梅、山楂制品和浸渍小菜中，最大使用量 0.05g/kg。

1968 年有人报道，苋菜红有致癌性，可降低生育能力、增加死产数并产生畸胎等对人体有害。1972 年 JCFA 将 ADI 从 0～1.5mg/kg（以体重计）修改为暂定 ADI 为 0～0.7mg/kg（以体重计），1976 年美国禁用，1978 年和 1982 年 JCFA 两次将其暂定 ADI 延期，1984年再次评价时制定 ADI 为 0～0.5mg/kg（以体重计）。欧盟儿童保护集团和美国等不准将苋菜红用于儿童食品。

三、食品漂白剂

漂白剂是一类可通过氧化还原反应使物品的颜色去除或变淡的化学物品。漂白剂除可改善食品色泽外，还具有抑菌等多种作用，在食品加工中应用甚广。漂白剂除了作为面粉处理剂的过氧化苯甲酰、二氧化氯等少数品种外，实际应用很少。至于过氧化氢，我国仅许可在某些地区用于生牛乳保鲜、袋装豆腐干中。

漂白剂的作用机制是通过氧化还原反应消耗食品中的氧，破坏、抑制食品氧化酶活性和食品的发色因素，使食品褐变色素减少或免于褐变，同时漂白剂还具有一定的防腐作用。我国允许使用的漂白剂有二氧化硫、亚硫酸钠、硫黄、二氧化氯等 7 种，其中硫黄仅限于蜜饯、干果、干菜、粉丝、食糖的熏蒸，并有明确的使用量限制。

1. 二氧化硫

二氧化硫（SO_2）是有害气体，空气中浓度较高时，对于眼和呼吸道黏膜有强刺激性，果干、果脯、脱水蔬菜的加工过程中大多采用熏硫的方法对原料或半成品进行漂白以防褐变。熏硫是通过硫黄产生 SO_2 而作用于食品，硫黄不能直接加入食品中，只能用于熏蒸。SO_2 残留量与其他亚硫酸及其盐类漂白剂相同，可参考亚硫酸钠标准。我国规定车间空气中最高允许质量浓度为 $20mg/m^3$。果蔬加工过程中，使用亚硫酸类漂白剂，特别是进行熏硫处理时，必须注意熏硫室要密闭。车间内有 SO_2 大量逸散的工序或阶段通风应保持良好。熏硫室中 SO_2 质量分数一般为 $1\%～2\%$，最高可达 3%。熏硫时间 $30～50min$，最长可达 3h。

2. 亚硫酸钠

亚硫酸盐的安全性问题由来已久，主要表现在可诱发过敏性疾病和哮喘，也可破坏维生素 B_1。1985 年发表的《对亚硫酸制剂 GRAS 情况的复审》提出亚硫酸盐处理的食品中，总的 SO_2 残留量应有限定。因此，在我国允许使用品种中，除硫黄外，均规定了 ADI 0～0.7mg/kg（FAO/WHO，1994），并在控制使用量同时还应严格控制 SO_2 残留量。

我国 GB 2760 对亚硫酸钠的使用标准规定如下：对作为漂白剂使用的亚硫酸钠可用于食糖、冰糖、糖果、蜜饯类、葡萄糖、饴糖、饼干、罐头、竹笋、蘑菇，最大使用量为 0.6g/kg。产品中 SO_2 的残留量（以 SO_2 计）：饼干、食糖、粉丝、罐头为 0.05g/kg，竹笋、蘑菇为 0.025g/kg，赤砂糖及其他品种为 0.1g/kg。

参 考 文 献

[1] 钟耀广. 食品安全学［M］. 北京：化学工业出版社，2010.

［2］　丁晓雯．食品安全学［M］．北京：中国农业大学出版社，2011.

［3］　黄昆仑，车会莲．现代食品安全学［M］．北京：科学出版社，2018.

［4］　王硕，王俊平．食品安全学［M］．北京：科学出版社，2018.

［5］　余以刚．食品标准与法规［M］．北京：中国轻工业出版社，2019.

［6］　国家卫生和计划生育委员会．食品安全国家标准食品添加剂使用标准：GB 2760［S］．北京：中国质检出版社，2015.

［7］　郝利平．食品添加剂［M］．北京：中国农业大学出版社，2016.

［8］　张颖．新编食品添加剂应用手册［M］．北京：化学工业出版社，2017.

［9］　孙宝国．食品添加剂［M］．北京：化学工业出版社，2013.

［10］　张辉，贾敬敦，王文月，等．国内食品添加剂研究进展及发展趋势［J］．食品与生物技术学报，2016，35（03）：225-233.

［11］　宋梦吟．食品安全与科技进步关系研究［D］．南京：南京农业大学，2014.

第五章 环境污染对食品安全的影响

自人类诞生以来，自然环境为人类提供了丰富多彩的物质基础和活动舞台。随着科学技术的进步和物质文明及现代工业的不断发展，人与自然的关系发生了巨大变化，人们在开发、利用、改造自然的同时，也给自然环境带来了一定的负面影响，以至于"公害"的发生。20世纪以来，人类就面临着"公害"的威胁，教训深刻，损失惨重。环境污染、生物多样性减少、资源耗竭、臭氧层破坏、酸雨泛滥等全球性环境问题，已日益引起人们的关注，与人类健康直接相关的、由环境污染物导致的食品安全问题，也已引起了人们的高度重视。研究环境因素对人类的危害程度及其防控技术是今后解决食品安全问题的重要措施。

为了促进世界环境保护运动的发展，联合国人类环境会议把每年的6月5日确定为世界环境日。从1974年起，联合国环境规划署在每年的6月5日都要进行各种各样的盛大纪念活动，并且每年的纪念活动都有一个主题，例如，"水——生命的重要源泉（1976年）""保护地下水和人类食物链，防止有毒化学物污染（1981年）""管理处理有害废弃物、防止酸雨破坏和提高能源利用率（1983年）"等都与食品环境有关。

第一节 环境与环境污染

环境是一个非常庞大复杂的体系，通常所说的环境是指与某一中心事物有关的周围环境，一般讲环境科学是以人或人类为中心事物，其他生物和非生物质被认为是环境要素，即人类的生存环境。环境一词的英语 environment 来自法语 envirommer，意为"环绕"或"包围"。在不同的场合，环境的含义会有一些差异。人类环境可分为自然环境和社会环境两大类。自1989年12月26日起施行的《中华人民共和国环境保护法》中所称环境，是指影响人类生存和发展的各种天然的和经过人工改造的自然因素的总体，包括大气、水、海洋、土地、矿藏、森林、草原、野生生物、自然遗迹、人文遗迹、自然保护区、风景名胜区、城市和乡村等。环境质量管理体系标准 ISO 14001 对环境的定义是"组织活动的外部存在，包括空气、水、土地、自然资源、植物、动物、人，以及它们之间的相互关系"。据估计，原始土地上产生光合作用的绿色植物及其供养的动物只能为1000万人提供食物。随着人类对环境的利用和改造、对自然灾害的控制、土壤的改良、野生动植物的驯化、优良品种的培植、化肥和农药的使用以及现代农业机械化的实现，地球为几十亿人提供了食物。人类在改造环境的过程中，地球环境则仍以固有的规律运动着，不断地作用于人类，因此就产生了环境问题。

随着社会生产力的迅速发展，人口的急剧增长，人类社会活动的规模不断扩大，向自然索取的能力和对自然环境干预的能力也越来越大，资源消耗和废弃物排放大量增加，加上人们认识上的局限性，致使环境问题越来越严重。环境污染是指人类活动所引起的环境质量下降对人类及其他生物的正常生存和发展产生不良影响的现象。环境污染的特征一般是浓度低，持续时间长，而且多种污染物同时存在，联合作用于人和其他生物。环境污染物在环境中是通过生物或理化作用进行转化、增毒、降解或富集，从而改变原有的性状和浓度，产生不同的危害。环境污染物可通过大气、水体、土壤和食物链等多种途径对人体产生长期影响，而且受影响的对象广泛（整个人群，包括胎儿）。

环境污染物是指污染环境的物质，是一个相对的概念，许多物质在浓度低时并不造成环境污染，只有达到一定的浓度才会对环境造成危害，造成污染。

根据污染物在环境中存在的位置和进入环境的途径可将其分为以下三类：

① 大气污染物。大气污染物主要有：有害气体（二氧化硫、氮氧化物、一氧化碳、碳氢化合物、光化学烟雾和卤族元素等）和颗粒物（粉尘、酸雾和气溶胶等）。大气污染物的主要来源是燃料燃烧、工业生产和交通运输等过程产生的废气。另外，大气中的致病菌也会导致人或动物的疾病传播。

② 水体污染物。污染水体的污染源复杂，污染物的种类繁多。各地区的具体条件不同，其水体污染物的类型和危害程度也有较大的差异。

③ 土壤污染物。土壤中的污染物质与大气和水体中的污染物质很多是相同的，其污染物的种类常常与所处的环境相关联，且种类复杂。

食品的安全性对于人类社会的发展和种族的延续具有决定性的作用，成为人们关注的热点问题。对食品安全构成威胁的因素包括物理性因素（如玻璃、头发等）、化学性因素（如重金属、有毒化学物质、生物毒素等）和生物性因素（如病菌、病毒等），其中环境污染是构成食品化学性污染的主要来源，并能产生部分生物性的危害。食品的化学物质污染，可导致一系列健康危害，有时甚至是急性中毒和死亡，但常常是长期的、慢性的影响。例如锡和一些微生物毒素可产生急性毒性；黄曲霉毒素可增加肝癌的发病率；一些农药有致癌和致突变性；有些氯化物可在体内长期存在，导致内分泌紊乱和免疫力下降等。

一、环境污染与食品安全

在食品的生产、加工、贮藏和分配的过程中，均可能存在污染食品的因素，从而引发食品安全问题，但由环境污染物造成的食品安全性问题，主要针对动植物（即食品的原料）的生长过程。天然的动植物食品原材料一般较少含有有害物质，但在这些动植物的生长过程中，呼吸、吸收（摄食）、饮水而使环境污染物进入或积累在动植物体内，从而影响食品安全。

未受污染的环境（自然环境）也可能存在食品安全问题。随着科学技术的发展和自然资源的大量开发利用，过去隐藏在地壳中的有害元素大量进入人类环境，据估计全世界每年进入人类环境的汞约 1 万吨，其中自然污染和人为污染各占一半。除此之外，每年还有大量有机化合物也随化学工业进入人类环境，造成水、大气、土壤和食物等的污染，从而引发食品的安全性问题。历史上这样的例子不胜枚举，发生在日本的水俣病就是环境污染危害食品安全的典型例子。日本在水俣湾周边生产氯乙烯和醋酸乙烯，企业在生产的过程中，因使用含汞的催化剂，使排放的废水含有大量的汞。汞在水中被水生生物食用后，会转化成甲基汞。这些被污染的鱼虾通过食物链进入动物和人类的体内。进入脑部的甲基汞会使脑萎缩，侵害神经细胞，破坏掌握身体平衡的小脑和知觉系统。

环境污染是环境对食品安全性影响的主要方面，而人工环境恶化对食品安全性的影响是研究环境与食品安全性的关系时应重点解决的问题。天然存在和具有地区特性的污染是自然环境的污染，人为因素、人类的生活和工作行为对环境造成的污染属于人工环境污染。

环境污染物一般分为化学性污染物、物理性污染物和生物性污染物，它们有可能通过食品的生产、加工、贮藏和消费过程进入食物链，按其性质、来源和进入食品的方式，主要分为以下五类：

① 无机普通污染物。包括酸、碱和一些无机盐类，如硫酸盐、氯化物、硝酸盐等，其中铵盐、钾盐、硝酸盐、磷酸盐等可作为植物营养成分（化肥）应用于食品原料的生产从而进入食物链。如果使用不当，就会造成环境污染，进而影响食品安全性。

② 无机有毒污染物。包括汞、镉、铅、砷、铬、镍及氰化物等。无机有毒污染物在食品生产中会损害食品的品质，造成有害物质的残留。

③ 有机有毒污染物。包括苯、多环芳烃、酚类、有机氯和有机磷农药、多氯联苯等。有机有毒污染物残留可能会影响食品原料的质量。

④ 放射性污染物。包括铀、铯、锶等的污染和核电站泄漏、核爆炸产生的放射性污染物。

⑤ 生物性污染物。包括病原菌、病毒和寄生虫等的污染。如果动植物受到生物性污染，则可能造成疾病，从而影响食品安全。

以上众多的环境污染物中，由于人类活动而释放到环境中并能持久存在且对人或动物体内正常激素功能产生影响的环境内分泌干扰物（EDCs），又称为环境激素，尤其应该引起重视。这些污染物，会影响人体内分泌系统，并导致神经系统失常、生殖器官异常、生殖功能下降以及免疫力降低等一系列症状，被称为"第3代环境污染物"。环境激素主要来源于各种塑料及其制品、农药、垃圾处理、生产加工过程所产生及排放的物质、重金属以及各种植物激素等。此类物质的化学特性决定了它在全球大气和水循环中广泛存在，并能通过摄食在各种生物体内蓄积，对生物圈会造成深远的影响。

二、环境污染对食品安全的影响

多年积累的环境污染，已对食品安全造成了显著危害。排放到环境中的污染物通过多种途径和方式进入人体，严重损害人体健康。其中，有许多环境污染物主要是通过食品进入人体，如以半挥发性和挥发性有机物、类激素、多环芳烃等为代表的微量难降解的有毒化学品引起水体和土壤污染，通过污染的土壤生产出的农副产品进入食物链，进而进入人体，如人体中90%以上的二噁英来源于食品。

据 WHO 统计，全球每年有多达几十亿例的食源性疾病案例。如 2000 年因食品和饮用水污染导致的腹泻即造成多达 210 万人死亡，其中绝大部分为儿童。即使在发达国家，多达30%的人口每年至少发生 1 例食源性疾病，且百万人中约有 2 人因此而死亡。即使在美国每年也有高达 7600 万例食源性疾病案例，导致 32.5 万人入院治疗，5000 人死亡，其中直接的化学物质污染引起的食物中毒超过食物中毒事件总量的 6%。

环境污染对食品安全性造成的危害程度因环境污染程度、污染方式和有毒有害物质种类而异。影响食品安全的环境因素一方面是来自大气污染、水体污染、土壤污染以及放射性污染等可能成为食品生产的环境因素的污染；另一方面是来自直接作为食品生产投入品，如农药、化肥、食品添加剂等。因此，食品的产地环境安全以及食品生产的投入品直接或间接地影响着农产品的质量安全。一般情况下天然食品，即由天然环境生产的食品原料，一般不含有害因素或含量极少。而真正对食品安全产生影响的是人类活动造成的环境污染。

三、我国环境污染危害食品安全的现状

在我国，虽经过多年坚持不懈的努力，全国环境状况由环境质量总体恶化、局部好转向环境污染加剧趋势得到基本控制转变，部分城市和地区环境质量有所改善。但是，我国污染物排放总量仍处于较高水平，环境污染问题依然存在。

我国是化学品生产与消费的大国，市场上流通的化学品达 1.3 万多种。我国生产 3.7 万多种化学品，其中有毒化学品占总量的 8%。我国每年直接向环境排放的危险废物高达 200 万吨。一般来讲，粮食含镉量超过 0.2mg/kg 就认为已被镉污染，同时规定土壤含镉量 1.5mg/kg 为生产镉米的最高含量。按此标准，我国已发现镉污染的土壤有 19 处，总面积约 1.33 万公顷。广州和上海川沙土壤中镉含量最高，分别达 22mg/kg 和 130mg/kg。

第二节　大气污染对食品安全的影响及其防控措施

一、大气污染对食品安全的影响

大气污染是指自然过程和人类活动向大气排放的污染物和由它转化成的二次污染物排放到大气中的浓度达到有害程度的现象。自然过程，包括火山活动、山林火灾、海啸、土岩石的风化及大气圈中空气运动等。人类活动不仅包括生产活动，也包括生活活动，如做饭、取暖、交通等。一般说来，自然环境的自净作用，会使自然过程造成的大气污染经过一定时间后自动消除。所以说，大气污染主要是人类活动造成的，其种类很多，性质非常复杂，毒性也各不相同，主要来源于矿物燃料（如煤和石油等）燃烧和工业生产。大气污染物种类很多，如 SO_2、NO_2、Cl_2、氯化剂、氟化物、汽车尾气、粉尘等。其理化性质非常复杂，毒性也各不相同。长期暴露在污染空气中的动植物由于其体内外污染物增多而造成了生长发育不良或受阻，甚至发病或死亡，进而影响了食品的安全性。受氟污染的农作物除会使污染区域的粮、菜的食用安全性受到影响外，氟化物还通过食用牧草进入食物链，对畜产品造成污染。

1. 大气主要污染物及其来源

按照污染的范围来分，大气污染大致可分为四类：

① 局限于人范围的大气污染，如受到某些烟囱排气的直接影响；

② 涉及一个地区的大气污染，如工业区及其附近地区或整个城市大气受到污染；

③ 涉及比一个城市更广泛地区的广域污染；

④ 必须从世界范围考虑的全球性污染，如大气中的飘尘和二氧化碳气体的不断增加，就成了全球性污染，受到世界各国的关注。

按污染物质的来源分为天然污染源和人为污染源。

（1）天然污染源

自然界中某些自然现象向环境排放有害物质或造成有害影响的场所，是大气污染物的一个很重要的来源。尽管与人为污染源相比，由自然现象所产生的大气污染物种类少、浓度低，在局部地区某一段可能形成严重影响，但从全球角度看，天然污染源还是很重要的，尤其在清洁地区。大气的天然污染物源主要有：

① 火山喷发排放出的 SO_2、H_2S、CO_2、CO、HF 及火山灰等颗粒物。

② 森林火灾排放出的 CO、CO_2、SO_2、NO_2 等。

③ 自然尘，风沙、土壤尘等。

④ 森林植物释放，主要为烯类碳氢化合物。

⑤ 海浪飞沫颗粒物，主要为硫酸盐与亚硫酸盐。

在某些情况下，导致大气污染的天然污染源比人为污染源更重要，有人曾对全球的硫氧化物和氮氧化物的排放做了估计，认为全球氮排放中的 93%、硫氧化物排放中的 60% 都来自天然污染源。

（2）人为污染源

人类的生产和生活活动是大气污染的主要来源。通常所说的大气污染源指由人类活动向大气输送污染物的发生源。大气的人为污染源可概括为四方面。

① 燃料燃烧。煤、石油、天然气等燃料的燃烧过程是向大气输送污染物的重要发生源。煤是主要的工业和民用燃料，其主要成分是碳，并含有氢、氧、氮、硫及金属化合物。煤燃烧时除产生大量烟尘外，在燃烧过程中还会形成 CO、CO_2、SO_2、氮氧化物、有机化合物等有害物质。火力发电厂、钢铁厂、焦化厂、石油化工厂和有大型锅炉的工厂、用煤量较大的工矿企业等工业企业，根据性质、规模不同，对大气产生污染的程度也不同。家庭炉灶排气是一种排放量大、分布广、排放高度低、危害性不容忽视的空气污染源。

② 工业生产过程排放。工业生产过程中排放到大气中的污染物种类多、数量大，是城市或工业区大气的重要污染源。工业生产过程中排放废气的工厂很多。例如，石油化工企业排放 SO_3、H_2S、CO_2、氮氧化物，有色金属冶炼工业排出的 SO_2、氮氧化物以及含重金属元素的烟尘，磷肥厂排出氟化物，酸碱盐化工工业排出的 SO_2、氮氧化物及各种酸性气体，钢铁工业在炼铁、炼钢、炼焦过程中排出粉尘、硫氧化物、氰化物、CO、H_2S、酚、苯类、烃类等。总之，工业生产过程排放的污染物的组成与工业企业的性质密切相关。

③ 交通运输过程中排放。汽车排气已构成大气污染的主要污染源。汽油车排放的主要污染物是 CO、NO_x，柴油车排放的污染物主要有 NO_x、PM（细微颗粒物）、CO 和 SO_2。

④ 农业活动排放。农药及化肥的使用，对提高农业产量起着重大的作用，但也给环境带来了不利影响，致使施用农药和化肥的农业活动成为大气的重要污染源。田间施用的农药及化肥仍可挥发到大气中，进入大气的农药可以被悬浮的颗粒物吸收并随气流向各地输送造成大气农药污染。

化肥在农业生产中的施用给环境带来的不利因素正逐渐引起人们关注。例如，氮肥在土壤中经一系列的变化过程会产生氮氧化物并释放到大气中，氮在反硝化作用下可形成氮和氧化亚氮释放到空气中，氧化亚氮不易溶于水，可传输到平流层，并与臭氧相互作用使臭氧层遭到破坏。

按照污染源性状特点可分为固定式污染源和移动式污染源。

固定式污染源：指污染物从固定地点排出，如各种工业生产及家庭炉灶排放源排出的污染物，其位置是固定不变的。

移动式污染源：指各种交通工具，如汽车、轮船、飞机等是在运动中排放废气，向周围大气环境排放出各种有害污染物质。

按照排放污染物的空间分布方式，可分为：

点污染源：集中在一点或一个可当作一点的小范围内排放的污染物。

面污染源：在一个大面积范围内排放的污染物。

2. 常见大气污染物对食品质量及安全性的影响

大气污染物的种类很多，其理化性质很复杂，毒性也各不相同。大气污染物主要来自煤、石油、天然气等的燃烧和工业生产。动植物生长在被污染的空气中，不但生长发育受到影响，其产品作为人类的食物，安全性也没有保障。

（1）氟化物

大气氟化物污染可分为两类：一是生活燃煤污染；二是化工厂硫酸铵等物质的气溶胶随雨而降，即酸雨。

大气氟化物污染也很严重，大气氟化物污染能引起工厂周围的土壤污染，对农产品可产生急性或慢性危害。氟能够通过作物叶片上的气孔进入植株体内使叶尖和叶缘坏死，嫩叶、幼芽受害尤其严重，HF对花粉粒发芽和花粉管伸长有抑制作用。氟化物具有在植物体内富集的特点，植物体内的含氟化物比空气中含氟化物的浓度高百万倍之多。在受氟污染的环境中生产出来的茶叶、蔬菜和粮食，一般含氟量较高。氟化物还可能通过畜禽食用饲草进入食物链，对人类的食品造成污染。氟化物被人或动物吸收后，95％以上沉积在骨骼里。氟在人体内积累所引起的最典型的疾病是氟斑牙（褐色斑釉齿）和氟骨症（骨骼变形、骨质疏松、关节肿痛等）。

我国现行饮用水、食品中含氟化物卫生标准为：饮用水 1.0mg/L，大米、面粉、豆类、蔬菜、蛋类 1.0mg/kg，水果 0.5mg/kg，肉类 2.0mg/kg。

（2）二氧化硫和氮氧化物

大气中二氧化硫（SO_2）和氮氧化物（NO_x）是酸雨的主要来源。SO_2 在干燥的空气中较稳定，但在湿度大的空气中经催化或光化学反应可转化为 SO_3，进而生成硫酸雾或硫酸盐，形成物含有 H_2SO_4（硫酸影响茎、叶，进而影响根系）。酸雨使叶片的呼吸、光合作用受到阻碍，根系的生长和吸收作用受影响，豆类作物根瘤固氮作用被抑制。处于花果期的作物受酸雨侵袭后，花粉寿命缩短，结实率下降，果实种子的繁殖能力减弱。不仅如此，当酸雨进入土壤后，土壤逐渐酸化，使土壤中对作物有益的钙离子、镁离子、钾离子流失，而使某些微量重金属如锰离子、铅离子、铝离子活化。酸雨的危害是多方面的，对作物、林业、建筑物、渔业以及人体健康都带来了严重危害。

（3）煤烟粉尘和金属飘尘

煤烟粉尘产生于冶炼厂、钢铁厂、焦化厂、供热锅炉以及家庭取暖烧饭的烟囱。因燃烧条件和燃烧程度不同，所产生的烟尘量也各不一样。一般每吨煤产生 4～28kg 烟尘。这些烟尘的粒径极小，在 0.05～10μm。以粉尘污染源为中心，周围几十公顷的耕地或下风向几千米区域内的作物都会受到影响。金属飘尘来源于矿区和冶炼厂。飘尘中可能含有粒径小于 10μm 的铅、镉、铬、锌、镍、砷、汞等有毒有害微粒。这些微粒可能长时间随风飘浮在空中，也可能随着雨雪下降到地面，然后又在粮、菜中积累，进入食物链，给人畜带来危害。

二、大气污染的防控措施

大气是人和动植物最重要的生存条件，大气污染物对食品安全构成了主要的威胁。因此，控制大气污染物的危害，对保障食品安全十分重要。我国正处于工业现代化阶段，在控制大气污染方面宜采取综合防治措施，健全法制法规，预防大气污染。人类的生产、生活必然会产生大气污染物，须严格控制其排放数量，使其对人体和食品安全的影响减少到最低限度。燃料燃烧和机动车尾气是大气污染物的主要来源，要控制污染，必须控制燃料和锅炉、窑炉质量（限定含硫量和烟尘），执行机动车尾气达标排放。这些综合防治措施可归纳为下列几个方面。

1. 改进工艺和设备

首先考虑采用无害工艺和改进设备结构，使之不产生或少产生污染物质。例如，钢铁工业中炼焦生产，以干法熄焦代替湿法熄焦，不仅能从根本上解决烟尘对大气污染的问题，而且还可以回收余热用于发电。过去氯乙烯生产采用的是乙炔与氯化氢在催化剂氯化汞作用下的加成反应，现在则大力推广应用以乙烯为原料的氧氯化法，以避免汞污染，并减少氯化氢的排放量。氯碱厂液氯工段用冷却法液化时，必须排放一部分惰性气体，其中含有一定量的氯气，造成大气污染，现可采取以吸收和解吸方法代替冷却法来减少污染。

2. 对燃料进行选择和处理以及改善燃烧方法

我国煤炭生产已有一定的洗煤能力。如果民用炉灶和没有脱硫设备的工厂燃烧低硫低灰分煤将对环境保护起到很大作用。许多发达国家为了达到燃料低硫化，正在推进煤的汽化和液化以及重油脱硫的技术开发。国内针对民用锅炉和中小型采暖锅炉用燃烧型煤做了不少工作，取得了很好的效果。燃烧型煤不仅可以降低 SO_2 和烟尘的排放量，还可以提高燃烧效率，节约大量燃料。

3. 开发废气净化回收新工艺，化害为利，综合利用

化害为利、综合利用是我国治理环境污染的方针。一般说来，排放的有毒气体都是有价值的生产原料。可排放的废气量大、浓度低（与原料气相比），净化回收在技术和经济上有一定困难，因此，废气往往被排放掉。生产设备的密闭操作或采用新的废气净化回收工艺流程，可为综合利用创造有利条件。如冶炼厂回收 SO_2 废气制硫酸已取得明显的经济效益；O_2 顶吹转炉炼钢采用炉口微差压控制技术，保证煤气在未燃状态下除尘回收煤气作为燃料；对于铝电解槽产生的 HF 烟气，大型中心加料预焙槽密闭操作可为干法净化回收氟提供良好的条件等。实践证明，有毒废气净化回收能达到减少空气污染和资源再利用的目的。

4. 采用高烟囱排放

同等的有害物排放量，由于向大气中排放的方式不同，大气污染所造成的影响也不相同。虽然高空排放有毒气体可以降低地面上的浓度，但它并不能减少大气中有害物质量。改善烟气扩散的具体措施是建造高烟囱或增大烟气的出口排放速度，从而把有毒气体送至高空进行扩散稀释。烟气在大气中的扩散与当地的气象条件、逆温情况、地形地物等因素有关，烟囱高度是在保证污染物最大落地浓度不超过允许值的条件下，根据烟气扩散规律确定的。当前，对于某些低浓度废气，从技术和经济角度分析，采用高烟囱排放以减轻大气污染可能是实用和经济的。

5. 城市绿化

众所周知，植物在保持大气中 O_2 与 CO_2 的平衡以及吸收有毒气体等方面有着举足轻重的作用。地球上绝大部分生命依赖大气才得以生存。绿色植物是主要的 O_2 制造者和 CO_2 的消耗者。地球上大气总量中 60% 的 O_2 来自陆生植物，特别是森林。1 万平方米常绿阔叶每天可释放 700kg O_2，消耗 1000kg CO_2。按成年人每天呼吸需要 O_2 0.75kg、排出 CO_2

0.9kg 计算，则每人应拥有 $10m^2$ 森林或者 $50m^2$ 生长良好的草坪。植物还有吸收有毒气体的作用，不同的植物可以吸收不同的毒气。植物对大气飘尘和空气中放射性物质也有明显的过滤、吸附和吸收作用。植物吸收大气中有毒气体的作用是明显的，但当污染十分严重、有害物浓度超过植物能承受的限度时，植物本身也将受害，甚至枯死。所以选择某些敏感性植物又可起到对毒气的警报作用。

环境污染会给生态系统造成直接的破坏和影响，也会给生态系统和人类社会造成间接的危害，有时这种间接环境效应的危害比当时造成的直接危害更大，也更难消除。例如，温室效应、酸雨和臭氧层破坏就是由大气污染衍生出的环境效应。这种由环境污染衍生的环境效应具有滞后性，往往在污染发生时不易被察觉或预料到，然而一旦发生就表示环境污染已经发展到相当严重的地步，所以对大气污染应该进行提前防治。

第三节　土壤污染对食品安全的影响及其防控措施

一、土壤污染对食品安全的影响

土壤是指陆地表面具有肥力、能够生长植物的疏松表层，其厚度一般在 $2m$ 左右。土壤是植物赖以生存的物质基础，不但为植物生长提供机械支撑能力，并能为植物生长发育提供所需要的水、肥、气、热等肥力要素。土壤也是污染物累积的重要介质。近年来，人口急剧增长，工业迅猛发展，固体废物不断向土壤表面堆放和倾倒，有害废水不断向土壤中渗透，大气中的有害气体及飘尘也不断随雨水降落在土壤中，导致了土壤污染。凡是妨碍土壤正常功能，降低作物产量和质量，还通过粮食、蔬菜、水果等间接影响人体健康的物质，都叫作土壤污染物。当土壤中含有害物质过多，超过土壤的自净能力，就会引起土壤的组成、结构和功能发生变化，微生物活动受到抑制，有害物质或其分解产物在土壤中逐渐积累，通过"土壤→植物→人体"，或通过"土壤→水→人体"间接被人体吸收，达到危害人体健康的程度，就是土壤污染。

1. 污染物在土壤中转化的途径

从外界进入土壤的物质，除肥料外，大量的是农药。此外"工业三废"也带来大量的各种有害物质。这些污染物质在土壤中有 4 条转化途径。

① 污水灌溉用未经处理或未达到排放标准的工业污水灌溉农田是污染物进入土壤的主要途径，其后果是在灌溉渠系两侧形成污染带。属封闭式局限性污染。

② 酸雨和降尘工业排放的 SO_2、NO 等有害气体在大气中发生反应而形成酸雨，以自然降水形式进入土壤，引起土壤酸化。冶金工业烟囱排放的金属氧化物粉尘，则在重力作用下以降尘形式进入土壤，形成以排污工厂为中心、半径为 $2\sim3km$ 范围的点污染。

③ 向土壤倾倒固体废弃物，堆积场所土壤直接受到污染，自然条件下的二次扩散会形成更大范围的污染。

④ 过量施用的农药、化肥，进入土壤中的污染物，因其类型和性质的不同而主要有固定、挥发、降解、流散和淋溶等不同去向。重金属离子（主要是能使土壤无机和有机体发生稳定吸附的离子）以及土壤溶液化学平衡中产生的难溶性金属氢氧化物、金属碳酸物和金属硫化物等，将大部分固定在土壤中而难以排除；虽然一些化学反应能缓和其毒害作用，但仍是对土壤环境的潜在威胁。化学农药的归宿，主要是通过气

态挥发、化学降解、光化学降解和生物降解而最终从土壤中消失，其挥发作用的强弱主要取决于自身的溶解度和蒸气压以及土壤的温度、湿度和结构状况。例如，大部分除草剂均能发生光化学降解，部分农药（有机磷等）能在土壤中产生化学降解；目前使用的农药多为有机化合物故也可产生生物降解，即土壤微生物在以农药中的碳素作为能源的同时，就已破坏了农药的化学结构，导致脱烃、脱卤、水解和芳环羟基化等化学反应的发生而使农药降解。土壤中的重金属和农药都可随地面径流或土壤侵蚀而部分流失，引起污染物的扩散；作物收获物中的重金属和农药残留物也会向外环境转移，即通过食物链进入家畜和人体等。前二者易于淋溶而污染地下水，后二者易于挥发而造成氮素损失并污染大气。

2. 土壤污染的类型

土壤污染的类型目前并无严格的划分，如从污染物的属性来考虑，一般可分为有机物污染、无机物污染、生物污染与放射性物质的污染。

（1）有机物污染

有机污染物分为天然有机污染物与人工合成有机污染物，这里主要是指后者，包括有机废弃物（工农业生产及生活废弃物中生物易降解与生物难降解有机毒物）、农药（包括杀虫剂、杀菌剂与除草剂）等。有机污染物进入土壤后，可危及农作物的生长与土壤生物的生存，如稻田因施用含二苯醚的污泥曾造成稻苗大面积死亡，泥鳅、鳝鱼绝迹。人体接触污染土壤后，手脚出现红色皮疹，并有恶心、头晕现象。

农药是指用于预防、消灭或者控制危害农业、林业的病、虫、草和其他有害生物以及有目的地调节植物、昆虫生长的化学合成或者来源于生物、其他天然物质的一种物质或者几种物质的混合物及其制剂。按用途可分杀虫剂、杀菌剂、除草剂、杀螨剂、杀鼠剂、落叶剂和植物生长调节剂等类型。按化学组成及结构可将农药分为有机磷、氨基甲酸酯、拟除虫菊酯、有机氯、有机砷、有机汞等多种类型。其大量使用，通过食物和水的摄入、空气吸入和皮肤接触等途径对人体造成多方面的危害，如急性、慢性中毒和致癌、致畸、致突变作用等。农药残留污染形势十分严重，主要原因是在我国农药品种结构中，具有高毒和"三致性"的杀虫剂占全部农药的 40% 以上，尤其在不少国家已禁用或限用的甲胺磷，竟占我国农药产量的 20%，另一方面，由于部分农药使用者缺乏农药知识和安全用药技术，长期、大量、不合理地使用甚至滥用农药。残留农药可暂时与土壤结合而避免分解或矿化，但仍可因微生物或动物的活动释放出来产生危害。有些农药可以危害后茬作物，造成食品污染。农药在农业生产上的应用尽管收到了良好的效果，但其残留物却污染了土壤与食物链。近年来，塑料地膜地面覆盖栽培技术发展很快，由于管理不善，部分地膜弃于田间，它已成为一种新的有机污染物。

我国在粮油、蔬菜、水果、茶叶、中草药等食品中都有农药检出现象。据统计，世界人均年消费蔬菜 102 kg，我国人均消费蔬菜 114 kg，因此，如果长期食用具有一定农药残留的蔬菜，会造成慢性中毒和其他不良反应。农药污染重在防治，从根本上减少农药用量，减轻环境污染，并对已被污染的土壤进行修复。

（2）无机物污染

无机污染物有的是随地壳变迁、火山爆发、岩石风化等天然过程进入土壤，有的是随着人类的生产与消费活动而进入土壤。采矿、冶炼、机械制造、建筑材料、化工等生产部门，每天都排放大量的无机污染物，其中有害的物质包括氧化物、酸、碱与盐类等。生活垃圾中的煤渣，也是土壤无机物的重要组成部分。

其中重金属污染在世界范围内广泛存在，诸如镉、汞、铅等对人有明确的毒害作用。这些有害金属在环境中不能被分解，可通过食物链造成食源性的危害。

（3）生物污染

土壤生物污染指一个或几个有害生物种群，从外界侵入土壤并大量繁殖，破坏原来的动态平衡，对人类健康与土壤生态系统造成不良影响。造成土壤生物污染的主要来源有未经处理的粪便、垃圾、城市生活污水、饲养场与屠宰场的污物等，其中危害最大的是传染病医院未经消毒处理的污水与污物。土壤生物污染不仅可能危害人体健康，而且有些长期在土壤中存活的植物病原体还能严重地危害植物，造成农业减产。

（4）放射性物质的污染

土壤放射性物质的污染是指人类活动排放出的放射性污染物，使土壤的放射性水平高于天然本底值。放射性污染物是指各种放射性核素，它的放射性与其化学状态无关。

放射性核素可通过多种途径污染土壤。放射性废水排放到地面上、放射性固体废物埋藏在地下、核企业发生放射性排放事故等，都会造成局部地区土壤的严重污染。大气中的放射性物质沉降、施用含有铀、镭等放射性核素的磷肥与用被放射性物质污染的河水灌溉农田也会造成土壤放射性污染，这种污染虽然一般程度较轻，但污染的范围较大。

土壤被放射性物质污染后，通过放射性衰变，能产生 α 射线、β 射线、γ 射线。这些射线能穿透人体组织，损害细胞或造成外照射损伤，或通过呼吸系统或食物链进入人体，造成内照射损伤。

二、土壤污染的防控措施

1. 防治化肥对土壤的污染

目前，化肥的施用仍是农业发展的重要因素。所以，控制化肥的环境效应重点放在化肥施用效果上，其主要对策包括以下几个方面。

（1）调整肥料结构，降低化肥使用量

肥料结构不平衡，是造成肥效当季利用率低的主要原因之一。我国所施用的化肥结构是氮肥过多，缺磷少钾。虽因作物和土壤肥力条件各异，但各地肥效试验证明，只有提供合适的供给结构，才能改善偏施氮肥的土壤。

（2）大力普及平衡施肥，减少化肥用量

平衡施肥需要在测定土壤中养分含量的基础上按作物需要配方，再按作物吸收的特点施肥，它不仅仅是依靠化肥的配制结构。

（3）合理的有机肥结构

施用有机肥，不仅能改良土壤结构，提高作物的抗逆能力，同时还能补充土壤的钾磷和优质氮源，如植物可直接利用的氨基酸。

（4）推广科学施肥技术，减少化肥的损失

施肥技术不当，表现在轻施底肥，重施追肥，撒施和追肥期不当，都是造成化肥损失、肥效降低的重要原因。采用深施技术是避免化肥损失的关键。

（5）实施合理的灌溉技术，减少化肥流失

灌溉技术的优劣与化肥流失关系很大。我国的灌溉技术以传统的地面漫灌为主，并在向管道灌溉、滴水灌溉等节水灌溉技术过渡。水的利用率与化肥的流失率高度相关，地面漫灌引起土壤化肥流失的量是惊人的。

（6）适当调整种植业结构，减少化肥使用量

种植业结构调整策略将成为控制化肥用量的重要途径，调减非优势区作物种植面积，构建生态友好型耕作制度，在生态脆弱地区开展休耕，综合运用国际农业资源和产品市场，保障短缺农产品供给等种植业结构优化措施，是推动化肥减量直接而有效的方式。同时，应注重转变传统施肥方式，推广化肥减施增效技术，强化绿色发展政策支持与引导，巩固化肥"零增长"成效。

2. 防治农药对土壤的污染

目前，我国许多农产品的质量安全问题，主要表现在农药残留上。所以，探讨防治农药对土壤和环境的污染，在当前尤其重要。

（1）利用害虫综合防治系统以减少农药的施入量

综合防治是以生态学为基础的害虫治理方法中的一种较新的方式，是一种把所有可利用的方法综合到一项统一的规划中的害虫治理方法。生物防治是其重要组成部分。一些生物主要是真菌、细菌、病毒、线虫等可使昆虫致病死亡的生物，有些昆虫则以其他昆虫为食，利用这种生物防治，加上合理使用农药可使综合防治收到良好的效果。

（2）对农药进行安全合理使用

首先要对症下药，农药的使用品种和剂量因防治对象不同应有所不同。如不同的害虫选择不同的药剂，根据害虫对一些农药的抗药性合理选择药剂，考虑某些害虫对某种药剂有特殊反应而合理选择药剂等。其次是适时、适量用药，应在害虫发育中抵抗力最弱的时间和害虫发育阶段中接触药剂最多的时间施用农药。

（3）制定食品中的允许残留量标准

制定农药的每日允许摄入量，并根据人们的饮食习惯，制定出各种作物与食品中的农药最大残留限量。

（4）制定施药安全间隔期

根据农药在农作物上允许残留量，可制定出某一农药在某种作物收获前最后一次施药日期，使作物的农药残留量不超过规定残留标准。

（5）采用合理耕作制度，消除农药污染

农作物种类不同，对各种农药的吸收率也不同。在污染较重地区，在一定时间内不宜种植易吸收农药的作物，代之以栽培果树、菜类等不易吸收农药的作物品种，减少农药的污染。

（6）开发新农药

高效、低毒、低残留是开发农药新品种的主要发展方向。如优良的有机磷杀虫剂辛硫磷、氨基甲酸酯类杀虫剂呋喃丹和拟除虫菊酯等农药，可取代六六六、滴滴涕等对土壤污染大的农药品种。

3. 防治重金属对土壤的污染

对未污染或污染较轻的土壤应采用以防为主的方针，避免重金属通过各种途径进入土壤环境，这是所有防治措施中最有效、最可靠的措施。对于已污染且污染比较严重的土壤应采用防与治并重的办法，一方面要切断污染源，避免污染物质进一步污染土壤；另一方面要采取有效的技术措施，对土壤进行改良，尽可能地提高土壤环境容量、控制重金属的活化以切断重金属进入食物链，同时采用一些科学方法对土壤中的重金属进行稀释和去除。

（1）施用改良剂

施用改良剂是指向土壤中施加化学物质，以降低重金属的活性，减少重金属向植物体内的迁移，这种技术措施一般称之为重金属钝化。这种措施在轻度污染的土壤上应用是有效的。常用的改良剂有石灰、碳酸钙、磷酸盐和促进还原作用的有机物质，如有机肥等。

（2）增施土壤有机质

施用有机肥不仅能改善土壤肥力等环境条件，给植物提供充足的养分，而且还能明显地降低土壤交换性金属含量。有机质含量高的土壤，具有明显的解毒作用。

（3）客土和换土法

客土是指在现有的污染土壤上覆上一层未污染土壤，换土是指将受污染的土壤挖适当深度后再填入未污染土壤。这两种方法对于改变土壤污染现状是非常显著的，但费工，只适于小面积严重污染的地区采用。

4. 防治废塑料对土壤的污染

从价格和经营体制上优化和改善对废塑料制品的回收与管理，淘汰不合格的超薄型塑料膜，并建立生产再生塑料的加工厂，有利于废塑料的循环利用。

研制可控光解和热分解（50～60℃）等农膜新品种，以代替现用高压农膜，减轻农田残留负担。

尽量使用分子量小、生物毒性低且相对易降解的塑料增塑剂，并加强其生化降解性能和对农业环境影响的研究。

建立农用塑料产品的管理和监督体系，防止不合格的伪劣产品在市场上流通。

建立健全有关法律、法规，加强宣传教育，把治理"白色污染"纳入法制轨道。

第四节　水体污染对食品安全的影响及其防控措施

一、水体污染对食品安全的影响

水体污染引起的食品安全问题，主要是污水中的有害物质在动、植物中累积造成的。污染物质随污水进入水体以后，能够通过植物的根系吸收向地上部分以及果实中转移，使有害物质在作物中累积，同时也能进入生活在水中的水生动物体内并蓄积。有些污染物（如汞、镉）当其含量远低于引起农作物或水体动物生长发育危害的限量时，就已在体内累积，使其可食用部分的有害物质的累积量超过食用标准，对人体健康产生危害。

环境学中认为水体是包括水中悬浮物、溶解物质、底泥和水生生物等完整生态系统的自然综合体。水体按类型还可划分为海洋水体和陆地水体，陆地水体又分为地表水体和地下水体，地表水体包括河流、湖泊等。水体污染是指一定量的污水、废水、各种废弃物等污染物质进入水域，超出了水体的自净和纳污能力，从而导致水体及其底泥的物理、化学性质和生物群落组成发生不良变化，破坏了水中固有的生态系统，影响了水体的功能，降低了水体的使用价值。

造成水体污染的因素是多方面的：

① 向水体排放未经过妥善处理的城市生活污水和工业废水；

② 施用的化肥、农药及城市地面的污染物，被雨水冲刷，随地面径流进入水体；

③ 随大气扩散的有毒物质通过重力沉降或降水过程而进入水体等。

其中第一项是水体污染的主要因素。水体污染能直接引起污染水体中水生生物体内有害物质的积累，而对陆生生物产生影响，主要通过污灌的方式进入。我国水污染的现状为：水污染较为严重，绝大部分污水未经处理就用于农田灌溉，灌溉水质不符合农田灌溉水质标准，污水中污染物超标，已达到影响食品品质的程度，进而达到危害人体健康的程度。少数城市混合污水灌区和大部分工矿灌区，已引起饮用水源（地下水和部分地表水）中重金属超标，少数地下水还有 CN、NO、NO$_2$ 污染，影响饮用水安全。主要水体污染物及其来源：

1. 病原体污染物

生活污水、畜禽饲养场污水以及制革、屠宰业和医院等排出的废水，常含有各种病原体如病毒、病菌、寄生虫等。水体受到病原体的污染会传播疾病，如血吸虫病、霍乱伤寒、痢疾等。历史上流行的瘟疫，有的就是水媒型传染病，如 1848 年和 1854 年英国两次霍乱流行，死亡万余人，1892 年德国汉堡霍乱流行，死亡 750 余人，均是水污染引起的。

受病原体污染后的水体微生物激增，其中许多是致病菌、病虫卵和病毒，它们往往与其他细菌和大肠埃希菌共存，所以通常规定用细菌总数、大肠埃希菌数及菌值数作为病原体污染的直接指标。病原体污染的特点是：数量大、分布广、存活时间较长、繁殖速度快、易产生抗药性，很难绝灭，传统的二级生化污水处理及加氯消毒后，某些病原微生物、病毒仍能大量存活。常见的混凝、沉淀、过滤、消毒处理能够去除水中 99% 以上病毒，但是如果出水浊度大于 0.5 度时，仍会伴随病毒的穿透。病原体污染物可通过多种途径进入人体，一旦条件适合，就会引起人体疾病。

2. 耗氧污染物

在生活污水、食品和造纸等加工废水中，含有糖类、蛋白质、油脂等有机物质。这些物质以悬浮或溶解状态存在于污水中，可通过微生物的生物化学作用分解。在其分解过程中需要消耗氧气，因而被称为耗氧污染物。这种污染物可造成水中溶解氧减少，影响鱼类和其他水生生物的生长。水中溶解氧耗尽后，有机物进行厌氧分解，产生硫化氢、氨和硫醇等难闻气味气体，使水质进一步恶化。水体中有机物成分非常复杂，耗氧有机物浓度常用单位体积水中耗氧物质生化分解过程的耗氧量表示，即以生化需氧量（BOD）表示。一般用 20℃时 5 天生化需氧量表示。

3. 植物营养物

植物营养物主要是指氮、磷等能刺激藻类及水草生长，干扰水质净化，使 BOD 升高的物质。水体中营养物质过量所造成的富营养化对于湖泊及流动缓慢的水体所造成的危害已成为水源保护的严重问题。富营养化是指在人类活动的影响下，生物所需的氮、磷等营养物质大量进入湖泊、河口、海湾等缓流水体，引起藻类及其他浮游生物迅速繁殖，水体溶解氧量下降，水质恶化，鱼类及其他生物大量死亡的现象。在自然条件下，湖泊也会从贫营养状态过渡到富营养状态，沉积物不断增多，先变为沼泽，后变为陆地。这种自然过程非常缓慢，常需几千年甚至上万年。而人为排放含营养物质的工业废水和生活污水所引起的水体富营养化现象，可以在短期内出现。

植物营养物的来源广、数量大，有生活污水（有机质、洗涤剂）、农业（化肥、农家肥）和工业废水、垃圾等。每人每天带进污水中的氮约 50g。生活污水中的磷主要来源于洗涤废水，而施入农田的化肥有 50%～80% 流入江河、湖海和地下水体中。天然水体中磷和氮（特别是磷）的含量在一定程度上是浮游生物生长的控制因素。当大量氮、磷植物营养物排入水体后，促使某些生物（如藻类）急剧繁殖生长，生长周期变短。藻类及其他浮游生物死亡后被需氧生物分解，不断消耗水中的溶解氧，或被厌氧微生物所分解不断产生硫化氢等气体，使水质恶化，造成鱼类和其他水生生物的大量死亡。

藻类及其他浮游生物残体在腐烂过程中，又把生物所需的氮、磷等营养物质释放到水中，供新的一代藻类等生物利用。因此，水体富营养化后，即使切断外界营养物质的来源，也很难自净和恢复到正常水平。水体富营养化严重时，湖泊可被某些繁生植物及其残骸淤塞，成为沼泽甚至干地，局部海区可变成"死海"，或出现"赤潮"现象。

常用氮和磷含量、生产率（O_2）及叶绿素 A 作为水体富营养化程度的指标。防止富营养化，必须控制进入水体的氮、磷含量。

4. 有毒污染物

有毒污染物是指进入生物体后累积到一定数量能使体液和组织发生生化和生理功能的变化，引起暂时或持久的病理状态，甚至危及生命的物质，如重金属和难分解的有机污染物等。污染物的毒性与摄入机体内的数量有密切关系。同一污染物的毒性也与其存在形态有密切关系。价态或形态不同，其毒性有很大的差异。如 As(Ⅲ) 的毒性比 As(Ⅴ) 大，甲基汞毒性比无机汞大得多。另外污染物的毒性还与若干综合效应有密切关系。

从传统毒理学来看，有毒污染物对生物的综合效应有三种。

① 相加作用：两种以上毒物共存时，其总效果大致是各成分效果之和。

② 协同作用：两种以上毒物共存时，一种成分能促进另一种成分毒性急剧增加。如铜、锌共存时，其毒性为它们单独存在时的 8 倍。

③ 拮抗作用：两种以上的毒物共存时，其毒性可以抵消一部分或大部分。如锌可以抑制镉的毒性，又如在一定条件下硒对汞能产生拮抗作用。

总之，除考虑有毒污染物的含量外，还需考虑它的存在形态和综合效应，这样才能全面深入地了解污染物对水质及人体健康的影响。

有毒污染物主要有以下几类。

① 重金属。如汞、镉、铬、铅、钒、钴、钡、铍等，其中汞、镉、铅危害较大。重金属在自然界中一般不易消失，它们能通过食物链而被富集。这类物质除直接作用于人体引起疾病外，某些金属还可能促进慢性病的发展。

② 无机阴离子。主要是硝酸根、氟离子、氰基离子，其中硝酸根是致癌物质，氰基离子是剧毒物质，主要来自工业排放废水中的氰化物。

③ 有机农药、多氯联苯。目前世界上有机农药大约 6000 种，常用的大约有 200 种。农药喷在农田中，经淋溶等作用进入水体，产生污染作用。有机农药可分为有机磷农药和有机氯农药。有机磷农药的毒性虽大，但一般容易降解，积累性不强，因而对生态系统的影响不明显；而绝大多数的有机氯农药毒性大，几乎不降解，积累性甚高，对生态系统有显著影响。多氯联苯（PCB）是联苯分子中一部分氢或全部氢被氯取代后所形成的各种异构体混合物的总称。多氯联苯剧毒，脂溶性大，易被生物吸收，化学性质十分稳定，难以和酸、碱、氧化剂等作用，并且具有高度耐热性，在 $1000 \sim 1400℃$ 高温下才能完全分解，因而在水体和生物中很难降解。

④ 致癌物质。大体分三类：多环芳香烃（PAH），如 3,4-苯并[a]芘等；杂环化合物，如黄曲霉毒素等；芳香胺类，如甲苯胺、乙苯胺、联苯胺等。

⑤ 一般有机物质。如酚类化合物就有 2000 多种，最简单的是苯酚，均为高毒性物质；腈类化合物也有毒性，其中丙烯腈对环境的影响最为严重。

5. 石油类污染物

石油污染是水体污染的重要类型之一，特别在河口、近海水域更为突出。排入海洋的石油估计每年高达数百万吨至上千万吨，约占世界石油总产量的 0.5%。石油污染物主要来自工业排放、石油运输船只的船舱和机件的清洗、意外事故的发生、海上采油等。而油船事故属于爆炸性的集中污染源，危害是毁灭性的。石油是烷烃、烯烃和芳香烃的混合物，进入水体后的危害是多方面的。如在水上形成油膜，能阻碍水体富氧作用；油类黏附在鱼鳃上，可使鱼窒息；黏附在藻类、浮游生物上，可使它们死亡。油类会抑制水鸟产卵和孵化，严重时使鸟类大量死亡。石油污染还能使水产品质量降低。

6. 放射性污染物

放射性污染是放射性物质进入水体后造成的。放射性污染物主要来源于核动力工厂排放的冷却水、向海洋投弃的放射性废物、核爆炸降落到水体的散落物、核动力船舶事故的核燃料，开采、提炼和使用放射性物质时，如果处理不当，也会造成放射性污染。水体中的放射性污染物可以附着在生物体表面，也可以在生物体内蓄积起来，还可通过食物链对人产生内辐射。水中主要的天然放射性元素有钾（K）、铀（U）、镭（Ra）、氡（Rn）等。目前，在世界任何海区几乎都能测出 Sr（锶）、Cs（铯）。

7. 酸、碱、盐无机污染物

各种酸、碱、盐等无机物进入水体（酸、碱中和生成盐，它们与水中矿物质相互作用产生某些盐类），使淡水资源的矿化度提高，影响各种用水水质。这些污染物来自生活污水和工矿废水以及某些工业废渣。另外，酸雨规模日益扩大，造成土壤酸化，地下水矿化度增高。

水体中无机盐增加能提高水的渗透压，对淡水生物、植物生长产生不良影响。在盐碱化地区，地面水、地下水中的盐将对土壤质量产生更大影响。

8. 热污染

热污染是一种能量污染，是工矿企业向水体排放高温废水造成的。一些热电厂及各种工业过程中的冷却水，若不采取措施直接排放到水体中，均可使水温升高，水中化学反应、生化反应的速度随之加快，使某些有毒物质（如氰化物、重金属离子等）的毒性增加，溶解氧减少，影响鱼类的生存和繁殖，加速某些细菌的繁殖，助长水草丛生，从而造成厌氧发酵，产生恶臭。

鱼类生长都有一个最佳的水温区间。水温过高或过低都不适合鱼类生长，甚至会导致死亡。不同鱼类对水温的适应性也是不同的，如热带鱼适于 15～32℃，温带鱼适于 10～22℃，寒带鱼适于 2～10℃。一般水生生物能够生活的水温上限是 35℃。

除了上述 8 类污染物以外，洗涤剂等表面活性剂对水环境的主要危害在于使水产生泡沫，阻止了空气与水接触而降低溶解氧，同时有机物的生化降解耗用水中溶解氧而导致水体缺氧，高浓度表面活性剂对微生物有明显毒性。

二、水体污染的防控措施

1. 加强水污染的治理

强化行政、法制手段，对工业企业、乡镇工业实行达标排放，对产生有毒有害排放物的企业严禁设置在居民住宅区、主要河道及耕地附近；加强对城镇生活污水和面污染源的治理；加快城镇生活污水处理厂的建设，开展面污染源定性、定量研究，寻求治理面污染源的良策。

2. 开展水污染、土壤污染与农作物污染之间的相关关系及各种污染物在农作物中吸收分布规律的研究

不同品种的农作物对有害物质的吸收和蓄积能力有很大差别，利用这种富集强弱的差异，在被污染的地方指导农民合理规划使用土地，有选择地种植作物，以达到充分利用土地、减少对人体健康危害的目的。目前国内这方面的研究较少。

3. 在各地选择无工业污染的地区作为粮食和蔬菜种植基地

目前一些地区发展"绿色食品"往往片面理解为无农药污染，而忽视了工业污染的影响。建立"菜篮子"工程，意义不仅是选择清洁区作为生产基地，并且引用的灌溉水卫生质量也能得到保障。农业和水利部门目前所提倡和推广的集中喷灌式浇水法既可避免水资源的浪费，又可防止受污染水体中的有害物进入农田。

4. 积极开展粮食及蔬菜中有害物质（特别是重金属）含量卫生标准的制定

土壤中有毒有害化学成分含量与农作物中相关元素之间有着极为密切的联系，因此，控制土壤中有毒有害化学物质的浓度是保障农作物卫生安全的前提。目前许多发达国家已经制定并实施了多种污染物的土壤卫生标准，我国可结合国情借鉴使用，以使我们对农业生产环境的保护有据可依。推广"菜篮子"工程，发展大型连锁店、菜市场供应蔬菜，既可发挥国有企业主渠道作用，也利于加强对市售粮食、蔬菜的卫生及安全控制。

第五节　放射性物质对食品安全的影响

随着核能的发展，放射性物质对环境的污染越来越引起人们的注意。现代核动力工业有了较大程度的发展，加之人工裂变核素的广泛应用，使人类环境中放射性物质的污染增加是放射性污染的主要来源；此外，一些国家的核试验也成为放射性污染的另一来源。环境中放射性物质的存在，最终将通过食物链进入人体。因此，放射性污染对食品安全性的影响已成为一个重要的研究课题。

一、食品中放射性物质的来源

1. 食品中的天然放射性物质

天然放射性核素分为两大类：一是宇宙射线的粒子与大气中的物质相互作用产生的，如 ^{14}C、^{3}H 等；二是地球在形成过程中存在的核素及其衰变产物，如 ^{238}U、^{235}U、^{232}Th、^{40}K 和 ^{87}Rb 等。

天然放射性物质在自然界中的分布很广，存在于矿石、土壤、天然水、大气和动植物的组织中。由于核素可参与环境与生物体间的转移和吸收过程，所以可通过土壤转移到植物而进入生物圈，成为动植物组织的成分之一。从天然放射性物质的含量来看，动植物组织中主要含有 ^{40}K，含量很低；其次从毒理学意义上讲，^{226}Ra 与人体的关系较密切。

2. 食品中的人工放射性物质

随着现代科技水平的飞速发展，核能不仅仅应用于国防、军事领域，也广泛应用于核工业、核动力工业、放射性矿石的开采与冶炼、医学、辐照食品技术、农业、科研等领域，使地球表面的人工放射性物质明显增加。核试验使地球表面的人工放射性物质明显地增加，核爆炸时会产生大量的放射性裂变产物。同时，核爆炸所释放的中子与核体材料、土壤或水作用而产生的放射性核素，随同高温气流被带到不同的高度，大部分（称早期落下灰）在爆点附近的地区沉降下来，较小的粒子能进入对流层甚至平流层，绕地球运行，经数天、数月或数年缓慢地沉降到地面。因此，核试验的污染是全球性的，且为放射性环境污染的主要来源。

目前世界上已有 30 多个国家和地区建有核电站，根据国际原子能机构（IAEA）统计，截至 2010 年 10 月底，全世界共有 441 台核电机组在运行。从一座核电站排放出的放射性物质，虽然其极微量的浓度几乎检不出来，但核电站的排水量很大，经过水生生物的生物链，被成千上万倍地浓缩，成为水产食品放射性物质污染的一个来源。进入人体的放射性物质，在人体内继续发射多种射线引起内照射。当放射性物质达到一定浓度时，便能对人体产生损害。

环境中人为污染的放射性核素主要有以下几种：^{131}I、^{90}Sr、^{89}Sr、^{137}Cs。主要来源于核爆炸，核废物的排放和意外事故。

另外，放射性核素在工农业、医学和科研上的应用也会向外界排放一定量的放射性物质。如农业上含铀等放射性物质的磷肥，常在农作物中积累，并通过食物链进入人体，影响食品的安全性。

二、放射性污染的防治

预防食品放射性污染及其对人体危害的主要措施是加强对污染源的卫生防护和经常性的卫生监督。定期进行食品卫生监测，严格执行国家卫生标准，使食品中放射性物质的含量控制在允许的范围之内。对于放射性污染，以加强监测为主，加强卫生防护和卫生监督，严格执行国家卫生标准，妥善保管食品。

总之，环境污染与食品安全问题的出现是历史的一种真实记载，它会影响到国家和民族的兴盛与衰败。环境污染会直接、间接地引起食品污染，从而使食品的安全性降低。了解到这些问题，就要加强环境保护意识的教育与宣传，时刻敲响警钟，使人们能更科学地食用食物。

参 考 文 献

[1] 王际辉. 食品安全学 [M]. 北京：中国轻工业出版社，2018.

[2] 张建新，沈明浩. 食品环境学 [M]. 北京：中国轻工业出版社，2019.

[3] 张红波. 我国食品现状安全分析及其对策 [J]. 中国安全科学学报，2004，14（1）：15-17.

[4] 陈牧霞，地里拜尔，苏力坦，等. 污水灌溉重金属污染研究进展 [J]. 干旱地区农业研究，2006（02）：200-204.

[5] 谢兵，环境污染对食品安全的影响 [J]. 重庆科技学院学报，2005，7（2）：63-66.

[6] 杨洁彬. 食品安全性 [M]. 北京：中国轻工业出版社，2000.

[7] 钟耀广. 食品安全学 [M]. 2 版. 北京：化学工业出版社，2010.

[8] 朱文霞，曹俊萍，何颖霞. 土壤污染的危害与来源及防治 [J]. 农技服务，2008，25（10）：135.

[9] 张远，樊瑞莉. 土壤污染对食品安全的影响及其防治 [J]. 中国食物与营养，2009，3：10-13.

[10] 彭爱娟，魏建春. 环境化学污染与食品安全问题的讨论 [J]. 郑州牧业工程高等专科学校学报，2001（3）：188-189.

[11] 张乃明. 环境污染与食品安全 [M]. 北京：化学工业出版社，2007.

[12] 沈亚琴，苏玉红．原油污染对 2, 4-二硝基甲苯在水-土壤界面间迁移的影响［J］．上海环境科学，2011，30（4）：139-142.

[13] 张学佳，纪巍，康学军，等．石油类污染物在土壤中的环境行为［J］．油气田环境保护，2019（3）：12-16.

[14] 成金华，张翠娥，郑亮．农药对土壤的污染及治理［J］．科技信息，2009，4：304-305.

[15] 南燕．浅谈核污染对食品安全的影响［J］．中国化工贸易，2012，10：81-82.

[16] 周啸天．"抽象危险犯/具体危险犯＋情节加重犯/结果加重犯"立法模式解读与司法适用问题研究——以"食品安全""环境污染"两个司法解释为中心［J］．师大法学，2018，2：274-299.

[17] 余玮杰．科学推进农业生态环境建设保障食品安全［J］．现代食品，2019，1：64-67.

第六章 食物中的天然有毒物质对食品安全的影响

第一节 概 述

近年来，人们对化学物质引起的食品安全性问题有了不同程度的了解，在生产中不添加任何化学物质的天然食品颇受青睐，一些宣传媒体将其描述为百利无一害绝对安全的食品。然而事实并非如此，部分食品原料（包括植物、动物和微生物）在长期的进化过程中，为了抵御天敌和不利的环境条件，有利于自身的生存，会产生对其自身无害但对其他生物有毒的复杂的天然有毒有害物质。动植物天然有毒物质即有些动植物中存在的某种对人体健康有害的非营养性天然物质成分，或贮存方法不当，在一定条件下产生的某种有毒成分。

一、食品中天然有毒物质的种类

含有毒物质的动植物外形、色泽与无毒的品种相似，因而在食品加工和日常生活中应引起人们的足够重视。动植物中含有的天然有毒物质结构复杂，种类繁多，与人类生活关系密切的主要有以下几种。

1. 苷类

在植物中，糖分子（如葡萄糖、鼠李糖、葡萄糖醛酸等）中的半缩醛羟基和非糖类化合物分子（如醇类、酚类、甾醇类等）中的羟基脱水缩合而成具有环状缩醛结构的化合物，称为苷，又叫配糖体或糖苷。苷类化合物一般味苦，可溶于水和醇中，易被酸或酶水解，水解的最终产物为糖及苷元。苷元是苷中的非糖部分。由于苷元的化学结构不同，苷的种类也有多种，主要有氰苷、皂苷等。

2. 生物碱

生物碱是一类具有复杂环状结构的含氮有机化合物，主要存在于植物中，少数存在于动物中，有类似碱的性质，可与酸结合成盐，在植物体内多以有机酸盐的形式存在。其分子中具有含氮的杂环，如吡啶、吲哚、喹啉、嘌呤等。有毒的生物碱主要有：茄碱、秋水仙碱、烟碱、吗啡碱、罂粟碱、麻黄碱、黄连碱和颠茄碱等。生物碱主要分布于罂粟科、茄科、毛茛科、豆科、夹竹桃科等100多种植物中。

3. 有毒蛋白质和肽

蛋白质是生物体中最复杂的物质之一。当异体蛋白质注入人体组织时可引起过敏反应，内服某些蛋白质也可产生各种毒性。植物中的胰蛋白酶抑制剂、红细胞凝集素、蓖麻毒素等均属于有毒蛋白质或复合蛋白质；动物中鲶鱼、鳇鱼和石斑鱼等鱼类的卵中含有的鱼卵毒素也属于有毒蛋白质。

4. 酶类

某些植物中含有对人体健康有害的酶类，它们通过分解维生素等人体必需成分而释放出有毒化合物。例如蕨类植物（蕨菜的幼苗、蕨叶）中的硫胺素酶可破坏动植物体内的硫胺素，引起人和动物的维生素 B_1 缺乏症。大豆中存在破坏胡萝卜素的脂肪氧化酶，食入未经热处理的大豆可使人体的血液和肝脏内维生素 A 的含量降低。

5. 非蛋白类神经毒素

这类毒素主要指河豚毒素、贝类毒素、海兔毒素等，大多分布于河豚、蛤类、螺类、蚌类、贻贝类等水生动物中。水生动物本身无毒，但因直接摄取了海洋浮游生物中的有毒藻类（如甲藻、蓝藻），通过食物链（有毒藻类→小鱼→大鱼）间接摄取将毒素积累和浓缩于体内。

6. 草酸和草酸盐

草酸在人体内可与钙结合形成不溶性的草酸钙，不溶性的草酸钙可在不同的组织中沉积，尤其在肾脏，人食用过多的草酸也有一定的毒性。常见的含草酸多的植物有菠菜等。

7. 动物中的其他有毒物质

动物体内的某些腺体、脏器或分泌物，如摄食过量或误食，可扰乱人体正常代谢，甚至引起食物中毒。

二、天然有毒物质的中毒条件

天然有毒物质引起的食物中毒有以下几种原因：

1. 人体遗传因素

人体遗传因素引起的中毒，如有些特殊人群因先天缺乏乳糖酶，不能将牛乳中的乳糖分解为葡萄糖和半乳糖，因而不能吸收利用乳糖，饮用牛乳后出现腹胀、腹泻等乳糖不耐受症状。

2. 过敏反应

食物过敏是食物引起机体对免疫系统的异常反应。某些食物可以引起过敏反应，严重者甚至死亡。如菠萝是许多人喜欢吃的水果，但有人对菠萝中含有的蛋白酶过敏，食用菠萝后出现腹痛、恶心、呕吐、腹泻等症状，严重者可引起呼吸困难、休克、昏迷等。各种肉类、鱼类、蛋类、蔬菜和水果都可以成为某些人的过敏原食物。在日常生活中，并不是每个人都对致敏性食物过敏，相反大多数人并不过敏。即使是食物过敏的人，也是有时过敏，而有时又不过敏。

3. 食品成分不正常

食品成分不正常，食后引起相应的中毒症状。如河豚、鲜黄花菜、发芽的马铃薯等，少量食用亦可引起中毒。

4. 食用量过大

因食用量过大引起各种症状，如荔枝含有维生素 C 较多，若大量食用，可引起"荔枝病"，出现头晕、心悸，严重者甚至死亡。

三、食物的中毒与解毒

1. 食物中毒的定义

食物中毒是指摄入了含有生物性、化学性有毒有害物质的食品或把有毒有害物质当作食品摄入后所出现的非传染性急性、亚急性疾病。

2. 食物中毒的特征

食物中毒表现为头痛、呕吐、腹泻，严重者昏迷、休克甚至死亡。主要特征如下：

① 潜伏期短而集中；

② 发病突然，来势凶猛；

③ 患病与食物有明显关系；

④ 发病率高。

3. 食物中毒的解毒方法

① 用解毒剂解毒；

② 采用催吐、洗胃和导泻的方法清除毒物；

③ 在专业人员指导下对症治疗；

④ 通过输液、利尿、换血、透析等措施促使体内毒物排泄。

第二节　含天然有毒物质的植物

世界上有 30 多万种植物，可供人类食用的不过数百种，这是由于植物体内的毒素限制了它们的应用。植物源的有毒物质可以分为两类，一类是物质天然含有的有毒成分，如生氰糖苷、硫苷等，另一类是植物在一定条件下产生的有毒成分，如发芽马铃薯中的龙葵素等。植物的毒性主要取决于其所含的有害化学成分，如毒素或致癌的化学物质，它们虽然含量很少，却严重影响了食品的安全性。因此，研究食物中的天然植物性毒素，防止植物性食物中毒，具有重要的现实意义。

一、粮食作物

1. 大豆

大豆营养价值丰富，但本身含有的抗营养成分降低了大豆的生物利用率。如果烹调加工合理，可有效去除这些抗营养因素。然而，若加工温度或时间不够，没有彻底破坏这些有害成分可引起人体中毒。

（1）有毒成分

① 蛋白酶抑制剂。蛋白酶抑制剂是指能抑制人体某些蛋白质水解酶活性的物质。大豆中存在的蛋白酶抑制剂可以对胰蛋白酶、糜蛋白酶、胃蛋白酶等的活性起抑制作用，尤其对胰蛋白酶的抑制作用最为明显。蛋白酶抑制剂的有害作用表现在一方面为抑制蛋白酶活性以降低食物蛋白质的消化吸收，导致机体发生胃肠道的不良反应，另一方面通过负反馈作用刺激胰腺，使其分泌能力增强，导致内源性蛋白质、氨基酸的损失增加，对动物的正常生长起抑制作用。中毒表现为食用没有完全煮熟的大豆后 5～60min 内出现恶心、腹痛，时间较长

的可以出现腹泻等胃肠炎症状。

② 植物红细胞凝集素。植物红细胞凝集素是一种能使红细胞凝集的蛋白质，其毒性主要表现在它与小肠细胞表面的特定部位结合后可对肠细胞的正常功能产生不利影响，尤其是影响肠细胞对营养物质的吸收，导致人体机能受到抑制，如果毒素进入血液中，与红细胞发生凝集作用，破坏了红细胞输氧能力，造成人体中毒。植物红细胞凝集素一般较耐热，80℃数小时不失活，但100℃加热1h可完全破坏其活性。大豆凝集素的毒性较强，其LD_{50}约为50mg/kg，以1％的含量喂养小鼠也可引起其生长迟缓。

植物红细胞凝集素引起的食物中毒潜伏期为几十分钟至几十小时，儿童对大豆红细胞凝集素比较敏感，中毒后可出现头痛、头晕、腹泻、腹痛、恶心、呕吐等症状，严重者甚至会引起死亡。只要将食用的豆类煮熟煮透就不会引起食物中毒。

③ 脂肪氧化酶。脂肪氧化酶可将大豆中的亚油酸和亚麻酸氧化分解，产生醛、酮、醇、环氧化物等物质，不仅产生豆腥味等异味，还可产生有害物质，导致大豆的营养价值下降。

④ 皂苷。皂苷是类固醇或三萜系化合物的低聚配糖体的总称。由于其水溶液振荡时能产生大量泡沫，与肥皂相似，所以称皂苷，又叫皂素。皂苷易与红细胞膜的胆固醇结合形成不溶性化合物，因而有溶血作用。皂苷由肾脏排出，因此对肾脏也有毒性作用。同时，皂苷对黏膜，尤其对鼻黏膜的刺激性较大，内服量过大可引起食物中毒。当食用未煮熟的豆浆时，亦可引起中毒。特别是在豆浆加热到80℃左右时，皂素受热膨胀，泡沫上浮，形成"假沸"现象，其实此时存在于豆浆中的皂素等有毒有害成分并没有完全破坏，如果饮用这种豆浆即会引起中毒，通常在食用0.5～1h后即可发病，主要是胃肠炎症状。

⑤ 致甲状腺肿素。大豆中含有的致甲状腺肿素是一种由2～3个氨基酸组成的短肽或由1个糖分子组成的糖肽，包括硫氰酸酯、异硫氰酸酯和噁唑烷硫酮，其前体物质是硫代葡糖苷。用不加热的大豆饲喂大鼠和小鸡可产生明显的甲状腺肿大。致甲状腺肿素优先与碘结合，从而夺取甲状腺所需要的碘。加热可以钝化硫代葡糖苷酶，使之不能酶解硫代葡糖苷，也就不能产生致甲状腺肿素，从而不会导致甲状腺肿大。

（2）预防措施

大豆经加工以后可对抗营养因子起到不同程度的钝化作用。采用方法如下：

① 采用常压蒸汽加热30min后，可破坏大豆中的蛋白酶抑制剂。

② 采用95℃以上加热15min，再用乙醇处理后减压蒸发可钝化脂肪氧化酶。

③ 大豆加工成豆制品后，可以有效去除植物红细胞凝集素、皂苷等抗营养因子。

④ 煮豆浆时，如果"假沸"之后继续加热至沸腾，泡沫消失，即表明皂素等有毒成分受到破坏，然后小火煮10min，即可达到食用安全的目的。

⑤ 可以采取93℃加热30min，121℃加热5～10min，或喷雾干燥等方式有效消除有害成分。

2. 木薯

我国台湾、云南等地区称为树薯、树番薯，广东、海南一带称为苦木薯或葛薯。木薯的主要成分为淀粉、蛋白质、脂肪和维生素。木薯块根富含淀粉，是食品和工业淀粉的良好原料，鲜叶和嫩茎可作饲料。

（1）有毒成分

亚麻仁苷是木薯中的主要毒性物质，是植物氰苷的一种。氰苷是结构中含有氰基的苷类，其水解后产生氢氰酸，从而对人体造成危害，因此，有人将氰苷称为生氰糖苷。水果核仁中也含有生氰糖苷，当人们误食水果核仁或食用了生木薯后，果仁或木薯中的生氰糖苷与

β-葡糖苷酶和 α-羟腈酶共同作用而被降解。生氰糖苷首先在 β-葡糖苷酶的分解下生成氰醇和糖，氰醇很不稳定，自然分解为相应的酮、醛化合物和氢氰酸。羟腈酶可加速这一降解反应。释放出的氰化氢（HCN）毒性很强，对食用者产生毒性作用。生氰糖苷和 β-葡糖苷酶处于植物的不同位置，当咀嚼或破碎含生氰糖苷的植物食品时，其细胞结构被破坏，使得 β-葡糖苷酶释放出来，与生氰糖苷作用产生氢氰酸。植物这种具有合成生氰化合物并能水解释放出氢氰酸的能力，称为生氰作用。

生氰糖苷的毒性主要是氢氰酸和醛类化合物的毒性。氢氰酸是一种高活性、毒性大、作用快的细胞原浆毒，它的主要毒性在于吸收后，随血液循环进入组织细胞，并透过细胞膜进入线粒体，氰离子（CN^-）能迅速抑制组织细胞内 42 种酶的活性，如细胞色素氧化酶、过氧化物酶、脱羧酶等。其中细胞色素氧化酶对氰化物最为敏感。氰离子能迅速与氧化型细胞色素氧化酶中的 Fe^{3+} 结合，生成非常稳定的高铁细胞色素氧化酶，使其不能转变为具有 Fe^{2+} 的还原型细胞色素氧化酶，致使细胞色素氧化酶失去传递电子、激活分子氧的功能，使组织细胞不能利用氧，形成"细胞内窒息"，导致细胞中毒性缺氧症。中枢神经系统对缺氧最敏感，故大脑首先受损，导致中枢性呼吸衰竭而死亡。此外，氰化物在消化道中释放出的氢氧离子具有腐蚀作用。吸入高浓度氰化氢或吞服大量氰化物者，可在 2～3min 内呼吸停止，呈"电击样"死亡。氢氰酸的中毒最小剂量以体重计为 0.5～3.5mg/kg。

食用未经合理加工处理的木薯或生食木薯，即可使人发生中毒。木薯中毒主要表现为中枢神经系统症状，一般进食木薯 2～3h 后可出现症状，但多数中毒病例于 5～6h 后出现症状，最慢者可达 12h。早期主要有恶心、呕吐、腹痛、头痛、头晕、心悸、无力等，个别病例尚有腹泻症状。中毒较重病例，呼吸先频速，以后变为缓慢而深长，面色苍白，出冷汗抽搐，但无明显红绀。中毒极重者，出现呼吸困难、躁动不安、嗜睡、抽搐、面色苍白、青紫绀、瞳孔放大、对光反应迟钝或消失、意识模糊甚至昏迷。部分患者发热、阵发性痉挛和腱反射亢进、生理反射消失，出现脉搏增快或过缓、心律失常，最后可因抽搐、缺氧、休克或呼吸衰竭而死亡。

生氰糖苷引起的慢性中毒也比较常见。在一些以木薯为主食的非洲和南美地区，流行的热带神经性共济失调症（TAN）和热带性弱视两种疾病主要就是生氰糖苷引起的。热带神经性共济失调症主要表现为视力萎缩、共济失调、甲状腺肿大和思维混乱。热带性弱视疾病病症为视神经萎缩并导致失明。

（2）预防措施

① 在习惯食用木薯的地方，要注意饮食卫生，严格禁止生食木薯，不能喝煮木薯的汤。

② 加工木薯时应去皮，亚麻仁苷 90% 存在于皮内。

③ 水浸薯肉，可溶解亚麻仁苷，如将其浸泡 6 天可去除 70% 以上的亚麻仁苷，再经加热煮熟时，将锅盖打开，使氢氰酸逸出，即可食用。

④ 选用产量高而含亚麻仁苷低的木薯品种。

3. 马铃薯

马铃薯作为主要的粮食作物之一，是很多加工食品的制作原料，如土豆泥、薯条等。若马铃薯因储藏不当等原因致食品中含大量龙葵素时，食品安全受到极大威胁，人一旦服用则会发生中毒甚至死亡。

（1）有毒成分

茄碱又名龙葵苷或龙葵素，为发芽马铃薯的主要致毒成分，是一种弱碱性的生物碱。成熟的马铃薯中，龙葵素的含量一般为 7～10mg/100g，食用是安全的。当马铃薯因贮存不当而变绿或发芽时，会产生大量的龙葵素，当龙葵素的含量超过 20mg/100g 时，人服用后可能会导致中毒甚至死亡。

马铃薯收获后的储藏条件（如光照、湿度、时间等）对龙葵素的含量有较大影响。一般在高温、干旱和氮元素过多，磷元素、钾元素不足的栽培条件下，易促进龙葵素的形成和蓄积；在清爽、湿润、昼夜温差较大的环境中，龙葵素的含量最低。提前收获未充分成熟的块茎，其含量往往偏高；受损、染病和腐烂的块茎中龙葵素的蓄积会增加。块茎随着储藏期的延长，特别是储藏期间见光薯皮变绿和春季块茎结束休眠开始发芽时，萌芽和绿化薯皮中龙葵素明显蓄积。萌芽和薯皮中的龙葵素是本身合成的，不向芽眼周围的块茎和组织转移。

马铃薯储藏过程中会产生叶绿素而发生绿化现象。有研究表明，光下叶绿素的合成与糖苷生物碱的蓄积有明显的同步增长趋势。同一品种绿化薯皮中龙葵素的含量为 38mg/100g（以鲜重计），未绿化薯皮中的含量则为 22mg/100g（以鲜重计）。有国外学者通过实验探讨不同温度条件下光对绿化的影响，叶绿素和龙葵素之间量的关系，以及马铃薯在部分受光情况下，光对叶绿素及龙葵素含量的影响。研究结果表明，在一定的光照条件下，叶绿素的生成和温度有一定的关系，温度越高绿化的速度越快，叶绿素也越多，且在黑暗的条件下没有绿化现象即没有叶绿素生成。而龙葵素在一定的光照条件下，不同温度对龙葵素消长的影响与叶绿素的变化是一致的。且在 1℃和 5℃条件下几乎没有变化，但在 10℃和 15℃条件下与叶绿素同步增加，特别是在 15℃条件下龙葵素的增加非常明显，所以在光照条件下龙葵素的增加在 10℃以上是随温度而变化的。

马铃薯中的龙葵素含量与储藏时间及储藏温度呈正相关关系，且光照条件对龙葵素含量的影响显著。在相同的储藏温度及储藏时间的条件下，光照可以促进马铃薯中龙葵素的快速合成。

龙葵素对胃肠黏膜有较强的刺激作用，对呼吸中枢有麻痹作用，并能引起脑水肿、充血，而且对红细胞有溶血作用。当食用了未成熟的绿色马铃薯，或因贮藏不当，使其发芽或部分块茎的皮肉中出现黑绿斑，烹调时又未能除去或破坏毒素，就会发生食物中毒。当食入 0.2~0.4g 龙葵素时即可发生中毒。人在食用含有较多龙葵素的马铃薯时会感觉到明显的苦味，随后喉咙会有持续的灼烧感。龙葵素在去皮煮熟的马铃薯中的量达 200~400mg 时，受试者表述可以通过"苦味"来判断。

（2）预防措施

① 将马铃薯存放于阴凉通风、干燥处或辐照处理，以防止马铃薯发芽变绿。

② 发芽较多或皮肉变黑绿色者不能食用；食用发芽较少的马铃薯时，应剔除芽和芽眼，并把芽眼周围削掉一部分，这种马铃薯应煮或烧熟吃。烹调时可加些醋，以破坏龙葵素，使之无毒。

4. 荞麦

荞麦是蓼科荞麦属植物，普通荞麦和同属的苦荞麦、金荞麦都可以作为粮食食用。

（1）有毒成分

荞麦素和原荞麦素是荞麦花的两种多酚类致光敏有毒色素。该色素与光产生光敏反应，出现皮肤病症。一般在食入荞麦花 4~5h 后，出现面部有灼烧感，面部潮红并有红色斑点等症状，日晒将加重病情。在阴凉处时，口、唇、耳、鼻、手指等部位出现麻木感。严重者小腿出现浮肿，皮肤破溃。目前主要引起猪中毒。

（2）预防措施

勿食荞麦花。

二、蔬菜

1. 菜豆

（1）有毒成分

① 红细胞凝集素。菜豆中的植物红细胞凝集素毒性较大，但不同品种间也存在差异性。如食用未煮熟的菜豆，会发生食物中毒，出现头痛、头晕、腹泻、腹痛、恶心、呕吐等症状，严重者甚至会引起死亡。

② 皂苷。未煮熟透的菜豆中含有皂素，对消化道黏膜有强烈刺激作用，中毒主要表现为胃肠炎症状。

（2）预防措施

① 使菜豆充分炒熟、煮透，最好是炖食，以破坏其中所含有的全部毒素。炒时应充分加热至青绿色消失，无豆腥味，无生硬感，勿贪图其脆嫩。

② 不宜水焯后做凉拌菜，如做凉菜必须煮 10min 以上，煮透后才可拌食。

③ 若一旦发生菜豆中毒，应及时排毒，并对症治疗。

2. 鲜黄花菜

（1）有毒成分

秋水仙碱是不含杂环的生物碱，未经加工的鲜黄花菜内含有秋水仙碱，秋水仙碱本身无毒，但能在胃肠道中缓慢地吸收，在体内氧化成氧化二秋水仙碱，后者具有剧毒性，其氧化产物从肾脏、胃肠道排泄时，严重地刺激这些器官，引起各种急性炎症。同时，它还能使毛细血管损伤。食用未经处理的鲜黄花菜煮汤或大锅炒食，会引起中毒。中毒表现为胸闷、头痛、腹痛、呕吐、腹泻等，严重者出现血尿、血便与昏迷等。

（2）预防措施

① 不吃腐烂变质的鲜黄花菜，最好食用干制品。

② 食用鲜黄花菜前一定要先经过处理，去除秋水仙碱。秋水仙碱具有较好的水溶性，可以将鲜黄花菜在开水中烫漂一下，然后用清水充分浸泡、冲洗，使秋水仙碱最大限度地溶解于水中，此时再进行烹调，可确保安全食用；秋水仙碱不耐热，大火煮 10min 左右就能被破坏。

3. 十字花科蔬菜（油菜、甘蓝、芥菜、萝卜等）

（1）有毒成分

芥子苷主要存在于甘蓝、萝卜、油菜、芥菜等十字花科植物中，种子中含量较多，比茎、叶中含量高 20 倍以上。芥子苷在植物组织中葡萄糖硫苷酶的作用下，可水解为硫氰酸酯、异硫氰酸酯及腈并释放出葡萄糖和硫酸根。腈的毒性很强，能抑制动物生长或致死，其他几种分解物都有不同程度的致甲状腺肿大作用，主要因为它们可阻断甲状腺对碘的吸收而使之增生肥大。芥子苷中毒表现为甲状腺肿大、导致生物代谢紊乱，阻止机体正常的生长发育，精神萎靡、食欲减退、呼吸减弱，伴有胃肠炎、血尿等，严重者甚至死亡。

（2）预防措施

① 采用高温（140～150℃）或 70℃加热 1h 破坏菜籽芥子酶的活性，但该法会造成干物质流失，易破坏营养成分；

② 采用微生物发酵中和法将已产生的有毒物质除去；

③ 选育出不含或仅含微量芥子苷的优良品种。

4. 青西红柿

西红柿，国外有人把它叫作"金色的苹果"。它容易栽培，产量高，上市时间长，是人们最喜爱的夏季佳蔬之一。一般用它来做汤、炒菜或凉拌，也可像水果那样生吃，鲜美爽口。但是发青或未红透的西红柿内含有有毒物质，食用后会产生食物中毒现象。

（1）有毒成分

青西红柿含有龙葵素，未熟的青西红柿吃了常产生不适，出现头晕、恶心、呕吐、流涎等中毒症状。进食多、体质敏感的人，症状较重。青西红柿腐烂时，毒性物质骤增，食后危害更大。而青西红柿变红以后，龙葵素则由自身增多的酸性物质所水解，失去毒性，但成熟的西红柿也不宜毫无顾忌地大量生吃。因为西红柿瓤内还含有较多的胶质、果质、棉胶酚和可溶性收敛剂等，它们大量进入空胃后，很容易与胃酸起化学反应，结成难以溶解的块状物引起腹痛。

（2）预防措施

① 不要生食未成熟的青西红柿；如果生吃了不成熟的西红柿，出现中毒症状，要立即停止进食，并由医生对症处理。

② 未成熟西红柿中的龙葵素经烧煮后便会被破坏，失去毒性作用。

5. 腐烂的姜

（1）有毒成分

腐烂的生姜会产生一种很强的毒素——黄樟素，人食用后会引起肝细胞中毒，损害肝脏功能。

（2）预防措施

选购生姜时，要选新鲜、外形完整、无霉变和无腐烂变质的大块姜。

6. 新鲜木耳

木耳富含蛋白质、糖、粗纤维、胡萝卜素等营养物质及人体必需的微量元素如钙、铁、磷等，具有补气活血、提高人体免疫力的功效。但是鲜木耳却不宜食用，食用鲜木耳易引起植物日光性皮炎。

（1）有毒成分

新鲜木耳中含有一种卟啉类光敏物质，人食用后会随血液循环分布到人体表皮细胞中，这种物质对光线敏感，受太阳照射后会引发日光性皮炎，是一种光感性疾病。

多数病人在日光照射下 2～6h 发病，数分钟内患者暴露部位皮肤开始发痒，症状逐渐加重，出现浮肿、潮红、丘疹、水疱、烧灼样疼痛及蚁走感。皮肤损伤严重时出现头昏、头痛、发热、心率增快，白细胞总数及中性粒细胞反应性升高，甚至肾功能损害。症状轻重可能与进食量多少及光线照射时间、范围的不同而有差异。本病处理原则是避免光线照射，及时使用激素及抗过敏治疗，病情轻者 2～3 天，重者 1～2 周恢复，无后遗症。

（2）预防措施

避免使用新鲜木耳，食用干木耳，因为木耳经加工干燥后，卟啉类光敏物质成分已被除去。

7. 蚕豆

（1）有毒成分

蚕豆种子含有 0.5% 巢菜碱苷，巢菜碱苷溶于水，微溶于乙醇，易溶于稀酸或稀碱。巢菜碱苷具有降低红细胞中葡萄糖-6-磷脂脱氢酶（G-6-PD）活性的作用，是 6-磷酸葡萄糖的竞争性抑制物，喂食动物还可抑制动物的生长。人食后可引起溶血性贫血（蚕豆病），春夏之交吃青蚕豆时常发生。

蚕豆病是一种先天性酶代谢缺陷遗传病，与体内红细胞中缺乏葡萄糖-6-磷酸脱氢酶有关。在正常情况下，人体红细胞含有具有抗氧化作用的谷胱甘肽。少数人由于遗传性红细胞 G-6-PD 缺乏，红细胞中谷胱甘肽尤其是还原型谷胱甘肽的量明显减少，致使红细胞对氧化作用敏感。在食入新鲜的青蚕豆或吸入其花粉后，蚕豆中的巢菜碱苷侵入，可使血液中的氧化性物质增多，导致红细胞被氧化破坏，从而发生以黄疸和贫血为主要特征的全身溶血性反应，即引起急性溶血性贫血（蚕豆病）。红细胞 G-6-PD 遗传缺陷者在中国南方各省如广东、广西、四川、江西、福建等地屡见不鲜，患者食入新鲜的青蚕豆后通常出现尿血、乏力、眩晕、胃肠道紊乱等症状，严重者出现黄疸、呕吐、腰痛、发烧、贫血及休克。一般吃生蚕豆后 5～24h 发病。如果吸入花粉发作更快。多见于 10 岁以下儿童，其中 90% 为男性患儿。

（2）预防措施

不要生吃新鲜嫩蚕豆，干蚕豆要先用水浸泡，换几次水，然后煮熟后食用。

8. 菠菜

（1）有毒成分

大部分植物都含有草酸，某些植物含量尤其多。例如菠菜中为 0.3%～1.2%，甜菜中为 0.3%～0.9%，茶叶中为 0.3%～2.0%，可可中为 0.5%～0.9%（鲜重）。但大多数水果和蔬菜只有上述含量的 1/10～1/5。

草酸在人体内可与钙结合形成不溶性的草酸钙，不溶性的草酸钙可在不同的组织中沉积，尤其在肾脏。人过量食用含草酸多的蔬菜可引起食物中毒。中毒者表现为口腔和消化道糜烂，胃出血、尿血，甚至惊厥。

（2）预防措施

避免过量食用含草酸多的蔬菜。

三、水果

1. 水果核仁

水果核仁包括杏仁、桃仁等。

（1）有毒成分

苦杏仁苷，最常见的是生氰三糖苷，主要存在于核果类植物如杏、桃、李、梅等的果仁中。苦杏仁中的苦杏仁苷在人咀嚼时和在胃肠道中经酶水解后可产生有毒的氢氰酸，氢氰酸可抑制细胞内氧化酶活性，使人的细胞发生内窒息，同时氢氰酸可放射性刺激呼吸中枢，使之麻痹，造成死亡。苦杏仁苷致死剂量约为 1g/kg，成人一次服用苦杏仁 40～60 粒、小儿 10～20 粒可发生中毒乃至死亡。

（2）预防措施

不要生食各种核果仁，食用前必先对其进行适当处理以降低其中毒素的含量。生氰糖苷具有不稳定性，可以采用水浸泡、充分加热，同时敞开锅盖等形式使氢氰酸溶解流失或挥发，达到去除毒素的效果。

2. 白果

白果又名银杏，是银杏科植物银杏的种子。现代医学研究已证实白果对血液循环系统和呼吸系统均有药理作用；对人型结核杆菌及牛型结核杆菌均有抑制作用；对葡萄球菌、链球菌、白喉杆菌、炭疽杆菌、枯草杆菌等多种致病菌有不同程度的抑制作用，对致病性真菌也有不同程度的抑制作用。

（1）有毒成分

白果二酚、白果酚、白果酸等。在白果肉质外种皮、种仁及绿色胚芽中含有这些有毒成分，其中白果二酚毒性最大。

白果中毒程度与食用量和人体质有关。一般儿童中毒量为 10～50 粒。当皮肤接触种仁或肉质外种皮后可引起皮炎，经皮肤吸收或食入白果的有毒部分后，毒素可进入小肠，再经吸收，可致神经中毒。潜伏期为 1～12h。轻症者精神呆滞、反应迟钝、食欲不振、口干、头昏等，1～2 天可愈。重者除胃肠炎外，还有抽搐、肢体僵直、呼吸困难、紫绀、神志不清、瞳孔散大、光反射迟钝或消失等症状，严重者常于 1～2 天因呼吸衰弱、肺水肿或心力衰竭而死亡。

（2）预防措施

① 采集时避免与种皮接触；

② 不生食白果；

③ 熟食不要过量，而且要除去肉中胚芽。

3. 柿子

柿子不仅含丰富的维生素 C，还有润肺、清肠、止咳等作用。但是一次食用量不能过大，尤其未成熟的柿子，否则容易生成胃柿石。

胃柿石是由柿子在人胃内遇胃酸后凝聚成块所致，小者如杏核，大者如拳头，且越积越大、越滚越硬，无法排出。其症状常见剧烈腹痛、呕吐，重者引起吐血，久病还可引发胃溃疡。小的柿石可以排出，大而硬的柿石只能手术取出。

预防措施：不要空腹或多量食用或与酸性食物同食，不吃生柿子和柿皮。

4. 石榴皮

《雷公炮炙论》中石榴皮又名石榴壳，《肘后方》叫酸石榴皮、安石榴、酸实壳、酸榴皮，福建叫西榴皮、西榴，台湾叫白石榴、红石榴等，为安石榴科安石榴属石榴的果皮。中医认为石榴皮可做药用，石榴皮温、味苦、酸涩、有毒，有涩肠止泻、止血、解毒、杀虫之功效。主治久痢、便血、脱肛、遗精及虫积腹泻等症。外敷可治疥癣。

（1）有毒成分

石榴皮总碱的毒性约为石榴皮的 25 倍。动物实验证实其可致运动障碍及呼吸麻痹。石榴皮总碱对心脏有暂时性兴奋作用，可使心搏减慢，对植物性神经有烟碱样作用，使用量 1mg/kg 时引起脉搏变慢及血压上升，大剂量使用时可使脉搏显著加快，对中枢神经具有先兴奋后抑制作用。

轻度石榴皮中毒表现为眩晕、视觉模糊、软弱无力、小腿痉挛、震颤。重度中毒表现为瞳孔散大、弱视、剧烈头痛、呕吐、腹泻、腓肠肌痉挛、膝反射亢进，继而肌肉软弱无力、惊厥，最终呼吸麻痹而死亡。

（2）预防措施

① 石榴鲜果不可多食，否则容易引起中毒。

② 干石榴皮是中药材，治疗时不能超量使用，要严格控制剂量，要在医生指导下使用。

四、其他

1. 棉籽

棉花属锦葵科，棉籽可以榨油，是一种适于食用的植物油。

（1）有毒成分

粗制生棉籽油中有毒物质主要是棉酚、棉酚紫和棉酚绿三种。它们存在于棉籽的色素腺体中，其中以游离棉酚含量最高。棉酚是棉籽中的一种芳香酚，主要分布于棉花的叶、茎、根和种子中。棉酚多呈游离状态，棉籽中含有 0.15%～2.8% 的游离棉酚。

游离棉酚是一种含酚毒苷，或为血浆毒和细胞原浆毒，对神经、血管、实质性脏器细胞等都有毒性，并影响生殖系统。食用未经除去棉酚的棉籽油可引起不育症，对人体的危害较大，它既能造成急性食物中毒，又可致慢性中毒或称食源性疾病。

① 急性中毒：棉酚引起的中毒可在 1～4h 发病，症状为头痛、头晕、恶心、呕吐、腹痛、行走困难。

② 慢性中毒：主要表现为皮肤干燥、粗糙、发红、发热，并伴有心慌、气短、头晕眼花、视物不清、四肢麻木无力、恶心、呕吐等症状。特别是在阳光照射下，患者更觉皮肤烧烫，少汗或无汗，其痛苦难以忍受，若在阴凉处或用凉水冲洗后，其症状可暂时缓解或消失。此外，棉酚会对生殖系统造成严重损害：男子性欲减退、早泄、精液内无精或精子不活泼，导致不育症；女子出现月经不调、闭经、子宫缩小等症状。

棉酚对大鼠的 LD_{50} 为 2510mg/kg（以体重计），人两个月之内口服 800～1000mg 即产生抗生育作用。一般认为棉籽油中含游离棉酚 0.02% 以下，对动物健康无影响。GB 2716《食品安全国家标准　植物油》规定棉籽油中游离棉酚不得超过 0.02%。采用放射性标记棉酚对家禽的代谢试验表明，摄入的棉酚 89.3% 以粪便排出，8.9% 进入家禽组织中，而组织中的棉酚有 50% 集中在肝脏，棉酚的排泄比较缓慢，在体内有明显的蓄积作用，长期采食棉籽饼粕会引起棉酚的积累而引起中毒。

（2）预防措施

① 不要食用粗制生棉籽油；

② 榨油前，必须将棉籽粉碎，经蒸炒加热脱毒后再榨油；

③ 榨出的毛油再加碱精炼，则可使棉酚逐渐分解破坏；

④ 棉籽油中游离棉酚不得超过 0.02%，棉酚超标的棉籽油严禁食用；

⑤ 对中毒者予以催吐、洗胃及导泻，并对症治疗。

2. 蓖麻

蓖麻为一年生草本或多年生灌木，原产非洲，现分布于热带至温带。蓖麻传入我国已有 1400 多年，主要分布于东北、内蒙古、河北、广东、广西、福建、海南、云南、四川等地。

（1）有毒成分

蓖麻全株有毒，种子毒性最大，主要含有蓖麻毒素。儿童吃 3～4 颗，成人吃 20 颗种子即可中毒死亡。

蓖麻的中毒机制主要是蓖麻毒素与细胞接触时，使核糖体失活，从而抑制蛋白质合成。只要有一个蓖麻毒素分子进入细胞，就能使这个细胞的蛋白质合成完全停止，最终杀死这个细胞。另外，蓖麻毒素可诱导细胞因子的产生，引起体内氧化损伤，诱导细胞凋亡。蓖麻毒素中毒表现为全身无力、恶心、呕吐、血尿、头痛、腹痛、体温上升、血压下降，严重者痉挛、昏迷甚至死亡。

（2）预防措施

① 加强宣传使群众了解蓖麻有毒，谨慎误食。

② 采用蒸汽法或煮沸法去除蓖麻中的毒素，食用前需要采用 125℃ 湿热处理 15min。

3. 烟草

（1）有毒成分

烟草的茎、叶中含有多种生物碱，已分离出的生物碱就有 14 种之多，其中主要有毒成分为烟碱，尤以叶中含量最高。烟碱的毒性与氢氰酸相当，急性中毒时的死亡速度也几乎与之相同（5～30min 即可死亡）。在吸烟时，虽大部分烟碱被燃烧破坏，但仍可产生一些致癌物。

烟碱为脂溶性物质，可经口腔、胃肠道、呼吸道黏膜及皮肤吸收。进入人体后，一部分暂时蓄积在肝脏内，另一部分则可氧化为无毒的 β-吡啶甲酸（烟酸），而未被破坏的部分则可经肾脏排出体外，同时也可由肺、唾液腺和汗腺排出一部分，还有很少量可由乳汁排出，此举会减弱乳腺的分泌功能。

吸烟会降低脑力及体力劳动者的反应能力。吸烟过多可产生各种毒性反应，因为刺激作用，可致慢性咽炎以及其他呼吸道症状，肺癌与吸烟有一定的相关性。此外，吸烟还可引起头痛、失眠等神经症状。

（2）预防措施

① 不吸烟或少吸烟；

② 使所处环境保持空气流畅；

③ 远离烟雾。

4. 灰菜

灰菜在内蒙古被称为碱灰菜、麻落粒，上海、浙江、湖南、湖北、四川称为灰苋菜，广西称为粉菜、沙苋菜，东北称为灰条菜、银粉菜，山东称野灰菜，为藜科植物藜的幼嫩全草，生于荒地、路旁及山坡，分布于全国各地。现代医学认为灰菜具有降血压、收缩血管及麻痹骨骼肌等作用。灰菜可供食用，也可用作饲料或药用。但食用前如果处理不当或食入者的体质等原因，可发生中毒情况。

（1）有毒成分

灰菜中的含毒成分尚不十分明确。根据临床观察只见于暴露部位的皮肤病损，全身症状很少。因此，中毒的原因可能是灰菜中的卟啉类光敏物质进入人体内，在日光照射后，产生光毒性反应，引起浮肿、潮红、皮下出血等，其发生可能与卟啉代谢异常有关。多见于经前期的妇女，故又似与女性内分泌变化有关。食用或接触灰菜均有中毒的可能。

灰菜中毒表现为浮肿、瘙痒、日光性皮炎。潜伏期长短不一，可短至 3 小时或长至 15 天，一般多在食用后当天或次日发病，发病与日光照射有关，一般多于照射后 4～5h 至 1～2 天出现症状。暴露于日光的部分，如颜面、耳、手臂、前臂或小腿等皮肤，有程度不等的局限性水肿、充血和瘀斑，口唇也会水肿。局部有刺痒、肿胀及麻木感。少数重者可见有水泡，甚至继发感染或溃烂。一般上述症状变化历时 1～2 周消退。全身症状一般轻微，也可有低热、头痛、倦怠乏力、胸闷、食欲不振及恶心、腹痛腹泻等。血中嗜酸性粒细胞可增加，皮肤病损严重时，白细胞总数和中性粒细胞也可轻度提高。

（2）预防措施

① 灰菜可供食用，食用前先用冷水浸泡半天，常换浸泡水，然后捞出，煮熟食用。

② 已知有灰菜中毒史者，应禁止再食用或采摘，以免再次发病。

5. 毒芹

毒芹又名走马芹、野芹、野芹菜花，为伞形科毒芹属植物的根。分布于我国黑龙江、吉林、辽宁、内蒙古、河北、陕西、甘肃、四川、新疆等地区。

（1）有毒成分

毒芹碱，存在于毒芹根状茎，毒芹素是全草含有的有毒成分。毒芹素对热稳定，在0～5℃时保存8个月毒力不变，对人的致死量为120～300mg；另一有毒成分毒芹碱的内服致死量为150mg。世界各地均有食用毒芹中毒致死的报告。有报告少量毒芹经干燥皮肤也可使人中毒。

一般来讲，人食用毒芹数分钟即可中毒。中毒后的表现主要反应在中枢神经系统，有显著的致痉挛作用。另外表现为口唇发泡（至血泡）、头晕、呕吐、痉挛、皮肤发红、面色发青，最后出现麻痹现象，死于呼吸衰竭。

现代医学研究证实：毒芹素有印防己毒素样作用，能兴奋中枢，作用部位是延髓；还能兴奋血管和呼吸中枢，大剂量时亦能兴奋大脑和脊髓，有镇静作用，大剂量可致痉挛，血压升高，呼吸加快，最后呼吸停止。中医认为该药温、辛，有大毒，外用可治疗化脓性脊髓炎。欧洲民间外用治疗某些皮肤病、痛风、风湿及神经痛等。外用时，适量捣烂敷患处。

（2）预防措施

① 切记只能外用，不可内服；

② 禁用金属器械加工；

③ 毒芹外观形态与芹菜极为相似，易被误认为是芹菜，不可误采误食造成中毒。

6. 槟榔

槟榔是棕榈科（Palmae）植物槟榔（*Areca catechu* L.）的干燥成熟种子，是中国四大南药之一。槟榔原产于马来西亚，现在主要分布在中非和东南亚，我国主产于海南、台湾和云南河口县及西双版纳热带雨林间。槟榔的嚼块是以槟榔果为主要成分，并以叶、花藤和石灰作为配料。槟榔是世界上第四位广泛使用的嗜好品，其消费量仅次于烟草、酒精和咖啡因。槟榔原是重要药用植物之一，剖开煮水喝可驱蛔虫，其驱虫性在临床上也得到研究证实；槟榔虽然味道又苦又涩，但能令口舌生津，神清气爽，这也是槟榔受到南方大多数人喜爱的原因。

（1）有毒成分

槟榔中主要含有多糖、油脂、多酚类及生物碱类化合物。其中生物碱为主要药用及毒性成分，含量为0.3%～0.7%，包括槟榔碱（arecoline）、槟榔次碱（arecaidine）、去甲基槟榔次碱（guvacine）、去甲基槟榔碱（guvacoline）等。嚼食槟榔能使人产生轻微的欣快感和兴奋性，长期嚼食还有一定的成瘾性。2003年8月，隶属于世界卫生组织（WHO）的国际癌症研究中心认定，槟榔为一级致癌物。2017年，国家食品药品监督管理总局转载发布了此致癌物清单，槟榔果也被列为一类致癌物。

（2）毒性反应

① 口腔细胞毒性：在东南亚国家、印度以及中国台湾地区，咀嚼槟榔是导致口咽部鳞状细胞癌的一个重要因素。咀嚼槟榔可导致口腔黏膜下纤维性变，可诱发口腔角化细胞炎症。

② 生殖细胞毒性：近年来，槟榔对生殖系统的毒性也备受广大学者关注。槟榔碱在小鼠妊娠期胚胎未着床期就有胚胎毒作用，其使早期孕鼠植入胚胎的数量减少，并抑制胚泡滋养层细胞的增长。众多科研成果证明，槟榔以及槟榔碱不仅对动物的生殖系统产生毒性，而且对人体生殖系统也有毒性。

③ 肝细胞毒性：咀嚼槟榔还有可能加大患肝硬变和肝细胞癌的风险。大量的统计数据表明，不管是咀嚼添加了蒌叶的槟榔还是生槟榔都有可能引发肝细胞癌。而且乙型肝炎病毒（hepatitis B virus，HBV）或者丙型肝炎病毒（hepatitis C virus，HCV）携带者咀嚼槟榔比

不携带此类病毒的正常人更容易患肝癌。因此，咀嚼槟榔既是引发肝癌的独立致病因素，又是 HBV/HCV 感染者患肝癌的协同致病因素。

④ 免疫细胞毒性：槟榔碱不但能够致癌、促癌，而且还会对整个机体免疫体系功能下降产生影响，从而增加致癌概率。大量临床研究表明，免疫调节功能降低与因咀嚼槟榔引发的口腔疾病的病因学有关。咀嚼槟榔的正常人和口腔癌患者的淋巴细胞姐妹染色单体互换频率明显高于不咀嚼槟榔的正常人。且口腔黏膜下纤维性变病人的外周血单核细胞分泌的致炎细胞因子明显增多，包括白细胞介素 1β、白细胞介素 6、白细胞介素 8 和肿瘤坏死因子 α 等。另外，口腔癌患者淋巴细胞的增殖反应和细胞毒活性明显降低。

⑤ 其他：口腔的 pH 值有助于槟榔生物碱的亚硝基化，并产生一系列相关的亚硝基衍生物，3 种主要的槟榔碱衍生物分别是 N-亚硝基去甲基槟榔碱、3-(甲基亚硝氨基)丙腈和 3-(甲基亚硝氨基)丙醛，这些衍生物在体内可以干扰 DNA 的复制和蛋白质的合成。此外，咀嚼槟榔还与男性慢性肾脏疾病、代谢综合征、2 型糖尿病、高脂血症、心血管疾病等一系列疾病有关。

7. 桔梗

桔梗别名绿化根、铃铛花、包袱花、道拉基、和尚帽、苦梗、白药、土人参等。李时珍在《本草纲目》一书中说"此草之根结实而梗直，故名桔梗"。桔梗既是一种资源植物，又是一种药、食、观赏兼用的经济作物。桔梗经过腌渍可以食用，但是大量食用或食用未经加工处理的生桔梗可发生中毒现象。

（1）有毒成分

桔梗中的有毒成分为皂苷。桔梗皂苷具有强烈的黏膜刺激性，具有一般皂苷所具有的溶血作用，但食用后溶血现象较少发生。中毒主要表现为口腔、舌、咽喉灼痛、肿胀，流涎、恶心呕吐、剧烈腹痛、腹泻。严重的可见痉挛、昏迷、呼吸困难等。

（2）预防措施

① 避免超量食用。食用生桔梗时须浸泡 24h 以上，浸泡时要经常换水，然后用盐腌制后方可食用。

② 不可用于注射，以免发生溶血。

第三节　含天然有毒物质的动物

一、鱼类

1. 河豚

河豚是无鳞鱼的一种，全球有 200 多种，我国有 70 多种。河豚广泛分布于温带、亚热带及热带海域，是近海食肉性底层鱼类。我国沿海从南到北均有河豚分布，其中黄海、渤海和东海是世界上河豚种类和数量最多的海区之一。河豚肉鲜美，但含有剧毒物质，可引起世界上最严重的动物性食物中毒。

（1）有毒成分

引起人类中毒的河鲀毒素有河豚毒、河豚酸、河豚卵巢毒素及河豚肝毒素等。河鲀毒素无色、无味、无臭，稳定性好，在中性及酸性环境中比较稳定，在强酸性的溶液中分解，在弱碱性的溶液中部分分解，pH 达到 14 时，河鲀毒素失去毒性。

给无毒的河豚饲喂含河鲀毒素的饵料，其毒性增强。在海洋中除河豚外，还有许多河豚喜食的生物体内含有河鲀毒素，而生存于淡水中未经降海洄游的河豚体内检不出河鲀毒素。河豚自身可能不产生河鲀毒素，很有可能是通过食物链在河豚体内聚集其他生物产生的河鲀毒素。河豚可通过皮肤释放河鲀毒素，从而起到抵御天敌的作用。

在河鲀毒素起源上研究最好的是东方豚，一般认为降海洄游的河豚产生河鲀毒素的可能性有：①东方豚下海后在海水环境中自身产生河鲀毒素；②海水中某些生物含有河鲀毒素，被河豚吞食后吸收并储藏聚集于体内；③海洋中许多生物的代谢产物含河鲀毒素。

河鲀毒素主要分布在河豚的卵巢、肝脏、肾脏、血液和皮肤中。河豚内脏毒素含量的多少因部位及季节而异。卵巢和肝脏有剧毒，其次为肾脏、血液、眼睛、鳃和皮肤。一般精巢和肉无毒，但个别种类的河豚的肠、精巢和肌肉也有毒性，如鱼死亡时间较长，内脏和血液中的毒素也会慢慢渗入到肌肉中，引起中毒。每年 2～5 月是河豚的卵巢发育期，毒性较强，6～7 月产卵后，卵巢退化，毒性减弱。

河鲀毒素是一种毒性强烈的非蛋白质类神经毒素，现对河鲀毒素的作用机制已研究得十分清楚。河鲀毒素选择性地抑制可兴奋细胞膜的电压依赖性 Na^+ 通道的开放。河鲀毒素使细胞膜 Na^+ 通道阻断而导致细胞膜去极化，从而特异性地干扰神经-肌肉的传导过程，使神经-肌肉丧失兴奋性。如果河鲀毒素的作用剂量增大，将对迷走神经产生作用，影响呼吸，使脉搏迟缓；严重时可导致体温和血压下降，最后由于血管运动神经和呼吸神经中枢的麻痹，中毒者迅速死亡。河鲀毒素还可直接作用于胃肠道，引起局部刺激症状。河鲀毒素的毒性比氰化钠高 1000 倍，0.5mg 河鲀毒素即可使人中毒死亡。河鲀毒素的理化性质比较稳定，采用加热和盐腌的方法均不能破坏其毒性。

河鲀毒素中毒的临床表现为四个阶段：中毒的初期阶段，首先感到发热，接着便是嘴唇和舌尖发麻、头痛、腹痛、步态不稳，同时出现呕吐；第二阶段，出现完全运动麻痹，运动麻痹是河豚中毒的一个重要特征之一，呕吐后病情的严重程度和发展速度加快，不能运动，出现知觉麻痹、语言障碍、呼吸困难和血压下降；第三阶段，运动中枢完全受到抑制、运动完全麻痹、生理反射降低，由于缺氧，出现紫绀、呼吸困难加剧，各项反射渐渐消失；第四阶段，意识消失。河鲀毒素中毒的另一个特征是患者死亡前意识清楚，但意识消失后，呼吸停止，心脏也很快停止跳动。因食河豚中毒的病死率高达 60％。

（2）预防措施

① 水产品收购、加工、供销等部门应严格把关，禁止鲜河豚进入市场或混进其他水产品中销售。

② 新鲜河豚必须统一收购，集中加工。加工时应去净内脏、皮、头，洗净血污，制成干制品或罐头，经鉴定合格后方可食用。河豚死亡后，鱼体中的毒素会渗入到河豚的肌肉中，因此禁止食用不新鲜的河豚。

③ 加强卫生宣传，了解河豚的形态特点及其毒性，避免误食或贪其美味但处理不当而中毒。

④ 对某些毒性相对较小的河豚品种，应在专门单位由有经验的人进行再加工处理制成罐头或盐干制品后用于食用。

2. 青皮红肉的鱼（金枪鱼、鲐鱼、刺巴鱼、沙丁鱼等）

（1）有毒成分

青皮红肉的鱼类肌肉中组氨酸含量较高，当受到富含组氨酸脱羧酶的细菌污染，并在适宜的环境条件下（环境温度在 10～30℃，特别是 10～20℃的条件下，鱼体盐分浓度在 3%～5%时，pH 为 7 或稍低的中性偏酸性环境中），组氨酸即被组氨酸脱羧酶脱去羧基而产生组胺，当组胺积蓄到一定量时，食用后便有中毒危险。大肠埃希菌、产气杆菌、变形杆菌、无色菌和细球菌等均能使组氨酸分解产生组胺。不新鲜或腐败的鱼肉组胺含量为 1.6～3.2mg/g，当每 100g 鱼肉含组胺 200mg 时，人食用后就会发生组胺食物中毒。此外，鱼肉自身的自溶作用也会产生少量的组胺。

少量的组胺对于维持人体正常的生理功能是必需的。但当人们摄食较多的组胺时，会产生组胺中毒。组胺中毒主要是刺激心血管系统和神经系统，促使毛细血管扩张充血，使毛细血管通透性增加，使血浆进入组织，血液浓缩，血压下降，心率加速，使平滑肌发生痉挛。组胺中毒发病快，潜伏期一般为 0.5～1h，长者可达 4h。主要表现为脸红、头晕、心率加快、胸闷和呼吸急迫等。部分病人眼结膜充血、瞳孔散大、脸发胀、四肢麻木，出现荨麻疹。但大多数人症状轻、恢复快，死亡者少。

在我国发生高组胺中毒鱼类食物中毒报道中，以鲐鱼最多，沙丁鱼次之，还有使用鲅鱼、池鱼、青鳞鱼和金枪鱼等引起食物中毒的报道。我国食品卫生标准中规定，各类海产品中组胺的限量为：鲐鱼≤100mg/100g，其他≤30mg/100g。

（2）预防措施

① 鱼肉应当低温贮藏或冻藏。在 5℃以下冷藏或冷冻时，鱼体本身的酶类和鱼体上污染的具有组胺脱羧酶的微生物均可受到抑制，从而可防止组胺的大量生成，避免组胺中毒的发生。

② 防止鱼类在装箱、运输、销售和加工各个环节被细菌污染，要特别注意鱼类在处理过程中的清洁卫生。

③ 采用盐腌制过程中，对体型较厚的鱼类加盐时要劈开背部，利于盐分渗入，使蛋白质较快凝固，用盐量不要低于 25%。

④ 避免食用不新鲜或腐败变质的鱼类，防止中毒。

3. 肉毒鱼类

肉毒鱼类泛指热带海域礁区的有毒鱼类（豚形目鱼类除外）中能引起食用者中毒的一类鱼。它们广泛分布于太平洋、印度洋、大西洋热带和亚热带海域，其种类繁多，生活习性各异。全世界肉毒鱼类有 300 多种，我国有 30 种之多，其中主要包括海鳝科、鲹科和刺尾鱼科等中的有毒种类。主要分布在我国南海诸岛和广东省沿海，少数几种见于东海南部及台湾。肉毒鱼类的外形和一般食用鱼类几乎没有什么差异，有些科属的大多数种类是食用鱼类，只有少数几种是有毒的，因而在外形上不易区别，人们往往把它们误认为有价值的可食鱼类。

肉毒鱼类含毒原因十分复杂，从鱼中获得的某种毒素具有反复无常的特征，是波动型的。有些鱼类在某一地区是无毒的，可食用，但在另一地区却是有毒的；另有些鱼类平时无毒，在生殖期却产生毒性；有的鱼幼体无毒，而大型个体有毒。肉毒鱼类的毒素通常只存在于一些鱼的不同组织中，主要存在于鱼体肌肉、内脏及生殖腺等部位。

（1）有毒成分

肉毒鱼类的主要有毒成分是雪卡毒素，常存在于鱼体肌肉、内脏和生殖腺等组织或器官中，是不溶于水的脂溶性物质，对热十分稳定，是一种外因性和积累性的神经毒素，具有胆碱酯酶阻碍作用，类同于有机磷农药中毒的性质。食用肉毒鱼类引起的中毒常出现胃肠道和心血管系统的症状，感觉和运动障碍、肌肉疼痛和极度疲劳等现象，最后可因呼吸麻痹而导致死亡。肉毒鱼类的毒性程度与所含毒素多少有关，食入毒性较强的鱼200g即可致死。

食用肉毒鱼类多在进食1～6h内出现中毒症状。首先口唇、舌、咽喉部产生刺痛感，继之出现麻痹。也有开始时出现恶心、呕吐、口干，并伴有金属样味觉，痉挛性腹痛、腹泻等症状，口、颊、颌部肌肉僵直。全身症状为头痛、焦虑、关节痛、神经过敏、眩晕、失眠、进行性衰弱、苍白、紫绀、寒战、发热、出汗、脉搏快而弱。皮肤病变主要有皮肤瘙痒，继而出现红斑、斑丘疹、水泡、手脚广泛脱皮甚至产生溃疡、毛发与指甲脱落等。严重中毒时以神经系统症状最为突出，肢体感觉异常，出现冷热感觉倒错，以致发展到全身性肌肉运动共济失调，甚至呼吸麻痹而死亡。

（2）预防措施

① 做好宣传和普及肉毒鱼类的中毒知识，加强水产品的管理工作，谨慎食用不常见的热带珊瑚礁巨型鱼类，大型石斑鱼类和裸胸鳝鱼等最好不食用。

② 在食用某些热带鱼类时，应弃去内脏，并先将鱼肉在水中煮开一定时间，弃去汤汁，再重新烹煮。

③ 一旦发现中毒症状，必须立即送去医院及时救治。

4. 胆毒鱼类

胆毒鱼类是指胆汁有毒的鱼类，其典型的代表是草鱼，其次是青鱼、鲤鱼、鳙鱼、鲢鱼等。这些鱼类是我国最为常见的淡水养殖品种，分布广、肉味鲜美、产量大，具有重大的经济价值。

（1）有毒成分

胆毒鱼的有毒成分主要存在于胆汁中，主要有组织胺、胆盐、氰化物及其他胆汁毒素。其毒性大小与其量有关，吞食鱼胆越多、越大，则中毒症状越严重，甚至死亡。其中毒机理目前尚不清楚，胆汁毒素能耐热，不易被乙醇和热所破坏。胆汁毒素会严重地损伤肝、肾，造成肝脏变性、坏死、肾小管损坏、集合管阻塞、肾小球滤过减少、尿液排出受阻等，在短期内即可导致肝肾功能衰竭、脑细胞受损、严重脑水肿、心肌受损，出现心血管与神经系统病变，病情急剧恶化，最后死亡。

一次摄食过量鱼胆（重2kg以上鱼的胆）即可引起不同程度中毒，潜伏期一般较短，最短的约为半个小时，多数为5～12h，很少有延至14h以上的。中毒早期的临床症状表现为恶心、呕吐、腹泻、腹痛等胃肠道症状，也有出现腹胀、黑便、腹水、剧烈头痛及腹部疼痛者，第2天出现肝、肾损害，全身皮肤或巩膜出现黄染，头晕、尿少，小便中出现红细胞、蛋白质，甚至管型。体检无发热，一般情况尚好，个别出现低热、畏寒、腰痛。其后，黄疸快速发展，全身皮肤、巩膜深度黄染，尿少（100mL以下），甚至完全无尿。肝脏肿大，有触痛或叩击痛，个别人出现面部、下肢或全身浮肿。随后病情继续恶化，黄染加剧，尿闭，出现肺水肿或脑水肿，并伴有神志不清、全身阵发性抽搐、嗜睡、瞳孔对光反射及角膜反射迟钝等神经系统症状，与血压升高、心律紊乱、心率上升、心肌损害等心血管系统症状，若治疗无效，一般第8～9天即开始死亡，死前出现昏迷及中毒性休克。

（2）预防措施

① 做好卫生宣传教育工作，讲明鱼胆中毒的危害。

② 不可滥用鱼胆治病，需要应用时，应在医生指导下慎重应用。由于鱼胆的有效治疗剂量一般非常接近于中毒剂量，故不宜吞服较多鱼胆，以免中毒。

③ 一旦发现鱼胆中毒，必须立即送医院救治，不得延误，并应及时报告当地有关医疗卫生管理部门。

④ 积极开展胆毒鱼类的调查及鱼胆中毒的防治研究，以防止中毒与提高疗效。

5. 血毒鱼类

血毒鱼类是指血液中含有毒素的鱼类，这类鱼熟时无毒，生饮鱼血可引起中毒。1964年欧洲曾发生数起人饮食大连鳗鲡和海鳝的生血引起中毒的事件。已知的血毒鱼类有鳗鲡目鳗鲡科的欧洲鳗鲡、日本鳗鲡、美洲鳗鲡，康吉鳗科的美体鳗、欧体吉尔鳗，海鳗科的海鳝，合鳃目合鳃科的黄鳝，等等。这些鱼在我国沿海江湖都有分布，鳗鲡、海鳝、黄鳝是我国居民喜爱食用的鱼类。

黄鳝的血、肉都可入药，中医记载黄鳝血外用有治疗面神经麻痹的作用。去内脏的黄鳝肉有滋阴补血的功能，黄鳝头可以治疗消渴、痢疾、消化不良等症。鳗鱼除食用外，去内脏的鱼体还可入药，有补虚、解毒的功效。鳗鱼清炖当菜可以治疗体虚、风湿、骨痛等。海鳗是重要的经济鱼类之一，可以食用，并可制成罐头食品。鱼鳔干制后也是名贵的食品，并可入药。肝可制成鱼肝油。

(1) 有毒成分

血毒鱼类的血液中的有毒物质为鱼血毒素，是一种含蛋白质毒素的肠道外毒素，能被胃液的胰蛋白酶和木瓜蛋白酶分解而失去毒性，加热也可被破坏。动物实验表明毒素主要作用于中枢神经系统，可抑制呼吸和循环，并可直接作用于心脏，引起心跳过缓。

(2) 中毒症状

食用鱼血后患者口吐白沫，表情淡漠，出现荨麻疹、腹泻，排痢疾样粪便，脉律不齐，全身无力。继而出现感觉异常、麻痹、呼吸困难，严重者死亡。直接接触生鱼血的损伤皮肤或黏膜可产生局部炎症，主要表现为口腔有灼烧感，黏膜渐红、多涎，眼结膜充血，眼内有异物感、烧灼感，流泪、眼睑肿胀。初次接触者，5～30min 即可出现明显局部反应。反复接触者，可产生免疫性，症状减轻。

(3) 预防措施

① 不要生饮鳗鱼、海鳝等血毒鱼类的血。

② 在加工、销售、烹制此类鱼时，应防止鱼血进入眼内，手指、皮肤破损者，应停止操作。

6. 卵毒鱼类

卵毒鱼类是生殖腺（卵或卵巢）含有毒素的鱼类。这类鱼的肌肉和其他内脏通常仍可食用。卵毒鱼类主要是淡水鱼，也有咸水和海水鱼。我国青海湖、金沙江、福建、广东等地的淡水河川中均有分布。已报道的卵毒鱼类分属于鲟鱼目等 7 个目 15 个科。我国常见的有毒种属有鲤科鲃属、光唇鱼属、裂腹鱼属的鱼，如青海湖裸鲤、云南光唇鱼、温州厚唇鱼，狗鱼科的狗鱼，鲶科的鲶鱼，等。其中青海湖裸鲤主要分布在青海湖水系，狗鱼分布在东北黑龙江、松花江、乌苏里江等河流；鲶鱼分布在南方，以江河的中下游为多。这类杂食性或肉食性的鱼中，有的鱼质很鲜美，只要是食用初期鱼卵和卵巢一般不会发生中毒。

(1) 有毒成分

卵毒鱼类中有毒成分为鱼卵毒素。卵毒鱼类鱼卵中毒素的产生与生殖活动有明显的关系。鱼卵在发育成熟中逐渐变得有毒，在成熟期毒性最大，受精离体后毒性逐渐消失。卵毒鱼类卵内含有的鱼卵毒素是一种球朊型蛋白质，能抑制组织细胞生长，使动物肝、脾坏死。

鱼卵毒素不耐高温，在 100℃加热 30min 后，毒性被部分破坏；120℃加热 30min 后，活性可完全消失。成人一次摄食有毒鱼卵 100～200g，会很快出现胃肠道症状及神经系统症状，严重病例可死亡。

（2）预防措施

① 禁止食用有毒鱼卵，对品种不清的鱼不要轻易食用鱼卵。

② 加工烹制鱼卵时，应警惕有毒种属，要进行高温处理，以防中毒。

7. 肝毒鱼类

摄入肝毒鱼类的肝脏会引起中毒。肝毒鱼类可分为两种：一种是鱼的肝脏有毒，其他部分无毒，如日本马鲛、硬鳞鳍鮨等硬骨鱼纲的肝毒鱼；另一种是除肝脏有毒外，鱼肉也可能有毒，主要指热带鲨等软骨鱼纲的肝毒鱼。在我国东北黑龙江流域的河川中分布的七鳃鳗（又称八目鳗、七星鱼）的皮肤和肝脏中含有丰富的维生素 A 和维生素 B_{12}，过量食用会引起中毒。

（1）有毒成分

肝毒鱼类的毒性反应与维生素 A 或其他衍生物中毒有关，维生素 A 含量过高是引起中毒的主要原因。鱼肝中毒的临床表现比单纯服用相当量维生素 A 的临床表现复杂而且严重。肝脏是机体能滞留与合成多种物质的器官，因而认为鱼肝中毒可能是几种有毒化合物的综合作用结果。有人认为鲨鱼肝中还含有鱼油毒、麻痹毒、痉挛毒等毒素。鲨鱼肝中维生素 A 的含量为 10450IU/g。若一次食用鲨鱼肝 47g 左右，即可引起急性中毒。

硬骨鱼纲的肝毒鱼类中毒通常在食用肝脏后 1h 左右出现呕吐、发热、头痛。身体每一部位的活动都可加剧头痛程度。可能出现轻度腹泻，但一般无腹痛。面部先潮红、水肿，以后出现大片红斑疹，并可累及四肢、胸部。3～6 天脱皮和脱发。大片脱皮先从鼻、口、头、颈部开始，然后上肢脱皮并蔓延全身。严重者手、脚可能整片类似手套或袜子状脱落。脱皮时间可长达 30 天左右。此外，患者出现舌头有滑溜感、眼眶疼痛、关节痛、心悸等症状。大部分的急性症状在 3～4 天消失。如患有口炎、唇皲裂和轻度肝功能障碍的可持续较长时间。愈后良好，无后遗症和死亡。食七鳃鳗肝后 3h 出现恶心、头晕、乏力，8h 后症状明显，呈现眼结膜充血、出血、腹痛、腹泻、大便呈血性黏液，第二天脱皮、脱发，严重者循环系统衰竭。

软骨鱼纲肝毒鱼类中毒一般在食用肝脏后 30min 后出现恶心、呕吐、腹泻、腹痛、冷汗、头痛、口感异常，舌、咽、食管有烧灼感。继之出现肌肉痉挛、关节酸痛、牙关紧闭、反射减弱、共济失调、结膜充血、结膜下出血、视力模糊、脸痉挛、呼吸困难、昏迷，严重者死亡。恢复期 1～2 天至数周不等。如果只食用鱼肉，不食肝脏，一般引起轻度肠胃炎，可自愈。

鲨鱼肝中毒最为常见，症状较重，常在食后 2～3h 出现症状。轻者恶心呕吐、食欲不振，重者腹痛、水样腹泻及肝肿大。皮肤有鳞状脱落、眼结膜充血、结膜下充血、视力模糊、头痛剧烈、易激动。有的出现肌肉痉挛、牙关紧闭、反射减弱、共济失调、呼吸困难、昏迷，甚至死亡。

（2）预防措施

肝毒鱼类的毒性用一般的烹调加工方法不易被破坏。应禁止食用肝毒鱼类的肝脏。

8. 刺毒鱼类

我国广大的海域和淡水中分布着大量的刺毒鱼类，其中以海洋刺毒鱼为主。这类鱼的鳍棘和尾刺中有毒腺，被刺伤后可引起中毒。绝大多数海洋刺毒鱼类生活于浅海，常潜伏于岩缝、洞穴、珊瑚礁或海草丛生处，或钻入泥沙之中。由于体态、颜色与周围环境相似，不易被发现，在捕鱼、收割海藻、潜水作业和海浴时都可能发生刺毒鱼类致伤事件。刺毒鱼类可分为软骨刺骨鱼类和硬骨刺骨鱼类两种，它们分别属于脊椎动物亚门的软骨鱼纲和硬骨鱼纲。

（1）软骨刺毒鱼

软骨刺毒鱼分为有毒鱼类和有毒腺的刺毒鱼类两种。前者主要是在食用后引起中毒，后者有毒腺，可通过毒器致伤引起中毒。有毒腺的软骨刺毒鱼主要有鲨鱼、魟、鳐、鳒类和银鲛类。有毒腺的软骨刺毒鱼的肉可以食用，有的还有药用价值。

软骨刺毒鱼中有毒鱼类的肌肉、内脏、皮肤或黏液中含有小分子结构的生物毒素，加热和胃液不易将其破坏，食用时可致中毒。有毒腺的软骨刺毒鱼类，其毒腺中含有大分子结构的生物毒素，可被加热和胃液迅速破坏，是一种肠胃外毒素，主要由致伤引起中毒。

刺毒鱼类毒液的毒理作用因种类不同而有差异，有的毒性还不清楚。毒魟鱼的毒液毒性较大，内含有氨基酸和多肽类物质。毒性不稳定，4～18h冷冻干燥后毒性消失。粗毒素由核苷酸及磷酸二酯酶组成，是一种以神经毒为主的毒素。

临床表现与进入伤口的毒液性质和量、机械损伤程度及被刺者体况有关。魟类尾刺和鲨类的锯齿鳍棘可造成人体严重的刺伤或撕裂伤。中毒的局部症状表现为：刺伤处可见刺痕，局部剧痛。被毒鲨刺伤后可出现红斑和严重肿胀，持续数小时至数天。角鲨刺伤可致命。毒魟、鳒鱼刺伤后在10min内即可出现10cm左右的伤口，有痉挛性剧痛，并向外呈辐射状，波及整个肢体，6～18h后逐渐减轻。严重者肌肉可呈强直性痉挛，伤口变紫黑色，经久不愈。全身症状表现为患者出现乏力、胸闷、心悸、出冷汗、全身肌肉酸痛、皮肤有散在出血点、呼吸困难，并出现继发感染。严重的可出现恶心、呕吐、流涎、少尿、血压下降。最后出现运动失调、瞳孔放大、惊厥、昏迷、全身抽搐，直至死亡。

（2）硬骨刺毒鱼

硬骨刺毒鱼的生活习惯和分布范围与软骨刺毒鱼大致相同。它也包括有毒的硬骨鱼和有毒腺的硬骨鱼两种。硬骨刺毒鱼通过毒棘机械刺伤人体，毒腺分泌的毒液排入人体引起局部或全身中毒。在捕鱼、游泳、浅沙湾涉水时，脚踩埋在沙子里的鱼背棘，可发生机械性的刺伤，引起中毒。通过毒器致伤人类引起中毒的有毒腺硬骨鱼有5类。我国沿海分布的有：鲇鱼类、龙䲢鱼类、鲉鱼类、混合性鱼类、分泌毒鱼类。

① 有毒成分

鲇鱼毒液的粗提取物0.1mL皮下注射可使大白鼠（10～20g）在3h内死亡。静脉注射动物体可立即出现肌肉震颤、呼吸窘迫和死亡。毒素在7～8℃时可失去活性。鳗鲇毒素具有神经毒和血液毒双中毒性，在100℃加热2h或145℃加热30min，可破坏毒素的溶血特征；在-15～10℃中5h不被破坏；在阳光下30天不被破坏，100天毒性下降1/2。红外线可破坏溶血性，紫外线可破坏神经毒活性。

龙䲢鱼的毒液具有细胞毒。强酸强碱和加热可使毒液凝结，毒液的甘油粗提取物给家兔静脉注射0.5mL，可使家兔立即死亡，静脉注射0.1～0.2 mL可使家兔在几分钟内死亡。

鲉鱼毒液中有玻璃酸酶和黏朊酶，对pH敏感，在酸性环境中可失去活性。对热不稳定，60℃加热2min活性消失。毒液进入人体对心脏、骨骼肌和平滑肌产生直接麻痹作用，严重时可引起死亡。

分泌毒鱼类中蟾鱼的毒器是鳃盖棘，毒液从刺孔中喷射出来，毒液是一种含有各种细胞成分和微酸性的液体，是能使局部蛋白质水解的神经毒。

② 预防措施

a. 下海捕捞作业时，应穿戴手套和鞋子，抓取时使用捕捞工具。

b. 海水浴场要有保护措施，浅水湾珊瑚区应避免赤足涉水，更不要好奇去捕捉毒鱼，以防遭刺毒鱼类袭击。

c. 在捕获赤虹等具有尾刺的鱼类后，应立即斩断尾刺，以防被刺。

二、贝类

1. 蛤类

（1）有毒成分

石房蛤毒素，又名甲藻毒素。石房蛤毒素主要存在于石房蛤、文蛤与花蛤等蛤类以及海蟹中，是一种分子量较小的非蛋白质类神经毒素，属于麻痹性神经毒，为强神经阻断剂，能阻断神经和肌肉间神经冲动的传导。该毒素呈白色，可溶于水，易被胃肠道吸收；对热稳定，100℃加热0.5h毒性仅减少一半；若pH值升高会迅速分解，但对酸稳定。其毒性很强，对人经口的致死量为0.54～0.90mg。石房蛤毒素中毒潜伏期短，仅几分钟，最长不超过4h。症状初期为唇、舌、指尖麻木，随后四肢、颈部麻木，运动失调，伴有头晕、恶心、胸闷、乏力，其死亡率为5%～18%。

（2）预防措施

① 食用贝类前应彻底清洗，制作时先除去内脏及周围的暗色部分，并采取水煮后捞肉、弃汤的烹调方法，使毒素含量降至最低程度。

② 在pH3的条件下煮沸3～4h可破坏石房蛤毒素。

2. 螺类

（1）有毒成分

螺类已知有8万多种，其中少数种类含有有毒物质——螺类毒素。其有毒部位分别在螺的肝脏或鳃下腺、唾液腺内，误食或过量食用可引起中毒。螺类毒素属于非蛋白质类麻痹型神经毒素，易溶于水，耐热耐酸，且不被消化酶分解破坏。螺类毒素中毒机制同蛤类毒素，中毒表现为头晕、呕吐及手指麻木等神经性麻痹症状。

（2）预防措施

① 食用螺类食品时，应反复清洗、浸泡，并采取适当的烹饪方法，以清除或减少食品中的毒素。

② 定期对海水进行监测，当海水中大量存在有毒的藻类时，应同时监测捕捞的螺类所含的毒素量。

3. 海兔

（1）有毒成分

海兔中所含毒素为海兔毒素。海兔属于后鳃贝类，贝壳已退化，仅剩一层薄而透明的角质层，软体部分几乎全部裸露。海兔又名海珠，是生活在浅海中的贝类。它的种类很多，其卵含有丰富的营养，是我国东南沿海地区人们喜爱的食品，并可入药。海兔主要生活在浅海潮流较流畅、海水清澈的海湾，以各种海藻为食，其体色和花纹与栖息环境中的海藻相似。当它们食用某些海藻之后，身体就能很快地变为这种海藻的颜色，并以此来保护自己。我国已知海兔19种，广泛分布于福建、广东、广西、海南等沿海地区。海兔的体内有毒腺，分泌海兔毒素等有毒物质。

海兔体内的毒腺又叫蛋白腺，能分泌一种酸性乳状液体，气味难闻。海兔的皮肤组织中含一种有毒性的挥发油，对神经系统有麻痹作用。海兔的毒素是神经毒素，其药理活性与乙酰胆碱相似。根据生物活性和溶解性的不同，可将毒素分为醚溶和水溶两部分。其中醚溶部分的毒素具有升血压特征，它能使动物兴奋、过敏、瘫痪、缓慢死亡；而水溶部分具有降血压特征，可使动物惊厥、呼吸困难、流涎、突然死亡。中毒表现为多汗、流泪、流涎不止、腹泻、腹痛、呼吸困难，严重者全身痉挛，甚至死亡。

（2）预防措施

① 平时不宜过量食用海兔。

② 患有神经性疾病、皮肤病、湿疹、对海鲜过敏的人不宜食用海兔。

③ 在食用前应在沸水中煮 4～5min。

④ 不能与水果、啤酒、茶同食。

4. 鲍类

鲍又称鲍鱼、九孔鲍，是外壳略呈耳状的贝类。鲍的种类较少，全世界已知约有 90 种，我国记载的有 6 种。由于它含有光过敏的有毒化学物质，食量过多或食法不当会引起中毒反应。常见的能引起中毒的有杂色鲍、耳鲍和皱纹盘鲍。

（1）有毒物质

鲍鱼毒素主要存在于鲍鱼的肝、内脏或中肠腺中，是一种有感光力的有毒色素，这种毒素来源于鲍鱼食饵海藻所含的外源性毒物。皱纹盘鲍毒素很耐热，煮沸 30min 不被破坏，冰冻（−20～−15℃）保存 10 个月不失去活性。这个毒素的提取物呈暗褐绿色，在紫外线和阳光下呈很强的荧光红色。人和动物食用鲍肝和内脏后不在阳光下暴露是不会致病的，如在阳光下暴露，就会得一种特殊的光过敏症，主要表现为皮肤皮炎性改变，全身症状较轻，停止接触日光即可消退。轻者 3～5 日内逐渐好转，重者可持续一周以上。

（2）预防措施

不要食用鲍肝和内脏。一旦误食，在 3 日之内要避免接触日光，以免发生皮炎反应。

三、海参类

（1）有毒物质

海参类体内毒素为海参毒素。海参生活在海水中的岩礁底、沙泥底、珊瑚礁底。它们活动缓慢，在饵料丰富的地方，其活动范围很小，主要食物为混在泥沙或珊瑚泥沙里的有机质和微小的动植物。海参是珍贵的滋补食品，有的还具有药用价值。但少数海参含有有毒物质，食用后可引起中毒。全世界的海参有 1100 种，分布在各个海洋，其中有 30 多个品种有毒。在我国沿海有 60 多种海参，有 18 种是有毒的。多数有毒海参的内脏和体液中都存在有海参毒素，当海参受到刺激或侵犯时，从肛门射出毒液或从表皮腺分泌大量黏液状毒液抵抗侵犯或捕获小动物。

海参毒素是一类皂苷类化合物，具有强的溶血作用，这可能是脊椎动物中毒致死的主要原因。此外，海参毒素还具有细胞毒性和神经肌肉毒性。人除了误食海参发生中毒外，还可因接触由海参排出的毒黏液引起中毒。

海参毒素中毒局部症状表现为接触毒素的局部有烧灼样疼痛，红肿，呈炎症反应；毒液进入眼睛可引起失明。中毒全身症状表现为毒素吸收后引起全身乏力，严重时会出现四肢软瘫，尿潴留，肌肉麻痹，膝反射消失。误食中毒者可见咯血。

（2）预防措施

① 食用时，要仔细分辨有无毒性，食用海参前需在专业人员指导下，确认无毒后才可以食用。

② 在捕捞海参时，应戴手套和防护眼镜等，避免接触毒液。

四、哺乳动物

有毒物质包括以下几种。

1. 甲状腺激素

甲状腺激素是脊椎动物的甲状腺分泌的一种含碘酪氨酸衍生物。甲状腺激素的理化性质非常稳定，在 600℃ 以上的高温才可以破坏，一般烹调方法难以去毒。大量的甲状腺激素可扰乱机体正常的内分泌活动，还能影响下丘脑功能，使组织细胞氧化速率提高，分解代谢作用增强，产热增加，各器官活动平衡失调。

预防措施：

① 屠宰家畜时将甲状腺除净，且不得与"碎肉"混在一起出售，以防误食。

② 一旦发生甲状腺中毒，可用抗甲状腺素药及促肾上腺皮质激素急救，并对症治疗。

2. 肾上腺激素

在家畜中由肾上腺皮质分泌的激素为脂溶性类固醇（类甾醇）激素。如果人误食了家畜肾上腺，会因该类激素浓度增高而干扰人体正常肾上腺皮质激素的分泌活动，引起系列中毒症状。

预防措施：加强监管，屠宰家畜时将肾上腺除净，以防误食。

3. 肝脏中的毒素

肝脏是动物最大的解毒器官，动物体内各种毒素大都经过肝脏处理、转化、排泄或结合，所以肝脏中含有许多毒素。此外，进入动物体内的细菌、寄生虫往往在肝脏中生长、繁殖，其中肝吸虫病较为常见，而且动物也可能患肝炎、肝硬化、肝癌等疾病，因而动物肝脏存在许多潜在的不安全因素。

肝脏中的毒素主要是胆酸、牛磺胆酸和脱氧胆酸。其中牛磺胆酸的毒性最强，脱氧胆酸次之。许多研究表明，脱氧胆酸对结肠癌、直肠癌的发生起促进作用。但猪肝中的胆酸含量较少，一般不会产生明显的毒性作用。此外，动物肝脏中含有大量的维生素 A，一般情况下维生素 A 是不表现任何毒性作用的营养物质，但当摄入量超过一定限度后，可能产生某些不良反应，甚至中毒。研究表明人每天摄入 100mg（约 3000IU）/kg（以体重计）维生素 A 即可引起慢性中毒。

预防措施：

① 要选择健康肝脏食用。若肝脏淤血、异常肿大、流出污染的胆汁或见有虫体等，均视为病态肝脏，不可食用。

② 一次性摄入的肝脏不能太多。

③ 对可食肝脏，吃前必须彻底清除肝内毒物。

第四节　含天然有毒物质菌类

毒菌又名毒蘑菇、毒蕈，是指大型真菌的子实体食用后对人或畜禽产生中毒反应的物种，绝大部分属于担子菌，少数属于子囊菌。据统计全世界毒蘑菇达 1000 种，我国最少有 500 种（也有报道 100 余种、183 种），隶属于 39 科，112 属，其中约 421 种含毒素较少或经过处理之后即可食用，强毒性可致死的有 30 余种，极毒性的至少有 16 种。

毒蘑菇分布广泛，生长环境多种多样，但多生长在隐秘、潮湿的草原和树林中。毒蘑菇与可食野生蘑菇的宏观特征极其相似，在野外杂生情况下极易混淆，因此时常造成采食者误食中毒。我国几乎每年都有毒蘑菇中毒致死的报告，湖南省 1994～2002 年间发生毒蘑菇中毒事件就达 65 起，中毒人数与死亡人数分别达 650 和 155 人；广州市 2000～2005 年间发生蘑菇中毒事件 19 起，中毒人数与死亡人数分别达 92 和 13 人。

一、引起胃肠炎型中毒的菌类

（1）毒蕈种类

属于此类型中毒的毒菌我国已知有 70 种。主要是毒粉褶菌、粉红枝瑚菌、白乳菇、毛头乳菇、臭黄菇等。

（2）有毒物质

这些毒菌含胃肠道刺激物。如蘑菇属（$Agaricus$）的毒菌含有类树脂物质，石炭酸或甲酚类化合物。墨汁鬼伞（$Coprinus\ atramentarius$）含鬼伞素，喇叭菌（$Craterellus\ cornucopioides$）和某些牛肝菌含有蘑菇酸（或松草酸）。

（3）症状

胃肠炎型菌类中毒潜伏期短，食后 10min 至 6h 内发病。主要为急性恶心呕吐、腹泻、腹痛，或伴有头昏、头痛、全身无力。重症者偶有吐血、脱水、休克、昏迷。很少有急性肝、肾功能衰竭和死亡。一般病程短，致死率低，容易恢复。在毒菌中毒中，该类型占绝大多数，是极普遍的中毒类型。

二、引起神经精神类型中毒的菌类

（1）毒蕈种类

属于该类型的毒菌 60 种。主要有毒蝇伞、褐黄牛肝菌、豹斑毒伞、残托斑毒伞、角鳞灰伞、枯黄裸伞、星孢丝盖伞、裂丝盖伞、花褶伞等。由于种类不同，其反应可为神经兴奋、神经抑制或精神错乱以及幻觉症状等。

（2）有毒物质

① 毒蝇碱（muscarine，$C_9H_{20}O_2N^+Cl^-$）。此种毒素的发现和研究已有 100 多年的历史。最早发现于毒蝇伞中，是一种无色、无臭、无味的生物碱，易溶于水和己醇。化学性质与胆碱相似，具有拮抗阿托品的作用。毒理作用似毛果芸香碱。毒蝇碱主要作用是使副交感神经系统兴奋。其潜伏期短，约 10min 至 6h。最初大汗淋漓、发热发冷、流涎、流泪、四肢麻木、瞳孔缩小、视力模糊或暂时性失明，或有心跳减慢、血压降低，严重者还出现谵语、抽搐、昏迷。少数开始有恶心、呕吐或腹痛腹泻。毒菌除毒蝇伞外，还有豹斑毒伞、滑锈伞属和丝盖伞属的大量毒菌。

② 异噁唑衍生物。据研究发现，发红毛绣伞所含毒蝇碱是毒蝇伞的 120～380 倍，但中毒症状却与毒蝇伞不同。故认为毒蝇碱不是主要毒素。后来在毒蝇伞等毒菌中又发现了作用中枢神经系统的异噁唑衍生物，即毒蝇伞醇（氨甲基羟异噁唑）、蜡子树酸（鹅膏蕈氨酸）、毒蝇蕈氨酸。毒蝇伞醇和蜡子树酸可使神经错乱，毒蝇蕈氨酸作用同毒蝇碱。

③ 色胺类化合物。例如光盖伞素、光盖伞辛。上述毒素为致幻剂。

含光盖伞素和光盖伞辛的毒菌可引起交感神经兴奋症状，出现高血压、心跳加快、血压升高、瞳孔散大，最特殊的是出现幻视、幻听及味觉改变与发声异常。大花褶伞等中毒还会丧失时间和距离的概念，或狂歌乱舞、喜怒无常、哭笑皆非或痴呆似醉及似梦非梦的感觉。在褐云斑伞、柠檬黄伞、毒蝇伞及豹斑毒伞中发现了蟾蜍素，导致明显的色彩幻视以及呼吸衰竭、心血管反应，但对中枢神经无毒害作用。

④ 幻觉诱发物。1964 年日本报告了橘黄裸伞引起中毒，其潜伏期短，食后 15min 便可出现头昏眼花、视力不清，看房屋等东倒西歪，或如醉者行为不便，或手舞足蹈、大笑吵闹等症状，数小时后恢复正常。另外发现红菇属、球盖菇属和牛肝菌属的某些种也会引起幻觉反应。

我国云南地区常有因过量食用小美牛肝菌、华丽牛肝菌而引起"小人国幻视症"，其潜伏期甚短，约 10min，偶有 10 多个小时后发病。此种反应为世界罕见。

三、引起中毒性肝损害型的菌类

（1）毒蕈种类

属于此类型中毒的毒菌约 20 种。主要有白毒伞、毒伞、鳞柄白毒伞、包脚黑褶伞、褐鳞小伞、秋生盔孢伞等。

（2）有毒物质

德国科学家从毒伞类真菌中分析出毒伞肽和毒肽两大类毒素。毒伞肽包括了 6 种有毒或无毒物质，即 α-毒伞肽、β-毒伞肽、γ-毒伞肽、δ-毒伞肽、三羟毒伞肽和一羟毒伞肽酰胺。毒肽包括 5 种有毒物质，即一羟毒肽、二羟毒肽、三羟毒肽、羟基毒肽和苄基毒肽。上述两类毒素化学性质稳定，易溶于甲醇、液体氨及水，因此往往喝汤者中毒严重。另外幼小的毒伞等毒性更强。

毒伞肽和毒肽均属极毒，其化学结构相近，但两类毒素的作用机制不同，前者直接作用于肝脏细胞核，使细胞迅速坏死，这是中毒后导致人死亡的重要因素之一。毒肽作用于肝细胞的内网质使其受损害。另外毒肽作用速度快，而毒伞肽作用速度慢，就毒力而言毒伞肽比毒肽强，如 α-毒伞肽的毒力是毒肽的 10～20 倍，致死量小于 0.1mg/kg（以体重计），毒肽为 2mg/kg（以体重计）。所以一个约一两（1 两＝50g）重的毒伞或白毒伞所含毒素足以使一个成年人中毒死亡。上述毒素还对肾脏、血管内皮细胞、中枢神经系统及其他内脏组织均有损害，中毒者最终因体内各器官衰竭导致死亡，病死率高达 90％～100％。

（3）症状

肝脏损害型发病过程分六个时期：

① 潜伏期：潜伏期长是肝脏损害型中毒的特征之一。一般长达 6h 以上。此期间无明显病症表现。

② 胃肠炎期：发病后多有急性恶心和吐泻，重者似霍乱症，有的病人因严重虚脱而突然死亡。一般延续一两天后症状基本消失，常常误诊为菌痢。

③ 假愈期：经胃肠炎期后似乎中毒者病愈，其实此时毒素正好通过血液进入肝脏等内脏并有损害性，大约 24h 后病情突然变化。

④ 内脏损害期：此时期已表现出急性肝炎或急性肾功能衰竭，如黄疸、肝肿大及心率快等，必须马上采取解毒保肝等医疗措施。

⑤ 精神症状期：当出现急性肝炎症状后，病人情绪表现烦躁不安、惊厥、精神失常、哭笑吵闹、唱歌等，一般病人逐渐安定下来，而重者会突然昏迷死亡。

⑥ 恢复期：经过精神症状期后，轻者随着毒性的消失症状逐减，肝脏等器官损害程度逐渐好转，一般经过 10 余天便可恢复正常。

四、引起中毒性溶血型的菌类

（1）毒蕈种类

引起此类型的毒菌主要是鹿花菌、赭鹿花菌、褐鹿花菌等。

（2）有毒物质

鹿花菌素，属于甲基联氨化合物，具有极强的溶血作用。另外还有约 18 种毒菌，其毒素也有溶血作用。

（3）症状

溶血型中毒潜伏期长，约 6h 或更长。发病后除有恶心、呕吐、腹痛、头痛、瞳孔散大、烦躁不安外，由于红细胞被迅速破坏，而在一两天内很快出现溶血性中毒症状。表现为急性贫血、血红蛋白尿、尿闭、尿毒症及肝脏、肾脏肿大。重者还出现脉弱、抽搐、嗜睡。往往因肝脏严重受损及心脏衰竭而死亡。

（4）预防措施

① 在采集野生蘑菇时，需要在有识别毒蘑菇能力的人员指导下进行。

② 对一般人来说，避免误食毒蘑菇的有效预防措施是，决不采集不认识的蘑菇，尤其是对一些色泽鲜艳、形态可疑的蘑菇应避免食用。

③ 已经确认为毒蘑菇时，决不能食用，也不要将其喂给畜禽，以避免食物中毒。

五、毒蘑菇识别方法

毒蘑菇的识别方法可大致分为形态特征识别法、化学检测法、动物实验检验法和真菌分类学鉴定法 4 大类。

（1）形态特征识别法

形态特征识别法是指通过观察子实体的外形、颜色、气味及分泌物等形态特征来识别蘑菇是否有毒。该方法较为直观，是对长期以来人类识别毒蘑菇经验的总结，但存在一定的局限性。具体做法如下：

① 外形特征识别：据有关资料介绍，子实体形状怪异，菌盖上生有刺、瘤、疣，菌柄上同时有菌环和菌托，菌褶剖面为逆两侧形的蘑菇多数有毒。如毒鹅膏菌的菌褶离生、不等长，菌柄上有菌环和菌托。也有介绍称毒蘑菇的菌柄较大，而无毒蘑菇则上下大小一致。但有些蘑菇并无上述外形特征却也有毒，如裂盖毛锈伞菌盖无瘤、疣等，菌柄上也无菌环和菌托，可毒性极强。可见利用外形特征法识别蘑菇有毒与否并不完全可靠。

② 颜色特征识别：毒蘑菇颜色多鲜艳美丽，无毒蘑菇多是白色、黄色或浅褐色等。如包海鹰介绍毒蝇伞、毒红菇、小毒红菇等新鲜子实体有红、绿、紫等颜色，紫色有剧毒。但色泽鲜艳的蘑菇不一定都有毒，如金顶侧耳、硫黄菌等虽色泽鲜艳，但可食用。可见利用颜色特征来识别蘑菇是否有毒不具普遍性。

③ 气味特征识别：韩丽娟曾介绍有毒蘑菇通常气味怪异，有麻、苦、辣、涩、腥等味道。但仅依靠气味特征来识别蘑菇是否有毒也不具普遍性。

④ 分泌物特征识别：有资料记载，有毒蘑菇子实体菌柄撕裂后常出现乳汁等分泌物。

可有些种类虽具有上述特征却为食用菌，如松乳菇。

综上所述，形态特征法虽然简单方便、直观性强，但不能作为鉴别蘑菇是否有毒的通用方法。

（2）化学检测法

随着研究的深入，通过化学方法检测毒蘑菇的手段也越来越多，毒蘑菇识别也开始由个体水平向分子水平发展。

① 液汁显色法：该法应用较早，有研究表明，将一滴浓盐酸滴在干菇的菌柄或者菌盖部分，5～10min后会有蓝色反应。将3% $FeCl_3 \cdot 6H_2O$（溶解在0.5mol HCl 中）与待测蘑菇滤液混合，根据其是否有黑色反应来判断蘑菇中是否有奥来毒素。液汁显色法所需试剂少且易操作，但一般仅限于检测毒素针对性强的毒蘑菇。

② 色谱法：纸色谱法和薄层色谱法。利用肉桂醛甲醇溶液与浓盐酸蒸气的显色反应来分离中鬼笔鹅膏中的鹅膏毒肽和鬼笔毒肽。薄层色谱法相对于纸色谱法灵敏度要高，利用薄层色谱法分离检测鹅膏菌中的α-毒伞肽、β-毒伞肽、γ-毒伞肽。色谱法操作简单，可分离并检测大多数毒蘑菇所含的毒素，但由于成本较高而难以推广。

③ 高效液相色谱（HPLC）法：HPLC法在20世纪80年代以后被广泛用于中毒者血浆及尿液中肽类毒素的检测。HPLC法虽然优点突出，但实验条件要求较高，操作复杂，色谱条件不易控制。

④ 近红外傅里叶变换光谱法：近红外傅里叶变换光谱技术具有不破坏真菌样品化学结构、可定性/定量地反映真菌组成物质、用量少、操作简单等优点，是一种新的真菌研究及识别方法。近红外傅里叶变换光谱法操作虽简单，但在实际运用中如何合理选择定标样品和适宜的数学模型等问题仍然值得探究。目前该法尚局限于实验室操作。随着研究的深入，该技术逐渐从静态研究向在线检测研究方向发展，具有一定的发展前景。

（3）动物实验检验法

① 动物蛀食情况判断法：据资料介绍，颜色鲜艳、菌体完整且无虫、鸟靠近的蘑菇往往有毒，但以上说法仅凭经验，并无科学依据，如豹斑毒伞，虽易生蛆长虫，但有剧毒。

② 动物急性毒理试验法：该方法是目前识别毒蘑菇的常用方法之一，常用的试验动物有大、小白鼠等恒温动物以及尾草履虫等。该方法操作简单易行，但由于动物机体的生理机能和人类有差异，且材料要求较高，条件难以控制，所以推广难度很大。

③ 根据误食后反应状况判断法：我国每年都会报道因误食毒蘑菇而引发的中毒事件，这些报道除了提醒人们增强防范意识，还使人们学会根据中毒者的症状去探究该蘑菇的毒性。但每种毒素都有其特异性表现，个人体质的不同也会影响最后的判断。如某些人对滑子蘑过敏，但其并不属于毒蘑菇范畴。

（4）真菌分类学鉴定法

真菌分类包括真菌鉴定、分类及系统发育3个内容。真菌分类学的发展经历了传统分类学和分子生物学两个阶段：前者是以真菌的形态特征为主，生理生化等特征为辅的方法；后者是以核酸杂交技术、限制性酶切片段长度多态性分析、rDNA序列同源性分析等分子生物学技术为依托的分类方法。传统真菌分类学为真菌物种的确定提供了重要的参考依据，但真菌的种类繁多、形态特征复杂，因而具有较大的主观性，在人工培养的真菌中尚不能应用。而分子生物学分类法操作简单、准确度高，为真菌分类学开辟了新的途径，但专业性过强，推广难度大。

参 考 文 献

[1] 孙友富 . 动物毒素与有害植物 [M]. 北京：化学工业出版社，2000.

[2] 钟耀广 . 食品安全学 [M]. 3 版 . 北京：化学工业出版社，2020.

[3] 丁晓雯，柳春红 . 食品安全学 [M]. 北京：中国农业大学出版社，2011.

[4] 李林静，李高阳，谢秋涛 . 毒蘑菇毒素的分类与识别研究进展 [J]. 中国食品卫生杂志，2013，25（4）：383-387.

[5] 卯晓岚 . 中国的毒菌及其中毒类型 [J]. 微生物学通报，1987，1：342-347.

[6] 朱德修，郭树武 . 常见的几种有毒植物性食品与中毒预防 [J]. 山东食品科技，2003，2：22-24.

[7] 古桂花，胡虹，曾薇，等 . 槟榔的细胞毒理研究进展 [J]. 中国药房，2013，24（19）：1814-1818.

[8] 董晓茹，沈敏，刘伟 . 龙葵素中毒及检测的研究进展 [J]. 中国司法鉴定，2013，12：35-41.

[9] 李春禄 . 光照与温度对马铃薯绿化及龙葵素含量的影响 [J]. 马铃薯杂志，1994，2（8）：124-125.

[10] 吴耘红，江成英，王拓一 . 储藏条件对马铃薯渣中龙葵素含量影响的研究 [J]. 农产品加工（学刊），2008，07：144-146.

[11] 尤玉如 . 食品安全与质量控制 [M]. 北京：中国轻工业出版社，2015.

[12] Liu S T, Young G C, Lee Y C, et al. A preliminary report on the toxicity of arecoline on early pregnancy in mice [J]. Food Chemistry Toxicology, 2011, 49 (1)：144.

[13] 包海鹰 . 毒蘑菇家族 [J]. 人与生物圈，2003，24（6）：78-82.

[14] 毛新武，李迎月，何洁仪，等 . 广州市 2002-2005 年蘑菇中毒调查 [J]. 中国热带医学，2007，7（1）：166-167.

[15] 卯晓岚 . 中国毒菌物种多样性及其毒素 [J]. 菌物学报，2006，25（3）：345-363.

[16] 刑陆军 . 毒蘑菇的鉴别、中毒类型及处理方法 [J]. 生物学教学，2009，34（11）：80-81.

[17] 韩丽娟 . 吉林省的毒蘑菇 [J]. 长春师范学院学报，2000，19（5）：43-45.

[18] 王继辉，叶淑红 . 食品安全学 [M]. 北京：中国轻工业出版社，2020.

[19] 王硕，王俊平 . 食品安全学 [M]. 北京：科学出版社，2018.

第七章 转基因食品及新资源食品的安全性

第一节 转基因食品的安全性

一、转基因食品概述

转基因食品是指利用转基因生物技术获得的转基因生物品系，并以该转基因生物为直接食品或为原料加工生产的食品。其中，转基因生物技术是指在特定生物物种基因组导入外源基因并使其有效地表达相应产物的新型育种技术。

根据转基因食品来源的不同，可分为植物性转基因食品、动物性转基因食品和微生物性转基因食品。当前转基因食品以植物性转基因食品为主，国际农业生物技术应用服务组织发布的《2018 年全球生物技术/转基因作物商业化发展态势》报告显示，2018 年全球共有 26 个国家和地区种植转基因作物，种植面积达到 1.917 亿公顷，较 2017 年的 1.898 亿公顷增加 190 万公顷，达 1996 年的 113 倍；另有 44 个国家和地区进口转基因农产品。

2018 年，转基因大豆种植面积达到 9590 万公顷，占全球转基因作物种植面积的 50％，其次是玉米 5890 万公顷、棉花 2490 万公顷和油菜 1010 万公顷。从全球单一作物的种植面积看，2018 年转基因大豆的应用率为 78％，转基因棉花的应用率为 76％，转基因玉米的应用率为 30％，转基因油菜的应用率为 29％。

1. 全球转基因作物的种植概况

美国是转基因作物种植第一大国，根据美国农业部农业统计局 2019 年 7 月发布的《作物面积》统计报告，依据转基因品种比例，测算出美国 2019 年转基因大豆、玉米、棉花的种植面积分别为 3047 万公顷、3417 万公顷和 534 万公顷，合计达 6998 万公顷，比 2018 年的 7244 万公顷减少 246 万公顷，下降 3.4％。美国 2019 年转基因作物面积下降的主要原因是大豆种植面积下降。美国从 1996 年转基因作物首次商业化以来，转基因作物种植面积不断扩大，而在 2015 年和 2019 年出现比上年下降的现象，并且都是大豆种植面积下降所致，但美国仍然是全球第一大转基因作物种植国，约占全球转基因作物面积的 39％（表 7-1）。

表 7-1　美国 2019 年大豆、玉米、棉花的种植面积与相应转基因种植面积

项目	大豆	玉米	棉花	合计
种植面积/百万公顷	32.42	37.14	5.45	75.01
转基因种植面积/百万公顷	30.47	34.17	5.34	69.98

　　美国种植的转基因作物种类多样，包括大豆、玉米、棉花、油菜、甜菜、苜蓿、木瓜、南瓜、马铃薯和苹果。相比之下，中国目前商业化种植的转基因作物仅有棉花和木瓜，总面积为 290 万公顷。

　　2018 年，美国转基因作物的种植面积为 7500 万公顷，其次是巴西 5130 万公顷、阿根廷 2390 万公顷、加拿大 1275 万公顷和印度 1160 万公顷。这五个国家的种植面积占全球转基因作物种植面积的 91%。

　　欧盟的西班牙和葡萄牙两个国家种植转基因玉米总面积为 12.1 万公顷。欧盟 2018 年从阿根廷、巴西和美国进口的转基因农产品包括大豆制品 3000 万吨、玉米 1000 万～1500 万吨，油菜籽或油菜 250 万～450 万吨。

　　2018 年，加拿大种植了 6 种转基因作物，种植总面积为 1275 万公顷，较 2017 年的 1312 万公顷减少了约 3%。虽然主要作物的种植面积有所减少，但紫花苜蓿、甜菜和马铃薯等转基因作物的种植面积有所增加，因此平均应用率仍达到了 92.5%，比 2017 年增长了 2%。

　　加拿大政府批准三个品种的转基因苹果进行饲料和粮食用途的商业化种植。加拿大卫生部已经向含有维生素 A 原转化体 GR2E 的转基因黄金大米发放了批文，该决定符合澳新食品标准局（FSANZ）在 2018 年发放的批文。2018 年，总部位于美国的 AquaBounty Technologies 公司在加拿大出售了 7 吨转基因三文鱼片。

　　2018 年，亚太地区的转基因作物种植积总计为 1913 万公顷，与 2017 年相同，占全球转基因作物种植总面积的 10%。

　　从各国的转基因种植情况来看，2017 年，亚洲地区种植转基因作物面积最大的国家是印度，达 1160 万公顷棉花，其次是中国 290 万公顷棉花和番木瓜、巴基斯坦 280 万公顷棉花、澳大利亚 79.3 万公顷棉花和油菜、菲律宾 63 万公顷玉米、缅甸 31 万公顷棉花、越南 4.9 万公顷玉米和孟加拉国 2975 公顷茄子。

　　2018 年全球转基因作物种植国家和地区，印度转基因作物的种植面积增长了 20 万公顷（2%）、中国增长了 10 万公顷（4%）、越南增长了 4000 公顷（9%）、孟加拉国增长了 2975 公顷（24%）。全球棉花价格上涨对印度和中国的转基因棉花应用产生了积极影响。另一方面，巴基斯坦减少 20 万公顷（约 7%）、澳大利亚减少 10 万公顷（约 11%）、菲律宾减少 1.2 万公顷（约 2%）和缅甸减少 1 万公顷（约 3%）。

　　中国对转基因生物的标识采用的是标识目录、强制标识及定性标识的原则。凡是列入标识管理目录并用于销售的农业转基因生物，应当进行标识，未标识的不得进口或销售。

　　全球转基因作物应用（用作粮食、饲料和加工用途的耕种和进口）的增长表明，转基因作物不仅在农业、社会经济和环境方面均产生一定收益，并且提高了食品安全和营养水平。转基因作物种植面积持续增加，可能有助于减轻全球饥饿和营养不良的问题。

2. 我国转基因作物现状

　　我国转基因农作物研究等领域已经处于国际先进水平，但一直对转基因持谨慎态度。目前，我国对待转基因农作物采取三种管理方式：①批准商业化种植；②批准原料进口，但禁

止商业化种植；③批准自主研发，并颁发生产应用安全证书，但禁止商业化种植。

3. 我国批准进行商业化种植的转基因作物

（1）转基因棉花

我国是继美国之后，第二个拥有自主研制抗虫棉的国家，从 1998 年开始，我国也有多个转基因抗虫棉品种通过国家审定，转基因棉花主要分为抗虫和耐除草剂两种类型。美国和印度是全球最大的转基因棉花出口国，中国为最大的进口国。

（2）转基因番木瓜

1990 年抗病毒的转基因番木瓜品种在美国诞生，后来我国华南农业大学培育出了"华农 1 号"转基因番木瓜品种，并在 2006 年获得农业部颁发的安全性证书，开始在生产上应用，发展快速，目前市售番木瓜都是转基因品种。番木瓜是重要的食品、化工和医药的原料。

4. 我国批准进口的转基因作物

（1）转基因玉米

转基因玉米主要有抗虫、抗病、耐除草剂等特点，美国、巴西、阿根廷、乌拉圭、加拿大等国种植面积较大。2009 年，中国农业科学院生物技术研究所培育的转基因植酸酶玉米 BVLA430101，获得农业转基因生物安全证书，但并未批准投入生产。我国 2010 年首次进口转基因玉米，主要用于饲料加工和食用油加工，目前批准的进口的转基因玉米共 17 种。

（2）转基因大豆

20 世纪 80 年代，孟山都公司研究人员从矮牵牛中克隆获得了抗性基因（$EPsPs$ 基因），并应用质粒介导转移脱氧核糖核酸（DNA）技术，将矮牵牛质粒（caMv）中 35s 启动子控制 $EPsPs$ 基因导入大豆基因组中，进而培育出抗草甘膦大豆品种。这种转基因大豆于 1994 年被美国食品药品监督管理局（FDA）批准，较早成为商业化大规模推广的生产转基因作物之一。由于转基因大豆具有耐除草剂草甘膦基因，这种大豆对非选择性除草剂农达（Rwndup）有高度耐受性。在大田中施用草甘膦除草剂，不会影响大豆产量。此外，转基因大豆还有其他类型，如高甲硫氨酸大豆品种等。我国未批准转基因大豆商业化种植，但批准了个别品种的进口，而且是世界主要的大豆进口国，主要用于食用油加工，截至目前共批准在有效期内的进口转基因大豆共 15 种。

（3）转基因油菜

1985 年世界上出现第一株转基因油菜，随后出现了抗病、抗虫、抗除草剂等转基因品种。我国未批准转基因油菜商业化种植，批准了部分转基因油菜籽的进口，主要用于原料加工，共批准 9 种转基因油菜进口。

（4）转基因棉花

因中国人口众多，以棉花为主要材料的加工业比较发达，中国是世界上最大的棉花需求国，美国和印度是全球最大的转基因棉花出口国。

（5）转基因甜菜

甜菜块根是制糖工业的原料，也可做饲料，是我国的主要糖料作物之一。2008 年转基因甜菜开始在世界上大规模商业化种植，最开始的国家是美国，我国批准进口的转基因甜菜品种有一个。

在我国，进口的农业转基因作物仅批准用作加工原料，禁止种植转基因作物。

5. 获得生产应用安全证书的转基因作物

农业农村部共批准生产应用清单，农业种植方面，第一批包括大北农的 2 个转基因玉米品种和华南农业大学的 1 个转基因番木瓜品种。大北农的耐除草剂玉米 DBN9858 获得黄淮海夏玉米区、南方玉米区、西南玉米区、西北玉米区生产应用的安全证书；抗虫耐除草剂玉米 DBN9936 获得黄淮海夏玉米区、南方玉米区、西南玉米区、西北玉米区生产应用的安全证书。华南农业大学的转番木瓜环斑病毒复制酶基因的番木瓜华农 1 号获得华南地区生产应用的安全证书。

第二批包括大北农的转基因玉米、转基因大豆品种。大北农玉米性状产品 DBN9501 和大豆性状产品 DBN9004（原名为"DBN-09004-6"）完成公示，DBN9501 正式获得北方春玉米区生产应用的安全证书［农基安证字（2020）第 223 号］，DBN9004 正式获得北方春大豆区生产应用的安全证书［农基安证字（2020）第 224 号］。早前，DBN9004（FARMAXGGT）大豆 2019 年 2 月 27 日获得阿根廷政府的种植许可，2020 年 6 月 11 日获得中国进口安全证书。DBN9004 具备草甘膦和草铵膦两种除草剂耐受性。

2020 年第二批农业转基因生物安全证书批准清单，包含 5 个生物安全证书（进口），21 个生物安全证书（生产应用），另外还有 2 个批准颁发、正在进行名称公示的转基因生物。2020 年，农业农村部总共批准了一百多个"农业转基因生物安全证书（生产应用）"，以及 13 个"农业转基因生物安全证书（进口）"，这显示政府对于转基因农产品的管理在稳步推进。

中国转基因作物的商业化推广管理是明确的，也是一贯的，就是严格按照法律法规开展安全评价和安全管理。只有通过安全评价后，方可获得生产应用安全证书。按照"非食用-间接食用-食用"路线图进行。首先发展非食用的经济作物，比如棉花等，其次是饲料作物、加工原料作物；再次是一般的食用作物，最后是口粮作物；第三是充分考虑产业的需求，重点解决制约中国农业发展的抗病抗虫、节水抗旱、高产优质等方面的瓶颈问题。境外贸易涉及商品安全证书发放的问题严格按照中国对贸易商进口安全证书的审批和发放的标准进行。

二、转基因食品的分类

1. 根据转基因源分类

① 食品本身不含转基因的转基因食品，是指食品尽管来源于转基因生物，但其产品本身并不会有任何转移来的基因。

② 转基因食品中确实含有转基因成分，但在加工过程中其特性已发生了改变，转移来的活性基因不复存在于转基因食品中。

③ 转基因食品中确实带有活性的基因成分，人们食用这种转基因生物或食品后，转移来的基因和生物本身固有的基因均会被人体消化吸收的转基因食品。

2. 根据转基因食品来源分类

（1）植物性转基因食品

所谓植物性转基因食品，是指以含有转基因的植物为原料的转基因食品。

植物性转基因食品是转基因食品的重要来源，主要有三类：第一类是抗除草剂转基因植物，如转 5-烯醇丙酮莽草酸-3-磷酸合酶（EPSPS）基因抗除草剂大豆，这种大豆以及由这种大豆制作的相关食品（如大豆油）同样属于转基因食品；第二类为抗虫转基因植物，如转 *Bt* 基因的抗虫玉米；第三类是改善产品品质的转基因植物，如改变淀粉组成和含量的大米、抗病的甜椒、延熟保鲜的番茄等。目前，我国已经批准抗病毒木瓜、耐贮存番茄等 6 种转基因植物商业化种植。

（2）动物性转基因食品

所谓动物性转基因食品，是指以含有转基因的动物为原料的转基因食品。动物的转基因食品，主要是利用胚胎移植技术培养生长速率快、抗病能力强、肉质好的动物或动物制品。

转基因动物主要应用在医学治疗、疾病模型的构建、器官移植等方面，而用于食用的转基因动物主要是转生长素基因动物。食用转基因动物很难获得安全批文，一方面是因为生长素的问题，另一方面是对生态的潜在风险。如果转基因动物逃逸到野外，与野生动物争夺食物和交配，不但会污染该物种的基因库，还可能导致非转基因的野生动物类群的灭绝。2015年，一种快速生长的三文鱼成为美国批准的全球第一种获准上市供人类食用的转基因鱼类动物。三文鱼是西餐和日本料理的主要原料，不仅味道鲜美，而且富含有益心血管健康的 n-3 脂肪酸。开发这种转基因鱼的美国公司在 1995 年向美国食品药品监督管理局（FDA）提交了上市申请，2010 年 FDA 批准安全证书。普通三文鱼需要 30 个月才能成熟，转基因三文鱼生长迅速只需 16～18 个月就可上餐桌。转基因三文鱼是不育的雌性三倍体，从而避免了转基因三文鱼污染野生鱼基因的问题。加拿大研发高效利用磷而减少环境污染的"环境猪"，我国与韩国科学家合作研发的"超级肌肉猪"等转基因动物食品有望在不久的将来进入市场。

（3）微生物转基因食品

所谓微生物转基因食品，是指以含有转基因的微生物为原料的转基因食品。转基因微生物食品，主要是利用微生物的相互作用，培养一系列对人类有利的新物种。

微生物类转基因食品指的不是转基因微生物，而是用转基因微生物加工而成的食品，典型代表是奶酪。奶酪是一种常见的食品，在制作过程中需要用到发酵和凝乳两个过程。起到凝乳作用的凝乳酶来源于没有断奶的小牛的胃的皱襞中。常规方法屠宰小牛从胃中提取凝乳酶来生产奶酪，现在利用转基因微生物已能够使凝乳酶在体外大量产生，避免了小牛的无辜死亡，也降低了生产成本。美国超过 2/3 的奶酪在生产过程中使用了这种遗传工程的凝乳酶。此外还有转基因微生物加工而成的面包、啤酒、酒精饮料等微生物类转基因食品。

（4）特殊转基因食品

有些食品还可以预防疾病，这类食品就是"疫苗食品"。目前越来越多的抗病基因正在被转入植物，使人们在品尝鲜果美味的同时，达到防病的目的。例如，我国正在研制的能够预防乙肝的西红柿、预防糖尿病的转胰岛素基因的生菜和西红柿等。除了"疫苗食品"以外，我们利用转基因动植物作为生物反应器来生产的药用蛋白也属于这类特殊的转基因食品。目前我们利用动物反应器可以生产人血红蛋白、胰蛋白酶抑制因子、人乳蛋白等药物蛋白对于疾病的治疗和预防发挥了重要的作用。

3. 根据转基因食品的功能分类

① 增产型的转基因食品；

② 控熟型的转基因食品；

③ 保健型的转基因食品；

④ 加工型的转基因食品；

⑤ 高营养型的转基因食品；

⑥ 新品种型的转基因食品。

转基因食品优点：可增加作物产量、降低生产成本、增强作物抗虫害和抗病毒等的能力、提高农产品耐贮性、缩短作物生长的时间、摆脱季节限制四季供应、打破物种界限、不断培植新物种、改善人类的生活品质。

转基因食品缺点：转基因作物可能演变为农田杂草，可能通过基因漂流影响其他物种，转基因食品可能会引起过敏等症状。

三、转基因食品潜在的安全性问题

1. 转基因食品安全性问题的由来

20世纪60年代，Paul Berg将猿猴病毒SV40和大肠埃希菌DNA碎片连接研发了世界第一例重组的DNA。1971年，在冷泉港第一次涉及重组DNA安全性的会议上，Robea Pollack提出SV40是肿瘤病毒，释放到自然界中，可能会成为潜在的致癌因素，因此该试验被终止。次年，欧洲分子生物学组织（EMBO）专门讨论了基因重组技术的潜在危害。1973年6月13日，在美国Gordon会议上，讨论了转基因作物的安全性问题，并提出了一些相关的建议。

2. 转基因食品历史性进程

1975年2月在美国加利福尼亚州举行了Asilomar会议，专门讨论了转基因生物安全的问题，是世界上第一次正式关于基因工程技术即转基因生物安全性的会议，成为"人类社会对转基因生物安全性关注的历史性里程碑"。Asilomar会议后，美国国家卫生研究院（NIH）发布了《重组DNA分子研究准则》，经济合作与发展组织（OECD）发布了《生物技术管理条例》，欧美地区和日本也发布了一些相关的指引文件。1989年，随着第一例基因重组转基因食品——牛乳凝乳酶的商业化生产，转基因生物的食用安全性受到了越来越广泛的关注。世界粮农组织和世界卫生组织（FAO/WHO）于1990年召开了第一届关于转基因食品安全性的专家咨询会议，在安全性评价方面迈出了第一步。会议首次回顾了生物技术在食品生产加工中的地位，讨论了生物技术食品安全性评价的一般性和特殊性问题；认为传统的食品安全性评价毒理学方法已不再适用于转基因食品，并于1991年出版了《生物技术食品安全性分析策略》的报告。

3. 转基因食品安全性基本原则

1993年OECD专门召开了转基因食品安全性的会议，报告了现代生物技术食品安全性评价：概念与原则。"实质等同性原则"，是指对转基因作物的农艺性状和食品中各主要营养成分、营养拮抗物质、毒性物质及过敏性物质等成分的种类和数量进行分析，并与相应的传统食品进行比较，若二者之间没有明显差异，则认为该转基因食品与传统食品在食用安全性方面具有实质等同性，不存在安全性问题。1995年，WHO正式将"实质等同性原则"应用于现代生物技术植物食品的安全性评价中，1996和2000年的FAO/WHO专家咨询会议、2000和2001年在日本召开的世界食品法典委员会（CAC）转基因食品政府间特别工作组会议也对"实质等同性原则"给予了肯定。至此，转基因食品安全卫生评价的基本原则得到了世界公认。会议将实质等同性分为以下三类：

① 与传统食品和食品成分具有等同性；

② 除某些特定差异外，与传统食品和食品成分具有等同性；

③ 与传统食品和食品成分无实质等同性。

四、转基因食品的安全性评价

1. 转基因食品安全评价基本内容

转基因食品安全评价与转基因食品安全密不可分。我国对转基因食品安全评价的主要内容包括转基因作物及其产品的关键成分分析和营养学评价、转基因作物及其产品的毒理学评价、基因来源及外源基因表达产物的致敏性评价以及肠道微生物健康评价等。转基因食品在批准商业化生产前必须要进行营养学、毒理学、致敏性等方面的安全性评价。

(1) 营养学评价

转基因食品均是通过外源基因表达产生与基因受体外观相似的新品种。因此，对传统食物和转基因食物的营养成分和化学性质进行基本等同的分析成为第一项研究任务。营养学评价主要针对蛋白质、脂肪、氨基酸、脂肪酸、糖类、维生素、矿物质等与人类健康营养密切相关的物质，以及抗营养因子（植酸、蛋白酶抑制剂、单宁等），若与传统食物相比产生了统计学差异，还应该充分考虑这种差异是否在这一类食品的参考范围内。另外，可以通过计算动物对转基因食品的采食量和消化率等进行营养学评价。

(2) 毒理学评价

毒理学评价主要包括对外源基因表达产物的评价和对全食品的毒理学检测。对外源基因表达产物的评价主要通过生物信息学分析。与已知的毒性蛋白质的氨基酸序列进行同源性比对，然后进行模拟肠胃液消化和热稳定性试验，以及急性毒性啮齿动物试验。根据外源基因产生的表达产物的情况，必要时可以对其急性毒性、遗传性毒性（三致试验：精子畸形试验、骨髓微核试验、Ames试验）、亚慢性毒性以及慢性毒性、免疫毒性等进行试验。对食品的毒理学评价主要采用90天动物喂养试验来验证转基因食品对人类健康的长期影响，目前所用到的动物一般有大鼠、小鼠、猪、羊、鸡、猴等，转基因食品的亚慢性毒性试验如果无特殊异常反应，就认为此种食品在长期使用过程中不会对人体健康造成不良影响。

(3) 致敏性评价

1988年，国际食品生物技术委员会建立了包括致敏性在内的转基因食品安全性的评估标准和程序。目前，国际上公认的转基因食品中外源基因表达产物的过敏性评价策略是2001年由FAO/WHO颁布的过敏评价程序和方法。对转基因食品进行过敏性评价的主要原因是转基因食品中含有由外源基因表达的特定蛋白质，无论外源基因编码蛋白质是已知的过敏原，还是与被确定的已知过敏蛋白质的氨基酸序列有明显同源性或其所属的蛋白质家族中有过敏蛋白质，都有可能使转基因食品产生过敏反应。致敏性评价的主要方法包括与已知过敏原氨基酸序列同源性的比较、血清筛选试验、模拟肠胃液消化试验和动物模型试验等。最后综合判定该外源基因产生的蛋白质的潜在致敏性。评价内容与方法根据外源基因的供体有所不同。

(4) 其他评价

转基因食品安全性评价还包括非期望效应、外源基因水平转移及肠道菌群影响等研究，暂未被列入转基因食品的安全评价指标中。

2. 转基因食品安全评价程序

实质等同性是安全性评价程序执行前的指导原则，完整食品全面安全性评价的要点是：
① 亲本（宿主）作物的安全食用历史、成分、营养、毒性物质、抗营养素等。
② 供体基因的安全食用历史、基因组合的分子特性和插入到宿主基因组性质和标记基

因，考虑到基因的水平转移和 DNA 安全性。

③ 基因产物危害性的评估数据，包括毒理学和过敏性。

通过对"开始材料"安全性情况的深入评价和在转化过程的综合评价，为了保证新作物和传统的对应物"一样安全"，还必须按照实质等同性原则，对转基因作物的表型和农艺学性状、成分、全面性、营养和饲养性等方面的等同性进行综合评价，证明它们和传统对应物是等同的。各国用这个方法评价了 50 多种转基因作物，结论是由转基因作物产生的食品和饲料，和传统作物产生的都是一样安全和营养的。

五、转基因食品的安全管理

1. 转基因食品安全评价法规政策

各国在对转基因生物技术进行知识产权保护时采取了不同的政策，其中比较典型的是以美国和日本为代表的双轨制保护模式和以欧盟为代表的单一制保护模式。比如美国主要通过专利法、专门法来实现对转基因知识产权采取的双轨制保护模式，其中：专利法覆盖包括任何转基因技术及其产品，而专门法则针对某一特定品种。申请人可以根据实际情况选择申请专利权，或者申请专门法保护权。而日本采取了以后者为主的折中保护模式——专利保护与植物品种权相结合。与美国类似，日本在其专利法中没有像我国专利法或欧洲专利公约（EPC）那样规定不可专利的对象，仅在其《专利法》第二条给出了发明的定义："所谓发明，是指利用自然规律的技术构思和高度创造。"因此，在日本，无论是转基因动植物还是微生物，只要符合发明的实质性条件，即实用性、新颖性和创造性（通常所说的"三性"）就可得到专利保护。一些发展中国家，比如巴西，作为世界上较早开始种植转基因作物的国家，在转基因植物研究上一直走在前列。在巴西，从政府到普通民众都十分重视遗传资源保护。针对生物技术，特别是用于农业发展的转基因生物技术快速发展和生产应用的扩大，巴西制定了《生物安全法》和《转基因商品贸易法》，禁止未被授权者获取和使用生物资源和传统知识，拦截生物资源外流。

2. 我国转基因食品安全管理制度

我国于 1979 年出台了《中华人民共和国食品卫生管理条例》（以下简称《条例》）。该《条例》主要规定了食品卫生标准、食品卫生要求及食品卫生管理办法等。1983 年又开始试行《中华人民共和国食品卫生法（试行）》（以下简称《试行法》）。1990～2000 年随着转基因技术的发展和转基因食品的出现，以前的食品安全法律体系已经不能适应食品安全形势发展的需要。1990 年，我国政府根据当时的情况，为加强对新资源食品的卫生管理颁布了《新资源食品卫生管理方法》（以下简称《方法》）。该《方法》重点说明了新资源食品审批工作程序，定义的食品新资源范围虽然包括转基因食品，但是还包括其他类型的食品，所以该《方法》并不是一部专门针对转基因食品安全的法规。为促进我国生物技术的研究与开发，加强基因工程领域的安全管理，1993 年国家科技部颁布了我国第一个针对转基因工程工作的专门管理法规，即《基因工程安全管理办法》，1996 年农业部又颁布了《农业生物基因工程安全管理实施办法》。为了预防转基因生物技术对人类健康和生态环境造成的潜在影响，2000 年由国家环保总局牵头，八个相关部门共同参与制定了《中国国家生物安全框架》。但以上政策均侧重于生物安全的大范畴，缺乏对转基因技术及其产品的专门管理。2001 年 5 月 23 日国务院实施了《农业转基因生物安全管理条例》（以下简称《安全管理条例》），该《安全管理条例》是我国针对转基因生物的核心法规，主要界定了农业转基因生物安全的定义，对我国农业转基因生物安全的监督管理工作的管理机构、责任范围都有了明确的界定，尤其是对农业转基因生物的研究与试验、生产与加工、经营、进口与出口、监督与检查、罚则等作出了详细的规定。该《安全管理条例》标志着我国转基因生物安全性管理正式纳入法制建设轨道。2002年，农业部为了配合该《安全管理条例》的实施，颁发了三个配套细则，即《农业转基因生物安全评价管理办法》、《农业转基因生物进口安全管理办法》和《农业转基因生物标识管理办法》，这三个《办法》从技术角度对转基因生物进行宏观管理。2002年，卫生部为了加强对转基因食品的监督管理，保障消费者的健康权和知情权，实施了《转基因食品卫生管理办法》，开始从消费者的角度注重转基因食品的安全管理，并明文规定食品中含有转基因产物的要标注"转基因××食品"或"以转基因××食品为原料"等字样。为加强进出口转基因产品检验检疫管理，2004年，国家质量监督检验检疫总局实施了《进出境转基因产品检验检疫管理办法》。为了进一步推动我国的生物安全管理，2005年我国正式加入联合国《卡塔赫纳生物安全议定书》，这标志着我国的生物安全管理逐步朝国际标准规范化的方向发展。2006年，为了进一步加强农业转基因生物的加工审批管理，农业部出台了《农业转基因生物加工审批办法》，明确了从事农业转基因生物加工应具备的条件，2007年，卫生部又颁布实施了《新资源食品管理办法》。为保证、保障公众身体健康和生命安全，2009年6月1日起施行《中华人民共和国食品安全法》，同时废止《中华人民共和国食品卫生法》。2009年，为了加强食品标识的监督管理、规范食品标识的标注、防止质量欺诈、保护企业与消费者的合法权益，国家质量监督检验检疫总局修订了《食品标识管理规定》，明确规定，"属于转基因食品或者含法定转基因原料的"应当在其标识上标注中文说明。2010年，卫生部又相继出台了《食品添加剂新品种管理办法》和《食品安全国家标准管理办法》。自2001年以来，针对转基因食品的管理法规相继出台，并不断优化和强化。

2014年10月，农业部向国家工商总局发函，商请要求加强对涉及转基因广告的管理。将对涉及转基因、非转基因的产品广告加强审查，其中，在我国和全球均无转基因品种商业化种植的作物，如水稻、花生及其加工品的广告，禁止使用非转基因广告词；对已有转基因品种商业化种植的大豆、油菜等产品及其加工品广告，除按规定收取证明材料外，禁止使用转基因效果的词语，如更健康、更安全等广告词。

第二节　新资源食品的安全性

一、新资源食品概述

新资源食品是指在中国新研制、新发现、新引进的无食用习惯的，符合食品基本要求，对人体无毒无害的物品，如叶黄素酯、嗜酸乳杆菌等。

1. 新资源食品的特点

凡是符合下述规定特点的就是新资源食品。

① 可能在我国早已存在，但是我国居民未将其当作食材的动物、植物或微生物；

② 使用新技术、新工艺、新添加剂等方法从我国居民的非食材性原料中加工、分离、提取、萃集出来的对健康无毒副作用，并且经过医学方法论证有一定益处的；

③ 食品加工过程中新发现的微生物种群或是新技术制造出来的对人体有益无害的微生

物种群；

④ 在新技术与新工艺的作用下，食物的成分与性状产生巨大改变的。

2. 新资源食品的重要性

新资源食品已经通过各种渠道进入了人们的生活。在所有的新资源食品中争议最大的就是转基因食品，转基因食品目前在西方发达国家颇受冷遇，几乎没有人会去买这种"新资源食品"。另外的一些安全的新资源食品，比如芦荟，我国种植芦荟的历史较长，但是一直没有将其列入食材之中。还有仙人掌也与芦荟一样因其奇特的外表与带刺的伪装一直被我国居民将其排除在食材之外。至于动物类食材，比如蝎子，在我国一直是被用于药材之中，虽说是药食同源，但极少有人敢于尝试把这种剧毒的动物列为食材。

3. 新资源食品的标准

新资源食品应当符合《食品安全法》及有关法规、规章、标准的规定，对人体不得产生任何急性、亚急性、慢性或其他潜在性健康危害。国家鼓励对新资源食品的科学研究和开发。卫健委主管全国新资源食品卫生监督管理工作。县级以上地方人民政府卫生行政部门负责本行政区域内新资源食品卫生监督管理工作。卫健委已批准了二十几项新资源食品，例如仙人掌、金花茶、芦荟、双歧杆菌、嗜酸乳杆菌等。2008 年 5 月 26 号发布了 2008 年第 12 号公告，批准嗜酸乳杆菌、低聚木糖、透明质酸钠、叶黄素酯、L-阿拉伯糖、短梗五加、库拉索芦荟凝胶为新资源食品。上述 7 种新资源食品用于食品生产加工时，应符合有关法律、法规、标准规定。2012 年 9 月 4 日，卫生部发布公告，根据《中华人民共和国食品安全法》和《新资源食品管理办法》，批准人参（人工种植）为新资源食品。公告指出，用于食品的人参须为 5 年及 5 年以下人工种植的人参，食用部位为根及根茎，食用量每天不得超过 3g。

2012 年 9 月 5 日，卫生部发出公告指出，根据《中华人民共和国食品安全法》和《新资源食品管理办法》有关规定，批准中长链脂肪酸食用油和小麦低聚肽作为新资源食品，增加菊芋作为新资源食品菊粉的原料，公布抗性糊精作为普通食品。中长链脂肪酸食用油来源于食用植物油，中链甘油三酯来源于食用椰子油、棕榈仁油，小麦低聚肽来源于小麦谷朊粉，抗性糊精来源于食用淀粉。

4. 新资源食品和保健食品的区别

保健食品是指具有特定保健功能的食品，而且申请审批时也必须明确指出具有哪一种保健功能，并且需要在产品包装上进行保健功能标示及限定，而新资源食品具有一种或者多种功能则不在产品介绍中详细标示。

新资源食品和保健食品的适用人群不同，前者适用于任何人群，而后者适宜于特定人群。

二、新资源食品的安全性问题

为加强对新资源食品的监督管理，保障消费者身体健康，根据《食品安全法》，卫健委建立新资源食品安全性评价制度。新资源食品安全性评价采用危险性评估、实质等同性等原则。卫健委制定和颁布新资源食品安全性评价规程、技术规范和标准。卫健委新资源食品专家评估委员会（以下简称评估委员会）负责新资源食品安全性评价工作。评估委员会由食品卫生、毒理、营养、微生物、工艺和化学等方面的专家组成。评估委员会根据以下资料和数据进行安全性评价，包括新资源食品来源、传统食用历史、生产工艺、质量标准、主要成分及含量、估计摄入量、用途和使用范围、毒理学，微生物产品的菌株生物学特征、遗传稳定性、致病性或者毒力等资料及其他科学数据。

三、新资源食品的管理

1. 新资源食品申请

依据 2013 年 10 月 1 日起施行《新食品原料安全性审查管理办法》，拟从事新食品原料生产、使用或者进口的单位或者个人（以下简称申请人），应当提出申请并提交以下材料：

① 申请表；

② 新食品原料研制报告；

③ 安全性评估报告；

④ 生产工艺；

⑤ 执行的相关标准（包括安全要求、质量规格、检验方法等）；

⑥ 标签及说明书；

⑦ 国内外研究利用情况和相关安全性评估资料；

⑧ 有助于评审的其他资料。另附未启封的产品样品 1 件或者原料 30 克。

申请进口新食品原料的，除提交以上规定的八个材料外，还应当提交以下材料：出口国（地区）相关部门或者机构出具的允许该产品在本国（地区）生产或者销售的证明材料和生产企业所在国（地区）有关机构或者组织出具的对生产企业审查或者认证的证明材料。

申请人应当如实提交有关材料，反映真实情况，对申请材料内容的真实性负责，并承担法律责任。

国家卫生计生委（现卫健委）受理新食品原料申请后，向社会公开征求意见。国家卫生计生委自受理新食品原料申请之日起 60 日内，应当组织专家对新食品原料安全性评估材料进行审查，作出审查结论。审查过程中需要补充资料的，应当及时书面告知申请人，申请人应当按照要求及时补充有关资料。根据审查工作需要，可以要求申请人现场解答有关技术问题，申请人应当予以配合。审查过程中需要对生产工艺进行现场核查的，可以组织专家对新食品原料研制及生产现场进行核查，并出具现场核查意见，专家对出具的现场核查意见承担责任。省级卫生监督机构应当予以配合。参加现场核查的专家不参与该产品安全性评估材料的审查表决。

新食品原料安全性评估材料审查和许可的具体程序按照《行政许可法》《卫生行政许可管理办法》等有关法律法规规定执行。国家卫生计生委根据新食品原料的安全性审查结论，对符合食品安全要求的，准予许可并予以公告；对不符合食品安全要求的，不予许可并书面说明理由。对与食品或者已公告的新食品原料具有实质等同性的，应当作出终止审查的决定，并书面告知申请人。

新食品原料生产单位应当按照新食品原料公告要求进行生产，保证新食品原料的食用安全。食品中含有新食品原料的，其产品标签标识应当符合国家法律、法规、食品安全标准和国家卫生计生委公告要求。违反本办法规定，生产或者使用未经安全性评估的新食品原料的，按照《食品安全法》的有关规定处理。

申请人隐瞒有关情况或者提供虚假材料申请新食品原料许可的，国家卫生计生委不予受理或者不予许可，并给予警告，且申请人在一年内不得再次申请该新食品原料许可。

以欺骗、贿赂等不正当手段通过新食品原料安全性评估材料审查并取得许可的，国家卫生计生委将予以撤销许可。

2. 新资源食品生产经营管理

① 生产经营企业应当保证所生产经营和使用的新资源食品食用安全性。

② 符合新资源食品规定的，未经卫生部（现卫健委）批准并公布作为新资源食品的，

不得作为食品或者食品原料生产经营和使用。

③ 新资源食品的企业必须符合有关法律、法规、技术规范的规定和要求。

④ 新资源食品生产企业应当向省级卫生行政部门申请卫生许可证，取得卫生许可证后方可生产。

⑤ 食品生产企业在生产或者使用新资源食品前，应当与卫生部公告的内容进行核实，保证该产品为卫生部公告的新资源食品或者与卫生部公告的新资源食品具有实质等同性。

⑥ 生产新资源食品的企业或者使用新资源食品生产其他食品的企业，应当建立新资源食品食用安全信息收集报告制度，每年向当地卫生行政部门报告新资源食品食用安全信息。发现新资源食品存在食用安全问题，应当及时报告当地卫生行政部门。

⑦ 新资源食品以及食品产品中含有新资源食品的，其产品标签应当符合国家有关规定，标签标示的新资源食品名称应当与卫生部公告的内容一致。

⑧ 生产经营新资源食品，不得宣称或者暗示其具有疗效及特定保健功能。

3. 新资源食品卫生监督

① 县级以上人民政府卫生行政部门应当按照《食品安全法》及有关规定，对新资源食品的生产经营和使用情况进行监督抽查和日常卫生监督管理。

② 县级以上地方人民政府卫生行政部门应当定期对新资源食品食用安全信息收集报告情况进行检查，及时向上级卫生行政部门报告辖区内新资源食品食用安全信息。省级卫生行政部门对报告的食用安全信息进行调查、确认和处理后及时向卫生部报告。卫生部及时研究分析新资源食品食用安全信息，并向社会公布。

③ 生产经营或者使用新资源食品的企业应当配合卫生行政部门对食用安全问题的调查处理工作，对食用安全信息隐瞒不报的，卫生行政部门可以给予通报批评。

④ 生产经营未经卫生部批准的新资源食品，或者将未经卫生部批准的新资源食品作为原料生产加工食品的，由县级以上地方人民政府卫生行政部门按照《食品安全法》第四十二条的规定予以处罚。

⑤ 危险性评估，是指对人体摄入含有危害物质的食品所产生的健康不良作用可能性的科学评价，包括危害识别、危害特征的描述、暴露评估、危险性特征的描述四个步骤。

⑥ 实质等同，是指如某个新资源食品与传统食品或食品原料或已批准的新资源食品在种属、来源、生物学特征、主要成分、食用部位、使用量、使用范围和应用人群等方面比较大体相同，所采用工艺和质量标准基本一致，可视为它们是同等安全的，具有实质等同性。

⑦ 转基因食品和食品添加剂的管理依照国家有关法规执行。

参 考 文 献

[1] 雷超. 公众对转基因技术与粮食安全的认知研究及对策分析—以西安市为例 [J]. 陕西林业科技, 2016 (02): 76-82.

[2] 陈从军. 转基因食品消费者感知风险影响因素分析 [D]. 咸阳: 西北农林科技大学, 2015.

[3] Klotz A, Mayer J, Einspanier R. Degradation and possible carry over of feed DNA monitored in pigs and poultry [J]. EurFood Research Technology, 2002, 2 (14): 271-275.

[4] Losey J E. Transgenic pollen harms monarch larvae [J]. Nature, 1999 (399): 214.

[5] Simth N. Seeds of opportunity and assessment of the benefits safety and oversight of plant genomics and agricultural biotechnology [J]. Committee Review of Entomology, 1996 (11): 106-111.

［6］　OECD. Safety evaluation of foods produced by modern biotechnology：concepts and principles ［R］. Paris：DECD, 1993：1-16.

［7］　钱建亚. 基因改良食品的安全评价 ［J］. 粮食与食品工业，2004（4）：1-6.

［8］　张军民. 我国转基因生物产品安全问题探讨 ［J］. 中国食品与营养，2004（1）：16-19.

［9］　杜娟，王萍，王罡. 植物遗传转化育种技术的研究进展及评价 ［J］. 吉林农业科学，2000，25（5）：23-27.

［10］　中华人民共和国卫生部第 56 号令新资源食品管理办法 ［Z］. 2007.

［11］　朱婧，杨月欣. 碳水化合物类新资源食品比较研究 ［J］. 中国卫生监督杂志，2011，18（1）：40.

［12］　朱婧，张立实，杨月欣. 蛋白质类新资源食品比较研究 ［J］. 中国卫生监督杂志，2011，18（1）：57.

第八章　食品加工过程对食品安全的影响

第一节　概　述

一、食品加工

食品加工是指对可食资源原料进行必要的技术处理，以保持和提高其可食用性和利用价值，开发适合人类需求的各种食品和工业产品的全过程。食品加工的一个简单定义是把原材料或成分转变成可供人类食用的产品。

二、食品加工中的污染

食品加工中影响食品安全的危害因素包括生物性危害、化学性危害、物理性危害等。这些危害可能来自原料本身、环境污染或是加工过程。

1. 生物性危害

生物性危害主要指生物（尤其是微生物）自身及其代谢过程、代谢产物（如毒素）对食品原料、加工过程和产品的污染，按生物种类分为以下几类。

(1) 细菌性危害

细菌性危害是指细菌及其毒素产生的危害。细菌性危害涉及面最广、影响最大、问题最多。控制食品的细菌性危害是目前食品安全性问题的主要内容。

(2) 真菌性危害

真菌性危害主要包括霉菌及其毒素对食品造成的危害。致病性霉菌产生的霉菌毒素通常致病性很强，并伴有致畸、致癌性，是引起食物中毒的一种严重生物危害。

(3) 病毒性危害

病毒有专一性、寄生性，虽然不能在食品中繁殖，但是食品可为病毒提供良好的生存条件，因而可在食品中残存很长时间。

(4) 寄生虫危害

寄生虫危害主要是寄生在动物体内的有害生物，通过食物进入人体后，引起人类患病的一种危害。

(5) 虫、鼠害

昆虫、老鼠列入生物性危害，是因为它们会作为病原体的宿主，传播危害人体健康的疾病，有时还会引起过敏反应、胃肠道疾病。

2. 化学性危害

食品中的化学危害包括食品原料本身含有的，在食品加工过程中污染、添加以及由化学反应产生的各种有害化学物质。

（1）天然毒素及过敏原

天然毒素是生物本身含有的或是生物在代谢过程中产生的某种有毒成分。过敏原都是蛋白质，但众多的蛋白质中只有几种蛋白质能引起过敏，并且只有某些人对其过敏。引起过敏的蛋白质通常能耐受食品加工、加热和烹调，并能抵抗肠道消化酶。过去中国对食物过敏的问题未引起足够的重视。尽管食物过敏没有食物污染问题那么严重和涉及面广，但一旦发生，后果相当严重。致敏性食品包括八大类：谷类、贝类、蛋类、鱼类、奶类、豆类、树籽类及其制品、含亚硝酸盐类的食品。

（2）农药残留

对农作物施用农药、环境污染、食物链和生物富集作用以及贮运过程中食品原料与农药混放等造成的直接或间接的农药污染。

（3）药物残留

为了预防和治疗畜禽与鱼贝类疾病，直接用药或饲料中添加大量药物，造成药物残留于动物组织中，伴随而来的是对人体与环境的危害。

（4）激素残留

为了促进动物的生长与发育，缩短植物生长周期而在原料生产阶段添加动植物激素。这类激素残留可能引起人体生长发育和代谢的紊乱。常见的动物类激素有蛋白质类激素和胆固醇类激素两种。

（5）重金属超标

重金属主要通过环境污染、含金属化学物质的使用以及食品加工设备、容器对食品的污染等途径进入食品中，造成重金属含量超标。

（6）添加剂的滥用或非法使用

食品添加剂是指为改善食品的品质、色、香、味、保藏性能以及为了加工工艺的需要，加入食品中的化学合成或天然物质。在标准规定下使用食品生产中允许使用的添加剂，其安全性是有保证的。但在实际生产中却存在着不按添加剂的使用说明，滥用食品添加剂的现象。食品添加剂的长期、过量使用能对人体带来慢性毒害，包括致畸、致突变、致癌等危害。最近，食品行业中暴露的非法添加化工原料的恶性食品安全事件接连不断，如米、面、豆制品加工中使用"吊白块"（甲醛次硫酸氢钠），甲醛处理水产品，等。

（7）食品包装材料、容器与设备带来的危害

指各种食品容器、包装材料、食品用工具和设备直接或间接与食品接触过程中，材料里有害物质的溶出对食品造成的污染。

（8）其他化学性危害

指由原料带来的或在加工过程中形成的一些其他有害物质。例如，由于原料受环境污染及加工方法不当带来的多环芳烃类化合物，由环境污染、生物链进入食品原料中的二噁英等，高温油炸或烘烤食品产生的苯并［a］芘等，此外，食品吸附外来放射性物质造成的食品放射性污染。

3. 物理性危害

物理性危害包括各种可以称之为外来物质的、在食品消费过程中可能使人致病或致伤的、任何非正常的杂质。多是由原材料、包装材料以及在加工过程中由于设备、操作人员等带来的一些外来物质，如玻璃、金属、石头、塑料等。

总之，生物性污染和化学性污染是当前乃至今后相当长的一段时间食品加工中要面临的主要安全问题。本章主要讨论食品加工过程对食品安全的影响。

第二节　食品热加工对食品安全的影响

一、食品热加工

1. 食品热加工的作用

热加工是食品加工与保藏中用于改善食品品质、延长食品贮藏期的最重要的处理方法之一。食品工业中采用的热加工有不同的方式和工艺，不同种类的热加工所达到的主要目的和作用也有不同，但加工过程对微生物、酶和食品成分的作用以及传热的原理和规律却有相同或相近之处。

2. 食品热加工的类型和特点

食品工业中热加工的类型主要有工业烹饪、热烫、热挤压和热杀菌等。

(1) 工业烹饪

工业烹饪一般作为食品加工的一种前处理过程，通常是为了提高食品的感官质量而采取的一种处理手段。工业烹饪通常有煮、焖（炖）、烘（焙）、炸（煎）、烤等几种形式。这几种形式所采用的加热方式及处理温度和时间略有不同。一般煮、炖多在沸水中进行；焙、烤则以干热的形式加热，温度较高；而煎、炸也在较高温度的油脂介质中进行。

工业烹饪处理能杀灭部分微生物，破坏酶，改善食品的色、香、味和质感，提高食品的可消化性，并破坏食品中的不良成分（包括一些毒素等），提高食品的安全性。工业烹饪处理也可使食品的耐贮性提高。但也发现不适当的烧烤处理会给食品带来营养安全方面的问题，如烧烤中高温使油脂分解，高温油炸可产生一些有害物质。

(2) 热烫

热烫，又称烫漂、杀青、预煮。热烫的作用主要是破坏或钝化食品中导致食品质量变化的酶类，以保持食品原有的品质，防止或减少食品在加工和保藏中由酶引起的食品色、香、味的劣化和营养成分的损失。热烫处理主要应用于蔬菜和某些水果，通常是蔬菜和水果冷冻、干燥或罐藏前的一种前处理工序。导致蔬菜和水果在加工和保藏过程中质量降低的酶类主要是氧化酶类和水解酶类，热加工是破坏或钝化酶活性的最主要和最有效的方法之一。除此之外，热烫还有一定的杀菌和洗涤作用，可以减少食品表面的微生物数量；可以排出食品组织中的气体，使食品装罐后形成良好的真空度及减少氧化作用；热烫还能软化食品组织，方便食品往容器中装填；热烫也起到一定的预热作用，有利于装罐后缩短杀菌升温的时间。

对于果蔬的干藏和冷冻保藏，热烫的主要目的是破坏或钝化酶的活性。对于罐藏加工中的热烫，由于罐藏加工的后杀菌通常能达到灭酶，故热烫更主要是为了达到上述的其他一些目的，但对于豆类的罐藏以及食品后杀菌采用（超）高温短时方法时，由于此杀菌方法对酶的破坏程度有限，热烫等前处理的灭酶作用应特别注意。

（3）热挤压

挤压是将食品物料放入挤压机中，物料在螺杆的挤压下被压缩并形成熔融状态，然后在卸料端通过模具出口被挤出的过程。热挤压则是指食品物料在挤压的过程中被加热。热挤压也被称为挤压蒸煮。挤压是结合了混合、蒸煮、揉搓、剪切、成型等几种单元操作的过程。

挤压是一种新的加工技术，挤压可以产生不同形状、质地、色泽和风味的食品。热挤压是一种高温短时的热加工过程，它能够减少食品中的微生物数量和钝化酶，但无论是热挤压或是冷挤压，其产品的保藏主要是靠其较低的水分活性和其他条件。

挤压处理具有下列特点：挤压食品多样化，可以通过调整配料和挤压机的操作条件直接生产出满足消费者要求的各种挤压食品；挤压处理的操作成本较低；在短时间内完成多种单元操作，生产效率较高，便于生产过程的自动控制和连续生产。

（4）热杀菌

热杀菌是以杀灭微生物为主要目的的热加工形式，根据要杀灭微生物的种类的不同可分为巴氏杀菌和商业杀菌。相对于商业杀菌而言，巴氏杀菌是一种较温和的热杀菌形式，巴氏杀菌的处理温度通常在100℃以下，典型的巴氏杀菌的条件是62.8℃，30min，达到同样的巴氏杀菌效果可以有不同的温度、时间组合。巴氏杀菌可使食品中的酶失活，并破坏食品中热敏性的微生物和致病菌。巴氏杀菌的目的及其产品的贮藏期主要取决于杀菌条件、食品成分（如pH值）和包装情况。对于低酸性食品，（pH>4.6）其主要目的是杀灭致病菌，而对于酸性食品，还包括杀灭腐败菌和钝化酶。商业杀菌一般又简称为杀菌，是一种较强烈的热加工形式，通常是将食品加热到较高的温度并维持一定的时间以达到杀死所有致病菌、腐败菌和绝大部分微生物，使杀菌后的食品符合货架期的要求。当然这种热加工形式一般也能钝化酶，但它同样对食品的营养成分破坏也较大。杀菌后食品通常也并非达到完全无菌，只是杀菌后食品中不含致病菌，残存的处于休眠状态的非致病菌在正常的食品贮藏条件下不能生长繁殖，这种无菌程度被称为"商业无菌"，也就是说它是一种部分无菌。商业杀菌是以杀死食品中的致病和腐败变质的微生物为准，使杀菌后的食品符合安全卫生要求、具有一定的贮藏期。很明显，这种效果只有密封在容器内的食品才能获得（防止杀菌后的食品再受污染）。将食品先密封于容器内再进行杀菌处理通常是罐头的加工形式，将经超高温瞬时（UHT）杀菌后的食品在无菌的条件下进行包装，从杀菌的过程中微生物被杀死的难易程度看，细菌的芽孢具有更高的耐热性，它通常较营养细胞更难被杀死。另一方面，专性好氧菌的芽孢较兼性和专性厌氧菌的芽孢容易被杀死。杀菌后食品所处的密封容器中氧的含量通常较低，这在一定程度上也能阻止微生物繁殖，防止食品腐败。在考虑确定具体的杀菌条件时，通常以某种具有代表性的微生物作为杀菌的对象，通过这种对象菌的死亡情况来反映杀菌的程度。

3. 热加工对食品营养成分和感官品质的影响

加热对食品成分的影响可以产生有益的结果，也会造成营养成分的损失。热加工可以破坏食品中不需要的成分，如禽类蛋白质中的抗生物素蛋白、豆科植物中的胰蛋白酶抑制素。热加工可改善营养素的可利用率，如淀粉的糊化和蛋白质的变性可提高其在体内的可消化性。加热也可改善食品的感官品质，如改善口味、改善组织状态、产生舒适的颜色等。

加热对食品成分产生的不良后果也是很明显的，这主要体现在食品中热敏性营养成分的损失和感官品质的劣化。如热加工虽然可提高蛋白质的可消化性，但蛋白质的变性使蛋白质（氨基酸）易于和还原糖发生美拉德反应而造成损失。对于糖类和脂肪，人们一般不考虑它们在热加工中的损失量，而对其降解反应产物的有关特性特别注意，如还原糖焦糖化反应产物的毒性等。

对于热加工造成营养素的损失研究最多的对象是维生素。脂溶性的维生素一般比水溶性的维生素对热的稳定性较好。通常的情况下，食品中的维生素 C、维生素 B_1、维生素 D 和泛酸对热最不稳定。

二、油炸、烟熏、焙烤等工艺对食品安全的影响

随着食品工业的发展，食品生产规模不断扩大，食品产业链的延长，食品安全的风险逐步增加，传统的食品加工技术，在我国的食品加工领域占到了很大的比例，比如烟熏、油炸、焙烤、腌制等常用食品加工技术，在改善食品的外观和质地、增加风味、延长保质期、钝化有毒物质（如酶抑制剂、红细胞凝集素等）、提高食品的可利用度等方面发挥了很大作用。这些传统的加工手段可能会由于加工工艺本身的特征等因素产生一些危害，比如在油炸食品中会在其加工过程中产生丙烯酰胺、腌制食品中存在亚硝酸盐、熏制食品中存在多环芳烃等。

食品热加工过程产生的有害物质是人们研究关注的重点领域，食品的热加工包括烧煮、巴氏杀菌等过程。蛋白质、糖类、脂肪、矿物质、水分都是人体所必需的物质，前三种物质还是人体能量的主要来源，热加工时三者都发生了相当复杂的化学变化，从而对食品的安全性产生影响。

1. 油炸加工对食品安全的影响

油炸食品是一种传统的方便食品，利用油脂作为热交换介质，使被炸食品中的淀粉糊化，蛋白质变性，水分以蒸汽形式逸出，使食品具有酥脆的特殊口感，因此油炸食品在国内外都备受人们的喜爱。油炸食品热量高，含有较高的油脂和氧化物质，经常进食易导致肥胖，是导致高脂血症和冠心病的危险食品，且不论油脂中的维生素 A、维生素 E 等营养在高温下受到破坏，大大降低了油脂的营养价值，单在油炸过程中，就产生大量的致癌物质。已经有研究表明，常吃油炸食物的人，其部分癌症的发病率远远高于不吃或极少进食油炸食物的人群。

2. 烟熏加工对食品安全的影响

烟熏作为一种食品加工保藏方法从古到今一直被应用，这与其本身所发挥的作用分不开。食品烟熏的目的目前概括起来主要有以下几点：形成特殊烟熏风味、防止腐败变质、加工新颖产品、发色、预防氧化。烟熏食品由于其独特的风味深受人们喜爱。要使食品产生烟熏味有两种方法。一是用由木材等材料经不完全燃烧产生的烟来直接熏制食品。这是传统烟熏食品的制作方法，也是防止食品腐败变质的最古老手段之一，目前仍在普遍使用。如在农村将鲜笋制成烟熏干笋、自制烟熏火腿和香肠等。另一种方法是使用烟熏香味料，将烟熏香味料加入食品中，从而制得烟熏食品。

由于用传统工艺熏制的食品含有多种多环芳烃，它们大多具有致癌性，有些有协同致癌性（特别是 3,4-苯并 [a] 芘等是强致癌物质），严重危害健康。烟熏香味料是用未经化学物质处理过的硬木或类似材料经高温裂解、干馏、过热水蒸气处理得到的含混合性组分的烟，

经过水相提取系统或经过蒸馏、浓缩、水相分离后得到水溶性的烟组分，然后水溶性的烟组分经进一步物理性分离，仅保留对香味起作用的重要部分或组分。由于烟熏香味料生产过程中有分馏和提纯的过程，不但保留了烟熏的风味，而且相比传统的烟熏工艺熏制的更为安全环保。

3. 焙烤加工对食品安全的影响

焙烤食品是指以谷物为基础原料，采用焙烤加工工艺定型和成熟的一大类食品。虽然焙烤食品范围广泛，品种繁多，形态不一，风味各异，但主要包括面包、糕点、饼干三大类产品。焙烤食品安全性一直受到消费者的关注，其安全管理也历来为政府各相关部门所重视。

蛋白质在焙烤加工过程中发生的复杂的化学变化，主要包括美拉德反应蛋白质的热变性、蛋白质的聚集降解以及其他的热诱导反应的美拉德反应，是一种非酶褐变反应。烘烤食品，大多有一层棕褐色的外皮，并有烘烤后所独具的香味，这就是这种褐变反应的结果。美拉德反应对食品有好处，如改善食品的色香味，但反应过度也是有害的，它会使某些氨基酸，尤其是赖氨酸受到损失，从而降低蛋白质的营养特性，有时还会产生不良气味，甚至产生有害物质，如丙烯酰胺、磺胺呋喃等。

糖类在热加工过程中会发生焦糖化使食品具有特殊的焦糖香味，但是糖类的氧化会产生糖末端氧化产物，已经有相关研究证明该类产物对人体健康存在不利影响，甚至有致癌作用。

脂类在加热时会发生一系列降解反应，缺氧时主要发生热解反应，负氧是除了非氧化热性热解反应外，同时还发生氧化反应，在这些反应过程中会产生脂质过氧化物、丙二醇及二聚酯等有害产物。

总的来说，食品油炸、烟熏、焙烤等工艺对食品安全的影响主要在于加工过程中形成的致癌物、致突变物等污染，如多环芳烃、杂环胺等。

三、多环芳烃污染食品途径及防控措施

1. 多环芳烃的性质与来源

多环芳烃（polycyclic aromatic hydrocarbons，PAHs）是指煤、石油、煤焦油、烟草和一些有机化合物的热解或不完全燃烧过程中产生的一系列化合物，是重要的环境和食品污染物，迄今已发现有200多种PAHs。多环芳烃的污染源有自然源和人为源两种。自然源主要是火山爆发、森林火灾和生物合成等自然因素所形成的污染。人为源包括各种矿物燃料（如煤、石油、天然气等）、木材、纸以及其他碳氢化合物的不完全燃烧或在还原状态下热解而形成的有毒物质污染。多环芳烃广泛存在于化工电子产品中，存在于原油、木馏油、焦油、染料、塑料、橡胶、润滑油、防锈油、脱膜剂、汽油阻凝剂、电容电解液、矿物油、柏油等石化产品中，存在于农药、木炭、杀菌剂、蚊香等日常化学产品中。在电子电器制造业中，PAHs通常是作为塑料添加剂进入生产环节中，如塑料粒子在挤塑的时候和模具之间存在黏着，此时要加入脱模剂，而脱模剂可能含有PAHs。多环芳烃是含有两个或两个以上苯环的碳氢化合物。多环芳烃的基本结构单位是苯环，环与环之间的连接方式有两种：一种是稀环化合物，即苯环与苯环之间由一个碳原子相连，如联苯；另一种是稠环化合物，即相邻的苯环至少有两个共有的碳原子的碳氢化合物，如萘。这里所述的多环芳烃都是含有三个以上苯环，并且相邻的苯环至少有两个共用的碳原子的稠环化合物，也称稠环芳烃。国际癌症研究中心（IARC）在1976年列出的94种对试验动物致癌的化合物中，有15种属于PAHs，为

此，美国 EPA 和欧盟对 200 余种 PAHs 中毒性较高的化合物进行了限制性使用，由于苯并[a]芘是第一个被发现的环境化学致癌物，而且致癌性很强，故常以苯并[a]芘作为多环芳烃的代表，它占全部致癌性多环芳烃 1%～20%，用以估算其占全部致癌性 PAHs 的含量。

室温下所有多环芳烃皆为固体，其特性是高熔点和高沸点、低蒸气压、水溶解度低。多环芳烃易溶于许多溶剂中，具有高亲脂性。PAHs 的水溶性较差，脂溶性较强，可在生物体内蓄积，能溶于丙酮、苯、二氯甲烷等有机溶剂。PAHs 容易在环境中聚积，在水中溶解度较低，通常不易燃烧。

多环芳烃化合物是一类具有较强致癌作用的食品化学污染物，目前已鉴定出数百种，从目前的研究结果来看，食品中 PAHs 的来源主要有三种途径。

(1) 来源于食品加工过程

食品中的多环芳烃主要来自于环境的污染和食品中的大分子物质发生裂解、热聚。食品在烟熏、烧烤过程中与染料燃烧产生的多环芳烃直接接触所受到的污染是构成食品污染的主要因素。某些设备、管道或包装材料中含有多环芳烃。橡胶的填充料炭黑和加工橡胶用的重油中含有多环芳烃，在采用橡胶管道输送原料或产品时，多环芳烃将发生转移，如酱油、醋、酒、饮料等液体食品输送。PAHs 的产生主要是因为各种有机物，如煤、汽油、烟叶等的不完全燃烧，烟熏、烧烤或烘制等加工方式会导致食品本身或燃料燃烧产生的有害物质直接接触食品而受到 PAHs 的污染。食品成分在高温烹调加工时发生热解或热聚反应，这是食品中多环芳烃的主要来源；随着烹调温度的升高、脂肪含量的增加，其形成的 PAHs 也增加。烹调加工食品时，食品中的脂肪在高温下热解形成 PAHs。熏制或烹调加工食品的时间和温度与 PAHs 含量成正比。食物外部产生的 PAHs 要高于食物内部。

(2) 来源于工业污染

煤、柴油、汽油及香烟等有机物不完全燃烧产生大量的多环芳烃，通过大气排放进入环境，受污染的空气尘埃降落又造成了水源和土壤的污染。生产炭黑、炼油、炼焦、合成橡胶等行业"三废"的不合理排放，也是造成环境多环芳烃污染的因素。在工业生产中，有机物的不完全燃烧，木材、煤和石油的燃烧都会产生大量的 PAHs 并排放到环境中，废气中大量的 PAHs 随灰尘降落到农作物或土壤中，农作物直接吸收造成污染，工业区的农作物中PAHs 含量高于农村中的农作物。农民在柏油马路上晾晒粮食、油料种子时，柏油马路在高温下蒸发出的 PAHs 可污染粮食。另外，使用不合格的包装材料包装食品，其含有的 PAHs也可能污染食品。

(3) 来源于生物合成

某些植物、细菌的内源性合成，使得森林、土壤、海洋沉积物中存在 PAHs 类化合物；某些植物和微生物可合成微量的 PAHs，使得一些植物性食品和发酵食品中含有微量的PAHs。

2. 多环芳烃的毒性

多环芳烃的毒性主要表现为强的致癌、致突变及致畸性。人类及动物癌症病变有70%～90% 是环境中化学物质引起的，而多环芳烃则是环境致癌化学物质中数量最多的一类。在总数已达 1000 多种的致癌物中，多环芳烃占 1/3。长期暴露在含高浓度多环芳烃的烟气、石油馏分、沥青及煤产品等环境中，皮肤癌及肺癌发病率很高。多环芳烃的致癌性与结构关系的研究表明，多环芳烃类化合物中 3～7 个环的化合物才具有致癌性，

2个环与7个环以上的化合物一般不具备致癌活性。多环芳烃的真正危险，在于它们暴露于太阳光的紫外线辐射时的光致毒效应。有实验表明，多环芳烃吸收紫外线能后，被激发成单线态及三线态分子，被激发分子的能量可通过不同途径而损失，其中一种途径为被激发的多环芳烃分子，将能量传给氧气，从而产生出反应能力极强的单线态氧，它能损坏生物膜。多环芳烃很容易吸收太阳光中的可见光（400～760nm）和紫外线（290～400nm），对紫外辐射引起的光化学反应尤为敏感。研究表明，多环芳烃本身并无直接毒性，其进入机体后，经过代谢活化而呈现致癌作用。多环芳烃在体内所发生的一系列代谢的改变，主要是在位于细胞内质网上的细胞色素 P450-混合功能氧化酶（MFO）的参与下进行的。多环芳烃在体内首先经 MFO 催化，形成多环芳烃环氧化物，然后再经环氧水化酶催化，形成多环芳烃二氢二醇衍生物，后者可以形成具有亲电子性的正碳离子，它可与生物体内 DNA 分子鸟嘌呤 N2 结合，形成共价键，使 DNA 的遗传信息发生改变，引起突变，构成癌变的基础。多环芳烃主要可能引起皮肤癌、肺癌和胃癌。PAHs 进入人体后，大部分经混合功能氧化酶代谢生成各种中间产物和终产物，其中一些代谢产物可与 DNA 以共价键的方式结合形成 PAHs-DNA 加合物，引起 DNA 损伤，诱导基因突变和肿瘤形成。PAHs 的毒性研究结果显示，其可能具有的危害包括脏器损伤（肝脏、肺、胃肠道）及遗传危害。PAHs 对肝脏造成的危害主要为致癌性病变，动物实验结果显示，小鼠进行腹腔注射二甲基苯并蒽（DMBA）和苯并［a］芘（B［a］P），发现小鼠肝脏质量随染毒时间延长而增加，呈现时间效应关系。一项针对肝细胞癌患者和非肝细胞癌患者，免疫过氧化酶检测 DNA 加合物水平的对比试验表明，肝细胞癌患者肿瘤组织中 PAHs-DNA 加合物水平明显高于非肿瘤组织。经排除年龄、性别等混杂因素后，发现 PAHs-DNA 加合物水平高者患肝细胞癌的危险性增大。人体长期暴露于高浓度 PAHs 环境中，可通过呼吸系统摄入大量有害 PAHs，造成肺部病变，调查显示工人肺癌患病概率与环境中 PAHs 含量呈正比关系。免疫学方法研究结果同样显示，PAHs-DNA 加合物在肺癌、肺癌前病变和正常肺组织中的含量，肺癌标本中 PAHs-DNA 加合物的阳性检出率为 84.3%（91/108）；支气管黏膜上皮不典型增生组织（癌前病变组织）标本中，PAHs-DNA 加合物阳性检出率为 70.7%（29/41）；正常肺组织对照标本中，PAHs-DNA 加合物阳性检出率为 14.6%（6/41）。肺癌和肺癌前病变组织中 PAHs-DNA 加合物的阳性率均显著高于正常肺组织，且随着肺癌变过程的变化 DNA 加合物的表达呈逐渐增高的趋势。上述结果提示，PAHs 暴露是导致肺癌的重要因素之一。

遗传毒性领域研究显示，PAHs 可通过胎盘诱导 DNA 损伤，引发胎儿肝脏、肺、淋巴组织和神经系统的肿瘤。对怀孕期母亲进行个人空气监测，发现母亲的 PAHs 暴露水平与新生儿 PAHs 浓度明显相关。母体暴露于高水平 PAHs，会使胚胎组织中 DNA 加合物水平增高，可诱导胚胎着床失败，甚至发生流产。国外一项试验检测了 15 例人类自然流产胚胎组织和胎盘组织内的 PAHs-DNA 加合物的含量，结果显示，43% 的胎盘组织中含有可检测的 PAHs 加合物，并在相对应的 27% 的胚胎肝脏组织和 42% 的肺组织也检出 PAHs 加合物。胎盘中低水平的 DNA 加合物可诱导胎儿染色体畸变，导致其儿童时期癌症患病危险性增加。分子和传统流行病学调查研究已证实，胎儿时期经胎盘暴露于环境 PAHs 污染物与儿童时期的癌症患病危险性之间有关联。

多环芳烃具有致突变性和遗传毒性。多环芳烃大多为间接致突变物，二苯并［a,h］蒽和苯并［a］蒽及萘对小鼠和大鼠有胚胎毒，可造成胚胎畸形、死胎及流产等。

3. 多环芳烃的预防和控制

为了控制和预防食品中 PAHs 对人体健康的损害，制定必要的标准和法律法规是有效的防控措施。

（1）制定具体的排放标准，用政策法规来限制多环芳烃的排放

工业"三废"及其他烟尘，是造成环境污染进而导致食品中多环芳烃类含量升高的主要原因。给发动机车辆安装净化系统，回收烟囱排出的大量烟尘，以及工业"三废"及废料处理后达标排放，均可使环境中多环芳烃类含量明显降低，进而减少对食品的污染。针对中国的国情，还可以制定一些具体的减少 PAHs 排放的方案。如在大城市生活区采取集中供热、消除小煤炉取暖，逐步实现家庭煤气化。

（2）改进食品加工工艺

食品的烘烤、熏制，尤其是使用易发烟的燃料，如木柴、煤炭、锯末等，使食品中的多环芳烃类含量大大升高。特别是直接接触燃烧产物时，污染更为严重。选用发烟少的燃料如木炭、煤气，最好是电热烘烤，加消烟装置，均可减少污染量，据报道，可减少污染 70% 左右，同时防止烤焦、炭化。

（3）研究去毒措施

对于 PAHs 已经造成的污染，则可以采用生物及化学的方法来处理。还可以利用物理化学及生物净化技术加快多环芳烃的生物利用速度，如加入表面活性剂、共代谢物及硝酸根等含氧酸根（在厌氧条件下）来加快多环芳烃的降解速度，从而实现对多环芳烃的净化。对于已污染的食品，采取揩去表层烟油，用活性炭吸附，日光或紫外线照射及激光处理措施，均有较好的去毒效果。如食油中加入 0.3% 的活性炭，在 90～95℃ 搅拌，可使其中苯并［a］芘的含量减少 90%。揩去烟油的肉食品中，苯并［a］芘含量减少 20%。

（4）改善焦化厂等多环芳烃的高暴露环境

应开展清洁生产，加强多环芳烃及苯并［a］芘暴露剂量的监测，特别是焦化厂在进行技术改造时，应本着以人为本的原则，积极采取有效降低多环芳烃暴露剂量的措施。并且加强职工的自我保护意识，加强对人体危害和保护方法的宣传力度，制定并严格执行轮班制和定期体检制等相应的制度，保护职工的健康。

四、杂环胺类化合物污染食品途径及防控措施

1. 杂环胺的性质与来源

20 世纪 70 年代末，人们发现从烤鱼或烤牛肉炭化表层中提取的化合物具有致突变性，且其致突变活性比苯并［a］芘强烈。随后在鱼和肉制品以及其他含氨基酸和蛋白质的食品中也发现类似的致突变性物质。经过多年的研究，证明这类致突变物质主要是复杂的杂环胺类化合物，包括咪唑、喹啉、甲基咪唑喹啉等。因为杂环胺类具有较强的致突变性，而且大多数已被证明可诱发实验动物多种组织肿瘤，所以，它对食品的污染以及对人类健康的危害，已经备受关注。

杂环胺类化合物（heterocyclic aromatic amine，HAA）是由碳原子、氮原子与氢原子组成的，是具有多环芳香族结构的化合物。HAA 常发现于经热加工过的高蛋白质食品中，如肉制品及水产品。在过去的 30 年中，HAA 已受到广泛的关注。食品中的 HAA 的生成量主要取决于食品种类、加工方式、加工温度与时间，其中以加热温度和时间为主要影响因素，加热温度越高，时间越长，形成的 HAA 量越多。流行病研究表明经常从饮食中摄入杂环胺有致癌的风险，目前，从烹调食物中分离出来的杂环胺类化合物有 20 多种。

在食品加工过程中，加工方法、加热温度和时间对杂环胺形成影响很大。烹饪方式对杂环胺形成有重要影响，在鸭胸肉中不同烹饪方式杂环胺形成量大小为：煎＞木炭＞烧烤＞油炸＞烘烤＞微波＞水煮。鸡肉中不同烹饪方式杂环胺形成量大小为：木炭＞烧＞烤油＞炸锅煎焙＞烤＞双面板烧烤＞红外线烧烤。有研究发现在鸡、鱼肉中微波烹饪形成的杂环胺最多，而烤箱烹饪形成最少；油煎猪肉时将温度从200℃提高到300℃，致突变性可增加约5倍；肉类在200℃油煎时，杂环胺产量在最初的5min就已很高，但随着烹调时间延长，肉中的杂环胺含量有下降的趋势，这可能是部分前体物和形成的杂环胺随肉中的脂肪和水分迁移到锅底残留物中的缘故，因而选择合理的烹饪方式可在一定程度上抑制杂环胺形成。试验表明煎、炸、烤产生的杂环胺多，而水煮则不产生或产生很少。炖煮蒸温度一般不超过100℃，形成杂环胺较少；煎炸烧烤温度在200℃以上，形成杂环胺较多；微波通过内部产热可避免局部过热，且缩短烹饪时间，相对温和；烤箱烘烤一般不会形成高含量杂环胺。美拉德反应除能产生诱人的焦黄色和独特风味外，还可形成许多杂环化合物。从美拉德反应中得到的混合物，表现为许多不同的化学和生物特性，其中，有促氧化物和抗氧化物、致突变物和致癌物以及抗突变物和抗致癌物。

试验研究发现肉类在油煎之前分别添加氨基酸和肌酸，其杂环胺产量均比对照高许多倍，但添加氨基酸对致突变有很大的影响，而添加肌酸与对照没有差别，不影响致突变。另外，经检测发现许多高蛋白质低肌酸的食品如动物内脏、牛奶、奶酪和豆制品等产生的杂环胺远低于含有肌肉的食品。

通过化学检测，发现烹调的鱼和肉类食品是膳食HAA的主要来源，不同的食品、加工方式及条件均影响食品中HAA的形成和含量。研究发现，所有高温烹调的肉类食品均含有HAA。食品中形成HAA的前体物质主要为肉类组织的氨基酸、肌酸或肌酸酐以及脂肪。

除了前体物质的含量之外，烹调温度和时间也是HAA形成的关键因素，煎、炸和烤的温度越高，产生的HAA越多。此外，食物水分对HAA的生成也有一定影响，当水分减少时表面受热，温度上升，HAA形成量明显增高。一般来说，在高温下特别是经过较长的烹调时间，HAA的生成量往往更高，但较低的煎烤温度条件下随着时间的延长，将有利于HAA在平底锅残渣中形成。在200℃油炸温度时，杂环胺主要在前5min形成，在51min形成减慢，进一步延长烹调时间则杂环胺的生成量不再明显增加。加热温度是杂环胺形成的重要影响因素。当温度从200℃升至300℃时，杂环胺的生成量可增加5倍。食品中的水分是杂环胺形成的抑制因素。因此，加热温度越高、时间越长、水分含量越少的食物，产生的杂环胺越多。而烧、烤、煎、炸等直接与火接触或与灼热的金属表面接触的烹调方法，由于可使水分很快蒸发且温度较高，产生杂环胺的数量远远大于炖、焖、煨、煮及微波炉烹调等温度较低、水分较多的烹调方法。将不同的混合物如蛋白质/氨基酸、糖类和脂肪/脂肪酸在100℃下加热几小时可以产生HAA。HAA的含量可以通过改变加工方式来降低。降低加工温度并保持恒定，同时在加工过程中避免温度的突然升高可以减少HAA的生成，这是由于空气中热传递效率比产品直接接触平底锅要低，同时相对于其质量，炉烤肉制品与煎牛肉饼相比具有较小的表面积，因此HAA主要在外层形成，其余部分的HAA含量相对较低。动物源性食物中脂肪可以通过脂质氧化产生自由基，或通过美拉德反应参与HAA形成的化学过程。这些反应可以致使美拉德反应的产物（吡嗪和吡啶）增加，而这些产物是形成HAA必要的中间产物。

2. 杂环胺的毒性

杂环胺具有显著的遗传毒性作用，表现为诱发基因突变、染色体畸变、姐妹染色单体交换、DNA 链断裂和程序外 DNA 合成等。动物试验表明，杂环胺对鼠伤寒沙门菌 DNA 碱基序列点的改变具有很高的亲和性，大多数杂环胺可在体外和动物体内与 DNA 共价结合形成杂环胺-DNA 加合物，可见这类化合物是高度潜在的致突变物质。DNA 加合物的形成在肝脏中含量最高，其次为肠、肾脏和肺脏。鼠伤寒沙门菌回复突变试验（Ames 试验）结果表明，HAA 具有高度致突变性；啮齿类动物及非人类灵长类动物的长期试验结果表明 HAA 可以引起多个部位的癌症，如肝癌、直肠癌、结肠癌等；同时流行病学研究也表明经常从饮食中摄入 HAA 有致癌的风险。所有的 HAA 都是前致突变物，必须经过代谢活化才能产生致突变性。HAA 是由肝脏中的细胞色素氧化酶 P4501A1 与 P4501A2 进行代谢活化。HAA 的环外氨基经细胞色素氧化酶 P450 催化而形成 N-羟基衍生物，进一步被乙酰基转移酶、磺基转移醇、氨酰 tRNA 合成酶或磷酸激酶酯化，形成具有高度亲电子活性的最终代谢产物，主要是与脱氧鸟嘌呤第 8 位上的碳原子共价结合。在人体内，HAA 是通过细胞色素氧化酶 P450IA2 激活而形成 N-羟基衍生物。N-羟基衍生物在肝脏或其他靶器官中经 N-乙酰转移酶（NAT）作用而形成芳氨基-DNA 加合物。高剂量杂环胺具有致癌性。大多数杂环胺主要在肝脏中代谢转化，因此它们在肝脏中的含量最高，其致癌的主要靶器官也是肝脏，同时还可诱发其他组织器官的肿瘤。另外，一些其他致癌物、促癌物和细胞增生诱导剂还可能会大大增强杂环胺的致癌性。

杂环胺化合物除了具有致突变和致癌外，还具有心肌毒性。一些杂环胺在非致癌靶器官心脏形成高水平积累，在实验动物上发现杂环胺会导致灶性心肌细胞坏死伴慢性炎症、肌原纤维融化和排列不齐以及 T 小管扩张等病症。高剂量的杂环胺会引起心肌损伤、心肌细胞坏死和慢性心肌炎。

此外，在饲料中给予大鼠和小鼠 50～80mg/kg 的 HAA，在肺、前胃、肝、大小肠、乳腺、皮肤、膀胱、前列腺、口腔和淋巴结等不同器官均表现出致癌性。HAA 的主要靶器官为肝脏，特别是对灵长类动物显示出致癌性，也暗示 HAA 对人具有致癌性。动物试验对估计人的致癌危险性具有局限性，动物试验所使用的 HAA 剂量比食品中的实际含量高出 10 万倍，但由于 HAA 普遍存在于肉类食品中，故其与人类癌症的关系不容忽视。

3. 抑制杂环胺形成的前处理方法

（1）腌制或浸泡

腌制可改善肉制品风味质感等。有研究发现腌制还能抑制杂环胺的形成，推测是因肌酸扩散到腌制剂，故降低了其在肉制品表面的浓度；腌制前处理抑制杂环胺形成的机理复杂，目前尚未明确。需要注意的是，腌制处理仅对某些杂环胺有抑制效果，对某些杂环胺反而促进其形成。

（2）微波

对肉制品进行微波前处理，将流出的汁液丢弃再进行其余烹饪程序，能减少肉制品的水分、前体物、脂肪，从而抑制杂环胺的形成。其原因可能是微波造成肉制品水分损失，阻碍剩下的小分子前体物转移到肉表面进行反应。

（3）涂层

涂层有隔热作用，降低食品外部温度。而在汉堡和无骨鸡肉表面涂上预撒粉、面糊、面包屑后油炸，汉堡和鸡肉都没有杂环胺形成，可能是涂层阻碍水溶性前体物传递至热表面。但此方法外壳易吸入过多的脂肪，不利于身体健康。

4. 防止杂环胺危害的措施

虽然目前国内外都还没有制定 HAA 的限量标准，但长期摄入 HAA 可能引起食道、胃、结肠、直肠等的癌变这一点已达成共识。应加强对食物中 HAA 含量监测，研究其生成和影响条件、毒性作用和阈剂量等，从而实现对 HAA 的有效控制。HAA 的前体物肌酸、糖和氨基酸普遍存在于动物性食品中，且简单的烹调就能形成此类致癌物质，因此，人类要完全避免摄入 HAA 是不可能的。但人们可以通过改变烹调食物的方法和选择食物的种类来尽可能减少膳食中的 HAA。

很多研究发现烹调食品中的 HAA 与加工方式以及烹调的温度和时间有关，因此通过烹饪方式的改变可以有效降低食物在加工过程中 HAA 的生成量。影响膳食中 HAA 的因素包括温度、时间、前体物质浓度以及烹饪前食物的水分含量。根据这些影响因素，可以合理利用烹饪技术来改变形成 HAA 的有利条件，从而达到预防产生 HAA 的目的。微波前处理导致肉制品水分损失，前体物不能通过水分渗出至肉制品表面参与反应，或通过加入水结合化合物如盐、大豆蛋白、淀粉等抑制水溶性前体物的传送，或在肉制品加工前添加茶多酚等都是抑制 HAA 形成的有效方法。在肉制品加工前进行腌制可以有效抑制 HAA 的形成，含有酱油、大蒜、糖等的腌制剂可以减少 HAA 的形成。此外，流行病学调查发现饮食中富含水果、蔬菜可有效降低肿瘤的发生率，也能抑制 HAA 的基因毒性。改变饮食结构，也可达到对 HAA 的预防和控制，还可以通过以下方法控制食品中杂环胺的产生。

（1）改变不良烹调方式和饮食习惯

杂环胺的生成与不良烹调加工有关，特别是经过高温烹调食物。因此，应注意不要使烹调温度过高，不要烧焦食物，并应避免过多食用烧烤、煎炸的食物。微波炉烹调的食品中致突变物含量很低，所以推荐使用微波炉。烧烤鱼和肉类食品时不要将食品与明火直接接触，用铝箔包裹后烧烤可有效防止烧焦从而减少杂环胺的形成。

（2）增加蔬菜水果的摄入量

膳食纤维有吸附杂环胺并降低其活性的作用，蔬菜、水果中的某些成分有抑制杂环胺的致突变性和致癌性的作用。因此，增加蔬菜水果的摄入量对于防止杂环胺的危害有积极作用。

（3）灭活处理

次氯酸、过氧化酶等处理可使杂环胺氧化失活，亚油酸可降低其诱变性。

（4）加强监测

建立和完善杂环胺的检测方法，加强食物中杂环胺含量监测，深入研究杂环胺的生成及其影响条件、体内代谢、毒性作用及其剂量等，尽快制定食品的限量标准。

五、丙烯酰胺污染食品途径及防控措施

1. 丙烯酰胺的性质与来源

丙烯酰胺是一种白色晶体，大多数食品都含有丙烯酰胺。在欧盟，丙烯酰胺年产量为 8 万～10 万吨。人体可通过消化道、呼吸道、皮肤黏膜等多种途径接触丙烯酰胺，饮水是其中的一种重要接触途径，为此 WHO 将水中丙烯酰胺的含量限定为 $1\mu g/L$。2002 年 4 月瑞典国家食品管理局和斯德哥尔摩大学研究人员首先报道，在一些油炸和烧烤的淀粉类食品（如炸薯条、炸土豆片等）中检出丙烯酰胺，而且含量超过饮水中允许最大限量的 500 多倍。随后挪威、英国、瑞士、美国等国家也相继报道了食品中丙烯酰胺超标的事件，从而引发了国际上对食品中丙烯酰胺的关注。此外，FAO 和 WHO 食品添加剂联合专家委员会（JEC-FA）从不同国家食品中抽检发现，含有丙烯酰胺的食品包括早餐谷物、土豆制品、咖啡及

其类似制品、奶类、糖和蜂蜜制品、蔬菜和饮料等，其中含量较高的三类食品是：高温加工的土豆制品、咖啡及其类似制品、早餐谷物类食品。1994 年国际癌症研究机构（IARC）把丙烯酰胺划分为 2A 类致癌物。2005 年 3 月 2 日，JECFA 警告公众关注丙烯酰胺，呼吁采取措施减少食品中的丙烯酰胺含量，确保食品的安全性。为此，2005 年 4 月 4 日，我国卫生部发布了 4 号公告。

丙烯酰胺是一种化学物质，是生产聚丙烯酰胺的原料，可用于污水净化等工业用途，丙烯酰胺是结构简单的小分子化合物，分子量 71.08，分子式为 $CH_2CHCONH_2$，丙烯酰胺纯品为白色透明片状晶体，相对密度为 1.122，熔点为 84.5℃。丙烯酰胺极易溶于水，在水中溶解度为 2.05g/mL，易溶于甲醇、乙醇、乙醚、丙酮、二甲醚和氯仿，不溶于苯和庚烷。丙烯酰胺在酸中稳定，而在碱中易分解。固体的丙烯酰胺在室温下稳定。在高于其熔点的温度下，丙烯酰胺发生快速的聚合反应，并剧烈放热。在紫外线照射下，丙烯酰胺发生聚合反应，但这种聚合反应一般并非完全反应，因此其聚合产物中有不同程度的单体残留。丙烯酰胺是一种高水溶性的 α,β-不饱和羟基化合物，是合成聚丙烯酰胺的单体。聚丙烯酰胺作为各种助剂广泛用于造纸业（造纸助剂，如纸浆加工的絮凝剂）、石油业（油田采油助剂）、纺织业（燃料、色素成分）、塑胶业、化工业，或用作隧道和污水管的浆料、肥皂和化妆品的增稠剂等，并在市政供水处理中作为絮凝剂加入水中，以吸附除去水中杂质。

在食品中，糖类和氨基酸单独存在时加热不产生丙烯酰胺，只有当两者同时存在时加热才有丙烯酰胺生成。食品含水量高有利于反应物和产物的流动，产生丙烯酰胺的量也多，但含水量过多使反应物稀释而使反应速率下降。目前人体摄入丙烯酰胺主要通过以下途径。

① 饮水是其中的一种重要接触途径。2006 年联合国的一项研究发现，对喝咖啡的人而言，日常摄入的致癌化学物中，丙烯酰胺有 1/3 来自于咖啡。

② 油炸和烘烤食品是丙烯酰胺的主要来源。丙烯酰胺形成的途径主要是食品中富含的天冬酰胺和还原性糖在高温加热过程中通过美拉德反应而生成。丙烯酰胺的形成与加工烹调方式、温度、时间、食品中水分等有关，其形成的可能影响因素包括碳氢化合物、氨基酸、脂肪、温度和加热时间等。因此，食品加工方式和加工条件不同，其形成丙烯酰胺的量有很大差异，即使不同批次生产出的相同食品，其丙烯酰胺含量也存在差别。在食品中由于有葡萄糖等还原糖与天冬酰胺等游离氨基酸以及其他小分子物质的存在，在 100℃ 以上时丙烯酰胺开始生成，在 175℃ 左右丙烯酰胺的生成量最大，而在 185℃ 时丙烯酰胺含量开始减少，这也表明丙烯酰胺最适宜生成的温度区域为 120～175℃。食物在水中煮沸时最高温度不会超过 100℃，这时很少形成丙烯酰胺，或无丙烯酰胺形成。烘烤、油炸食品在最后阶段水分减少、表面温度升高后，其丙烯酰胺形成量更高。也有研究报道，丙烯酰胺主要由富含碳氢化合物的食品形成，当富含碳氢化合物的食品加热到 120℃ 时丙烯酰胺开始形成，140～180℃ 为生成的最佳温度。此外，还有研究者指出丙烯酰胺来源于油类和含氮化合物，甘油高温降解产生丙烯醛，丙烯醛被氧化为丙烯酸，最终丙烯酸与氨（来源于含氮化合物的高温分解）进一步反应生成丙烯酰胺。

③ 通过吸烟也可摄入丙烯酰胺，每支烟可产生 1～2g 的丙烯酰胺。

2. 丙烯酰胺的毒性

丙烯酰胺可通过食品摄入，对人具有神经毒性及潜在的致癌性及遗传毒性。丙烯酰胺对人体的潜在危险性较大，皮肤接触可致中毒，症状为红斑、脱皮、眩晕、动作机能失调、四肢无力等。在食品中检测出丙烯酰胺之前，饮水和吸烟是人们已知的获取丙烯酰胺的主要途径。

（1）急性毒性

急性毒性作用的研究结果表明，大鼠、小鼠、豚鼠和兔的丙烯酰胺经口 LD_{50} 为 $150\sim180mg/kg$（以体重计），故丙烯酰胺为中等毒性。正常人每天允许的最大暴露量不超过 $50mg/kg$。丙烯酰胺的慢性毒性主要表现为经皮肤吸收出现红斑及皮肤损伤等症状；对职业长期接触丙烯酰胺的工人调查发现，其慢性毒性主要表现为头晕、头痛、四肢乏力、体重减轻、手足多汗、四肢发麻、食欲缺乏、皮肤脱皮、红斑等，以及四肢远端触痛觉减退，危及小脑时还会出现步履蹒跚、四肢震颤、深反射减退等症状。

（2）生殖毒性

生殖毒性作用表现为雄性大鼠精子数目和活力下降及形态改变和生育能力下降。研究表明，当丙烯酰胺的暴露量为 $0.5\sim2mg/kg$ 以上时，也可造成动物生殖系统的慢性毒性作用。哺乳动物大鼠和小鼠经口给予丙烯酰胺的生殖毒性试验结果表明，丙烯酰胺对雄性生殖能力有损伤。在显性致死试验中，高剂量的丙烯酰胺对雄性生殖细胞有毒性。在连续 5 天给予雄性大鼠每天 $6mg/kg$（以体重计）的丙烯酰胺后，可以观察到受试动物的体重下降，睾丸和附睾质量显著下降，附睾尾部的精子数量显著减少并呈剂量依赖关系，生精小管有组织病理损伤，表现为小管内皮细胞的增厚和层效的增加。在妊娠的 $1\sim2$ 周染毒剂量为 $100mg/kg$ 的雌性大鼠中，胎仔出生体重明显下降，阴道开放延迟。此外，丙烯酰胺还具有发育毒性，大鼠的发育毒性试验的未见有害作用剂量（NOAEL）为 $2mg/(kg \cdot d)$，高剂量的丙烯酰胺能引起雄性小鼠睾丸精原细胞和初级精母细胞畸变率升高，细胞畸变的类型以细胞断裂为主。

（3）遗传毒性

丙烯酰胺在体内和体外试验均表现有致突变作用，可引起哺乳动物体细胞和生殖细胞的基因突变和染色体异常，如微核形成、姐妹染色单体交换、多倍体、非整倍体和其他有丝分裂异常等，显性致死试验阳性，并证明丙烯酰胺的代谢产物环氧丙酰胺是其主要致突变活性物质。遗传毒理学研究表明，丙烯酰胺的遗传毒性主要表现在基因突变、染色体畸变与数目异常以及 DNA 损伤等方面。丙烯酰胺能够诱导小鼠骨髓细胞染色体畸变和微核形成，并且还可诱发生殖细胞的染色体损伤。经腹腔注射和皮肤接触丙烯酰胺后，小鼠遗传易位试验和显性致死试验都得到阳性结果。丙烯酰胺不仅能诱导染色体结构畸变，还能导致染色体数目的异常改变。人角质形成细胞毒性试验结果表明，丙烯酰胺染毒 44h 后细胞存活率显著降低，彗星试验检测到所有被丙烯酰胺染毒的细胞均出现 DNA 损伤，损伤程度随剂量的增大而加重，说明丙烯酰胺对人类皮肤细胞有明显的细胞毒性和基因毒性。

（4）致癌性

2005 年 9 月 2 日中国疾病预防和控制中心发布了《食品中丙烯酰胺的危险性评估》，指出丙烯酰胺可通过多种途径被人体吸收，其中经消化道吸收最快，在体内各组织广泛分布，包括母乳。进入人体内的丙烯酰胺约 90% 被代谢，仅少量以原型经尿液排出。丙烯酰胺进入体内后，生成活性环氧丙酰胺。该环氧丙酰胺比丙烯酰胺更容易与 DNA 上的鸟嘌呤结合形成加合物，导致遗传物质损伤和基因突变，因此，环氧丙酰胺被认为是丙烯酰胺的主要致癌活性代谢产物。近几年来动物实验的研究结果表明，丙烯酰胺与肺癌、乳腺癌、甲状腺癌、口腔癌、肠道肿瘤和生殖道肿瘤的发生存在相关性。动物实验和细胞实验证明了丙烯酰胺可导致遗传物质的改变和癌症的发生。国际癌症研究机构（IARC）1994 年对其致癌性进行了评价，将丙烯酰胺列为二类致癌物（2A），即人类可能致癌物。

（5）神经毒性

丙烯酰胺引起的神经毒性作用主要为周围神经退行性变化和脑中涉及学习、记忆和其他认知功能部位的退行性变化；神经毒性是丙烯酰胺对人类致癌、遗传毒性之外的主要毒性。早期中毒的症状表现为皮肤皲裂、肌肉无力、手足出汗和麻木、震动感觉减弱、膝跳反射丧失、感觉器官动作电位降低、神经异常等周围神经损害，如果时间延长，还可损伤中枢神经系统的功能，如小脑萎缩。动物实验研究显示，丙烯酰胺的神经毒性具有累积性，每一次的摄入量不会决定最终的神经损坏程度，而是决定神经损坏开始的时间。

3. 丙烯酰胺的安全控制措施

对食品中丙烯酰胺的来源及形成机理的研究，可以从食品的前处理、加工方式、食用方法等方面入手，以达到降低食品中丙烯酰胺含量的目的。目前，经试验研究并已确认可有效降低食品中丙烯酰胺含量的措施有以下几条。

（1）减少或消除形成丙烯酰胺的前体物质

美拉德反应是食品中丙烯酰胺产生的重要途径，控制原料中游离氨基酸（尤其是天冬酰胺）和还原糖的含量，对减少食品中丙烯酰胺尤为重要。天冬酰胺和还原糖的含量因作物的种类、种植及储藏条件不同而不同。对于面制品，加工前采用酵母发酵是降低丙烯酰胺产生的有效途径之一；热水浸泡可显著降低马铃薯中的天冬酰胺和还原性糖含量，而且相比浸泡时间，浸泡温度对减少食品中还原糖含量、降低丙烯酰胺最终生成量的影响更大。

（2）改变加工条件和加工方式

食品加工过程中涉及的加工条件包括温度、时间、水分含量、pH 以及加热方式等，研究表明，通过合理调整和改变加工方式，可有效降低食品中丙烯酰胺的浓度。

① 控制温度。温度是影响丙烯酰胺产生的最主要因素之一。加工过程中，随着加热温度的升高，产品中丙烯酰胺含量急剧上升，超过一定值则反而生成减少，因此适当降低油炸温度可减少食品中丙烯酰胺的产生。加热时间是影响丙烯酰胺产生的另一个主要因素。随着高温处理持续时间的延长，丙烯酰胺的含量也在增加，因此，在保证食品已经做熟的前提下，适当减少加热时间可减少丙烯酰胺的生成量。

② 控制食品含水量。水在美拉德反应中既是反应物，又充当反应物的溶剂及其迁移载体。含水量较低时，不利于反应物和产物的流动，同时也会缩短食物做熟的时间，进而减少薯片中丙烯酰胺的含量；而含水量较高时，则会妨碍热量在食物中的传导和渗透，可明显降低丙烯酰胺最终生成量。因此，干燥和浸泡处理有助于降低食品中丙烯酰胺含量。

③ 调整合适 pH。食品的 pH 越低，越不利于丙烯酰胺的生成，因此可以通过在食品中添加可食用的酸性物质，如柠檬酸、苹果酸、琥珀酸、乳酸等来降低食品的酸碱度。

④ 避免微波加热。微波有更强的热渗透作用，升高了食物内部温度，而且在一定范围内，微波能量越高，丙烯酰胺生成量越多。

（3）通过加入添加剂或物理手段降低丙烯酰胺

丙烯酰胺的生成受多种因素的影响，因此完全消除食品中的丙烯酰胺是不现实的。但近年来的研究结果表明，在食品中添加能与丙烯酰胺反应的添加剂，或通过物理手段来消除生成的丙烯酰胺，是有效控制食品中丙烯酰胺含量的措施之一。例如，在食品中添加一定含量的过氧化氢、儿茶素、$NaHCO_3$ 和 $NaHSO_3$ 可有效降低因加热而生成的丙烯酰胺；通过对食品进行真空、真空光辐射、真空臭氧等处理也可降低食品中的丙烯酰胺含量；在真空条件下加热食品可使生成的丙烯酰胺挥发；光辐射，如红外线、可见光、紫外线、X 射线、γ 射线等可使丙烯酰胺发生聚合反应，从而减少其在食品中的含量；臭氧可使丙烯酰胺发生分解反应，生成小分子物质，也可减少其在食品中的含量。

（4）合理健康的饮食习惯和方法

在日常生活中，应尽量减少丙烯酰胺的摄入量。平衡膳食，少吃煎炸和烘烤食品，多吃新鲜蔬菜和水果。在保证食物做熟的前提下，降低烹调的温度和适当缩短烹调时间，以减少食品中丙烯酰胺含量。

除采取上述合理的措施和加工方式来降低食品中丙烯酰胺含量的方法以外，世界各国也通过颁布法律法规、指令以及标准的形式，对食品中丙烯酰胺的含量进行了限制，以达到严格控制食品中丙烯酰胺含量、减小其对人体健康危害的目的。我国国家标准 GB 5749—2006《生活饮用水卫生标准》中对饮用水中丙烯酰胺的限量为 0.5g/L，世界卫生组织在《饮用水质量指导标准》（*Guidelines for Drinking-water Quality*）（2004 年第三版）中对饮用水中丙烯酰胺建议的限量值为 0.5g/L，美国国家环境保护局（EPA）在 2011 年发布的《饮用水卫生标准》（*Drinking Water Standards and Health Advisories*）建议指南中对饮用水中丙烯酰胺的限量值也为 0.5g/L，欧盟对饮用水中丙烯酰胺的限量要求最为严格，在其颁布的指令 98/83/EC 中对丙烯酰胺的规定为 0.1g/L。

建议食品生产加工企业，改进食品加工工艺和条件，研究减少食品中丙烯酰胺生成的可能途径，探讨优化工业生产、家庭食品制作中食品配料、加工烹饪条件，探索降低乃至可能消除食品中丙烯酰胺的方法。

第三节 食品非热加工对食品安全的影响

食品非热加工技术是指在食品行业中通过非传统加热的方法主要进行杀菌与钝化酶的技术，其包括超高压、高压脉冲电场、高压二氧化碳、电离辐射、脉冲磁场等技术。与传统的"热加工"技术相比，食品"非热加工"具有杀菌温度低，能更好保持食品固有营养成分、质构、色泽和新鲜度等特点。同时，非热加工对环境污染小、加工能耗与污染排放少。因此，该技术在食品产业中的应用已成为国际食品加工业的新增长点和推动力。近年来，消费者对食品的新鲜度、营养、安全和功能的要求越来越高，极大地推动国际上对食品非热加工技术的研究与发展。本节将对超高压处理和辐射处理食品的安全性进行分析。

一、超高压处理对食品安全的影响

1. 食品超高压处理技术特点

超高压技术是利用 100MPa 以上的压力来达到灭活微生物（细菌、孢子等）和钝化酶的食品处理方法，温度条件通常为室温或者较温和温度，也有结合较高温来杀菌的高压高温短时工艺。超高压处理技术对共价键没有影响，较好地保持了食品原有的颜色、香气、味道、营养、外观、质构等品质特性，因此，在食品质量和安全问题频现的今天，超高压食品处理技术的研究具有深远意义。

在食品加工过程中，新鲜食品或发酵食品中自身酶的存在，导致食品变色变味变质使其品质受到很大影响，这些酶为食品品质酶如过氧化氢酶、多酚氧化酶、果胶甲基质酶、脂肪氧化酶、纤维素酶等，通过超高压处理能够激活或灭活这些酶，有利于食品的品质。超高压处理可防止微生物对食品的污染，延长食品的保藏时间，延长食品味道鲜美的时间。

2. 超高压处理对食品品质的影响

（1）超高压对食品感官品质的影响

超高压能够较好地保持与改进食品色泽、气味、滋味、新鲜度和质构等指标，促进食品品质的提升，增强处理后食品的市场竞争性，提升消费者的接纳度与认可度。

食品的颜色是最明显、最直观的感官品质之一。超高压处理过的果蔬具有优良的天然色泽保留性，储藏过程中可以有效抑制肉等的色变，并长时间维持其品质。这是因为超高压能激发或抑制分解叶绿素的相关酶，从而使叶绿素的降解受到影响。基于消费者对营养、健康、安全食品的追求日趋强烈，超高压对于食品原有色泽应尽可能维持和迎合消费者的需求，提高食物商品的销量，增加消费者认可度。

食品的质构包括硬度、嫩度、咀嚼性，受其化学组成、组织结构控制。超高压能够通过改变食品中的生物大分子结构，引起质构的变化。硬度，即使物体保持原有形态的内部作用力及其相关性质，是消费者在食用食物时判断品质好坏的重要指标之一。较热加工而言，超高压对硬度的影响较小，对食物嫩度的改善也有着重要意义，因此超高压可作为延缓食物硬化、口感下降的有效途径之一，在肉类、海鲜等食品加工领域有较大应用价值。

在对食品的感官品质进行评价时，糖度与质地同样是不可忽视的指标。其决定了消费者品尝食物时的口感，从而会影响消费者的购买力。实验发现，经较高的压力处理后的杨梅能够保持较高水平的糖度，且明显高于未处理组；在贮藏期间，较高压力处理后的杨梅糖度也显著高于其他组别，说明超高压有利于水果糖度的维持与保留，超高压处理对食品营养成分的破坏较小，能够迎合消费者对"天然、营养、安全"食品的心理需求。

（2）超高压对食品营养成分的影响

蛋白质是食品主要营养成分之一，其与食品的物理性质、化学性质、感官品质有重要联系。在超高压作用下，蛋白质的分子体积、分子结构以及功能（蛋白质凝胶型、溶解性、乳化活性等）产生变化，并由此改变食品的营养价值与加工方式。超高压能改变蛋白质的结构，从而对其性质和功能产生影响。超高压技术能引起蛋白质的可塑变形。有研究证明在200MPa的压力下，水分子会发生电离，并引起蛋白质表面水化层发生改变，蛋白质持水能力总体呈下降趋势，蛋白质的持水性的下降对部分蛋白质的变质及腐败具有有效的抑制作用。在超高压的影响下，水分子能够进入蛋白质内部的疏水区，从而改变该区内部氨基酸间的相互作用力，表现出了具有改变蛋白质间的静电相互作用、疏水作用的功效，此变化会引起食品品质及加工性能的转变。在对豆浆的超高压研究中发现，随着压力的升高，其乳化能力有所降低，乳化稳定性却逐步上升。但在以大豆分离蛋白溶液为实验对象的研究中，其乳化性能却呈上升趋势。这是因为超高压促进了大豆分离蛋白溶液中蛋白质的降解与延展，从而扩大其表面积并导致疏水基团暴露。而豆浆乳化能力的降低则是油脂的部分析出与蛋白质的凝聚所导致的。超高压能够引起蛋白质结构与性质的变化，从而延长食品保质期、货架期，提升了食品口感及营养价值。

脂质为肉类、水产等食品中的重要营养成分，含脂食物的氧化、酸化、劣变等是食品口感下降、食物腐败变质的原因之一。超高压也可能对食品品质造成不利影响，通过加速肉中的脂肪氧化、改变脂肪酸的组成、改变脂肪含量等方式降低脂肪稳定性。

除了蛋白质与脂质，维生素在食品品质的提升及消费者健康改善方面也占据了举足轻重的地位，维生素是必须由食物中获得的、维持身体健康的必备有机物。研究表明超高压对果蔬维生素含量的影响不显著。因此，超高压对维生素及水分的影响有利于其在多汁食物、富含维生素食物如鲜果、蔬菜等食物加工领域更有效的应用。

（3）超高压对食品理化品质的影响

超高压能够使食物中一些理化反应速率发生变化、调控某些酶的活性，在肉类、水产、果蔬等加工领域中起着举足轻重的作用。研究其对食品理化品质的影响对延长食品保质期、改良风味有着重要意义。

pH 值对食品的色泽、质构、风味物质和货架期等均有重大影响，因此其也成为了评判食品好坏的首要指标。超高压处理后的鱼肉在其贮藏期间 pH 值也基本保持不变，从而使其贮藏品质得以提升，这是由于超高压可使蛋白质在贮藏期间保持原有性质而不腐败变质，从而利于遏制氨及胺类碱性物质的释放速度，控制 pH 值不再显著增加。超高压能够延迟肉类的变质时间，使其能够较长时间地保持新鲜。

水分对食品多汁饱满的口感起到了关键的作用。在对水分含量变化的研究中，研究发现超高压能够改变水分状态，即能够增强食品的保水率、增强不易流动水的流动性以及使结合水的相对比例明显增长。这是由于在一定压力范围内，超高压可以促进蛋白质发生变性，从而保持了其中的水分。

超高压加工后的香肠的挥发性盐基总氮（TVBN）在冷藏前期呈降低趋势，研究者分析可能是因超高压使部分蛋白质发生水解，并溶解了其中的部分氨及胺类、易挥发的碱性物质造成的。超高压能减缓 TVBN 值的增加，TVBN 作为微生物代谢产物，可作为微生物生长情况的重要判定指标，对于食品安全性、新鲜度与可食用性的保障有重要意义。

超高压食品加工技术是一项新兴的技术，其在食品深度加工中具有广泛而突出的优势。超高压不仅能够最大程度保持食品的原始风味与营养物质，对食品感官品质和理化品质也具有重要影响，还能够降低加工能耗，提高能源利用效率，减少环境污染，符合绿色发展理念。

二、辐照处理对食品安全的影响

1. 食品辐照的定义及特点

食品辐照是指利用射线照射食品（包括食品原料、半成品），抑制食物发芽和延迟新鲜食物生理成熟过程的发展，或对食品进行消毒、杀虫、杀菌、防霉等加工处理，达到延长食品保藏期，稳定、提高食品质量的处理技术。用钴 60（^{60}Co）、铯 137（^{137}Cs）产生的 γ 射线或电子加速器产生的低于 10MeV 电子束照射的食品为辐照食品。食品辐照已成为一种新型的、有效的食品保藏技术。食品辐照技术具有以下主要特点：

① 与传统热加工相比，辐照处理过程食品温度升高很小，故有"冷杀菌"之称，而且辐照可以在常温或低温下进行，因此经适当辐照处理的食品在质构和色、香、味等方面变化较小，有利于保持食品的原有品质。

② 辐照保藏方法能节约能源。据国际原子能机构（IAEA）报告，冷藏食品的能耗为 324MJ·t^{-1}，巴氏消毒能耗为 828MJ·t^{-1}，热杀菌能耗为 1080MJ·t^{-1}，辐照灭菌只需要

$22.68MJ \cdot t^{-1}$，辐照巴氏灭菌能耗仅为 $2.74MJ \cdot t^{-1}$。冷藏法保藏马铃薯（防止发芽）300天，能耗为 $1080MJ \cdot t^{-1}$，而马铃薯经辐照后常温保存，能耗为 $67.4MJ \cdot t^{-1}$，仅为冷藏的 6%。

③ 射线（如 γ 射线）的穿透力强，可以在包装及不解冻情况下辐照食品，杀灭深藏在食品内部的害虫、寄生虫和微生物。

④ 与化学保藏相比，经辐照的食品不会留下残留物，不污染环境，是一种较安全的物理加工过程。

⑤ 辐照处理可以改进某些食品的工艺和质量。如酒类的辐照陈化、经辐照处理的牛肉更加嫩滑、经辐照的大豆更易于消化等。

食品辐照也有其弱点：辐照灭菌效果与微生物种类密切相关，细菌芽孢比植物细胞对辐照的抵抗力强，灭活病毒通常要用较高的剂量；为了提高辐照食品的保藏效果，常需与其他保藏技术结合，才能充分发挥优越性；食品辐照需要较大的投资及专门设备来产生辐射线（辐射源），电子加速器辐照装置需要强大和稳定的电源，运行成本较高；各类辐照装置都需要提供安全防护措施，确保辐射线不对人员和环境带来危害；对不同产品及不同辐照目的需要严格选择控制好合适的辐照剂量，才能获得最佳的经济效应和社会效益。由于各国的历史、生活习惯及法规差异，目前世界各国允许辐照的食品种类及进出口贸易限制仍有差别，多数国家要求辐照食品在标签上要加以特别标示。

2. 辐照食品的安全性

安全性试验是整个辐照保藏食品研究得最早且研究最深入的问题。辐照食品可否食用，有无毒性，营养成分是否被破坏，是否致畸、致癌、致突变等所涉及的毒理学、营养学、微生物学和辐照分解许多学科领域的研究广度和深度是任何其他食品加工方法所没有的。研究结果已确认，只要用合理要求的剂量和在确能实现预期技术效果的条件下对食品进行辐照的辐照食品是安全的食品。

食品经电离辐射处理后，能否产生感生放射性核素取决于：辐照的类型，所用的射线能量，核素的反应截面，引起放射性的食品核素的丰度及产生的放射性核素的半衰期。

要使组成食品的基本元素，碳、氧、氮、磷、硫等变成放射性核素，需要 $10MeV$ 以上的高能射线照射，而且它们所产生的放射性核素的寿命（半衰期）多数都是非常短暂的，故辐照一天后在食品中的剂量已可忽略不计。虽然中子或高能电子射线照射食品可感生放射性化合物，但食品的辐照保藏不用中子进行照射，一般采用 ^{60}Co γ 射线（能量为 $33MeV$ 和 $1.17MeV$）和 ^{137}Cs γ 射线（能量 $0.66MeV$），最大能量水平为 $10MeV$ 的电子加速器或最大能量水平为 $5MeV$ 的 X 射线机，来自这些辐射源的电离能用于食品辐照都不可能在食品中产生感生放射性。

食品辐照处理一般采用的辐射源是密封型 ^{60}Co 或 ^{137}Cs 的 γ 射线或电子加速器产生的电子射线。在进行辐照处理时，被照射食品从未直接接触放射性核素（放射性同位素）。食品只是在辐射场接受射线的外照射，不会沾染上放射性物质。为了确保辐照食品的品质，人们一直研究探讨辐照食品的检测方法。2001 年，CAC 第 24 届会议上批准了国际标准《辐照食品鉴定方法》。该标准提出了五种辐照食品的鉴定方法，利用脂质和 DNA 对电离辐射特别敏感的特性，对于含脂肪的辐照食品，可采用气相色谱测定糖类或用气质联用检测 2-烷基-环丁酮（是一种成环化合物，蒸煮条件下难形成），其检测率达 93%。DNA 碱基破坏、单链或双链 DNA 破坏及碱基间的交联是辐照的主要效应，可检测并量化这些 DNA 变化；对于含有骨头以及含纤维素的食品，采用电子自旋共振仪（ESR）分析方法；对于可分离出硅酸盐矿物质的食品，采用热释光方法。

20世纪90年代中期，世界卫生组织（WHO）回顾了辐照食品的安全与营养平衡的研究，并得出如下结论：

① 辐照不会导致对人类健康有不利影响的食品成分的毒性变化；

② 辐照食品不会增加微生物的危害；

③ 辐照食品不会导致人们营养供给的损失。

联合国粮农组织、国际原子能机构与世界卫生组织在五十多年的研究基础上也得出结论：在正常的辐照剂量下进行辐照的食品是安全的。

3. 辐照食品的管理法规

尽管目前有许多国家在其法规中有条款允许一些特定的产品在无条件或有条件的基础上采用辐照技术，然而这一些条款在不同国家是有差异的，这使得辐照食品的国际贸易遇到困难。1983年FAO/WHO国际食品法规委员会采纳了《辐照食品的规范通用标准（世界范围标准）》和《食品处理辐照装置运行经验推荐规范》。许多国家都将上述标准作为本国辐照食品立法的一种模式，将其条款纳入国家法规之中，既可以保护消费者的权益，又有利于促进国际贸易的发展。为了继续加强国际开发合作和使食品辐照商业化，在FAO/WHO资助下于1984年5月成立了食品辐照国际咨询小组（ICGFI），其职能为评价全球食品辐照领域的发展，为成员国和上述国际组织提供食品辐照的建议要点，在需要时通过上述国际组织向FAO/IAEA/WHO辐照食品安全卫生联合专家委员会以及国际食品法规委员会提供信息。根据FAO/IAEA与荷兰农业与渔业部达成的协议，自1979年以来，国际食品辐照技术机构（IFFIT）一直致力于为FAO和IAEA成员国的科学家提供培训和技术经济可行性研究，IFFIT与ICGFI已成为目前为各国食品辐照提供技术咨询的国际性机构。

CAC在《预包装食品标签通用标准》中规定，经电离辐照处理食品的标签上，必须在紧靠食品名称处用文字指明食品经辐照处理，配料中有辐照食品也必须在配料表中指明。2001年，ICGFI制定了《世界贸易中食品和农产品认证导则》，以检疫为目的的辐照食品的认证将纳入国际植物保护公约（IPPC）认证系列。CAC、欧盟对食品辐照的批准条件和要求是：有合理的工艺需要，能够提出无健康危害证明，对消费者有益，不是以替代卫生健康规范或者良好生产规范为目的使用。欧盟、美国规定所有食品辐照必须在经过认证的辐照设施上进行，进口的辐照食品，其国家的辐照设施必须经过欧盟和美国认证。

我国为了加强对辐照加工业的监督管理，先后发布了有关法规和标准，使辐照加工业逐步走向法制化和国际化。卫健委负责放射卫生的监管。在国内，《辐照食品卫生管理办法》规定了辐照食品的范围，其中涉及公众生活中的很多必需品。在辐照食品的安全管理方面，我国还存在着一些问题。比如辐照食品的加工过程没有明确部门管理、辐照食品上的标识没有得到相应的落实等。从现阶段来看，国内的辐照食品加工还没有形成统一的监管模式，各种生产加工程序仍处在朦胧阶段，使得生产中出现的问题呈现多样化，解决起来难度也有所加大。因此，统一辐照加工业的操作规范势在必行。我国在推动辐照加工商业化的同时，还要加强对公众的宣传教育，使更多的消费者接受辐照食品，为辐照技术在食品加工业中更大程度的合理应用打下基础。

4. 安全防控措施

辐照处理后的食品原有的分子和原子稳态是否会被破坏，是否被激发产生感生放射，进而影响食品的卫生与安全一直是人们关心的问题。研究表明，5MeV 的 γ 射线或 10MeV 电子束辐照是促使被辐照物质产生感生射线能的能量阈值，而目前应用于食品辐照的放射源几乎都是 ^{60}Co 和 ^{137}Cs，^{60}Co 射线的能量为 1.17MeV 或 1.33MeV，^{137}Cs 射线能量为 0.66MeV。它们所放出的射线能量远远低于 5MeV，因而经 Co 和 Cs 射线能辐照的食品不可能产生感生放射性。美国陆军纳蒂克（Natick）研究中心的一份交给世界卫生组织关于"10～16MeV 加速电子辐照食品产生感生放射性测定和报告"中指出，即使应用能量级为 16MeV 加速电子辐照源辐照食品，所产生的感生放射性也是可以忽略的。即使有其寿命也非常短。

FAO/IAEA/WHO 联合咨询小组在审议辐照食品的可接受性报告后签署声明指出：辐照食品的射线能量，加速电子要小于 10MeV；γ 射线和 X 射线要小于 5MeV。在此最高限额下，放射性物质的增加不足食物中天然放射性物质含量的二十万分之一。所有用于食品辐照的辐照源均小于上述能量阈值，因此关于食品辐照可能存在感生放射性的问题是完全没有必要担心的。事实上，所有的食品都有放射性。

利用辐照处理技术处理食品应注意以下几点：

① 严格按规定剂量和方式辐照处理食品。

② 同一食品不得重复用辐照处理。但对下列食品可进行重复照射，其总的累积吸收剂量不得大于 10kGy。

a. 为控制病虫害而进行辐照的含水分低的食品，如谷类、豆类、脱水食品及类似产品。

b. 用低剂量（小于 1kGy）辐照过的原料制成的食品。

c. 为达到预期效果，可将所需的全部吸收剂量分多次进行照射的食品。

d. 含 5% 以下辐照配料的食品。

③ 对于加工食品中可能污染的微生物能用卫生标准操作程序（SSOP）进行控制的就不用辐照处理技术。

④ 对细菌总数较高已接近腐败指标或查出有可能产毒素的菌株污染的食品，不宜用辐照技术处理。

⑤ 由于辐照处理大多数是带包装进行的，所以食品包装材料的选择以不能在辐照过程中或因辐照处理后产生或释放能转移到食品中的有毒有害物质，也不应产生异味等为基本要求。

⑥ 引起肉类变质的不仅是微生物，活性酶的存在也是重要因素之一。通常的辐照剂量不可能使肉中的酶失活，酶失活的剂量需高达 10kGy。所以对肉类进行辐照处理时，应先经过加热使其蛋白分解酶完全钝化后才能进行辐照处理。否则，辐照虽杀死了有害微生物，但酶具有活性仍可使肉的质量不断下降。肉类在高剂量辐照处理后会使产品产生异味，异味随肉类的品种而异，牛肉产生的异味最强。目前防止异味的最好方法是在冷冻温度（＜−30℃）下进行辐照，因为异味的形成大多数是间接的化学效应，在冷冻状态下，水中自由基的流动性减小，可以防止自由基与肉类成分的相互反应而产生异味。

⑦ 尽管辐照对食品保藏有多方面的效果，但它毕竟是食品保藏中的一种辅助措施，还需要其他保藏条件，例如果蔬保藏中的低温和湿度等相配合，才能取得良好的效果，切不可将辐照处理视为解决食品保藏问题的万能药方。

⑧ 辐照食品在包装上必须贴有符合规定的辐照食品标识。

第四节 其他加工方式对食品安全的影响

一、膜分离对食品安全的影响

膜分离技术的本质特征是按照混合物的化学性质和物理性质的类别，用具有不同选择透过性的膜将它们分离开。膜分离技术具有很多优点：可以在温和的条件下操作，而且要求的压强和温度比较低，非常适合分离生物活性物质，能够最大程度保障产品的生物活性。膜分离过程可以实现自动化，操作非常简单，同时对环境的污染很小。膜分离技术的工作效率非常高，消耗的能源很少，通常不会涉及相变。但是，膜分离技术也有一些不足：膜的耐热性和耐药性有一定的局限性，会影响膜的使用范围和使用效果。膜非常容易受到外界的污染。被污染后，膜的使用性能会大大降低，甚至丧失过滤能力。对膜进行清洗是极为重要的。膜的清洗方法有以下 4 种：生物清洗——主要去除微生物；物理清洗——可以除去可见的杂质；消毒——对所有的膜分离过程而言，一个符合卫生标准的环境是必不可少的；化学清洗——目前最主要的清洗方法，可以去除盐类物质。因此，还需要关注清洗工艺对食品安全的影响。

膜分离技术是没有添加任何化学成分的节能环保的高效分离技术，应用范围非常广泛，在食品工业中应用膜分离技术可以发挥出重要的作用。膜分离技术能够降低成本支出，而且提高了工作效率，为企业增加了大量的经济收益。同时，膜分离技术降低了能源的消耗，减少了废渣和污水的排出，符合现代的节能环保理念，能够促进食品工业可持续发展。

二、蒸馏过程对食品安全的影响

蒸馏工艺是在食品加工，特别是蒸馏酒生产过程中一个十分关键的步骤，各食品安全有害成分在蒸馏过程中的馏出规律主要与其自身的理化性质以及合成有关。在蒸馏过程中重金属等金属离子大多不会进入酒体中，而发酵过程中产生的甲醇以及原料残留的农药等可能会因自身挥发性、水溶性、醇溶性或分子量，经挥发或拖带效应进入酒体。一般挥发性较差、蒸气压较低或者分子量较大的有害物质在蒸馏过程中可以得到一定的控制。蒸馏工艺对这些有害物质的消除作用有利于生产过程中加强对有害物质残留问题的控制。以下将以白酒加工为例分析如何在蒸馏过程中控制甲醇、杂醇油、氨基甲酸乙酯、金属离子等有害成分对食品安全的影响。

甲醇在整个蒸馏过程中均有产生。根据甲醇产生途径以及蒸馏规律，可以从以下几方面控制酒中甲醇的产生：合理"掐头去尾"，控制酒中甲醇含量；采用果胶质含量低的原、辅料，对于含果胶质较多的原、辅料采用高温润粮，堆积处理，集中清蒸辅料，以降低原、辅料中果胶质的含量，从而控制甲醇的产生量，最终控制酒中甲醇含量；液体蒸馏时，可增加塔板数或提高回流比，从而把甲醇从酒精中提取出来。

根据杂醇油在馏酒过程中酒头含量高于酒尾的馏出规律，采用"掐头去尾"的工艺能够较好地控制酒中杂醇油含量，可适当增加酒头掐除量；其次，控制发酵过程中稻壳的添加量，因为稻壳添加过多，导致糟醅疏松度增加，含氧量高，酵母在发酵前期就会大量增殖，其氨基酸代谢也更加旺盛，产生大量杂醇油；此外，适当增大用曲量，增加酵母数量，降低酵母增殖数，由氨基酸途径产生的杂醇油含量就相应减少；掌握好蒸馏过程的温度变化，也可以减少杂醇油的含量。

氨基甲酸乙酯主要通过发酵过程产生，在蒸馏过程中，应严格控制蒸馏温度，因为温度过高，氨基甲酸乙酯合成量增多，摘酒时严格控制"掐头去尾"量也能很好控制其进入酒体；其次，通过氨基甲酸乙酯的形成途径可知降低尿素的含量能够降低其产生量。

金属离子主要由外界污染带入酒中，其控制方法有：首先，严格控制蒸酒用甑桶、甑盖、冷凝器和冷凝选材，杜绝酒体与外来金属离子的接触，避免带入酒中；其次，由原料带入的金属离子大多经蒸馏后会残留于糟醅中，能很好控制其进入酒体。

农药残留主要是由酿酒用原、辅料带入，因此对于酒中农药残留量的控制可以从源头开始，即无污染原粮的应用，建立无污染、无公害的有机原粮；采用物理灭虫技术，减少农药使用量；采用农家肥与化肥相结合的方式；其次，对于土壤中的农药残留等因素造成的原粮再次污染，可以通过控制蒸馏工艺条件，消除酒中残留农药。

蒸馏工艺对这些有害物质的消除作用有利于生产过程中加强对有害物质残留问题的控制，提高白酒生产的安全性，确保白酒的质量安全。无论是外来食品安全有害成分还是生产过程中自身形成的有害成分，根据其形成机理以及蒸馏机理，在蒸馏过程中都很好地得到控制。

三、清洗过程对食品安全的影响

1. 食品工业中的清洗

清洗技术是一门涉及范围广、内容丰富的实用技术。在清洗过程中不仅经常要使用水和各种有机溶剂，还要使用表面活性剂、酸、碱、氧化剂、络合剂、缓蚀剂、杀菌剂等多种化学药剂，而且常需要加热、流体喷射、机械搅拌等多种物理作用。近年来，又越来越多地使用到超声波、紫外线、干冰、激光等高新技术，吸附剂和生物酶的使用也成为常用技术。食品工业中清洗技术的广泛应用，保证了食品加工中各种设备的清洁，从而确保食品不被污染，达到卫生标准。

食品加工用的原料来源多种多样，同一种原料亦有不同的品种，而不同原料可以加工成不同的产品，相同原料也可以加工成不同的产品。这就决定了清洗和原料预处理机械设备的多样化和复杂性。

（1）传统清洗方式

生鲜食品是以水和有机物为主要成分的，而且在一定条件下能保持生物活性，但也是一类很易受外界物理、化学变化而影响性质的敏感物质。清洗生鲜食品时既要保持食品的品质不受损害，又要去除食品上的杂质，使之达到卫生标准的要求。生鲜食品沾染的污垢，包括泥土、农药、寄生虫卵和有害的微生物等，特别是会造成疾病和食品腐败的有害微生物是需要去除的重点。生鲜食品最常用的清洗剂是清水，常用的几种清洗方法是：利用喷射的方法、利用浸泡与喷射并用的方法、利用摩擦力清洗、利用搅拌和研磨的方法。

（2）专用清洗剂

虽然表面活性剂水溶液的清洗效果较清水高，但清洗后会有微量表面活性剂残留黏附在食物表面，因此只有经卫生检验确认安全无毒的表面活性剂才可以在极低浓度下进行短时间的浸泡清洗，而且浸泡后还要冲洗干净才行。目前，蔬菜水果上需清洗的污染物主要是农药残留，这些农药对人体危害很大。一些效果很好的瓜果蔬菜洗涤剂，对蔬菜水果上的虫卵、农药残留、微生物及污垢都有很好的去除作用。最理想的洗涤剂既能去除油污，又能中和酸性物质，还能除去微生物。目前，还没有一种洗涤剂能满足上述全部要求。

（3）新型清洗技术

由于受到法规的要求和消费者的关注，食品加工商在不停地寻找更绿色的解决方案来提高卫生水平和安全水准。

臭氧作为氧化剂比氯的效果强 50%，反应速度快 3000 倍，也没有氯的毒性危险，会于瞬间产生极大的杀菌、解毒、漂白、脱臭等氧化作用。如今，臭氧是一种使用非常灵活的技术，应用的领域很广泛，包括消毒水、废水处理及工厂卫生清洗等。臭氧系统可以被用在所有食品加工领域中。臭氧通常在使用厂内部产生，所以不需要仓库，可以无限量供应。臭氧的强杀菌能力及无残余污染优点使其在食品行业的消毒除味、防霉保鲜方面得到广泛应用。美国食品药品监督管理局（FDA）在 1997 年 4 月修改了一直把臭氧作为"食品添加剂"限制使用的规定，允许不必申请即可在食品加工、贮藏中使用臭氧。这是臭氧技术发展的里程碑。

光触媒技术具有抗菌、除臭、去污、自洁和分解有害气体的环境功能。它在光的作用下，能产生很强的光氧化及还原能力，可催化光解附着于其表面的各种有机物及部分无机物，因此特别适用于除去空气及水中的污染物质及微生物，可使各种制品表面产生杀菌、消臭、自洁及超亲水等功能。在环境卫生及环保方面的用途极其广泛，有"光清洗革命"之称。光触媒中的二氧化钛作为食品药品添加剂，经过 FDA 认证，使用非常安全。

2. 清洗中的食品安全问题

（1）安全的清洗剂选用

在选择食品的清洗剂时，按照食品安全法和标准的要求进行选择是最基本的条件。然而在实际操作中，食品的清洗受到很多复杂因素的影响，例如工厂的设备状况、污水处理要求等等，需要专业的技术团队对工厂进行全方位的调研后，才能定制合适的清洗方案。

（2）化学品的残留

清洗剂残留在食品加工容器和管道中，混入到产品里，对产品的质量造成影响。如选择的清洗剂中如果没有有毒物质或者有害物质，化学品的残留在合理的范围内都是安全的。通常在加工过程中可以采用电导率的方法来检测清洗剂是否冲洗干净。

（3）材料兼容性带来的影响

安全的清洗剂除了对人体和环境是安全的，还应该对设备也是安全的。绝大多数的食品工厂设备都是不锈钢材质的，导致了我们对设备安全的疏忽。对于不锈钢设备的安全关注点是在一些弯头，特别是焊缝附近。焊缝的处理非常重要，处理不当，不锈钢表面的致密氧化层遭到破坏，从而给整个设备带来安全隐患。除了不锈钢等金属材质的设备，更应引起关注的是一些非金属材质的设备以及备件，例如橡胶垫圈、硅胶等一系列的高分子材料物质。这些物质对化学品和热冲击的耐受度是很有限的。对于这一类材质的备件或者清洗对象，工厂应该制订更换周期，杜绝潜在的安全隐患。

参 考 文 献

[1] 钟耀广. 食品安全学 [M]. 3 版. 北京：化学工业出版社，2020.
[2] 丁晓雯. 食品安全学 [M]. 北京：中国农业大学出版社，2011.
[3] 黄昆仑，车会莲. 现代食品安全学 [M]. 北京：科学出版社，2018.
[4] 王硕，王俊平. 食品安全学 [M]. 北京：科学出版社，2018.
[5] 曾庆孝. 食品加工与保藏原理 [M]. 北京：化学工业出版社，2015.

［6］ 黄飞飞，刘兆平，张磊，等．煎炸油中多环芳烃污染情况及其健康风险评估［J］．中国食品卫生杂志，2019，31（06）：577-581.

［7］ 赵晗宇，张志祥，宣晓婷，等．超高压对食品品质与特性的影响及研究进展［J］．食品研究与开发，2018，39（10）：209-214.

［8］ 王琳，刘睿，孙德鹏，等．葡萄酒酿造过程中风险因素的分析研究［J］．酿酒科技，2020，08：122-129.

［9］ 郑艳，罗志辉，季靓，等．食品工厂中的清洗消毒与食品安全［J］．中国洗涤用品工业，2017，09：30-34.

［10］ 王娟，刘兴平，王明，等．食品安全有害成蒸馏机理及控制措施研究进展［J］．酿酒科技，2014，12：77-80.

［11］ 王冬辉，涂彧．辐照食品安全与辐射伦理［J］．中国辐射卫生，2012，21（01）：126-128.

［12］ 杨方威，冯叙桥，曹雪慧，等．膜分离技术在食品工业中的应用及研究进展［J］．食品科学，2014，35（11）：330-338.

第九章 食品流通过程对食品安全的影响

第一节 概 述

一、食品流通的概念和形式

食品流通指的是以食品质量安全为核心，以消费者需求为目标，围绕食品采收、加工、包装、储存、运输和销售等一系列环节进行的管理和控制活动。通过运输、搬运、装卸等克服供需之间的空间距离，创造食品的空间效用；通过储存、保管克服供需之间的时间距离，创造食品的时间效用；通过加工以及包装等改变物品的形状性质，创造食品的形质效用。食品流通是食品产业链中必不可缺的一部分。

从流通过程的角度看，食品流通包括流通渠道和流通环节：流通渠道指的是从生产者手中转移到消费者手中的整个流通过程所经过的路线、通道或组织形式；流通环节则指生产领域转移到消费领域所经过的各个环节。

商品从生产领域到消费领域是由价值运动和使用价值运动组成的，价值运动称为商流，使用价值运动称为物流。因此，食品流通的形式主要有物流形式和商流形式。

1. 物流形式

通过现代物流或仓储手段食品实体发生空间或时间上的转移。现代物流手段可根据实际需要，将采收、运输、贮藏、装卸、搬运、包装、流通、加工、配送、信息处理等基本功能实现有机结合。为了保证食品的营养成分和食品安全性，食品物流要求高度清洁卫生，同时对物流设备和工作人员有较高要求；由于食品具有特定的保鲜期和保质期，食品物流对产品交货时间即前置期有严格标准；食品物流对外界环境有特殊要求，比如适宜的温度和湿度；其次是生鲜食品和冷冻食品在食品消费中占有很大比重，所以食品物流必须有相应的冷链。

2. 商流形式

通过交易活动发生的食品商品价值的变化和所有权的转移。例如：生产商→批发商→零售商（连锁店、专卖店）→消费者（个人、团体、企业）。

此外，在物流与商流过程中，往往伴随着相关信息的传播与流动，称为"信息流"。

二、食品流通过程及内容

食品流通过程包括：食品预加工→包装→运输→贮藏→销售。其中食品预加工，指的是在一些特殊流通渠道，如冷链运输中，易腐烂的食品需要进行预冻处理，包括食品的冷却、冻结、低温下加工等操作；包装的目的是让食品经受住运输、贮藏等环节的周转，如真空包装、气调包装等。

食品流通的内容是指食品物流所有功能的实施与管理过程，这里面主要包括以下内容：

1. 运输

即使物品发生场所、空间移动的物流活动。运输是由包括车站和码头的运输节点、运输途径、运输机构等在内的硬件要素，以及运输控制和运营等软件要素组成的有机整体，并通过这个有机整体发挥综合效应。

2. 保管

具有食品储藏管理的意思，有时间调整和价格调整的功能。通过调整供给和需求之间的时间间隔，保管促使经济活动的顺利进行。现今，对于食品来说，保管的目的是为了实现配合销售政策的流通，通过短期的保管，有利于食品的分流和配送。保管的主要设施是仓库，在基于食品出入库信息的基础上进行在库管理，主要是对食品的收进、整理、储存和分发。食品仓库主要是冷冻库、冷藏库，以保持其新鲜度和品质特征。

3. 包装

即在食品输送或保管过程中，为保证食品的价值和形态而从事的物流活动。在物流过程中保护产品、方便储运、促进销售，按一定技术方法采用容器、材料及辅助物等包封并予以适当的装潢和标志。从功能上看，包装可以分为运输包装和销售包装。

4. 装卸和搬运

跨越运输机构和物流设施而进行的，发生在运输、保管、包装前后的对食品进行的以垂直方向移动为主的物流活动称为装卸，包括食品的装入、卸出分拣、备货等作业行为。在实际操作中，装卸和搬运是密不可分的，两者是伴随在一起发生的。因此，在物流学中并不过分强调两者的差别而是作为一种活动来对待。在食品物流过程中，装卸活动是不断出现和反复进行的，它出现的频率高于其他各项物流活动，每次装卸活动都要花费很长时间，所以往往成为决定物流速度的关键。装卸活动所消耗的人力也很多，所以装卸费用在物流成本中所占的比重也较高。因此，为了降低物流成本，装卸是个重要环节。此外，进行装卸操作时往往需要接触货物，因此，这是在物流过程中造成货物破损、散失、损耗等损失的主要环节。

5. 配送

配送是在经济合理区域范围内，根据客户要求，对物品进行拣选、加工、包装、分割、组配等作业，并按时送到指定地点的物流活动。配送在食品物流中有着重要的作用，合理的配送能提高食品物流的效率和效益。

6. 流通加工

食品从生产地到消费地的过程中，根据需要施加包装、分割、计量、分拣、组装、价格贴付、标签贴付、食品检验等简单作业的总称。现今，流通加工作为提高商品附加值、促进商品差别化的重要手段之一，其重要性越来越强。

第二节 食品物流过程对食品安全的影响

一、食品的包装对食品安全的影响

对食品的质量安全控制首先应该提到的就是包装，因为包装是对食品最直接有效的保护，严格来讲食品没有包装就不能储运和销售。包装对食品来说是非常重要的措施，食品包装的目的就是保证食品的质量和安全，为消费者使用提供方便，突出商品包装外表及标志以提高其商品价值。食品包装具有保护食品、促进销售等作用，其中防止食品变质，保证食品质量，是食品包装的最重要的目的。

1. 保护食品功能

食品的种类繁多，性状千差万别，而且多为有机物质，在贮存运输、销售、消费等流通过程中，易受外界各种不利条件及环境因素的破坏和影响。例如微生物、虫害等生物引起的危害，在直射光、高温有氧环境中引起的各种化学反应，吸收或散失水分使食品变质等，合理包装可以减少因运输箱相互摩擦碰撞、挤压振动而造成的机械损伤，减少病害蔓延和水分蒸发，也可以避免散堆食品发热而引起腐烂变质。

2. 方便贮运功能

包装为人类生产、储存、运输、消费等环节提供了诸多方便，方便生产厂家、运输部门搬运装卸，方便仓储部门堆放保管，方便商店陈列销售，也方便消费者携带取用和消费。食品包装还注重包装形态的展示，方便消费时开启和定量取用。

3. 促进销售功能

包装是无声的推销员，是提高食品竞争力、促进销售的重要手段。精美的包装能在心理上征服购买者，增加其购买欲望，有利于宣传产品和树立企业形象。

二、物流前处理对食品安全的影响

食品的生产到销售是一个复杂的过程，从原材料到商品需要经过一系列的加工。在食品物流前进行了哪些方面的加工，如何实现这些加工过程，是值得食品工作者研究的。

1. 食品物流前处理的类型

食品物流前处理的种类繁多，既有为了保鲜而进行的物流前处理，如保鲜包装，也有为了提高物流效率而进行的对蔬菜和水果的加工。如去除多余的根叶等，鸡蛋去壳后加工成液体装入容器，鱼类和肉类食品去皮、去骨等。此外半成品加工、快餐食品加工也是物流前处理的组成部分。

2. 物流前处理的作用

物流前处理的具体作用有以下几方面：

(1) 提高原材料利用率

利用物流前处理环节进行集中下料，可将生产厂直接运来的简单规格产品，按使用部门的要求进行下料。集中下料可以优材优用、小材大用、合理套裁，有很好的技术经济效果。

(2) 进行初级加工，方便用户

用量小或临时需要的使用单位，缺乏进行高效率初级加工的能力，依靠物流前处理可使使用单位省去进行初级加工的投资、设备及人力，从而搞活了供应，方便了用户。

（3）提高加工效率及设备利用率

建立集中加工点，可以采用效率高、技术先进、加工量大的专门机具和设备。这样做的好处：一是提高了加工质量，二是提高了设备利用率，三是提高了加工效率，其结果是降低了加工费用及原材料成本。

（4）充分发挥各种输送手段的最高效率

物流前处理环节将实物的流通分成两个阶段：

一般来说，物流前处理环节设置在消费地，因此，从生产厂到物流前处理这第一阶段输送距离长，而从物流前处理到消费环节这第二阶段距离短。第一阶段是在数量有限的生产厂与物流前处理点之间进行定点、直达、大批量的远距离输送，因此，可以采用船舶、火车等大量输送的手段。第二阶段则是利用汽车和其他小型车辆来输送经过物流前处理后的多规格、小批量、多用户的产品。这样可以充分发挥各种输送手段的最高效率，加快输送速度，节省运力运费。

（5）改变功能，提高收益

在流通过程中可以进行一些改变产品某些功能的简单加工，其目的除上述几点外，还在于提高产品销售的经济效益。

3. 物流前处理的形式

按加工目的不同，有三种物流前处理形式：

（1）为了实现流通的加工

这种物流前处理的目的在于通过各种物理、化学、机械的手段，对流通货物进行加工，使之改变形状、改变性能，从而更有利于流通。属于这一类型的物流前处理有水产品、肉类的冷冻加工等。

（2）为了衔接产需的加工

生产的产品品种、规格、质量与需要不相符时，通过设置中间加工环节，可以按需要对产品进行加工，然后供应给用户。

（3）其他加工形式

除以上两种目的较单一的加工外，许多物流前处理着眼点在于综合效益，有一些物流前处理甚至还对生产方式提出了变革要求，是生产-流通一体化新技术。这类物流前处理主要有水产品去头、尾、鳞加工，蔬菜洗净、去皮、分切加工，等。

4. 食品物流前处理的方法与技术

（1）冷冻加工

为解决鲜肉、鲜鱼在流通中保鲜及搬运装卸的问题，采取低温冻结的加工方式。

（2）分选加工

农副产品离散情况较大，为获得一定规格的产品，采取人工或机械分选的方式加工，称分选加工，广泛用于果类、瓜类、谷物原料等。

（3）精制加工

适用于农、牧、副、渔等产品。精制加工是在产地或销售地设置加工点，去除无用部分，甚至可以进行切分、洗净、分装等加工。这种加工不但大大方便了购买者，而且，还可对加工的淘汰物进行综合利用。比如，鱼类的精制加工所剔除的内脏可以制某些药物或制饲料，鱼鳞可以制高级黏合剂，头尾可以制鱼粉，等。蔬菜的加工剩余物可以制饲料、肥料等。

（4）分装加工

许多生鲜食品零售起点较小，而为保证高效输送，出厂包装则较大，也有一些是采用集装运输方式运达销售地区。这样，为了便于销售，在销售地区按所要求的零售起点进行新的包装，即大包装改小、散装改小包装、运输包装改销售包装，这种方式称分装加工。

三、物流条件对食品安全的影响

在食品质量发生剧变之前或开始进入下降阶段时，都必须适当地进行食品物流条件的控制，消除或减弱不利物流条件的影响，防止品质变化的发生或降低品质变化的速度。影响食品物流条件的环境因素主要有温度、湿度、气体成分、光线、微生物等，这些影响因素是作为食品品质变化的外因在起作用，其影响食品品质变化的机理和速度各有不同，而且往往不是单独起作用的，具有强烈的交互作用和综合效应。例如脂肪劣化过程中，较高的温度、氧气、光线都存在时，其劣化速度远高于单因素的影响。因此，食品物流过程中，应充分深入分析食品特性，综合分析环境条件的影响，在此基础上合理选择和控制食品物流条件参数。

1. 温度的影响

温度是影响食品在流通中稳定性最重要的因素。温度对生物和非生物两个方面的变质都有非常显著的影响。它不仅影响食品中发生的化学变化和酶促反应，以及由此引起的鲜活食品的呼吸作用和后熟、生长过程，生鲜食品的僵直过程和软化过程，它还影响着与食品质量关系密切的微生物的生长繁殖过程，影响着食品中水分的变化及其他物理变化过程。

（1）温度升高对食品保藏的影响

① 加快品质劣变的速度。一般来说，在一定温度范围内（如 $10\sim38℃$），食品在恒定水分条件下，温度每升高 $10℃$，许多酶促和非酶促的化学反应速度加快 1 倍，其腐变反应速度将加快 $4\sim6$ 倍，如脂肪的氧化、食品酶促褐变、农产品呼吸强度和蒸腾作用等等。

例如在新鲜果蔬保藏中，温度是影响果蔬采后寿命的最重要因素。在一定温度范围内，随着温度升高，酶活性增强，呼吸强度增大，当温度超过 $35℃$ 时，呼吸作用中各种酶的活性受到抑制或破坏，呼吸强度反而下降。此外，高温不仅引起呼吸的量变，还会引起呼吸的质变，温度升高果蔬呼吸加快，会使得外部的氧向组织内扩散的速度赶不上呼吸消耗的速度，而导致内层组织缺氧，同时呼吸产生的二氧化碳又来不及向外扩散，累积在细胞内危害代谢。对于跃变型果实，高温将促进其呼吸高峰的到来。同时，环境温度还影响果蔬的蒸腾生理，环境温度高，水分子移动快，且细胞液黏度下降，水分子所受的束缚力减小，因而水分子容易自由移动，必然有利于水分的蒸发。此外，当温变升高时，空气的饱和蒸气压增大，可以容纳更多的水蒸气，这就必然导致果蔬失水过多。另外，对于处于休眠期的果蔬来讲，温度升高能更快地使其解除休眠。

② 对微生物生长繁殖的影响。微生物生存的温度范围较广（$-10\sim90℃$ 之间），根据适宜繁殖的温度范围微生物可分为：嗜冷性细菌（$0℃$ 以下）、嗜温性细菌（$0\sim55℃$）和嗜热性细菌（$55℃$ 以上）。食品在储藏、运输和销售过程中所处的环境温度范围一般也适合嗜温性和嗜冷性细菌的繁殖和生长，而且侵入食品的细菌随温度的升高而繁殖速度加快，食品就越快腐败变质。

③ 环境温度的升高还会破坏食品的内部组织结构，改变食品理化性质，破坏食品品质，如蛋白质变性、维生素损耗等。

（2）低温对食品保藏的影响

食品在流通中保持低温状态是食品保鲜、延长储藏时间最普遍采用的方法。低温在降低食品生物性和非生物性反应及抑制微生物的生长繁殖方面有显著的作用，但冷藏可以保藏所有的食品且温度越低越好的概念是不完全正确的。如果温度控制不当，也会在一定程度上影响和破坏食品品质及其耐贮性。

① 冷害和冻害

冷害是冰点以上的不适低温给果蔬组织所造成的危害，如内部组织变黑、干缩、外表凹陷、局部组织坏死等；冻害是指冰点以下的低温给果蔬组织造成的伤害。在果蔬冻结过程中，外界温度不断降低，细胞间隙的纯水渐渐形成很小的冰晶，冰晶扩大，原生质和胞液的水分不断脱出，通过细胞膜进入细胞间隙，使冰晶逐渐增大。如此不断，就可造成原生质脱水变性，同时大的冰晶还可造成细胞的机械伤害，最后原生质胶体体系遭到破坏，使细胞死亡，从而发生冻害。在引起冻害的温度下，温度越低，冻害越快，低温持续的时间越长，受害越重。冷敏感的果蔬在冷害温度下，糖酵解过程和细胞线粒体呼吸的速度相对加快，呼吸强度比非冷害温度时还大。所以为了抑制呼吸强度，贮藏温度并非越低越好，应该根据各种果蔬对低温的忍耐性不同，尽量降低贮藏温度，又不致产生冷害和冻害。当果蔬从冷害温度转移到非冷害温度中时呼吸强度急剧上升，这可能是为了修复冷害下膜和细胞结构的损伤，或代谢掉冷害温度下积累的有毒中间代谢物质。

② 低温冻结对食品内部组织结构和品质的破坏

食品冻结过程中，水分变成冰会直接或间接地给食品带来一些危害。例如果蔬发生冻害时原生质和胞液的水分不断脱出，使冰晶逐渐增大，造成细胞的机械伤害、蛋白质变性、肌肉组织破坏等。

(3) 温度波动

温度会刺激水果和蔬菜中水解酶的活性，促进呼吸、增加消耗、缩短贮藏时间。如将马铃薯置于 0～20℃中变温贮藏，在低温下放置一段时间后，再升温到 20℃时其呼吸强度会比原来在 20℃时增加许多倍，因此贮藏水果和蔬菜时要尽量避免库温波动。温度波动还会造成冻结食品中冰晶增大，造成细胞的机械伤害。

另外，食品冻结时的冻结速度对食品品质也有较大影响，快速冻结一般优于慢速冻结。

2. 湿度的变化

空气中的湿度是影响食品水分、影响食品储存安全的一个重要因素。例如，与各种粮食安全水分相平衡的相对湿度一般为 70% 左右，如果空气中的相对湿度超过这个界限，粮食水分就会增加，致使粮食的散落性、自动分级特性、孔隙度等发生变化，影响安全储藏。当然，其他食品如果相对湿度超过一定的界限，也会引起质量的变化。如食品水分含量增大，其水分活性也势必随之增大，为微生物的生长繁殖提供了条件。

仓内湿度的变化，随着大气温度的变化而变化；日变化的时间迟于仓外，幅度也较小。但是，密闭条件较好的库房受大气湿度影响较小。仓内各部位的湿度也因情况不同而异。一般来讲，仓房上部的相对湿度比接近地面的相对湿度低；仓内墙角、垛下，由于空气不易流通，相对湿度比较高。特别是没有沥青和水泥防潮层地面的仓房，湿度的差异会更大。湿度的测量工具是静止式干湿计或毛发式干湿计。一般仓内使用较多的为前者，只检查大气湿度和仓内湿度两项。

3. 食品含水量的变化

对大多数食品来说，水分是其重要的组成成分。环境温湿度的变化，必然引起食品含水量的变化，从而引起食品质量的变化，引起储存环境中微生物、虫害的繁殖和生长。所以食品的水分与储存环境的温湿度密切相关。

（1）食品的平衡水分

食品吸湿和解吸的性能是随着大气湿度的变化而变化的，在一定的温度条件下，当食品吸湿和解吸的速度相等时，则食品的水分就会暂时稳定在一个数值上，这一定数值上的水分叫作在这一温湿度条件下的平衡水分。

食品的平衡水分是一种动态平衡，会随仓储环境的温湿度变化而变化。食品的吸湿和解吸，都会使食品品质发生变化，发生开裂、破碎、枯萎、组织硬化、潮解、固化等现象，直至失去商品价值。

（2）食品的安全水分

在实际保管过程中，通常所说的安全水分，是指在一定条件下食品能安全储存的水分界限。这是因为储存食品的稳定性，除受水分条件影响外，还要受温度、湿度、气体成分、仓储条件诸多因素的影响和制约。

4. 光线和气体成分的影响

（1）光线

光对某些食品具有破坏作用，同时又可以用来保护食品，如荧光灯、紫外线杀菌灯、红外线等都可用于杀虫灭菌。

紫外线对微生物有杀伤作用，并能蒸发食品中的水分，有助于食品的养护工作。但有些食品受紫外线照射后，就会发生变色、变质和加速老化等。例如，酒类浑浊，油脂加速酸败，塑料包装材料加速老化、表面龟裂，纸张发黄变脆，等。

（2）氧气

氧对储存食品的质量变化起着极大的影响。氧存在于食品储存的周围空气中，能加速害虫生长繁殖而使食品霉变；含有不饱和成分的油脂，接触空气中的氧能逐渐氧化、酸败。另一些具有生理机能的食品如粮食、蔬菜、水果、鲜蛋等，要借助氧进行呼吸作用。特别是粮食、蔬菜、水果等植物的种子，要靠氧维持生命，保持活力。

（3）二氧化碳

当储藏空气中的氧被生物体的呼吸作用逐渐消耗，其含量逐渐降低的同时，二氧化碳的浓度不断增高，对储藏的各种有生理机能的食品如粮食、油料、蔬菜、瓜果及某些种子影响最大。二氧化碳浓度值的大小，依照不同品种对二氧化碳的敏感度，以及与其他气体成分和温度、相对湿度、水分、氮气、氧气含量的相互关系而定。储藏中增加二氧化碳浓度，使成熟过程和叶绿素的分解延迟，呼吸强度降低，呼吸产生的热量减少，抑制储藏环境中微生物和虫害的生长和繁殖，由此延长了食品的储藏期，保持了食品的品质。但是储藏环境中的二氧化碳浓度过高，则会引起一系列有害影响，如食品色泽恶化，缺氧呼吸显著增加，有些植物组织在低氧下容易发生缺氧生理病害，抗病性大为减弱。

5. 微生物的影响

作为食品原料的动植物在自然生活环境中，本身已经带有微生物，即食品的一次污染。食品原料从采集到加工成食品再到被人们食用为止，整个过程所经受的微生物污染称为食品的二次污染。食品二次污染过程包括食品的运输、加工、贮存、流通和销售。储运环境中存在着大量的游离菌，如城市室外空气中一般含有微生物 $10^3 \sim 10^5$ 个/m^3，其中大部分是细菌，而霉菌约占 10%，这些微生物很容易污染食品。因此，在这个复杂的过程中，如果某一环节不注意灭菌和防止污染，就可能造成无法挽回的细菌和霉菌污染，使食品腐败变质。同时食品含有丰富营养，是微生物繁殖的良好条件，在温度、水分、气体成分、pH 等环境条件适宜的情况下，在储藏中往往会由于微生物的污染而发生腐败、霉变和发酵等生物学变化，造成食品变质。

（1）食品中的主要微生物

与食品有关的微生物种类很多，这里仅举出常见的、具有代表性的食品微生物菌属。

① 细菌

细菌在食品中繁殖，可以引起食品的腐败、变色、变质而导致不能食用，其中有些细菌还能引起人们的食物中毒。细菌性食物中毒中，最多的是肠类弧菌所引起的中毒，约占食物中毒的50%；其次是葡萄球菌和沙门菌引起的中毒，约占40%；其他常见的能引起食物中毒的细菌有：肉毒杆菌、致病性大肠杆菌、魏氏梭状芽孢杆菌、蜡状芽孢杆菌、弯曲杆菌属、耶尔森氏菌属等。

② 真菌

主要为霉菌和酵母。霉菌在自然界中分布极广、种类繁多，常以寄生或腐生的方式生长在阴暗、潮湿和温暖的环境中。霉菌有发达的菌丝体，其营养来源主要是糖、少量的氮和无机盐，因此极易在粮食和各种淀粉类食品中生长繁殖。大多数霉菌对人体无害，许多霉菌在酿造或制药工业中被广泛利用，如用于酿酒的曲霉、用于发酵制作腐乳的毛霉及红曲霉、用于制造发酵饲料的黑曲霉等。然而，有些霉菌大量繁殖会引起食品变质，少数菌在适当条件下还可产生毒素。到目前为止，经人工培养查明的霉菌毒素已达100多种。

（2）食品的微生物腐败

① 腐败

腐败多发生在那些富含蛋白质的动物性食品中，如肉类、禽类、鱼类、蛋品等，植物性食品中的豆制品也容易发生腐败。引起食品腐败的主要微生物是细菌，特别是能分泌体外蛋白质分解酶的腐败细菌。

② 霉变

霉变是霉菌在食品中繁殖的结果。霉菌能分泌大量的糖酶，因此，富含糖类的食品容易发生霉变，如粮食、糕点、面包、饼干、淀粉制品、水果等。霉变的食品，不仅营养成分损失、外观颜色因菌落寄生被污染，而且食品带有霉味。如果被含毒素的黄曲霉菌株污染，还会产生有致癌性的黄曲霉毒素，所以贮存中要防止食品的霉变。引起食品霉变的霉菌有多种，危害性较大的是：青霉属的白边青霉、扩张青霉，毛霉属的丝状毛霉，根霉属的黑根霉，曲霉属的灰绿曲霉、烟曲霉、棒曲霉和黑曲霉等。

③ 发酵

发酵在食品发酵工业中有广泛的应用，但是在食品贮存中它却能引起食品的变质。发酵是在微生物的酶作用下，食品中的单糖发生不完全氧化的过程。食品贮存中常见的发酵有酒精发酵、醋酸发酵、乳酸发酵和酪酸发酵等。

酒精发酵：含糖分的食品（如水果、蔬菜、果汁、果酱、果蔬罐头等）在贮存中发生酒精发酵后会产生不正常的酒味。水果、蔬菜在严重缺氧的条件下由于缺氧呼吸的结果，也会产生酒味。这都表明它们的质量已发生变化。

醋酸发酵：某些食品，如果酒、啤酒、黄酒、果汁、果酱、果蔬罐头等，因醋酸发酵会完全失去食用价值。

乳酸发酵：食品在贮存中发生乳酸发酵不仅能使风味变劣，而且还因乳酸能改变食品的pH，造成蛋白质凝固、沉淀等变化，鲜奶的凝固就是一例。

酪酸发酵：酪酸发酵是食品中的糖在酪酸菌的作用下产生酪酸的过程。食品贮存中因酪酸发酵产生的酪酸，会使食品带有令人讨厌的气味，如鲜奶、奶酪、豌豆等食品变质时就有这种酪酸气味。

(3) 环境因素对食品微生物的影响

影响微生物生长繁殖的环境因素，除前面已论述到的水分、温度等外，主要的还有氧气和 pH。氧的存在有利于需氧细菌的繁殖，且繁殖速度与氧分压有关，细菌繁殖速度随氧分压的增大而急速增高。即使仅有 0.1% 的氧，也就是空气中氧分压的 1/200 的残留量，细菌的繁殖仍不会停止，只不过缓慢而已。适合微生物生长的 pH 范围为 1～11。一般食品微生物得以繁殖的 pH 范围：细菌 pH 范围 3.5～9.5，霉菌和酵母 pH 范围 2～11；对食品微生物最适宜的 pH，细菌为 pH7 附近，霉菌和酵母 pH6 左右。大多数食品均呈酸性，酸性条件下微生物繁殖的下限：细菌 pH 范围 4.0～5.0，乳酸菌 pH 范围 3.3～4.0，霉菌和酵母 pH 范围 1.6～3.2。适当控制食品的 pH 也能控制微生物的生长和繁殖。

另外，在食品保鲜技术中常采用防腐剂来抑制或杀灭微生物，以延长食品的保藏时间。食品防腐剂从广义上讲，包括能够抑制或杀灭微生物的防腐物质。但是从狭义上即对微生物的主要作用性质讲，防腐剂是指抑制微生物繁殖的物质或称为抑菌剂，而杀灭微生物的物质则称为杀菌剂。食品防腐剂抑菌作用主要是改变微生物发育曲线使微生物发育停止在缓慢增殖的迟滞期，而不进入急剧增殖的对数期，延长微生物繁殖一代所需要的时间，即所谓"静菌作用"。微生物的繁殖之所以受到阻碍，与防腐剂控制微生物生理活动，特别是呼吸作用的酶系有密切关系。有的防腐剂能够阻止微生物酶系统活性，有的防腐剂能与微生物酶系统中的某种基团相结合，有的防腐剂同时还能阻碍或破坏微生物细胞膜的正常功能等，从而起到对微生物繁殖的抑制作用。常用到的防腐剂有苯甲酸、苯甲酸钠、山梨酸、山梨酸钾、二氧化硫、对羟基苯甲酸酯等。杀菌剂对污染食品的微生物起杀灭作用。食品杀菌剂按其灭菌特性可分为两大类，氧化型杀菌剂如漂白粉、漂白精、过氧醋酸和还原型杀菌剂如二氧化硫、亚硫酸钠等。过氧化物主要是氧化剂分解时释放强氧化能力的新生态氧使微生物氧化致死的。而氯制剂则是利用其有效氯成分的强氧化作用杀灭微生物的，有效氯渗入微生物细胞后，破坏酶蛋白及核蛋白的巯基或者抑制对氧化作用敏感的酶类，使微生物死亡。还原型杀菌剂如二氧化硫的杀菌机理：主要利用其还原性消耗食品中的氧，使好气性微生物缺氧致死。

四、物流过程的卫生要求

食品物流污染历来在食品污染中占较大比例，尤其是近年来，物流频繁，运输过程中因车体装运不当和站场存放造成食品污染现象突出。为了保证食品卫生质量，在运输中要注意遵守以下安全和卫生要求：

1. 运输工具的卫生要求

① 贮存、运输和装卸食品的包装容器、工具、设备等必须安全、无害，保持清洁，防止食品污染。

② 一般应装备专用食品运输工具，用非专用食品运输工具运送食品时，应对运输工具彻底清洗或消毒后才能装运；装运直接食用食品的运输工具每次用前必须消毒。

③ 专用仓储货位要防雨、防霉、防毒，逐步实现专车、专箱、专位，谨防货位污染，尽量做到专车专用，特别是车、船长途运输粮、菜、鱼等食品时更是如此。

2. 运输过程的卫生要求

① 食品、有毒物品必须分开，严禁混装混放，严格按照"危险货物配表"装配。

② 在食品的装运上，应注意不要将生熟食品、食品与非食品、易于吸收气味的食品与

有特殊气味的食品同车装运，更不能将农药、化肥等物资与食品同车装运，以免造成食品污染。

③ 改进包装方法和材料，提高包装质量，轻拿轻放、轻装轻卸，减少因包装不善所造成的食品污染。

④ 坚持作业标准，杜绝违章操作，认真执行"货物运输管理规定"。

⑤ 长途运输要具备防蝇、防鼠、防蟑螂和防尘措施。

⑥ 运输活畜、活禽时要防止拥挤，途中应供给足够的饮水和饲料。

五、物流过程中质量安全控制的基本措施

食品物流领域包括运输、贮藏等环节，食品特别是蔬菜、水果、畜产品、水产品等鲜活产品由于是自然或人工养殖形成的产品，具有品种复杂、易腐败变质、保鲜难的自然属性，同时生产规模小而疏散，主要分布在城郊及农村，而消费市场集中在城市。流通渠道多，流通规模小，流通路线有长有短，参加的人员复杂，有公司，也有个体户，流通市场有批发市场、代销点等。因此食品在物流过程中的质量控制非常重要。

1. 运输前的预冷

预冷主要指运输前将易腐食品，例如肉及肉制品、鱼及鱼制品、乳及乳制品，特别是果品、蔬菜等的品温降到适宜的运输温度。这样可以降低食品内部的各种生理生化反应，减少养分消耗和腐烂损失，尤其对果蔬来说可以尽快除去田间热和呼吸热，抑制生理代谢，最大限度地保持食品原来的新鲜品质。例如刚挤出的牛乳温度是37℃，很容易受到微生物的污染，而将其快速降到4℃以下，微生物的生长和繁殖就非常缓慢，28h内微生物保持初始水平，而在15℃以上温度，微生物总数会快速增加。

在低温运输系统中，运输工具所提供的制冷能力有限，不能用来降低产品的温度，只能维持产品的温度不超过所要求保持的最高温度。所以一般食品不放在冷藏运输工具上预冷，而是在运输前采用专门的冷却或冷冻设备，将产品温度降低到最佳贮运温度，这样可减少运输工具的冷负荷，并保证冷藏设备的温度波动不至于过大，更有利于保持贮运食品的质量。经过彻底预冷的果蔬，用普通保温车运输，就能够达到低温运输的效果。不经过预冷将不能发挥冷藏车的效能，例如未经预冷的广东香蕉装入火车冷藏箱中，果箱内温度为27～28℃。火车运行5天后，车厢温度为11～12℃，而果箱内温度尚为14℃；而经过预冷的香蕉在入箱经14h就可以将品温降到12℃。

因此，如果低温贮藏或长距离大量运输，预冷是必不可少的一项措施，食品的预冷方法主要有真空预冷、空气预冷和水预冷3种。考虑到我国目前食品的产销实际状况和预冷效果，预冷设备和方式可结合现有的冷库采用强制冷风预冷方式，也可采用差压冷风预冷方式。

2. 装载与堆码

食品在运输车内正确地堆码和装载，对于保持食品在流通中的质量有很大作用。易腐食品在冷藏车中低温运输时应当合理堆放，让冷却空气能够合理流动，使货物间温度均匀，防止因局部温度升高而导致腐败变质。食品的装载首先必须保证食品运输的质量，同时兼顾车辆载重力和容积的充分利用。因此必须保证：

① 在车厢底板与货物之间，空气能沿着车厢中心到端壁的方向自由流通。

② 在各个货件之间空气能同样沿着车厢中心到端壁方向自由流通，最好也能保证各货件之间空气能顺着由车厢上部到下部的方向自由流通，这点在冬季加温运输时尤为重要。

③ 在堆放的货物与车壁之间，空气能顺着车厢中心到端壁和由车厢上部至下部的方向自由流通。

④ 食品在堆码时，每件货物都不应直接接触车底板和车壁板，在货件与车底板和车壁板之间留有间隙，以免通过车壁和底板进入车内的热量直接传给货物，而使品温上升。

⑤ 在装藏对低温较敏感的水果蔬菜时，货件不能紧靠机械冷藏车的出风口或加冰冷藏车的冰箱挡板，以免导致低温伤害。必要时，可在上述部位的货件上面遮盖草席或草袋，使低温空气不直接与货件接触。

食品运输的装车与堆码方法基本上可分为两类：

一是紧密堆码法，适用于冬季短途保温运输的某些怕冷货物、热季运输的某些不发热的冷却货物或者夹冰运输的鱼、虾或蔬菜等。冻结货物必须实行紧密堆码，车内空气不能在货件之间流通，货物本身所积蓄的冷量就不易散发，有利于保持货物温度的稳定并有效地利用车辆载重力和容积。对于本身不发热的冷却货物，例如夹冰鱼，也可采用较紧密的装载方法，但不应过于挤压，以免造成机械伤害影响货物质量。

二是留间隙的堆码法，此法适用于冷却和未冷却的果蔬、鲜蛋等的运输，以及外包装为纸箱或塑料箱的普通食品的装载码垛。采用这种码垛方法应当遵循堆垛稳固、间隙适当、布风均匀、便于装卸和清洁卫生等总原则，使得车内各货件之间都留有适当的间隙，各处温度均匀，保持货物原有品质。这种堆码方法按所留间隙的方式及程度不同又可分为品字形、井字形、"一二三，三二一"法、筐口对装法以及吊挂法，适用于新鲜冷却肉的运输。

目前国外运输易腐食品时多使用托盘，在装车前将货物用托盘码好，用叉车搬运装载，各托盘之间留有间隙供空气循环，这种方法简便易行且堆码稳固。

第三节　食品销售过程对食品安全的影响

一、销售部门具备的贮藏条件

食品在运输到销售地点后，不可能马上就出售，有时需要在销售场所临时贮藏一段时间，这些销售场所包括一级、二级或三级批发市场以及仓储市场、超级市场、零售商场、零售商店等。在销售过程中，为了保证食品的质量，必须像前面所讲的那样，把食品放在温度、湿度、气体等环境条件适宜的贮藏场所，大中型商场、正规水产和果蔬批发市场的冰箱、冰柜或冷藏库一般都可以保证食品适宜的温湿度条件，而普通零售商店则可能没有这些保障措施。为了保持食品质量，向消费者提供色、香、味、形俱佳的产品，应注意加强对食品在销售中的保护。

食品销售部门必须具备一定的贮藏条件如下。在销售环节，食品由于温度波动次数多、幅度大，被污染机会也多，食品的质量往往得不到保证。为保证食品的安全性和应有品质的前提下，要求在销售过程中实施低温控制。这就要求食品销售部门在进行销售时具有贮藏食品的条件，如冷藏食品需具有恒温冷藏设备，冷冻食品需具有低温冷藏设备。目前主要设备是销售陈列柜，陈列柜是食品零售部门展示、销售商品所必需的设备。

（1）对食品销售陈列柜的要求

具有制冷设备，有隔热处理，能保证冷冻和冷藏食品处于适宜的温度下，能很好地展示食品的外观，便于顾客选购，具有一定的贮藏容积，日常运转与维修方便，安全、卫生、无噪声、动力消耗小。

（2）食品销售陈列柜的种类

① 根据销售陈列食品的种类，可分为冷冻式陈列柜和冷藏式陈列柜。

② 根据销售陈列柜的结构形式，可分为敞开式和封闭式，而敞开式又包括卧式敞开式和立式多层敞开式，封闭式又包括卧式封闭式和立式多层封闭式。

（3）食品销售陈列柜的结构与特性

① 卧式敞开式陈列柜：这种陈列柜上部敞开，开口处有循环冷空气形成的空气幕，防止外界热量侵入柜内。通过结构侵入的热量也被循环的冷风吸收，不影响食品的质量。对食品质量影响较大的是由开口部侵入的热空气及热辐射，当外界湿空气侵入陈列柜时，遇到蒸发器就会结霜，随着霜层的增大，冷却能力降低，因此必须在 24h 内至少进行一次自动除霜。

② 立式多层敞开陈列柜：与卧式相比，立式多层陈列柜单位占地面积的容积大，商品放置高度与人体高度相近，展示效果好，也便于顾客购物。但这种陈列柜内部的冷空气更易逸出柜外，外界侵入的空气量也多。为了防止冷空气与外界空气的混合，在冷风幕的外侧，再设置一层或两层非冷空气构成的空气幕，同时，配置了较大的制冷能力和冷风量。由于立式陈列柜的风幕是垂直的，外界空气侵入柜内的数量受空气流速的影响更大。

③ 卧式封闭陈列柜：卧式封闭陈列柜的结构和敞开式的相似，它在开口处设有二到三层玻璃构成的滑动盖，玻璃夹层中的空气起到隔热作用。另外，冷空气风幕也由埋在柜壁上的冷却排管代替，通过外壁面传入的热量被冷却排管吸收。为了提高保冷性能，在陈列柜后部的上方装置冷却器，让冷空气像水平盖子那样强制循环。缺点是商品装载量少，销售效率低。

④ 立式封闭式陈列柜：立式封闭式的柜体后壁上有冷空气循环通道，冷空气在风机作用下强制地在柜内循环。柜门为二层或三层玻璃，玻璃夹层中的空气具有隔热作用，由于玻璃对红外线的透过率低，虽然柜门很大，传入的辐射热并不多。

二、销售过程中的质量安全控制

（1）进有质量确认制度食品

在进货时要有质量确认制度，主要是温度确认。对于生鲜易腐食品要确认其在运输和贮藏过程中始终保持在 0～4℃环境中，速冻食品在 -18℃以下。如果进货时食品已经在不适温度下存放了较长时间，食品升温较高，冷冻食品是已经解冻过的质量低下的产品，那么势必会影响食品质量，难以保证销售过程中的食品安全。

（2）适宜的温度下销售

为保持食品的安全性和食品出厂时的品质，要求销售过程必须在较低的温度下进行，经营销售冷藏和冷冻食品的商店和超市、食品专营店，必须具备冷藏和冷冻设备，使冷藏食品中心温度控制在 0～4℃之间，冷冻食品的中心温度控制在 -18℃以下。冷藏柜要放置在市场或商店中间部位，尽量能吸引顾客，可使顾客在冷藏柜周围选购食品。敞开式冷藏柜由于冷气强制循环，在开启处形成一种气幕，取货、进货都很方便。

（3）销售柜中的食品周转要快

冷藏产品一旦被运送到零售商店，在被放到零售冷藏柜之前往往要先在普通仓库进行短暂的贮存周转，陈列的商品要经过事先预冷。冷冻和冷藏食品在销售商店滞留的时间越短越好，陈列柜内的食品周转要快，绝不能将销售柜当作冷藏或冷冻库使用，否则升温过高和温度波动频繁会严重影响食品质量。一般说来速冻食品可在柜中贮藏15天左右。

（4）防止温度的波动

产品从冷藏库转移堆放到陈列柜时，于室温下停放的时间不能太长。产品在陈列柜中的存放位置对温度也有重要影响，位置之间的温度差异可达5℃左右，最靠近冷却盘管和远离柜门的地方温度低。零售陈列柜的另一个主要目的是给消费者提供可见和易取的方便性，故陈列柜大部分时间都是敞开的，其冷量会不断损失，另外柜中的照明也需要消耗额外的冷量。因此制冷系统必须满足冷量的损失和照明所消耗掉的冷量，对陈列商品的灯光照明要适宜，不宜过强。尽量防止温度的波动。

（5）保证销售出去的食品具有一定时间的保质期

要注意食品的保质期，一方面不要销售超过保质期的食品，另一方面销售出去的产品应具有一定时间的保质期，以避免消费者购回食品后因不能及时食用而造成损失。贮存在冷藏柜中的产品要经常轮换，要实行产品先进先出的原则，让较早放入的食品首先被消费者买走，这样确保产品在冷藏柜中的存放时间不超过最佳保质期。

（6）注意食品销售过程中的卫生管理，防止污染食品

从业人员的健康直接关系到广大消费者的健康，所以必须按规定加强食品从业人员的健康管理。食品从业人员不仅要从思想上牢固地树立卫生观念，而且要在操作中保持双手的清洁卫生，这是防止食品受到污染的重要防护手段之一。

（7）加强对销售陈列柜的管理

食品展卖区要按散装熟食品区、散装粮食区、定型包装食品区、蔬菜水果区、速冻食品区和生鲜动物性食品区等分区布置，防止生、熟食品，干、湿食品间的污染。从业人员应当按规范操作，销售过程中应该轻拿轻放，不要损坏食品的销售包装；冷藏柜不能装得太满；结霜不能太厚，定期除霜；要定期检查柜内的湿度；及时清扫货柜；把温度计放在比较醒目的位置，让消费者容易看到陈列柜中的温度显示。速冻陈列柜一般标有堆装线以保持品质，不要让食品超过堆装线。

参 考 文 献

[1]　陈秦怡，万金庆，王国强．贮藏温度变化对食品品质影响的研究现状 [J]．食品科技，2007，7：231-234.

[2]　张靖宜，刘兰，明语真，等．广东从化温泉水体原核微生物多样性及其酶活筛选 [J]．生物资源，2020，42（5）：557-567.

[3]　Khanal S，Bhattarai K．Comparative study on post harvest losses in potatoes in different storage conditions [J]．Journal of Food Science and Technology Nepal，2020，12（12）：14-19.

[4]　袁建，宋佳，鞠兴荣，等．小麦粉储藏期间水分变化规律的探讨 [J]．粮食储藏，2009，38（6）：39-42.

[5]　游来勇，王昌全，罗娟，等．城市道路防护绿地对空气微生物污染的屏障作用 [J]．生态环境学报，2015，24（5）：825-830.

[6]　郭萍．细菌性食物中毒66例病原学情况及微生物检验分析 [J]．基层医学论坛，2019，23（26）：3794-3795.

[7]　高小朋，何猛超，许可，等．工业微生物发酵过程中 pH 调控研究进展 [J]．中国生物工程杂志，2020，40（6）：93-99.

［8］ Paludetti L F，Kelly A L，O'Brien B，et al. The effect of different precooling rates and cold storage on milk microbiological quality and composition ［J］. Journal of dairy science，2018，101（3）：1921-1929.

［9］ Liang K，Zhang W，Zhang M. Optimization model of cold-chain logistics network for fresh agricultural products——Taking Guangdong province as an example ［J］. Journal of Applied Mathematics and Physics，2019，7（03）：476-485.

［10］ Ndraha N，Hsiao H I，Vlajic J，et al. Time-temperature abuse in the food cold chain：Review of issues，challenges，and recommendations ［J］. Food Control，2018，89：12-21.

［11］ 孙向阳，侯丽芬，隋继学，等. 我国速冻食品产业发展现状及趋势 ［J］. 农业机械，2012，21：86-89.

第十章　食品包装材料对食品安全的影响

第一节　概　述

一、食品包装材料概念及分类

1. 食品包装的定义

国家标准对食品包装的定义是为在流通过程中保护产品、方便贮运、促进销售，按一定技术方法而采用的容器材料及辅助物等的总体名称。食品包装就是采用适当材料容器和技术把食品包裹起来，以使食品在运输和储藏过程中保持其价值和现有状态。

2. 食品包装的分类

食品包装有很多种类，分类方法也多样化：可按在流通过程中的作用分为运输包装和销售包装；按包装结构形式分为贴体包装、泡罩包装、热收缩包装、可携带包装、托盘包装、组合包装等；按销售对象分为出口包装、内销包装、军用品包装和民用品包装等；按包装技术方法分为真空和充气包装、脱氧包装、防潮包装、防水包装、冷冻包装、软罐头包装、热成型包装、热收缩包装、缓冲包装等；另外，还可以按照包装材料和包装容器进行分类。目前我国允许使用的包装材料主要包括纸、竹、金属（主要是铝和锡）、陶瓷、搪瓷、塑料、橡胶、天然纤维、化学纤维、玻璃等材料及接触食品的涂料。

3. 各类常见食品的包装

要根据各种食品的特性，及其在流通过程中可能发生的质变及其影响因素，来选择适当的包装材料和包装方法。

（1）不同形态食品的包装

对液体食品常用塑料瓶、玻璃瓶、金属罐、复合材料制作的袋和杯等；对半流体食品常用塑料或玻璃的广口瓶，或用复合材料制作的袋和杯；对粉体、散粒体及其与液体混合的食品，常用金属罐、塑料广口瓶，复合材料制作的袋、盒、罐等；对单个或多个集合的块状、片状条状及类似于球体、半球体等固体食品常用较大型的塑料盒、金属罐、复合材料制作的袋、盘、盒等。

（2）生鲜肉及肉制品的包装

生鲜冷却肉常用的包装方式主要为浅盘裹包。冷冻肉的包装，主要是为了控制其冻藏过程中常出现的干耗、脂肪氧化和变色等，常用收缩包装、充气包装和真空包装。熟肉类食品的包装要求有良好的隔氧性、阻湿性、避光性和耐高低温的性能，常用的包装材料有聚偏二氯乙烯（PDVC）、聚碳酸酯（PC）、聚乙烯（PE）、聚氯乙烯（PVC）、聚丙烯（PP）、聚对苯二甲酸乙二醇酯（PET）、铝箔及复合薄膜等。鲜肉及肉制品的运输包装主要采用纸箱、编织袋或钙塑箱等。

（3）粮谷类食品的包装

粮谷类食品的包装考虑的主要是防潮、防虫和防陈化。在储运过程中除了专用的散装粮仓和散装车厢、船舱外，对粮谷都要进行包装。过去一般使用麻袋、塑料编织袋包装，目前大多是在塑料编织袋中衬 PE 薄膜袋，既防潮，又有轻微的透湿性。面包通常采用蜡纸、涂塑玻璃纸、塑料薄膜等软包装材料裹包；含水分较低的饼干、酥饼、香糕、酥糖、蛋卷等要求防潮、阻气、耐压、耐油、耐撕裂，主要包装形式是塑料片材热成型的浅盘，外包裹复合塑料薄膜；含水分较高的蛋糕、奶油点心等包装，主要是防霉、防湿和防氧化等，应选用具有较好阻湿、阻气性能的包装材料；档次较高的糕点可用真空包装或充气包装。

（4）生鲜水产品的包装

生鲜水产品的销售包装材料要求高阻隔、耐低温性能，以适应脱氧真空及低温流通条件，必须在包装内放置吸水垫片，吸收积蓄水滴和鱼汁，包装方式主要有 PE 薄膜带涂蜡或涂热熔胶的纸箱。高档鱼类、对虾、龙虾、鲜蟹等对保鲜要求比较高，可采用气调真空包装。生鲜水产品的运输包装材料要求具有较高的强度，质量轻有良好的隔热性能，容器顶盖应开有排水槽，以便于排液运输，包装容器主要有铝合金箱、塑料箱、纤维板箱、钙塑泡沫片、复合塑料保温箱等，也可采用气调包装、防护加休眠包装进行活体运输。

（5）鲜蛋及蛋品的包装

鲜蛋包装的关键是防止微生物的侵染和防震，具有缓冲作用，运输包装可采用瓦楞纸箱、塑料盘箱和蛋托，也可采用收缩包装。松花蛋、腌制蛋、糟蛋等传统蛋制品一般不进行包装而直接销售，如需包装则采用热成型盒或手提式纸盒；蛋粉极易吸潮和氧化变质，一般采用金属罐或复合软包装袋包装。

（6）液态乳及乳制品的包装

鲜乳依据加工产品的不同，而有不同的包装要求。巴氏灭菌乳常采用玻璃瓶、复合纸和塑料袋盒、自立袋包装。超高温（UHT）杀菌乳经超高温灭菌后，随即进行无菌包装，无菌罐装用的都是多层复合材料制成的无菌盒；酸奶主要采用玻璃瓶装或瓷瓶包装，也有用塑料热成型杯、屋顶型纸盒无菌包装的；乳粉保存的要点是防潮、防氧化、避免紫外线照射，一般采用真空充氮复合塑料或金属罐包装；奶酪包装主要是防止发霉和酸败干燥，一般在熔融状态下抽真空并充氮气包装；新鲜奶酪和干酪的软包装是用复合铝箔和涂塑纸制品，多采用真空包装；奶油中的脂肪含量很高，极易发生氧化变质，因此包装材料要求有阻气性和耐油性，习惯上采用玻璃瓶和聚苯乙烯容器包装。

（7）饮料的包装

玻璃瓶是软饮料的传统包装容器，现已逐步被各种塑料瓶、金属罐、纸塑铝箔复合材料的包装盒所取代。含醇饮料主要有蒸馏酒、配制酒、发酵酒三大类，主要用玻璃瓶和陶瓷器皿包装啤酒，还有铝罐包装；茶叶的包装主要是防潮、遮光、防串味，常用的包装有陶瓷、马口铁罐，也可用单层膜或复合膜的塑料袋包装；咖啡、可可、果珍等固体饮料，传统上用玻璃瓶和马口铁罐封装，现在正逐步改用塑料薄膜袋包装。

（8）油脂类食品和调味品的包装

豆油、菜籽油、芝麻油和色拉油等烹调油传统上均采用玻璃瓶包装，近年来逐渐被塑料包装容器所取代。油脂大容量包装都是用铁桶，花生酱、芝麻酱、酱油、食醋、番茄酱等调味料，是采用玻璃瓶罐包装并加入适量抗氧化剂。现代包装广泛采用塑料薄膜吸塑成型和热成型容器包装，并辅以真空或充气包装。

随着人们工作节奏的加快，营养保健品的食品的丰富环保意识的增强，今后对食品及其包装必定会提出许多新的要求，包装的外形会趋向规格化、标准化、模式化的方向发展，以便提高包装效率，利于装载和堆码的定型化、自动化，加速货物的流通。

二、食品包装材料与食品安全

食品包装作为现代食品工业的最后一道工序，具有保护食品安全，方便食品贮藏、运输和销售以及宣传的重要作用，对食品质量产生直接或间接的影响。食品包装的安全性不但关系到消费者的身体健康，而且影响整个食品包装业甚至于食品工业的健康发展。常用的食品包装材料和容器主要有纸和纸包装容器、塑料和塑料包装容器、金属和金属包装容器、复合材料及其包装容器、组合容器、玻璃陶瓷容器、木制容器、麻袋、布袋、草、竹等其他包装物，其中纸、塑料、金属和玻璃已成为包装工业的4大支柱材料，由于包装材料直接和食品接触，很多材料成分可进入到食品中，这一过程称为迁移。迁移现象可在玻璃、陶瓷、金属、硬纸板、塑料等包装材料中发生，因此对于食品包装材料安全性的基本要求，有害物质的迁移问题越来越受到人们的重视。

第二节　纸质包装材料的安全性

一、纸质包装在食品中的应用

纸或纸基材料构成的纸包装材料，因其成本低、易获得、易回收等优点，在现代化的包装工业体系中占有非常重要的地位。从发展的趋势来看，纸及其制品作为食品的包装材料的用量越来越大。纸及其制品在包装领域之所以独占鳌头，是因为其有一系列独特的优点：加工性能良好、印刷性能优良，具有一定的机械性能，便于复合加工，卫生安全性好，且原料来源广泛，容易形成大批量生产，品种多样、成本低廉、质量较轻、便于运输、废弃物可回收利用、无白色污染等。纸及其制品包装材料在一些发达国家占整个包装材料总量的 $40\% \sim 50\%$，在中国约占 40%。常用的食品包装用纸有牛皮纸、羊皮纸和防潮纸等。牛皮纸主要用于外包装，羊皮纸可用于奶油、糖果、茶叶等食品的包装。防潮纸又称涂蜡纸，有良好的抗油脂性和热封性，主要用于新鲜蔬菜等食品的包装。

纸板常按其纸的来源及构造特点进行分类，常用的纸板有黄纸板、箱纸板、瓦楞纸板、白纸板等。

纸容器是以纸或纸板等纸复合材料制成的纸袋、纸盒、纸杯、纸箱、纸桶等容器。它按用途可分为两大类：一类用于销售包装，另一类用于运输包装。

纸袋是指用纸或纸复合材料加工而成的容器。

纸盒是一种半硬性纸包装材料。为保证食品安全，防止包装材料带来的污染，与食品的接触面应加衬里，也有的涂覆 PE（聚乙烯）。用纸、塑料、铝材料复合纸板制成可折叠纸盒，密封性能好，其材料由 PE/纸/PE/Al/PE 构成，常用的形状有屋顶长方形、平顶长方形、正四面体等，主要用于牛奶与果汁等饮料的无菌包装。

纸复合罐于 20 世纪 50 年代开始用于食品包装。选用高性能的纸板、金属薄层衬里及树脂薄膜，使复合罐密封性能有所提高。复合罐抗压性比马口铁罐差，不能用蒸汽灭菌，气密封性能不如金属罐。复合罐多用于粉状、颗粒状干食品或浓缩果汁、酱类的包装。

纸桶也称纸板桶或牛皮纸桶，容器一般在 220L 以下，最大装量 100kg，常用于粉状食品、化工原料等的包装。纸桶比金属桶轻，虽然可在桶外壁进行防水处理，但仍不适于户外存放或长期置于自然环境中。

二、纸中有害物质的来源

纯净的纸是无毒的，但由于原料受到污染，或经过加工处理，纸和纸板中通常会有一些杂质、细菌和某些化学残留物，从而影响包装食品的安全性。纸中有害物质的来源主要有以下几个方面：

1. 制纸原料

制纸原料主要有木浆、草浆、棉浆等，木浆最佳。作物在种植过程中使用农药等，因此在麦秆、稻草等制纸原料中含有害物质，有的还掺有一定比例的回收废纸。虽然回收废纸经脱色可将油墨染料脱去，但铅、镉、多氯联苯等有害物质仍留在纸浆中。因此，制作食品包装用纸不应采用回收废纸作原料。

2. 添加物

制纸中所用的添加物有亚硫酸钠、硫酸铝、氢氧化钠、次氯酸钠、松香、防霉剂等，这些物质残留将对食品造成污染，因此应防止其在纸中残留。此外，为了使纸增白，往往在纸中添加荧光增白剂，这种增白剂是一种致癌物，应禁止在食品包装纸中添加。

3. 油墨

目前，食品包装纸的油墨污染比较严重，而中国还没有食品包装专用油墨，一般工业印刷用油墨中含有铅、镉、甲苯、二甲苯等有害物质。如一些高级食品包装都使用了锡纸，据了解，一半左右的锡纸中铅含量都超过了卫生允许指标，而铅是公认的造成重金属中毒的"元凶"。还有许多企业喜欢用彩色包装纸包装食品，虽然彩色油墨是单面印刷在食品包装纸外侧，但印刷后的彩纸是捆叠在一起的，每张包装纸的无印刷面也接触了油墨，即使是浸了石蜡的彩色蜡纸，也会因涂蜡不匀，彩色油墨仍有机会与食品直接接触。因此，食品包装上用纸不能说明是安全的。为了防止油墨对食品造成的污染，一方面要加强对油墨配方的审查，选用安全的颜料和溶剂；另一方面印刷面不能直接接触食品。

第三节 塑料包装材料的安全性

塑料是以一种聚合物树脂为基本成分，再加入一些用来改善性能的各种添加剂制成的高分子材料。树脂在塑料中占 40%～90%，它可分为热塑性塑料和热固性塑料。用于食品包装及容器的热塑性塑料有聚乙烯、聚丙烯、聚苯乙烯、聚氯乙烯等，热固性塑料有脲醛树脂及三聚氰胺等。塑料用作包装材料是现代包装技术发展的重要标志。

塑料由于原料来源丰富、成本低廉、质量轻（其相对密度为铝的 30％～50％）、运输方便、化学稳定性好、易于加工、装饰效果好以及良好的保护作用等特点而受到食品包装业的青睐，它成为 40 年来世界上发展最快、用量最大的包装材料。塑料包装材料广泛用于食品的包装，大量取代了玻璃、金属和纸类等传统包装材料，使食品包装的面貌发生了巨大的改观，体现了现代食品包装形式丰富多样、流通使用方便的发展趋势，成为食品销售包装最主要的包装材料。塑料包装消耗量目前约占总消耗量的 1/4，但塑料包装用于食品也存在着一些安全性问题。

一、有害物质的来源

塑料包装材料污染物的主要来源有如下几方面：

1. 塑料包装表面污染物

塑料易于带电，造成包装表面微尘杂质污染食品。

2. 塑料包装材料本身的有毒残留物迁移

塑料材料本身含有部分的有毒残留物质，主要包括有毒单体残留、有毒添加剂残留、聚合物中的低聚物残留和老化产生的有毒物。它们将会迁移进入食品中，造成污染。塑料以及合成树脂都是由很多小分子单体聚合而成，小分子单体的分子数目越多，聚合度越高，塑料的性质越稳定，当与食品接触时，向食品中迁移的可能性就越小。

3. 包装材料回收或处理不当

包装材料回收和处理不当，带入污染物，不符合卫生要求，再利用时引起食品污染。

二、塑料包装材料对食品的污染

各种塑料是由相应的单体聚合而成的，有些塑料聚合时需要加入增塑剂，还有的塑料在聚合时需要催化剂的帮助，因此塑料类包装材料的主要卫生问题是单体、增塑剂及催化剂对食品的污染。目前用到塑料中的低分子物质或添加剂很多，主要包括：增塑剂、抗氧化剂、热稳定剂、紫外线稳定剂和吸收剂、抗静电剂、填充改良剂、润滑剂、着色剂、杀虫剂和防腐剂等。

1. 单体

聚乙烯和聚丙烯中的乙烯和丙烯单体由于沸点低、极易挥发，一般不存在残留问题。聚苯乙烯中往往含有苯乙烯、乙苯、异丙苯、甲苯等化合物，有一定的毒性。而聚氯乙烯不稳定，其单体氯乙烯在与食品接触时可向食品中移行，造成对食品的污染。

2. 塑料添加剂

塑料添加剂主要有增塑剂、稳定剂、抗氧化剂、抗静电剂、润滑剂等，这些添加剂对于保证塑料制品的质量非常重要，但有些添加剂对人有毒害作用。

（1）增塑剂

增加塑料制品的可塑性，使其能在较低温度下加工的一般多采用化学性质稳定，在常温下为液态并易与树脂混合的有机化合物，有邻苯二甲酸酯类、磷酸酯类、柠檬酸酯类、脂肪酸酯类及脂肪族类等。邻苯二甲酸酯类是应用最为广泛的一种，其毒性较低。

（2）稳定剂

防止塑料制品老化的一类物质。大多数为金属盐类、硫酸铅、二盐基硫酸铜或硬脂酸铅盐、钡盐、锌盐及镉盐等。接触食品后金属溶入食品，特别是铅、镉稳定剂使用于硬聚氯乙烯管道中，接触液体饮料、水后可移入食品中，造成食品的金属污染。此外，钡盐的危害性较大。

（3）其他添加剂

塑料中其他添加剂还有抗氧化剂、抗静电剂、润滑剂、着色剂等，多数毒性较低，但应注意着色剂对食品的污染。比如：三聚氰胺及脲醛树脂能游离出甲醛，可造成食品的甲醛污染；含氯塑料包装材料可在加热时及作为城市垃圾焚烧时产生二噁英，对人类健康造成潜在威胁。

三、常用的塑料制品

1. 聚乙烯

聚乙烯（polyethylene，PE）塑料属于聚烯烃类长直链烷烃树脂，本身是一种无毒材料，其毒性可属"极小"或"无害"级。

聚乙烯塑料的污染物主要包括聚乙烯中的单体乙烯、低分子量聚乙烯、添加剂残留以及回收制品污染物。其中乙烯低毒性，但由于沸点低、极易挥发，在塑料包装材料中残留量极低，加入的添加剂量又很少，基本不存在残留问题，因此一般认为聚乙烯塑料是安全的包装材料。但低分子量聚乙烯较易溶于油脂，使油脂具有蜡味，从而影响产品质量，故不适于盛装油脂。聚乙烯塑料回收再生制品，由于回收渠道复杂，回收容器上常残留有许多有害污染物，很不易洗刷干净，从而将杂质带入再生制品中，同时为了掩盖色泽上的缺陷，常添加大量深色染料，不符合食品卫生标准。因此，一般规定聚乙烯回收再生品不能再用于制作食品的包装容器。

2. 聚丙烯

聚丙烯（polypropylene，PP）由丙烯聚合而成，属于长直链聚烷烃类，加工中使用的添加剂与聚乙烯塑料类似。一般认为聚丙烯较安全，其安全性高于聚乙烯塑料。聚丙烯作为食品包装材料，主要制成薄膜，可代替玻璃纸使用，还可用于含油食品包装，可制成热收缩薄膜，用于食品热收缩包装。聚丙烯塑料的安全性问题主要是回收再利用品，与聚乙烯塑料类似。

3. 聚苯乙烯

聚苯乙烯（polystyrene，PS）是以石油为原料制成乙苯，乙苯脱氢精馏后可得到苯乙烯，再由苯乙烯聚合而成。聚苯乙烯树脂本身无味、无臭、无毒，不易生长霉菌，卫生安全性好，可制成收缩膜、食品盒、水果盘、小餐具以及快餐食品盒、盘等。但聚苯乙烯树脂与聚乙烯、聚丙烯树脂不同，聚苯乙烯树脂常残留有苯乙烯、乙苯、异丙苯、甲苯等挥发性物质，有一定毒性。苯乙烯单体还能抑制大鼠生育，使肝、肾质量减轻。

4. 聚氯乙烯

聚氯乙烯（polyvinyl chloride，PVC）是由氯乙烯聚合而成的。聚氯乙烯塑料是由聚氯乙烯树脂为主要原料，再加以增塑剂、稳定剂等添加剂加工制得。聚氯乙烯树脂本身是一种无毒聚合物，聚氯乙烯塑料的安全性问题主要是残留的氯乙烯单体、降解产物和添加剂（增塑剂、热稳定剂和紫外线吸收剂等）的溶出造成食品污染。

单体氯乙烯具有麻醉作用，可引起人体四肢血管收缩而产生疼痛感，同时还具有致癌和致畸作用。氯乙烯在肝脏中可形成氧化氯乙烯，具有强烈的烷化作用，可与DNA结合产生肿瘤。由于氯乙烯的毒性，各国对聚氯乙烯塑料中单体氯乙烯残留量都作了严格规定。

聚氯乙烯塑料中常加入多种添加剂，以增加塑料的可塑性和稳定性。常用的增塑剂有邻苯二甲酸酯类、磷酸酯类、柠檬酸酯类、脂肪酸酯类及脂肪族二源酸酯类等。邻苯二甲酸二己酯、邻苯二甲酸二甲氧乙酯具有致癌性，苯二甲酸酯可使动物致畸，它们可从包装材料中溶出而进入食品。聚氯乙烯塑料常添加稳定剂防止老化，种类有铅、钙、钡、镉、锌、锡等金属的硬脂酸盐。接触食品可使这些金属溶出，其中铅、钡、镉化合物毒性较大。由于这些因素影响食品安全性，决定了聚氯乙烯塑料使用上的局限性。

5. 聚偏二氯乙烯

聚偏二氯乙烯（polyvinylidenechloride，PVDC）塑料由偏二氯乙烯和少量增塑剂、稳定剂等添加剂组成。聚偏二氯乙烯树脂是由偏二氯乙烯为单体加聚合成的高分子化合物。

聚偏二氯乙烯主要用于薄膜，也可用作食品肠衣。PVDC具有适合于长期保藏的特性，所以常用于需长期保存的食品包装。

聚偏二氯乙烯塑料残留物主要是偏二氯乙烯（VDC）单体和添加剂。聚偏二氯乙烯塑料所用的稳定剂和增塑剂的安全性问题与聚氯乙烯塑料一样，存在残留危害，因为聚偏二氯乙烯所添加的增塑剂在包装脂溶性食品时可能溶出，因此添加剂的选择要谨慎，同时要控制残留量。

6. 丙烯腈共聚塑料

丙烯腈共聚塑料是一类含丙烯腈单体的聚合物，已被广泛应用于食品容器和食品包装材料。尤其是丙烯腈-丁二烯-苯乙烯共聚物（acrylonitrile butadiene styrene，ABS）和丙烯腈-苯乙烯（acrylonitrile styrene，AS）塑料最常应用。丙烯腈-丁二烯-苯乙烯共聚物主要应用于机械强度较高的食品包装，丙烯腈-苯乙烯用作机械强度高、有透明性要求的食品包装材料。

丙烯腈-丁二烯-苯乙烯塑料和丙烯腈-苯乙烯塑料的残留物主要是丙烯腈单体，丙烯腈单体可向食品中迁移。美国消费者产品安全委员会1978年调查发现，丙烯腈-丁二烯-苯乙烯树脂中丙烯腈单体残留量为$30\sim50mg/kg$，丙烯腈-苯乙烯树脂中为$15mg/kg$。丙烯腈的动物毒性试验表明：动物急性中毒表现为兴奋、呼吸快而浅、喘气、窒息、抽搐，甚至死亡。口服丙烯腈单体还可造成循环系统和血液生化物质的改变以及肾脏损伤。英国和美国认为丙烯腈单体对实验动物有致癌性。

7. 热固性塑料

塑料根据加热冷却时所表现的性质，分为热塑性塑料和热固性塑料。热塑性塑料主要具有链状的线型结构，在特定温度范围内反复受热软化和冷却硬化成型。该类塑料包装性能良好，可反复成型，但刚硬性低，耐热性不高。热固性塑料受热不能软化，只能分解，因此不能反复塑制。这种塑料耐热性好、刚硬、不熔、较脆。

热固性塑料主要以缩醛树脂为基料，再加以必要的添加剂而组成。食品包装上常用的此类塑料有酚醛塑料、氨基塑料等。

酚醛塑料作为食品包装材料，存在有害物残留的危害。因为酚醛塑料是由酚醛树脂以及大量填料和添加剂组合而成，而酚醛树脂由苯酚和甲醛在催化剂催化下经缩聚反应生成，因此酚醛树脂存在甲醛和苯酚的残留物，苯酚和甲醛毒性较大，可对人体造成危害。酚醛塑料主要用作食品包装的瓶盖，由于其存在有害物残留，目前正被氨基塑料制品所代替。另外，酚醛塑料容易长霉，易引起微生物污染，所以不适宜用作接触食品的包装。

四、塑料制品的卫生标准

为了确保塑料包装材料及其制品的安全，很多国家制定了相应的卫生标准。在塑料食品容器、包装材料的卫生标准中，均以各种浸泡剂对塑料制品进行溶出试验，然后测定浸泡液中有害成分的迁移量。溶剂的选择以食品容器、包装材料接触的食品种类而定。模拟中性食品时可选用水作溶剂，模拟酸性食品时用 4% 醋酸作溶剂，模拟碱性食品时用碳酸氢钠作溶剂，模拟油脂食品时用正己烷作溶剂，模拟含酒精的食品时用乙醇作溶剂。实验时根据模拟的条件，以不同温度和时间进行浸泡，然后测定浸泡液中的溶出物（以高锰酸钾消耗量计）、重金属、蒸发残渣以及各单体物质、甲醛等的含量。

这些标准规定了以各种液体浸泡塑料后，塑料中有害成分向食品中的迁移量。如：4% 醋酸中浸泡蒸发残留物（60℃，2h）、蒸馏水浸泡液中蒸发残留物（60℃，2h），65% 乙醇浸液中蒸发残留物（60℃，2h），正己烷浸泡液中蒸发残留物（60℃，2h），水溶液中高锰酸钾消耗量（60℃，2h），以及重金属（以 Pb 计）等。

五、食品包装材料的痕量污染物

在食品包装或加工操作中通常存在着痕量污染物。在塑料加工过程中用于聚合反应的催化剂残留物可能出现在食品成品中，包装加工机械的润滑剂也可能进入食品中，然而，在食品成品中要想除去它们，则难度很大。

微生物的影响在食品包装材料中也是一个值得注意的问题。包装材料中的微生物污染主要是真菌在纸包装材料及其制品上的污染，其次是发生在各类软塑料包装材料上的污染。据报道，近年来铝箔、塑料薄膜及其复合薄膜等包装原材料被真菌污染而使食品腐败变质的情况特别多。因此，要注意各种包装食品的二次污染问题以及导致二次污染的因素。

第四节　玻璃、陶瓷和搪瓷包装材料的安全性

一、玻璃、陶瓷和搪瓷包装在食品中的应用

玻璃是由硅酸盐、碱性成分（纯碱、石灰石、硼砂等）、金属氧化物等为原料，在 1000～1500℃ 高温下熔化而成的固体物质。玻璃是一种历史悠久的包装材料，它的种类很多，根据所用的原材料和化学成分不同，可分为氧化铝硅酸盐玻璃、铅晶体玻璃、钠钙玻璃、硼硅酸玻璃等。

玻璃包装材料具有以下优点：无毒无味、化学稳定性好、卫生清洁、耐气候性好；光亮、透明、美观、阻隔性能好，不透气；原材料来源丰富、价格便宜、成型性好、加工方便，品种形状灵活，可回收及重复使用；耐热、耐压、耐清洗，可高温杀菌，也可低温贮藏。主要缺点为：质量大、运输费用高、脆性大、易破碎，加工耗能大，印刷等二次加工性差。

在发达国家，玻璃制品的人均消费量每年超过 15kg，而中国人均消费量每年不到 10kg。在这些国家，玻璃装饮料十分流行，因为安全、新鲜，所以价格高于易拉罐饮料，这与中国正好相反。用玻璃瓶盛放液态调味料也是很好的选择。玻璃因其稳定的品质不会与油、醋等调料发生化学反应，以产生影响人们健康的有害物质。用玻璃容器调制凉菜、水果沙拉也是不错的选择。而玻璃品种繁多，作为食品容器，最好选择无色透明的玻璃容器制品。

搪瓷器是将瓷釉涂覆在金属坯胎上，经过焙烧而制成的产品，搪瓷的配方复杂。陶瓷器是将瓷釉涂覆在由黏土、长石和石英等混合物烧结成的坯胎上，再经焙烧而成的产品。搪瓷的烧结温度为 800～900℃，陶瓷的烧结温度为 1000～1500℃。

二、玻璃、陶瓷和搪瓷包装材料对食品安全的影响

玻璃的着色需要用金属盐，如蓝色需要用氧化钴，茶色需要用石墨，竹青色、淡白色及深绿色需要用氧化铜和重铬酸钾等。玻璃是一种惰性材料，与大多数内容物不发生化学反应，是一种比较安全的包装材料。玻璃的安全性问题主要是从玻璃中溶出的迁移物，如在高脚酒杯中往往添加铅化合物，加入量一般高达玻璃的 30%，这有可能迁移到酒或饮料中，对人体造成危害。此外，在玻璃制品的原料中，二氧化硅的毒性虽然很小，但应注意二氧化硅原料的纯度。

搪瓷、陶瓷容器的主要危害来源于制作过程中在坯体上涂的彩釉、瓷釉、陶釉。釉料主要是由铅、锌、镉、锑、钡、钛、铜、铬、镉、钴等多种金属氧化物及其盐类组成，它们多为有害物质。当使用搪瓷容器或陶瓷容器盛装酸性食品（如醋、果汁）和酒时，这些物质容易溶出而迁入食品，甚至引起中毒，如铅溶出量过多。陶瓷器卫生标准是以 4%乙酸浸泡后铅、镉的溶出量为标准，标准规定镉的溶出量应小于 0.5mg/L。搪瓷器卫生标准是以铅、镉、锑的溶出量为控制要求，标准规定铅小于 1.0mg/L，镉小于 0.5mg/L，锑小于 0.7mg/L。

第五节　食品包装容器内壁涂料的安全性

一、食品包装容器内涂层的种类与应用

食品容器、工具及设备为防止腐蚀、耐浸泡等常需在其表面涂一层涂料。目前，中国允许使用的食品容器内壁涂料有聚酰胺环氧树脂涂料、过氯乙烯涂料、有机硅防粘涂料、环氧酚醛涂料等。

1. 聚酰胺环氧树脂涂料

聚酰胺环氧树脂涂料属于环氧树脂类涂料。环氧树脂一般由双酚 A（二苯酚基丙烷）与环氧氯丙烷聚合而成。聚酰胺作为聚酰胺环氧树脂涂料的固化剂，其本身是一种高分子化合物，未见有毒性报道。聚酰胺环氧树脂涂料的主要问题是环氧树脂的质量（即环氧树脂的环氧值）、固化剂的配比以及固化度。固化剂配比适当，固化度越高，环氧树脂向食品中迁移的未固化物质越少。按照 GB 9686—2012 的规定，聚酰胺环氧树脂涂料在各种溶剂中的蒸发残渣应控制在 30mg/L 以下。

2. 过氯乙烯涂料

过氯乙烯涂料以过氯乙烯树脂为原料，配以增塑剂、溶剂等助剂，经涂刷或喷涂后自然

干燥成膜。过氯乙烯树脂中含有氯乙烯单体，氯乙烯是一种致癌的有毒化合物。成膜后的过氯乙烯涂料中仍可能有氯乙烯的残留，按照 GB 4806.10—2016 的规定，成膜后的过氯乙烯涂料中氯乙烯单体残留量应控制在 1mg/kg 以下。过氯乙烯涂料中所使用的增塑剂、溶剂等助剂必须符合国家的有关规定，不得使用高毒的助剂。

3. 有机硅防粘涂料

有机硅防粘涂料是以含羟基的聚甲基硅氧烷或聚甲基苯基硅氧烷为主要原料，配以一定的助剂，喷涂在铝板、镀锡铁板等食品加工设备的金属表面，具有耐腐蚀、防粘等特性，主要用于面包、糕点等具有防粘要求的食品工具、模具表面，是一种比较安全的食品容器内壁防粘涂料。一般也不控制单体残留，主要控制一般杂质的迁移。按照 GB 11676—2012 规定，蒸发残渣应控制在 30mg/L 以下。

4. 环氧酚醛涂料

环氧酚醛涂料为环氧树脂与酚醛树脂的共聚物，一般喷涂在食品罐头内壁。虽经高温烧结，但成膜后的聚合物中仍可能含有游离酚和甲醛等未聚合的单体和低分子化合物。与食品接触时可向食品迁移，按照 GB 4806.10—2016 的规定，环氧酚醛涂料中游离酚的含量应低于 3.5%。

5. 食品包装材料化学污染物摄入量评估

由于膳食结构及其变化的复杂性，食品包装材料中化学污染物的摄入量评估是一个复杂而困难的问题。通常的做法是以包装材料的人均使用量来衡量，即以一个国家用于食品包装的特定材料的总产量除以这个国家的人口数。例如：1987 年，英国直接用于和食品相关的聚氯乙烯的总量为 13000 吨，而当年英国人口数为 55000000，那么聚氯乙烯的平均用量为 236g/（人·a）。然而，这是一个很粗略的平均数，并未注意到食品包装物的使用情况，也未考虑到高于聚氯乙烯食品包装的平均数量的消费者的摄入量，或是那些在家庭中大量使用包装材料的消费者。

二、食品包装容器内的涂层对食品安全的影响

人们对食品包装材料化学物质的迁移及食品安全性的研究工作，主要关注在塑料制品上，而对纸、纸板和玻璃等包装制品的研究则较少。在金属包装材料上也有过一些研究，但主要关注在某几个领域，如来自罐头焊点铅的迁移的食品安全性问题。在包装材料这一领域，研究工作者所面临的问题是需要考虑大量的化学物质，尽管在分析方法的开发和应用上，已取得了相当大的突破，这些方法已帮助立法者建立了塑料包装材料的单体污染物迁移控制的基本框架，但也还存在许多未知的因素。食品包装中其他化学污染物的迁移及其与食品安全性的关系都有待于应用这些技术方法作进一步的研究。

第六节　食品其他接触材料的安全性

一、茶包、卤味包接触材料的安全性

茶包、卤味包等食品接触材料的安全性，主要取决于其使用材料的安全性。目前常用于茶包、卤味包的材料主要为纤维素类制品。因此，其荧光性物质、脱色试验、大肠菌群、霉

菌、致病菌、蒸发残渣、重金属等指标需符合 GB 4806.8—2016 要求。

二、面粉袋的安全性

传统的面粉包装一般使用棉布袋。随着粮食生产经营及现代物流行业的变革与发展，粮食的小包装已非常普遍。面粉可使用聚乙烯、聚丙烯等单层薄膜包装。对于较高档品种，也可采用多层复合材料包装。包装方法也由普通填充改为真空或充气的气调包装。比如：在气调包装内填充二氧化碳，可防止面粉氧化变质，并有良好的防虫、防霉效果。此外，如果在复合薄膜材料中加入驱虫剂（除虫菊酯、胡椒基丁醚等），则具有更好的驱虫效果。一种典型的复合材料为防油纸/黏合剂＋除虫剂/铝箔/聚乙烯。

三、烧烤刷、调料刷等的安全性

传统的烧烤刷与调料刷等通常采用木制的刷柄及动物毛发制成的刷头，但是这些天然材料均存在不耐高温的缺点，因此，目前市面上较为理想的替代材料为硅胶。硅胶主要成分是二氧化硅，化学性质稳定，不燃烧，是安全性良好的食品接触材料。

四、蒸笼布的安全性

蒸笼布通常使用全棉纱布制成，须符合纤维素类制品的安全性标准。

参 考 文 献

[1] Raheem D. Application of plastics and paper as food packaging materials-an overview [J]. Emirates Journal of Food and Agriculture，2013，25（3）：177-188.

[2] Deshwal G K，Panjagari N R，Alam T. An overview of paper and paper based food packaging materials：health safety and environmental concerns [J]. Journal of Food Science and Technology，2019，56（10）：4391-4403.

[3] Ojha A，Sharma A，Sihag M，et al. Food packaging-materials and sustainability-A review [J]. Agricultural Reviews，2015，36（3）：241-245.

[4] Kao Y M. A review on safety inspection and research of plastic food packaging materials in Taiwan [J]. Journal of Food and Drug Analysis，2012，20（4）：734-743.

[5] 韩陈，赵镭，吴亚平，等. 顶空-气相色谱法测定聚丙烯腈类食品接触材料中3种腈类化合物残留量 [J]. 上海化工，2019，44（2）：30-34.

[6] 李继鸿. 塑料材质对食品包装产品的安全性能影响分析 [J]. 塑料工业，2019，47（2）：153-156.

[7] 陈沙，喻俊磊，朱作为，等. 食品接触材料塑中16种多环芳烃的迁移规律 [J]. 食品与发酵工业，2020，46（16）：105-109.

[8] 付露莹，王锐，张有林. 食品包装材料研究进展 [J]. 包装与食品机械，2019，36（1）：51-56.

[9] 翁云宣，靳玉娟. 食品包装用塑料制品 [M]. 北京：化学工业出版社，2014.

[10] 吴国华. 食品用包装及容器检测 [M]. 北京：化学工业出版社，2006.

[11] 陈野. 食品包装学 [M]. 北京：中国轻工业出版社，2019.

第十一章 食品安全评价方法

第一节 概　述

食品安全性评价是运用毒理学实验结果，并结合人群流行病学调查资料来阐明食品中某些特定物质的毒性及其潜在危害、对人类健康产生影响的性质和强度，预测人类接触后的安全程度，为制订预防措施提供理论依据。食品安全性评价在传统的毒理学评价研究外，也在人体研究、残留量研究、暴露量研究、膳食结构和摄入风险评价等方面有广泛应用。因此，食品安全性评价不仅在食品安全性研究上有重要作用，同时在食品安全的监控和管理上也起到关键作用。

食品安全性评价在评估某种食品是否可以安全使用的同时还对食品中有关危害成分或物质的毒性以及风险进行分析，从充分的毒理学资料来确定物质的安全剂量，通过风险评估进而对风险进行控制。

1983 年，我国卫生部公布了《食品安全性毒理学评价程序（试行）》，经过修订，于 1994 年批准成为国家标准《食品安全性毒理学评价程序》，配合《食品卫生法》予以实施。该标准（GB 1519.1）最新版本为 2014 年发布的。

第二节 食品毒理学评价

一、食品毒理学及其安全性评价程序

1. 食品毒理学

食品毒理学（food toxicology）是一门用基础毒理学的基本原理和方法来研究和解决食品中的毒理学问题，并形成具有自身特点和系统的概念、理论和方法体系的学科，是毒理学的一个重要分支。

食品毒理学对食品中外源化学物的性质、来源和形成，以及它们的不良作用和有益作用及其作用机制展开研究，用来确定这些物质的安全限量和评定食品的安全性的科学，维护人类的健康。食品毒理学是食品安全性的基础，为食品安全性评估和监控提供详细和确凿的理

论依据。

2. 食品毒理学安全性评价程序

（1）适用范围

① 食品生产、加工过程中使用的化学和生物物质。

② 生产、加工过程中产生和污染的有害物质。

③ 食物新资源和新资源食品。

对于①和②所述物质应制订每日允许摄入量，进而分别制订使用卫生标准和允许残留量，对于第③类则应判定其摄入对人体健康是否有害，进而做出无 ADI 规定（食用不受限制）或禁止食用。

（2）受试物的要求

① 根据各项试验的要求，选择合适的实验动物。

② 依据试验的要求选择动物的性别、年龄和数量。

③ 实验动物需按照《实验动物管理条例》的有关规定进行使用。在实验报告必须明确注明实验动物合格证号及实验动物使用合格证号。

（3）毒理学安全性评价试验的内容

传统的毒理学安全性评价试验包含以下几个阶段：

① 第一阶段的急性毒性试验。

目的：测定获得半数致死剂量（LD_{50}），对受试物的毒性强度、性质进行测定，为毒性试验的剂量和毒性判定指标的选择提供依据。

试验内容：经口急性毒性试验、联合急性毒性试验。

② 第二阶段的遗传毒性试验、传统致畸试验、短期喂养试验。

目的：遗传毒性试验，对受试物的遗传毒性以及其潜在致癌作用进行筛选；传统致畸试验，了解受试物对胎仔是否具有致畸作用；短期喂养试验，对只需要进行第一、二阶段毒性试验的受试物，在急性毒性试验的基础上，通过短期（30 天）喂养试验，对其毒性作用进行确定，并初步估计最大无作用剂量。

试验内容：细菌致突变试验等。

③ 第三阶段的亚慢性毒性试验（90 天喂养试验）、繁殖试验和代谢试验。

目的：观察受试物不同剂量较长期喂养动物后的毒性作用性质，初步确定最大作用剂量；检验受试物是否对动物繁殖及对子代有致畸作用，为慢性毒性和致癌试验的剂量选择提供依据。

试验内容：90 天喂养试验、繁殖试验、代谢试验。

④ 第四阶段的慢性毒性试验（包括致癌试验）。

目的：确定长期接触受试物后出现的毒性作用，尤其是不可逆的毒性作用以及致癌作用；最后确定最大无作用剂量，为受试物能否应用于食品的最终评价提供依据。

试验内容：慢性毒性试验。

二、我国食品安全性毒理学评价

目前我国现行的食品安全性评价的方法和程序是按照传统的毒理学评价程序来进行的，即：初步工作→急性毒性试验→遗传毒理学试验→亚慢性毒性试验（90 天喂养试验、繁殖试验、代谢试验）→慢性毒性试验（包括致癌试验）。除了传统的毒理学评价研究外，还需进行人体研究、残留量研究、暴露量研究、消费水平（膳食结构）和摄入风险评价等。在进行整体的食品安全性评价过程中，除了要对食品有害成分的单项评价、食品的综合评价、膳食结构的综合评价以及最终的风险评估，还要把化学物质评价、毒理学评价、微生物学评价和营养学评价综合在一起得出结论，这也是现代食品安全性评价的发展趋势。

第三节　食品安全风险分析

一、食品安全风险分析概述

风险分析（risk analysis）是对风险进行评估，根据评估结果制定相应的风险管理措施，以便将风险控制在可接受的范围内，并且保证风险各相关方能够顺畅地交流风险信息的一个过程。风险分析最早出现于环境科学危害控制领域，随着频发的食品安全事件和食品贸易的增长，20 世纪 80 年代开始，风险分析开始在食品安全领域使用并且逐渐完善。

对食品进行风险分析很有必要。首先风险分析对保证食品安全具有重要作用。因为食品安全事件的频发，对于食品中有害物质限量的检测和食品安全事件后的应急处理无法满足人们的需要。食品风险分析着重在"预防"，风险评估、风险管理、风险交流等一系列措施使人们面对食品安全问题时化被动为主动，这种转变可以提升食品安全水平；其次，在国际食品贸易中对风险分析要求越来越高。一方面，《实施动植物卫生检疫措施协议》（SPS 协议）通过之后，建立在风险分析基础之上的国际食品法典委员会的标准（包括推荐和导则）的性质已经发生了实质性的变化，由推荐性标准变成一种被国际社会广泛接受和普遍采用的食品安全性管理措施，成为国际食品贸易中一种变相的强制性标准。另一方面，来自于已经开展风险分析的国家的压力越来越大。目前，除了一些发达国家，很多发展中国家也在食品风险分析方面进行了相关工作。而已经开展风险分析的国家会针对食品风险分析方面出台一系列的规定和措施，虽然是针对食品安全性的管理措施，但会影响国际食品贸易。作为发展中国家，如果继续观望或者等待，将会错失发展机遇，与已经开展此项工作的国家拉开差距。

食品风险分析贯穿于"从农田到餐桌"整个食品供应链，每个环节的食源性危害均要纳入风险评估。风险分析包括风险评估、风险管理和风险交流 3 方面的内容。其中，风险评估是整个风险分析体系的核心和基础，也是有关国际组织今后工作的重点。食品安全风险分析是在食品安全领域进行风险分析，保证消费者在食品安全性风险方面处于可接受的水平。食品安全分析的主要目标是，分析食源性危害，确定食品安全性保护水平，采取风险管理措施，使消费者在食品安全性风险方面处于可接受的水平。其根本目标在于保护消费者的健康和促进食品贸易的公平。

二、食品安全风险分析框架

风险分析是一个结构化的过程，主要包括风险评估、风险管理和风险交流三个方面。在食品安全风险分析过程中，三部分看似独立存在，实则是一个高度统一、融合的整体，在针对具体的食品安全问题上，有紧密的联系，在食品安全风险分析过程中缺一不可。在这一过程中，包括风险管理者和风险评估者在内的各利益相关方进行风险交流，由风险管理者根据风险评估的结果以及与利益相关方交流的结果制定出风险管理措施，并在执行风险管理措施的同时，对其进行监控和评估，随时对风险管理措施进行修正，从而达到对食品安全风险的有效管理。

风险评估指科学地评估人体接触食源性危害后对健康产生已知或者潜在的不良作用的可能性及其严重程度。风险管理是指以风险评估为基础，采取相关的预防和控制措施来保障消费者健康、促进国际食品贸易。风险交流是指在风险评估者、危险性管理者、消费者、企业、学术团体和其他组织间就危害、风险、与风险相关的因素和理解等方面收集广泛的信息和进行意见沟通，包括风险评估的结论和风险管理决策。三者在开展工作时是相互独立的，但是又是一个有机整体，在任何食品安全任务中，只有三方面的工作都得到了开展，才能说运用了风险分析。风险评估是专业的行为，是独立的评估，要求专家在工作中不受任何政治、经济、文化、饮食习惯等因素的影响，但风险评估专家与风险管理者（包括政府）在实际工作中却密切相关。一方面任务由风险管理者分配给风险评估专家，另一方面，风险评估专家积极主动，向风险管理者对评估对象的选择提出建议，还要将风险评估结果报告后者。

但风险管理是一个纯政府行为。风险管理者接到专家的评估报告以后，根据当时当地的政治、经济、文化、饮食习惯等因素来制定相关管理措施，如法律、法规、标准、检验技术等。

风险交流就是把所有的管理和评估信息都告诉包括专家、政府、消费者（最大利益相关者）、媒体、食品生产经营者（包括养殖、种植产品生产者）以及消费者权益保护组织和行业协会在内的这些与食品安全利益相关人员。风险交流是食品安全风险分析的三大组成部分之一，贯穿于整个风险分析过程，也是食品安全管理的重要内容和目的所在。

第四节　食品安全检测技术

一、食品安全检测技术概述

食品安全检测的任务是在食品安全的检测体系中使用大量现代检测的标准和技术，对食品的每一环节进行有害残留的检测和控制进行积极研究，提前发现食品中现有的或者潜在的危害物质及因素，进而保证食品安全和人民群众身体健康、维护公共卫生安全。

食品安全检测技术是保障食品安全的关键环节。近年来，食品安全检测技术因引入了大量的先进技术而发展迅速，这些技术包括：色谱相关技术、分子生物学检测技术、免疫学检测技术等。这些快速、高通量的检测技术在食品安全检测领域的广泛应用，解决了食品安全检测领域的诸多难题。

二、色谱及色谱-质谱联用技术

色谱法是一种分离和分析方法，它利用不同物质在不同相态的选择性分配，以流动相对固定相中的混合物进行洗脱，混合物中不同的物质会以不同的速度沿固定相移动，最终达到分离效果。色谱类型按照流动相的状态分为两大类：以气体为流动相的气相色谱和以液体为流动相的液相色谱。因为色谱技术具有技术成熟易掌握、检测灵敏度高、分离效能高、选择性高、检出限低、样品用量少、方便快捷等特点和优势，因此已被广泛应用于食品工业的安全检测中。高效能色谱柱、高灵敏检测器及微处理机的使用，使色谱法已经成为一种分析速度快、灵敏度高、应用范围广的分析方法。

1. 薄层色谱法

薄层色谱（thin layer chromatography，TLC）是一种平面色谱技术，多年来被应用于食品中真菌毒素的检测。该法具有操作简单、成本低，对设备和操作人员的要求不高等优点；缺点是特异性不强、干扰因素较多、准确性较差、灵敏度低、检出限较高，并且只能做到半定量分析，另外操作人员要直接接触大量毒素及有机试剂，安全性较差，操作步骤多，试剂用量大。样品量大的情况下，不适合用这种检测方法。而高效薄层色谱和薄层色谱扫描仪的发展和应用，提高了 TLC 的分离效率和检测精确度，由此扩展了 TLC 技术在食品安全检测方面的应用。

目前该方法是检测食品和饲料中真菌毒素，特别是检测某些本身能够发荧光的毒素（如黄曲霉毒素和赭曲霉毒素 A）的常规方法，也是我国目前检测粮油食品中的黄曲霉毒素 M_1、赭曲霉毒素 A 和玉米赤霉烯酮的国标方法。TLC 同时也适用于分析鸡蛋中的黄曲霉毒素 B_1、奶制品中的黄曲霉毒素 M_1、谷物中的玉米赤霉烯酮和杂色曲霉毒素、苹果汁中的展青霉素等。

2. 气相色谱法

气相色谱法（gas chromatography，GC）是以惰性气体（N_2 或 He）为载体将样品带入气相色谱仪进行分析的色谱法。Martin 和 James 于 1952 年首次报道 GC 法，现已成为色谱法中使用最为广泛的一种分析方法，适用于气体混合物或易挥发性的液体或固体检测，即便很复杂的混合物，其分离时间也很短。因为其具有分辨率高、分析迅速和检测灵敏等显著优点，所以是分析检测实验室的常规检测方法。

目前，GC 技术在食品安全检测方面主要应用在：蔬菜、水果及烟草中的农药残留分析，畜禽、水产品中兽药残留及瘦肉精、三甲胺含量分析，饮用水中的农药残留及挥发性有机物污染分析，白酒中的甲醇和杂醇油含量分析，啤酒、葡萄酒和饮料的风味组分及质量控制分析，食品包装中有害物质及含量的检测分析，食用植物油中的脂肪酸组成分析，等。但气相色谱不能直接分析难挥发、热不稳定、强极性、较大分子量的物质，其应用只能涵盖食品安全分析对象的有限部分。

3. 高效液相色谱法

高效液相色谱（high performance liquid chromatography，HPLC）是指以液体为流动相，采用高压输液系统，将具有不同极性的单一溶剂或不同比例的混合溶剂、缓冲液等流动相泵入或装入固定相的色谱柱，各成分在柱内被分离后，进入检测器进行检测，从而实现对样品的分析。HPLC 主要分为吸附色谱、分配色谱、离子色谱、体积排阻色谱和亲和色谱。

20 世纪 90 年代后期，HPLC 法逐步成为检测食品中的营养成分、添加剂、有害物质等的国标方法。相比较气相色谱而言，HPLC 不仅能够弥补气相色谱的局限性，且从分离模式到仪器装置上都更有创新性，因此其可应用在绝大多数的食品安全分析上。HPLC 在食品添加剂、霉菌毒素、农兽药残留的检测中有广泛的应用。

4. 色谱-质谱联用技术

气相色谱法和液相色谱法是物质分离和定量分析的有效手段，但在未知物质的结构鉴定方面始终存在困难，仅凭有限指数定性为植物或未知组分非常不可靠。随着色谱研究工作的迅猛发展，各种新的色谱方法和检测技术日趋成熟，色谱联用技术随之应运而生，因其具有高速、高效、高分辨、微量检测及分析自动化的性能和技术优势，而有广阔的应用前景。

（1）气相色谱-质谱联用技术

气相色谱-质谱联用技术（gas chromatography-mass spectrometry，GC-MS）发展最早，技术最完善。目前，几乎所有从事有机物分析的实验室都把 GC-MS 作为主要的定性手段之一。GC-MS 联用仪主要由气相色谱系统、质谱仪、连接接口和数据处理系统四部分组成，从质谱仪离子源角度来分类，GC-MS 联用仪主要包括电子轰击电离源（electron impact ionization source，EI）、正化学源（positive chemical ionization，PCI）和负化学源（negative chemical ionization，NCI）三种模式。由于 EI 要求被测样品必须气化，故 GC-MS 联用仪使用 EI 较为合适。

欧盟和日本等国家和地区对食品中有机磷、有机氯和拟除虫菊酯等农药残留制定了严格的残留限量标准，很多农药的最大残留量值是 0.01mg/kg。由于样品基质复杂，用普通的气相色谱法经常达不到检测要求，而气相色谱-质谱联用分析则可以较好地提高灵敏度。例如，运用固相萃取-气相色谱-质谱联机分析已能较好地分析肉样中盐酸克仑特罗残留量。

（2）液相色谱-质谱联用技术

液相色谱-质谱联用技术（liquid chromatography-mass spectrometry，LC-MS）的研究开始于 20 世纪 70 年代，但是其发展经历了一个更长的研究过程，直到 90 年代才出现了被广泛接受的商品接口及成套仪器。与 GC-MS 联用仪类似的是 LC-MS 联用仪，主要是由液相色谱系统、质谱仪、连接接口和数据处理系统四部分组成，从质谱的离子源角度来划分，包括电喷雾离子源（electrospray ionization，ESI）、大气压化学电离源（atmospheric pressure chemical ionization，APCI）、大气压光电离源（atmospheric pressure photoionization，APPI）和基质辅助激光解吸电离源（matrixassisted laser desorption ionization，MALDI）等操作模式。ESI、APCI 和 APPI 三种离子源大多与四级杆和离子阱质谱联用，是目前应用最广泛的几种液质联用仪。

LC-MS 技术同时具有高效液相色谱技术的高分离能力与质谱技术的高灵敏度、高专属性，广泛应用于食品安全检测的研究中。高效液相色谱与大气压化学电离质谱联用（HPLC-APCI-MS）检测玉米食品和玉米种子中的玉米赤霉烯酮霉素。与用荧光检测器检测比较，用 APCI-MS 作为检测器比前者灵敏度提高了很多，对玉米赤霉烯酮霉素的检测限下降为 0.12μg/kg。

三、分子生物学检测技术

随着分子生物学技术的快速发展，相关技术和方法不断出现，并广泛用于食品安全检测。

1. 聚合酶链式反应技术

聚合酶链式反应（polymerase chain reaction，PCR）技术也称为无细胞克隆系统，是一种 DNA 体外扩增技术，自 1985 年问世以来，发展迅速，广泛应用于生命科学等众多领域。PCR 技术检测食品中致病菌的方法有很多，如常规 PCR、荧光定量 PCR、多重 PCR 等，也可以将几种方法结合使用。目前，PCR 在致病微生物检测、转基因食品的检测等食品领域中的应用也越来越多。

（1）PCR 技术原理

① 常规 PCR

目前，基于核酸水平的检测方法主要是 PCR 检测。PCR 技术是利用 DNA 变性与复性原理，在体外利用 DNA 聚合物酶活性，在引物的引导和脱氧核糖核苷酸（dNTP）等参与下，将模板 DNA 在数小时内进行百万倍扩增。该技术是利用两段寡核苷酸作为反应的引物，该酶促反应最基本的 3 个环节是：a. 模板 DNA 的变性，即在 94℃下模板双链 DNA 或经 PCR 扩增形成的双链 DNA 解离成为单链，以便它与引物结合，为下轮反应做准备；b.

模板 DNA 与引物的低温退火（复性），模板 DNA 经加热变性成单链后，温度降至 55℃ 左右，引物与模板 DNA 单链的互补序列配对结合；c. 引物的适温延伸，由 *Taq* DNA 聚合酶催化引物引导 DNA 链由 5′ 向 3′ 延伸，从而完成一个变性-退火-延伸的 PCR 循环，然后反复进行这个过程，从而使扩增 DNA 产量呈指数上升。由于检测对象为 DNA，因而它不受样品所处生长期及产品形式的影响。

② 实时荧光定量 PCR

实时荧光定量 PCR（real-time quantitative PCR，real-time PCR）是在常规定性技术基础上发展起来的核酸定量技术，由美国 Applied Biosystems 公司于 1996 年推出。实时荧光定量 PCR 是指在常规 PCR 反应体系中加入荧光染料或荧光基团，利用特定仪器检测荧光信号积累的强弱，进而实现监测每一轮 PCR 反应产物，最后通过标准曲线对未知模板浓度进行定量分析。PCR 方法以特异性强、灵敏度高、重复性好、定量准确、速度快、全封闭反应等优点成为分子生物学研究中的重要工具。

③ 多重 PCR

多重 PCR（multiplex PCR）是指在反应体系中加入两对以上引物，同时扩增多个目的基因或 DNA 序列，可以扩增一个物种的一个片段或是同时扩增多个物种的不同片段。它是在常规 PCR 基础改进并发展起来的一种新型 PCR 扩增技术，其原理、反应设计和操作过程与常规 PCR 相同。多重 PCR 技术具有高效性、系统性及经济简便性等特点。它可以在同一管内同时检出多重病原菌或是对多个目的基因进行扩增分析，适宜对症状相同或易污染相同食品的一组病原菌进行分析，可对多种病原菌同时检出，大大节省了检测时间和试剂。

（2）PCR 检测食品安全的主要流程

① 引物设计

PCR 引物对扩增特异性起着关键的作用，引物的优劣直接关系到 PCR 扩增特异性和成功与否。引物设计的准确性取决于对检测对象遗传背景的了解。随着分子生物学的发展，越来越多基因序列被公布，引物设计也变得简单。同时，靶序列的选择也是决定 PCR 结果的关键因素，扩增产物随引物的变化而变化，如果引物设计不好，则直接影响对关键靶序列的选择，降低 PCR 检测的灵敏度和特异性，甚至失败。因此，通常要求引物位于待分析基因组中的高度保守区域，长度以 18～30 个碱基为宜。

② 模板的制备

模板的量和纯度是影响 PCR 实验结果的重要因素，大多数 PCR 检测仍要求富集步骤。研究结果表明，如果在检测前，细菌可以从食品原样中进行分离、浓缩、纯化，会使检测结果得以改善。目前，选择性培养增殖、离心、过滤、阴阳离子交换树脂、固定化凝集素和免疫磁性分离法等分离纯化方法已报道用于食品体系中细菌的浓缩。

③ 基因扩增

扩增 DNA 片段要根据序列的不同选择合适的 PCR 参数，如退火、温度、时间、引物。另外，还可以采用多重 PCR、定量 PCR、巢式 PCR、不对称 PCR、反向 PCR 等多种 PCR 衍生技术。

④ PCR 产物分析

将扩增产物进行凝胶电泳、染色，在紫外线照射下可见扩增特异区段的 DNA 带，根据该带的不同即可鉴定不同的 DNA。为进一步确认扩增产物，还可以通过序列测定等手段对其进行序列分析。

（3）食品安全核酸检测技术

① 在食源性致病菌检测中的应用

a. 大肠埃希菌检测。肠出血性大肠埃希菌（EHEC）已经成为世界性的食品安全问题，目前应用多重 PCR 的方法检测肠出血性大肠埃希菌已经非常成熟。经过增菌后，与传统细菌检测方法相比，多重 PCR 具有特异、快速、灵敏和简便的特点。O157：H7 是肠出血性大肠埃希菌最常见的血清型，能引起人的出血性肠炎和溶血性尿毒综合征。应用荧光 PCR 方法检测冻牛肉产品中的 O157：H7，结果准确、操作简便，在检测过程中可以进行实时监控，而且从增菌到出结果可以在 10h 内完成，比传统的细菌分离和鉴定节约了 62h。除了肠出血性大肠埃希菌外，采用 PCR 也成功检测出大肠埃希菌肠毒素基因。

b. 单核细胞增多性李斯特菌检测。单核细胞增多性李斯特菌是一种重要的人畜共患病致病菌，过去对食品中李斯特菌进行检测时，使用克隆培养的标准方法需要 3～4 周时间才能得出结果，而血清学检测方法有着特异性、灵敏性差等缺点，而 PCR 技术给检测提供了有效的方法。目前该菌的 PCR 诊断方法已经比较成熟，并有成功检测的案例。用 PCR 法检测比传统的检测方法更快速、更敏感、特异性更强。

c. 金黄色葡萄球菌检测。对于金黄色葡萄球菌肠毒素的检测，以往主要采用免疫学检测方法，常出现假阳性或假阴性的结果，而且这种鉴定主要依赖于免疫学技术，该技术需要细菌培养和制备肠毒素，实验周期长、步骤繁琐，使其在食品卫生学鉴定时受到限制。近年来 PCR 技术的发展为食品中病原微生物的鉴定提供了新的途径。由于 PCR 技术是在基因水平上对靶细菌进行的鉴定，引物高度的特异性使鉴定也具有高度的特异性，实验证实，在杂菌比靶细菌高万倍的情况下，也不会影响对靶细菌的鉴定。采用 PCR 技术检测食品中金黄色葡萄球菌肠毒素既快速、准确、特异性强，又可以提高检出率，节省检测时间、人力、物力。

d. 沙门菌检测。传统沙门菌的检测方法耗时、费力，易受干扰或产生假阳性，因此急需一些快速、特异、敏感的检测方法。分子生物学技术的发展，许多食品微生物学者使用 PCR 技术来检测病原菌。PCR 技术检测沙门菌的特异性，取决于所选择的扩增靶序列是否为沙门菌高度保守的特异性片段，而这种特异性很大部分由引物所决定。目前基本上是根据沙门菌的一段已知特异性的靶序列来设计引物。近年来，用 PCR 技术检测沙门菌得到了迅速发展，产生了许多种 PCR 检测方法，如常规 PCR、套式 PCR、多重 PCR，也可将几种方法结合使用，如将常规 PCR 与半套式 PCR 相结合。此外，还可将 PCR 与微孔板检测、酶联免疫吸附分析方法（enzyme linked immunosorbent assay，ELISA）技术、探针杂交有机结合起来检测沙门菌。

e. 多种病原菌的同时检测。在同一 PCR 反应管中同时加入多种病原细菌的特异性引物进行多重 PCR 扩增，可快速实现多种病原细菌的同时检测和分析。大多数病原菌对人感染剂量很低，1～10CFU 的菌体细胞就足以使人致病。传统的检测手段需要对每一种病原菌进行检测，耗时较长、检测成本较高，在实际操作中不便利，而使用多重 PCR 可以有效地解决这一问题。现有研究已经建立了可用于 5 种致病菌同时检测的多重 PCR 检测方法，进行 PCR 扩增及电泳检测，该方法具有快速、简便、灵敏的特点，整个检测过程少于 30h，且检测灵敏度高，可达 10^2CFU/mL。有研究者将金黄色葡萄球菌、单核细胞增生李斯特菌、沙门菌和志贺菌的序列设计引物，扩增片段为 284bp，利用引物设计软件进行设计，建立了多重 PCR 检测系统，实现了对四种病原菌的检测，证实该方法具有检测速度快、检测效果准确、操作简单、特异性强的特点。

② 在转基因食品检测中的应用

目前针对转基因食品的检测方法主要检测外源基因和外源蛋白两大类。其中外源基因的检测是在核酸水平上进行的，主要采用以 PCR 技术为核心的技术体系，一般检测启动子与终止因子、报告基因和目的基因。PCR 技术灵敏度高、操作方便、适用范围广，因此成为转基因食品检测的主要方法。利用 PCR 技术可以实现对外源基因的定性和定量检测及品系鉴定。采用实时荧光定量 PCR 技术，可以实现对大豆中的内源基因 *Lectin* 和转基因大豆中 *Roundup Ready* 的外源基因 *Epsps* 进行定量检测，建立了商品化转基因大豆定量检测方法，其方法的灵敏度可达 0.01% 转基因成分。

③ 在真伪鉴别检测中的应用

如何鉴别食品的真伪成为一个热点问题，PCR 技术因其高特异性、高灵敏度和快速高效的特点，在肉类掺假检测、动植物源检测等方面都显示了应用前景和价值。用于肉类鉴定的基因通常位于线粒体上，采用 PCR 技术，从猪肉、羊肉、牛肉等不同生鲜肌肉细胞线粒体中提取 DNA，设计合成引物，进行 PCR 扩增得到目的 DNA 片段，根据 DNA 片段的大小可以判断肉种。国外 PCR 技术已经成为鉴别肉类物种最成熟的方法，国内对于肉制品的掺杂、掺假鉴别主要集中在牛肉、羊肉、猪肉、鸡肉上。

（4）PCR 技术在实际检测中存在的问题

在食品检测中，PCR 技术虽然具有灵敏度高、速度快、特异性强、简便、高效等优点，但在实际应用中还存在一些问题。

① 污染问题。食品中一些糖类、酸类物质以及油脂会干扰 *Taq* DNA 聚合酶的作用，污染 PCR 反应的正常进行；因为 PCR 极为灵敏，一旦有极少量外源性 DNA 污染，就可能出现假阳性结果，所以在操作时必须加以注意。

② 假阳性问题。食品基质复杂，如果不能有效排除影响 PCR 反应的各项因素，则很容易出现假阳性结果。另外，如果在操作中各种因素控制不当，很容易有假阳性的结果出现。

③ 引物设计及靶序列选择。引物设计和靶序列的选择是决定 PCR 结果的关键因素，如果引物设计得不好，会直接影响扩增序列的特异性，降低 PCR 检测的灵敏度和特异性，因此必须对扩增序列有充分的了解，并规范 PCR 实验室操作技术。

④ PCR 技术只能检测微生物的存在与否，并不能检测出有些微生物产生的毒素，即使检测结果为阴性的食品也有可能含有毒素。

2. 核酸探针检测技术

以研究和诊断为目的，用来检测特定序列核酸的 DNA 或 RNA 片段，称为核酸探针。作为核酸探针的片段可以较短（20bp）也可以较长（5kb）。一般有 DNA 探针、cDNA 探针、RNA 探针、寡核苷酸探针等。一般来说，作为探针的核酸片段的性质或序列应是清楚的，而且是提前用放射性或非放射性核素标记，用于识别。进行核酸检测时，利用核酸在一定条件下可以变性，双链分开成两条单链，在一定的条件下，因为碱基互补配对，两条单链又可以复性变成一条双链的特性，从而确定待测核酸是否与探针的序列具有同源性，达到鉴定靶核酸性质的目的。一般把待测的单链靶核酸固定在载体上，置于适当的溶液中，加入已标记好的核酸探针，给予合适的退火条件，待测核酸和探针核酸的序列具有同源性，它们就会结合成双链结构即核酸杂交。而把未能与靶核酸杂交的探针核酸的序列洗涤去掉，再经过相应显影操作，使探针结合的部位显示出来，就可以判断待测核酸与探针核酸的同源性、同源性的片段的大小及位置等。

（1）核酸探针原理

生物体含有相对稳定的 DNA 序列，不易受外界环境因素的影响。一般来说，因为物种的差异，造成 DNA 序列的不同。生物个体都有自己独特的 DNA 序列。根据中心法则，DNA 双链核苷酸分子通过碱基之间的氢键互补配对而结合。核酸探针就是根据核酸分子之间的互补配对原则设计的一种检测目标 DNA 序列是否存在的一段核酸序列，探针与目标序列的这种结合称为杂交。一般先将核酸探针分子用某种可检测的物质标记，然后用探针去和待测序列杂交，如果探针与被检测的核酸分子之间存在互补性，则探针就会与目标序列形成杂交分子。通过检测是否存在标记物信号就可以知道是否存在目标序列。

（2）核酸探针种类

核酸探针一般分为克隆探针和寡核苷酸探针两种。克隆探针一般是通过分子克隆获得，包括基因组 DNA 探针、cDNA 探针、RNA 探针 3 种。寡核苷酸探针是人工合成的碱基数较少的 DNA 片段，属于短链探针。克隆探针一般较长，可标记的位点比寡核苷酸探针多，可获得较强的杂交信号，因此灵敏度较高。但是，靶序列有可能个别碱基与探针错配，如果只有个别碱基差异的核苷酸序列是不容易被分开的。寡核苷酸探针的优点是对靶序列变异的识别能力较弱，杂交时间短，可一次大量合成和成本低廉；但是由于寡核苷酸探针序列较短，随机遇到互补序列的可能性大，所以特异性没有克隆探针强，检测人员可根据自身情况选择合适的探针。

根据探针的分子结构，又可以分为单链探针（包括单链 DNA 探针、RNA 探针和 cDNA 探针）和双链探针（双链 DNA 探针）。

（3）核酸探针在食品安全检测中的应用

核酸探针是指带有标记的特异 DNA 片段。根据碱基互补原则，核酸探针能特异性地与目的 DNA 杂交，最后用特定的方法测定标记物，探针标记方式分为放射性标记和非放射性标记。放射性标记是用放射性同位素做标记，常用的同位素有 ^{32}P、^{3}H、^{35}S，其中以 ^{32}P 应用最广泛。放射性标记核酸探针的灵敏度高，可以检测到 pg 级，检测病原微生物速度比常规方法快得多，但容易造成放射性污染，同位素半衰期短、不稳定、成本较高，因此，放射性标记探针不易实现商品化。目前大多实验室都致力于发展非放射性核酸探针，应用较为普遍的是生物素蛋白系统标记的非放射性核酸探针，该探针已在沙门菌、产肠毒素大肠埃希菌等方面的检测中得到应用。

（4）核酸探针技术存在的问题

虽然核酸探针在检测方面发挥着重要作用但同时也存在一些问题。

① 检测一种菌就需要制备一种探针，目前尚未建立所有致病菌的探针，还有待于新的分析理论和手段的出现。

② DNA 探针检测还不能完全取得常规检测提供的细菌特性信息，如在菌株生物型鉴定，血清型、抗药基因的筛选上就有不足之处。

③ 核酸探针只分析基因序列，对毒素污染的食品有时因样品不含毒素而无法检测。

随着计算机芯片技术的不断发展和样品制备技术的改进，这些问题在不久的将来会得到解决。

四、免疫学检测技术

免疫学方法是基于抗原、抗体的特异性识别和结合反应的分析方法，通过对抗原或抗体进行标记（酶、荧光物质、放射性同位素标记等），利用标记物的信号放大作用，与现代测试技术相结合，对样品中特定的目标物进行定性定量检测。免疫分析法具有特异性强、灵敏度高、方法简捷、分析容量大、检测成本低等优点，一般不需要贵重仪器，可简化或省去前处理步骤，并且可以提供系列商业化的技术产品，具有常规理化分析技术无可比拟的选择性和较高的灵敏度，非常适宜于复杂基质中痕量组分的分析。免疫分析的种类较多，根据分析原理不同可分为均相免疫分析和异相免疫分析；根据检测形式的不同，包括酶联免疫分析、胶体金免疫分析、发光免疫测定、荧光免疫分析、放射免疫分析、仿生免疫分析等。食品中小分子残留物、污染物的免疫分析方法的建立主要包括待测物选择、半抗原的设计与合成、人工抗原的合成、抗体制备、测定方法的建立、样品前处理方法的优化选择以及对所建立的方法进行评价等步骤。

1. 半抗原系设计的基本原则

建立免疫分析方法的第一个步骤就是半抗原以及免疫原的设计与合成，半抗原是决定抗体识别特性的首要因素，因此也是个非常重要的步骤。

完全抗原同时具备 T 细胞和 B 细胞表位，需要包括两方面的基本性质：第一是具有免疫原性，可以诱导刺激免疫系统产生抗体或致敏淋巴细胞；第二是要具有免疫反应性，能特异性地结合相应抗体或致敏淋巴细胞，并能引起免疫反应的性能。抗原根据是否完全具备免疫原性和免疫反应性分为完全抗原和半抗原。其中，半抗原仅有免疫反应性而没有免疫原性。半抗原通常能与抗体反应，但不能引起免疫应答，相当于抗原分子上的一个抗原决定簇。通常，具有免疫原性的物质分子质量应大于 10000Da，而食品中的农兽药等残留物及其他污染物通常都是些小分子物质，一般为半抗原，其分子太小难以同时拥有两个表位，不能刺激机体产生针对上述小分子抗原决定簇的特异性抗体，所以必须将其连接到一些大分子蛋白质载体上，形成偶联物，借助大分子的 T 细胞表位间接诱导 B 细胞激活、分化繁殖，才能产生针对上述小分子半抗原的特异性抗体。

半抗原分子须具备能共价结合到载体上的活性基团（如氨基、羧基、巯基）才能与大分子物质偶联。如果待分析物分子结构中含有此类适合与载体蛋白连接的官能团，就可以直接用作半抗原与载体蛋白连接。而对多数不具备活性基团的残留物或污染物则通常进行衍生化制备或由原料合成，也可以用其他代谢及降解产物作为半抗原。

免疫半抗原一般由待测物特征结构、用于连接特征结构和载体的间隔分子和末端的活性基团等几个结构组成。间隔分子又称为"间隔臂"，一般由 4～6 个碳链组成，目的是突出与载体结合后抗原分子表面具有特征立体结构和免疫活性的化学基团，突出抗原决定簇。间隔臂是非极性的，除供偶联的活性基团外不具有其他高免疫活性的结构（如苯环等杂环）。同时为了得到高选择性和高亲和性抗体，还应尽量避免间隔臂远离待测物的特征结构部分和官能团，所以在待测物衍生化制备半抗原时，常对某些活性基团进行选择性保护和去保护。另外，半抗原的设计应考虑到残留物亲体和有毒理学意义的代谢物，当待测物是单一的药物或某一类药物时，设计中应相应地突出特定药物的结构或一类药物中共有的结构部分，制成单一的特异性抗体或簇特异性抗体。

2. 分子模拟方法在半抗原设计中的应用

近年来，分子模拟开始应用于广谱抗体制备中，其主要优势在于可以指导半抗原的合成。分子模拟技术可以从三维角度分析待测物的物理化学性质，如三维构象、疏水特性和电子特性等能影响氢键、疏水键、范德瓦耳斯力和静电作用形成的因素。对于这些因素的分析，可以更好地理解抗原抗体之间的结合作用，合成更理想的半抗原。目前成功地利用分子模拟技术制备出理想抗体的药物有三氯苯酚和康秋虫药物尼卡巴嗪。

3. 半抗原与载体蛋白连接制备免疫原

（1）常用载体蛋白种类

免疫原制备中用作载体的物质较多，主要包括以下几类：

① 蛋白质类载体：牛血清白蛋白（BSA，分子质量 68000Da）、血蓝蛋白（KLH，分子

质量约为360000Da）、卵清蛋白（ovalbumin，OVA，分子质量45000Da）等。这些载体免疫活性较强，有商品化供应，容易获得，操作也较方便，而且蛋白质上有可以与半抗原结合的游离氨基、游离羧基、酚基、咪唑基、吲哚基和胍基等活性基团。

② 多肽类聚合物：这类聚合物是人工合成的，主要有多聚赖氨酸、多聚谷氨酸、多聚混合氨基酸等。既能和半抗原结合，也能作为载体，但是用这类载体合成的免疫原对动物进行免疫，得到的抗血清质量不稳定。

③ 大分子有机化合物和某些粉末：聚乙烯吡咯酮、淀粉、硫酸葡聚糖、羧甲基纤维素、聚甲基丙酸酯微粒、乳胶和炭末。可吸附半抗原，也可用来作为载体，但用这类载体合成的免疫原免疫动物，所获抗血清的质量不稳定。

（2）常用的化学连接方法

① 含羧基（—COOH）半抗原分子的偶联方法

a. 碳化二亚胺法。碳化二亚胺是一种化学性质非常活泼的交联剂，常用的有两种，即水溶性EDC和脂溶性DCC。其中脂溶性的二环己基碳二亚胺（DCC）适用于多肽合成领域，反应必须在有机溶剂中进行，不适用于蛋白质的偶联。而水溶性的1-乙基-3-（3-二甲基氨基丙基）-碳化二亚胺盐酸盐（EDC）等则可用于蛋白质偶联中。碳化二亚胺使羟基和氨基间脱水形成酰胺键，该偶联反应条件温和，即使在较低的温度（0℃）条件下，也能在中性溶液中进行。

b. 混合酸酐法。半抗原的羧基在正丁胺条件下与氯甲酸异丁酯反应，形成混合酸酐中间体，再与蛋白质的氨基反应，形成半抗原-蛋白质结合物。半抗原或药物及其衍生物分子中的羧基可以在三级胺存在的条件下与氯甲酸异丁酯反应，生成活泼中间体混合酸酐，再与蛋白质载体上的伯氨基反应，形成酰胺偶联键，在反应中不需要制备中间产物。

c. 活化酯法。含有羧基的小分子半抗原在二环己基碳二亚胺（DCC）的作用下，与N-羟基琥珀酰亚胺反应，生成活化酯衍生物，后者与载体蛋白上的氨基反应，形成以酰胺键连接的偶合物。本法是对碳化二亚胺法的改进，避免了碳化二亚胺对蛋白质的直接作用，从而避免了蛋白质分子间的交联，因此活化酯法广泛用于导向药物的研究中。

d. 碳基二咪唑法。N,N'-碳基二咪唑是引入碳基的高活性剂，在肽合成中是形成良好的酰胺键试剂。含羧基的分子同碳基二咪唑反应，形成咪唑基甲酯，得到氮基化的甲酸酯键，通常蛋白质通过N端（α-氨基）和赖氨酸侧链相连的ε氨基和分子形成不带电的类似尿烷的衍生物，具有极好的化学稳定性。

e. 物理直接合成方法。将抗生素和载体蛋白在适宜的pH和离子浓度范围下直接作用，合成完全抗原，该过程不需要偶联就可以完成。

② 含氨基（—NH）半抗原分子的偶联方法

a. 重氮化法。重氮化法适用于半抗原的活性基团是芳香氨基的，芳香氨基与$NaNO_2$和HCl反应得到一个重氮盐，它可以直接连接到蛋白质酪氨酸羟基的邻位上，形成一个偶氮化合物。

b. 戊二醛法。戊二醛的两个醛基分别与半抗原和蛋白质上的氨基形成Schiff键（—N═C—），在半抗原和蛋白质间引入一个五碳桥，反应可在4～40℃，pH6.0～8.0条件下进行，操作简便，因此应用广泛。戊二醛受到光照、温度和碱性的影响，可能发生自聚，减弱其交联作用，因此最好使用新鲜的戊二醛。

③ 含羟基（—OH）半抗原分子的偶联方法

琥珀酸酐法。半抗原的羟基与琥珀酸酐在无水吡啶中反应得到一个琥珀酸半酯（带有羧基的中间体），再经碳化二亚胺法或混合酸酐法与蛋白质氨基结合，在半抗原与蛋白质载体间插入一个琥珀酰基。

琥珀酸酐是琥珀酸的脱水产物，遇水又可恢复。如果将带有羟基而缺乏羧基的半抗原化合物先和琥珀酸酐在无水吡啶中反应，就可得到带有羧基的半抗原琥珀酸衍生物，再经氯甲酸异丁酯或碳化二亚胺法制备载体半抗原。如半抗原以苯酚基为活性基团，则首先将半抗原上的苯酚基与一氯乙酸钠反应得到一个带羧基的衍生物，再用碳化二亚胺法或混合酸酐法与蛋白质的氨基结合。

(3) 人工免疫原的合成效果及鉴定方法

目前，检测抗原是否偶联成功的方法主要有两种。一种是紫外光谱扫描，通过直接分析半抗原、蛋白质载体及两者结合产物的紫外吸收光谱来进行判断。在 $200\sim400nm$ 波长的近紫外区，含有有机共轭分子或某些羰基的物质由于分子组成及空间构型发生了一定的变化，其光谱不会与半抗原和载体蛋白质中任何一方的光谱相同，因此，通过紫外光谱扫描，同时计算偶联比，可判断偶联的成功，偶联比的大小将直接影响抗体的质量。另一种是将人工抗原免疫动物制备抗血清，进行免疫学鉴定。测定血清中抗体效价，以此确定是否有目标抗体生成。即使紫外光谱扫描结果表明已成功合成了，也不能保证其免疫动物能产生特异性抗体，因为能否最终获得合格抗体，受很多因素影响，包括抗原的免疫原性、免疫动物的种类及个体状况、免疫程序等。通过采用间接 ELISA 检测抗血清，得到的结果表明抗血清中含针对抗原的抗体，表明人工免疫抗原合成成功。

(4) 免疫原的纯化及保存方法

半抗原偶联蛋白得到的免疫原是不均一的混合物，在大分子-小分子偶联反应产物中，常伴有蛋白质聚合物、游离蛋白质、游离半抗原、偶联剂、偶联副产物、有机溶剂、缓冲液成分等。这些复杂成分严重影响抗原抗体的结合反应，甚至有的产物毒性很强，注射到动物体内可干扰免疫应答反应，严重者会引起动物的死亡。此外，对偶联物质量进行评价以及对偶联物进行长期保存时，也要求偶联物达到一定的纯度。因此，为了保证 ELISA 技术的顺利进行，提高测定的灵敏度和精密度，必须对偶联反应的产物进行纯化。对这些物质进行纯化的基本原理，就是根据混合物的分子量大小和理化性质以及对偶联物纯度的要求选择适宜的分离方法。常用的分离方法有离心、透析、盐析、凝胶色谱、亲和色谱等。其中透析方法操作简单，只要将偶联物装入透析袋内，投入另一种溶液中，便可将偶联反应产物中的小分子物质（如偶联剂、有机溶剂、酸离子、碱离子）分离掉。对于免疫原来说，其偶联物的纯度要求不严，只要去除对免疫动物的有害物质就可以了，所以使用透析方法即可。但对于包被原来说，其纯度要求较高，需要将其他杂质（如蛋白质聚合物、游离蛋白质）分离掉。

(5) 抗体的制备

① 动物免疫

a. 实验动物的选择

哺乳类的鼠、兔、羊、马、驴、豚鼠、猪、猴、狗和禽类的鸡、鸭、鸽子以及两栖类的蛙等实验动物都可用于抗体的生产，其中最为常用的是鼠、兔和羊等。在选择实验动物时除了优先考虑抗原的来源和免疫动物的亲缘关系，还要考虑实验动物的年龄和营养状况。选择好实验动物后，在注射抗原前应采集少量的动物血清（阴性血清）和抗原进行血清学反应，选择不和抗原反应的动物进行免疫实验。

b. 佐剂的选择

半抗原与载体蛋白质连接而成的抗原是可溶性抗原，其免疫原性差，需要加入佐剂（adjuvant）以增强其免疫性。佐剂是指自身不能刺激机体产生抗体，在加入免疫抗原中能增强机体对抗原的免疫应答能力，延长抗原在机体内的半衰期，降低抗原毒副作用，以及机体产生高效价抗血清的物质。目前，最常用的佐剂有弗氏佐剂（Freund's adjuvant）、氢氧化铝佐剂、短小棒状杆菌、脂多糖、细胞因子、明矾等。

c. 免疫剂量及途径

抗原需求量多，时间间隔长，剂量可适当加大。大动物抗原剂量（以蛋白质抗原为准）0.5～1mg/只，小动物为 0.1～0.6mg/只。

抗原的免疫途径很多，抗原的吸收、机体的免疫应答、抗原的毒作用和抗原的注射量等受注射途径的影响。常用的抗原注射部位包括静脉、脾脏、淋巴结、腹腔、肌肉、皮下和皮内等，对抗原的吸收速度为静脉＝脾脏＝淋巴结＞腹腔＞肌肉＞皮下＞皮内。抗原吸收越快，分解代谢越快，对机体的影响时间越短，单位时间内有效抗原的量越大，机体的免疫应答越强，抗原的毒副作用也越强。

d. 免疫间隔时间

第一次免疫后，因动物机体正处于识别抗原和 B 细胞增殖阶段，如果很快进行第二次免疫，极易造成免疫抑制。一般以间隔 10～20 天为好。第二次以后每次的间隔一般为 10 天，不能太长，防止刺激变弱，抗体效价低。对于半抗原免疫间隔的要求有的报告 1 个月，有的长达 40～50 天，这是因为半抗原是小分子，难以刺激机体发生反应。免疫的总次数多，一般为 5～8 次。如为蛋白质抗原，第 8 次免疫未获得抗体可在 30～50 天后再追加免疫一次；如仍不产生抗体，则应更换动物。半抗原需经长时间的免疫才能产生高效价抗体，有时总时间为一年以上。

② 抗血清的制备纯化、效价及特异性测定

a. 抗血清效价的监测

免疫动物过程中，需定期采血，对抗血清的效价进行监测，并对抗体特异性进行估计，选择较好的抗体进行下一步实验。抗血清效价的测定一般采用间接酶联免疫法。

b. 抗体的纯化

选择效价较高、特异性较好（抑制率较高）的抗血清进一步进行纯化。以 IgG 为例，纯化的方法主要有：粗提法，大多用硫酸铵盐析法或硫酸钠盐析法；离子交换色谱法，常用的离子交换剂有 DEAE 纤维素或 QAE 纤维素；亲和色谱法；酶解法制备 F（ab）2 法。

提纯后抗体的保存有三种方法：第一种是在 4℃下保存，将纯化后液体状态的抗体保存于普通冰箱，可以存放 3 个月到半年，如加入防腐剂可以保存更长时间；第二种方法是低温冷冻保存，放在 −70～−20℃，一般保存 5 年效价不会有明显下降，但应避免反复冻融，反复冻融几次后效价明显降低，因此低温冻存前应根据抗体的用量进行分装，取出之后短期用完；第三种方法是冰冻干燥，最后制品内水分不应高于 0.2%，封装后可以长期保存，一般在冰箱中保持 5～10 年效价不会明显降低。

c. 抗体浓度的测定

一般采用紫外分光光度法测抗体浓度，测定方法为：抗体用 PBS 稀释 20 倍后，在280nm 测吸光度值，以 PBS 为空白对照。

抗体浓度（mg/mL）$= (A_0 - A)/1.35 \times 20$

公式中，A_0 为抗体蛋白在 280nm 的吸光度值；A 为空白对照的吸光度值。

d. 杂交瘤抗体的制备

动物免疫后，无菌操作取出脾脏，制备脾细胞悬液。首先，将准备好的同系骨髓瘤细胞与小鼠脾细胞按一定比例混合，在聚乙二醇的作用下，各种淋巴细胞可与骨髓瘤细胞发生融合，形成杂交瘤细胞。然后，在选择培养基中筛选融合的杂交瘤细胞，再用有限稀释法培养杂交瘤细胞。用灵敏、快速、特异的免疫学方法，筛选出能产生所需单克隆抗体的阳性杂交瘤细胞，并进行克隆扩增。

e. 基因工程抗体的制备

基因工程抗体主要包括嵌合抗体、人源化抗体、完全人源抗体、单链抗体、双特性抗体等，主要是应用 DNA 重组及蛋白质工程技术对编码抗体的基因按不同的需要进行改造和装配，经导入适当的受体细胞后重新表达的抗体。

4. 酶联免疫分析法

(1) 酶联免疫吸附分析方法的基本原理

酶联免疫吸附分析方法是 20 世纪 70 年代初期由荷兰学者 Weeman 与 Schurs 和瑞典学者 Engvall 与 Petlman 几乎同时提出的。它的提出及发展是 20 世纪以来在生物分析化学领域所取得的最伟大的成就之一。最初，ELISA 主要用于病毒和细菌的检测，随后广泛应用于抗原、抗体的测定，范围涉及一些药物、激素、毒素等半抗原分子的定性定量检测。

ELISA 的原理是抗原或抗体的固相化及抗原或抗体的酶标记。结合在固相载体表面的抗原或抗体仍保持其免疫学活性，而酶标记的抗原或抗体既保留其免疫学活性，又保留酶的活性。在测定时，待检样品（测定其中的抗体或抗原）与固相载体表面的抗原或抗体起反应；用洗涤的方法使固相载体上形成的抗原抗体复合物与液体中未反应的其他物质分开；再加入酶标记的抗原或抗体，也通过反应而结合在固相载体上；此时固相上的酶量与样品中待检物质的量呈一定的比例；加入酶反应的底物后，底物被酶催化成为有色产物，产物的量与样品中待测物质的量直接相关，故可根据显色的深浅进行定性或定量分析。酶的催化效率很高，间接地放大了免疫反应的效果，使灵敏度大大提高。

(2) ELISA 的常见类型

ELISA 属于异相免疫分析。异相免疫测定是必须分离结合抗原抗体复合物和游离抗体才可进行的测定方法。ELISA 包括双抗体夹心法、间接法、竞争法、捕获法等类型。

双抗体夹心法用于检测大分子抗原，它利用待测抗原上抗原决定簇 A 和抗原决定簇 B 分别与固相载体上的抗体 A 和标记抗体 B 结合，形成"抗体 A-待测抗原-标记抗体 B"复合物，复合物的量与待测抗原含量成正比。

间接法用于测定抗体，它的原理是将已知抗原连接在固相载体上，待测抗体与抗原结合后再与标记二抗结合，形成"抗原待测抗体-标记二抗"复合物，复合物的形成量与待测抗体量成正比。

竞争法既可以检测抗原又可以用于检测抗体，它是用标记抗原（抗体）与待测的非标记抗原（抗体）竞争性地与固相载体上的限量抗体（抗原）结合。待测抗原（抗体）多，则形成非标记复合物多，标记抗原与抗体结合就少，也就是标记复合物少，因此，显色程度与待测物含量成反比。

捕获法用于测定 IgM 类抗体，固相载体上连接的是 IgM 的二抗，先将标本中的 IgM 类抗体捕获，防止 IgG 类抗体对 IgM 测定的干扰，然后再加入特异抗原和标记抗体，形成"IgM 二抗体-IgM 抗体-特异抗原-标记抗体"的复合物，复合物含量与待测 IgM 成正比。

5. 胶体金免疫色谱分析法

胶体金免疫色谱分析法的基本原理：胶体金免疫色谱分析法（colloidal gold immuno-chromatographic assay，GICA）是以胶体金作为示踪标志物应用于抗原或抗体检测的一种新型的免疫检测技术。以硝酸纤维素膜为载体，利用微孔膜的毛细管作用，滴加在膜条一端的液体慢慢向另一端渗移，通过抗原抗体结合，并利用胶体金呈现颜色反应，检测抗原或抗体。GICA 包括双抗夹心法、间接法、竞争法三种类型。此技术具有特异性强、操作简便快捷、检测成本低、无需特殊仪器设备等优点，特别适用于广大基层检验人员的现场检测需要，已在医学检验、毒品监控、食品安全等领域得到广泛应用。

6. GICA 技术分类

(1) 斑点免疫金银染色法（Dot-IGS/IGSS）

此法是将斑点 ELISA 与免疫胶体金结合起来的一种方法。将蛋白质抗原直接点样在硝酸纤维素膜上，与特异性抗体反应后，再滴加胶体金标记的第二抗体，结果在抗原抗体反应处发生金颗粒聚集，形成肉眼可见的红色斑点，此法称为斑点免疫金染色法（Dot-IGS）。此反应可通过银显影液增强，即斑点金银染色法。

(2) 斑点金免疫渗滤测定法（dot immune-gold filtration assay，DIGFA）

此法原理与斑点免疫金染色完全相同，只是在硝酸纤维素膜下垫有吸水性强的垫料，即为渗滤装置。在加抗原（抗体）后，迅速加抗体（抗原），再加金标记第二抗体，由于有渗滤装置，反应很快，在数分钟内即可显出颜色反应。

7. 化学发光免疫分析

(1) 化学发光免疫分析法的基本原理

化学发光免疫分析（chemiluminescent immunoassay，CLIA）属于异相免疫分析，它既具有免疫反应的特性，又具有化学发光反应的高敏感性。CLIA 利用具有化学发光反应的物质标记抗原或抗体，标记后的抗原或抗体与待测物经过一系列的免疫反应或理化步骤（离心分离、洗涤等），最后通过发光强度来判断待测物质的含量。

(2) 化学发光免疫分析法的主要类型

化学发光免疫分析按标记物的不同，可分为如下几类。

① 化学发光免疫分析法（CLIA）：其标记物为氨基酰肼类及其衍生物，如鲁米诺（luminol）、异鲁米诺（isoluminol）、吖啶酯（acridinium ester）等。

② 化学发光酶免疫分析法（CLEIA）：标记物主要是辣根过氧化物酶（horseradish peroxidase，HRP）和碱性磷酸酶（alkaline phosphatase，ALP）。先用 HRP 或 ALP 标记抗原（Ag）或抗体（Ab），在反应终点时再测定发光强度。

③ 微粒子化学发光分析：标记物为二氧乙烷、磷酸酯等。

④ 电化学发光分析：发光试剂标记物主要是三联吡啶钌 NHS 酯。

⑤ 生物发光免疫分析（bioluminescence immunoassay，BLA）：荧光素酶标记抗原或抗体，使其直接或间接参加发光反应。

常用的化学发光免疫分析以化学发光物质或酶为标记物直接标记在抗原或抗体上，进行抗体-抗原的免疫反应，免疫反应结束后，加入氧化剂或酶的发光底物，化学发光物质经催化剂的催化和氧化剂的氧化，形成一个激发态的中间体，当这种激发态的中间体回到稳定的基态时，发射出光子，利用发光信号检测仪（如光电倍增管）测量发光强度，根据化学发光标记物与发光强度的关系，利用标准曲线计算出被测物的含量。

8. 荧光免疫分析

荧光免疫标记技术创始于 20 世纪 40 年代。1942 年，Coos 等首次报道用异氰酸荧光素标记抗体，检查小鼠组织切片中的可溶性肺炎球菌多糖抗原。当时由于异氰酸荧光素标记物的性能较差，未能推广使用。直至 1958 年，Riggs 等合成了性能较为优良的异硫氰酸荧光毒（fluorescein isothiocyanate，FITC）。Marshall 等又对荧光抗体标记的方法进行了改进，从而使免疫荧光技术逐渐推广应用。

荧光免疫标记技术的基本原理是将抗原抗体反应的特异性和敏感性与显微示踪的精确性相结合。以荧光素作为标记物，与已知的抗体（或抗原，但较少用）结合，但不影响其免疫学特性。然后将荧光素标记的抗体作为标准试剂，用于检测和鉴定未知的抗原。在荧光显微镜下，可以直接观察呈特异荧光的抗原抗体复合物及其存在部位。

荧光抗体技术常用于测定细胞表面抗原和受体，各种病原微生物的快速检查和鉴定，组织抗原的定性和定位研究，主要用于特异性抗原或抗体的检测。常用的分析方法有荧光偏振免疫分析和时间分辨荧光免疫分析。

9. 放射免疫分析法

放射免疫分析法（radioimmunoassay，RIA）属于异相免疫分析。RIA 能够测定半抗原或抗原，其分析原理是抗体与待测样品中带放射性标记的抗原与未标记的待测抗原之间的竞争。待测样品中的未标记待测抗原的数量越多，所能结合的标记抗原就越少。待测样品中的待测抗原浓度与标准曲线比较后就可得到。此项技术具有灵敏度高（可检测出 ng 级至 pg 级，甚至 fg 级的超微量物质）、样品和试剂用量少、测定方法规范化和自动化等诸多优点。因此，在医学和其他生物学科的研究领域和临床试验诊断中应用广泛，并应用于各种微量蛋白质、激素、小分子药物及肿瘤标志物等的分析与定量测定。

RIA 中，常用的核素包括 ^{3}H、^{125}I 和 ^{32}P 等。^{3}H 是弱 β 衰变，能量弱，易于防护，其衰变周期长，因而在一次标记后可在较长时间内使用；其缺点是标记条件高，需在真空条件下标记，并需要一定的设备。因此，^{125}I 和 ^{32}P 标记较为常用。

虽然 RIA 有灵敏度高、重复性好等优点，但是由于放射性物质的使用限制，短半衰期的限制以及标记物灵敏度最低值的限制等，在后面的研究中逐步被其他免疫分析方法所取代。

10. 仿生免疫分析

传统生物抗体产生过程的复杂性及其固有的理化性质限制了它的广泛应用。首先，生物抗体制备过程相当繁琐，周期长，并存在诸多难以预测的生物因素；其次，生物抗体理化性质不稳定，对一些分析条件如酸/碱、有机溶剂、温度等耐受性差。因此，人们一直积极探索改进的方法，提高生物抗体的稳定性，降低生产成本。合成性能稳定的人工抗体成为国内外免疫分析研究的热点。

仿生免疫分析是利用分子印迹技术制备对目标分子具有高度选择识别性能的分子印迹聚合物作为人工抗体（仿生抗体）取代生物抗体建立的免疫分析方法。人工抗体因其机械稳定性和热稳定性，比生物抗体易制备和保存。用人工抗体代替生物抗体建立仿生免疫分析（bionic immuno assay）成为一个研究热点，也成为分子印迹技术和免疫分析领域一个重要方向。

分子印迹仿生免疫分析应用中需要解决的关键问题：①痕量残留分析中分析物和复杂的基质对印迹聚合物的亲和性和选择性有很高的要求，目前限制印迹聚合物作为"人工抗体"在免疫检测中应用的关键因素之一是因为印迹聚合物对模板分子的亲和性明显低于天然抗体或受体，检测的灵敏度不高。②分子印迹聚合物骨架的非特异性吸附会使仿生免疫分析中发生交叉反应。③标记物的选择和标记方式。比较而言，酶标记的应用前景要广阔得多。④酶标记分子印迹仿生免疫分析中化学和生化反应两个体系会发生协同反应，而且印迹聚合物的疏水性和高度交联的刚性结构会限制大分子物质例如酶类进入聚合物的结合位点。所以分子印迹聚合物在免疫检测技术方面的应用研究存在许多技术性挑战。而仿生免疫分析是一种新型分析方法，在痕量物质分析方面特别是酶联免疫分析还处于起步阶段，对于从理论到方法还缺乏系统和深入的研究，但分子印迹吸附检测技术在环境、食品、分析化学领域有着广阔的应用前景，特别是随着分子印迹技术和免疫分析技术的不断发展和完善，将在食品安全快速检测方面发挥重要作用。

五、食品安全快速检测技术

基于当前食品安全检测技术的特点及各自存在的问题，食品快速检测技术的总体发展有以下趋势：①对检测灵敏度、速度和集成化程度要求越来越高；②分析系统向微型化、便携化、智能化方向发展；③通过新型检测技术开发来满足检测需求；④缩短样品前处理时间、提高检测通量。

目前常见的快速检测技术主要有以下几种：

1. 生物芯片技术

生物芯片技术是一种最广泛应用于食品安全检测工作的高新生物检测技术，它根据生物分子间的特异性作用，将生物分析过程集成于芯片表面，从而实现对 DNA、RNA、多肽、蛋白质及其他生物成分的高通量快速检测。生物芯片技术的优势在于：能够进行批量的广靶检测，很好地避免了传统检测中技术复杂、工作时效长、效率差、成本高、对工作人员要求高等问题。生物技术芯片由于具有高通量、自动化、微型化、高灵敏度、参数同步分析、快速等传统方法不可比拟的优点，在食品安全检测领域有广泛的应用和发展前景。

2. 生物传感器

生物传感器是对生物物质敏感并将其浓度转化为电信号进行检测的仪器，由识别原件（酶、抗体、抗原、微生物、细胞、组织、核酸等生物活性物质）与合适的理化换能结构器（如氧电极、光敏管、场效应管、压电晶体）及信号方法装置构成的分析工具或系统。生物传感器兼具接收器和转换器功能。生物传感器作为一种新的检测手段，因其高选择性、高灵敏度、较好的稳定性、低成本、可微型化、便于携带、可以现场检测等优势，在食品现场快速检测领域有广阔的应用前景。例如，目前生物传感器在食品分析中主要应用于食品成分分析，食品添加剂、有害毒物及食品限度等测定。

参 考 文 献

[1] 陈智理，杨昌鹏，郭静婕. 色谱技术在食品安全检测中的应用研究 [J]. 华工技术与开发，2011，40 (7)：24-26.
[2] 侯红漫. 食品安全学 [M]. 北京：中国轻工业出版社，2019.
[3] 李建科. 食品毒理学 [M]. 北京：中国计量出版社，2009.
[4] 李月娟，吴霞明，王君，等. 食品分析及安全检测关键技术研究 [J]. 中国酿造，2012，31 (12)：13-17.
[5] 李云. 食品安全与毒理学基础 [M]. 成都：四川大学出版社，2008.
[6] 桑华春，王罡，王文珺. 食品质量安全快速检测技术及其应用 [M]. 北京：北京科学技术出版社，2015.

［7］　单毓娟．食品毒理学［M］．北京：科学出版社，2013．

［8］　沈明浩，易有金，王雅玲．食品毒理学［M］．北京：科学出版社，2019．

［9］　杨杏芳，吴永宁，贾旭东，等．食品安全风险评估-毒理学原理、方法与应用［M］．北京：化学工业出版
社，2017．

［10］　王金花，张朝晖．食品安全检测培训教材：理化检测［M］．北京：中国标准出版社，2010．

［11］　王向东．食品毒理学［M］．南京：东南大学出版社，2007．

［12］　张小莺，殷文政．食品安全学［M］．北京：科学出版社，2017．

［13］　朱明．食品安全与质量控制［M］．北京：化学工业出版社，2008．

第十二章 食品安全管理体系及法律法规

第一节 概　述

一、食品安全法律法规

"法律"一词有广义和狭义两种用法。广义的法律是指法律的整体，就中国目前现行的法律而言，它包括作为根本法的宪法、全国人大及其常委会制定的法律、国务院制定的行政法规、国务院各部委制定的规章、某些地方国家机关制定的地方性法规等。狭义的法律则仅指全国人大和人大常委会所制定的法律。为了加以区别，有时也将广义的法律称为法，但在很多场合下，需要根据约定俗成原则，统称为法律，即有时作广义解，有时作狭义解。食品安全法规是由国家制定和认可，以保障食品安全，保护人民生命健康和维护消费者的利益为目的，以权利义务为调整机制，并通过国家强制力保证实施的调整食品社会关系的法律规范总和。本章所讲的食品安全法规是指广义上的法律概念，包括法律、法规和规章等，统称为法规。

二、食品安全标准

标准是为在一定的范围内获得最佳秩序，经协商一致制定并由公认机构批准，共同使用和重复使用的一种规范性文件。标准是以科学、技术和经验的综合成果为基础，以促进最佳的共同效益为目的。目前中国食品安全标准的范围主要包括以下几个方面。

（1）食品卫生标准

食品卫生标准主要是指食品中有毒有害物质限量标准和与食品接触材料的卫生标准。食品中有毒有害物质限量标准主要包括食品中农药、兽药残留限量标准，食品中有害金属、非金属及化合物限量标准，食品中生物毒素限量标准，食品中微生物限量标准，食品添加剂限量标准和使用要求，等。

（2）食品试验、检验和检疫方法标准

食品试验、检验和检疫方法标准主要是指食品的微生物检验方法标准、食品的理化检验方法标准、食品的毒理学评价方法标准、食物中毒诊断标准以及食品检疫标准等。

（3）食品安全控制与管理技术标准

食品安全控制与管理技术标准主要是指良好操作规范（GMP）和危害分析与关键控制

点（HACCP）等综合性食品安全管理标准以及食品在生产、加工、贮藏、运输和流通过程中的有关食品安全的操作技术规程等。

（4）食品包装标签和标识标准。

第二节 国内外食品安全法律法规

一、国外食品安全法律法规

1. WTO/TBT 协定及 WTO/SPS 协定与食品法典委员会

当今国际贸易中，因受到世界贸易组织（WTO）的各项协议的制约，关税壁垒已大大淡化，而对进口商品制定严格甚至苛刻的技术标准、安全卫生标准、检验包装、标签等技术性壁垒已构成当今的主要贸易壁垒，因其特有的灵活性、隐蔽性和多样性，对发展中国家食品对外贸易尤为不利。为促进国际经贸，特别是食品国际经贸和构建公平、平等的食品贸易体系，充分理解 WTO 关于食品的协定及其采用的食品安全标准具有重要意义。

由 WTO 的前身《关税与贸易总协定》（GATT）于 1986～1994 年举行的乌拉圭多边贸易谈判，讨论了包括食品贸易在内的产品贸易问题，并最终形成了与食品密切相关的两个正式协定，即《技术性贸易壁垒协定》（WTO/TBT 协定）和《实施卫生与动植物检疫措施协定》（WTO/SPS 协定）。该两项协定都明确规定 CAC 食品法典在食品贸易中具有准绳作用。

（1）WTO/TBT 协定

① WTO/TBT 协定简介

WTO/TBT 是 WTO 下设的货物贸易理事会管辖的若干个协议之一，其前身是《关税与贸易总协定贸易技术壁垒协定》（GATT/TBT）。在 WTO 的众多协议中 WTO/TBT 是一个帮助各成员国减少和消除贸易技术壁垒的重要协调文件，是唯一一项专门协调各成员在制定、发布和实施技术法规、标准和合格评定程序等方面行为的国际准则。目前，各国政府及地方机构制定的技术法规、标准及合格评定程序对国际贸易的影响越来越广，所产生的障碍越来越大。因此，在这一领域起协调和解决争端作用的 WTO/TBT 协定也显得越来越重要。

② WTO/TBT 协议的基本原则

无论技术法规、标准，还是合格评定程序的制定，都应以国际标准化机构制定的相应国际标准、导则或建议为基础；它们的制定、采纳和实施均不应给国际贸易造成不必要的麻烦。

在涉及国家安全、防止欺诈行为、保护人类健康和安全、保护动植物生命和健康以及保护环境等情况下，允许各成员方实施与上述国际标准、导则或建议不尽一致的技术法规、标准和合格评定程序，但必须提前一个适当的时期，按一般情况及紧急情况下的两种通报程序，予以事先通报；应允许其他成员方对此提出书面意见，并考虑这些书面意见。

实现各国认证制度相互认可的前提，应以国际标准化机构颁布的有关导则或建议作为其制定合格评定程序的基础。此外还应就确认各出口成员方有关合格评定机构是否具有充分持久的技术管辖权，以便确信其合格评定结构是否持续可靠，以及接纳出口成员方指定机构所作合格评定结果的限度进行事先磋商。

在市场准入方面，WTO/TBT 协定要求实施最惠国待遇和国民待遇原则。

就贸易争端进行磋商和仲裁方面，WTO/TBT 协定要求遵照执行此次乌拉圭回合达成的统一规则和程序——"关于争端处理规则和程序的谅解协议"。

为了回答其他成员方的合理询问和提供有关文件资料，WTO/TBT 协定要求每一成员方确保设立一个查询处。

WTO/TBT 协议全文覆盖六大部分、十五个条款、三个附件和八个术语。突出论述了实现技术协调的两项基本措施：采用国际标准或实施通报制度。此外，在执行 WTO 原则、特别条款、成员间技术援助、对发展中国家的特殊待遇和争端解决等方面都作了详细规定。WTO/TBT 协议体现了大家必须共同遵循的国际贸易准则，体现了 WTO 各成员权利与义务的平衡。

（2）WTO/SPS 协定

动植物卫生检疫措施（Sanitary and Phytosanitary Measures，简称 SPS）是指为了防止人类或动植物传染病传染各国人民所采取的检疫管理措施。乌拉圭回合所达成的 WTO/SPS 协定所指的动植物卫生检疫措施所涵盖的范围十分广泛，涉及所有可能直接或间接影响国际贸易的动植物卫生检疫措施。这些措施包括所有的相关法律、法令、法规、要求和程序，其中特别包括：最终产品标准；工序和生产方法；检验、检查、认证和批准程序；检疫处理，包括与动物或植物运输有关的或与在运输过程中为维持动植物生存所需物质有关的要求；有关统计方法、抽样程序和风险评估方法的规定；与粮食安全直接有关的包装和标签要求。需要强调的是，对于不属于 SPS 协定范围的措施，以不得影响各成员在《技术性贸易壁垒协定》项下的权利为原则。

SPS 允许各成员方实施各种动植物卫生检疫措施，但是为了尽量避免其产生的负面影响，又对各成员方实施这些措施规定了一系列限制条件，这些适用限制规则主要包括：

① 限度要求

SPS 协议第 2 条第 2 款前半句规定，各成员应保证任何动植物卫生检疫措施仅在为保护人类、动物或植物的生命或健康所必需的限度内实施。对于如何满足"必需的限度"的条件，SPS 协议从两个方面进行了要求：第一，各成员应保证其动植物卫生检疫措施的制定以对人类、动物或植物的生命或健康所进行的、适合有关情况的风险评估为基础，同时考虑有关国际组织制定的风险评估技术；第二，各成员方应避免武断或不公正地确定适当的卫生与动植物检疫保护水平。

② 科学要求

SPS 协议第 2 条第 2 款后半句规定，各成员实施动植物卫生检疫措施，应根据科学原理，如无充分的科学证据则不再维持。鼓励以国际标准、准则或建议为依据，措施要建立在客观、准确的科学数据分析和评估的基础上，没有科学依据的措施不能实施。SPS 协议鼓励政府制定与有关国际组织或区域组织的标准、准则、建议相一致的措施，也可以实施与之不同的措施，但要提供科学的论证、试验或测试方法。

③ 非歧视要求

SPS 协议第 2 条第 3 款规定，各成员应保证其动植物卫生检疫措施不在情形相同或相似的成员之间，包括在成员自己领土和其他成员的领土之间构成任意和不合理的歧视。

④ 透明度要求

SPS 协议第 7 条规定，各成员应依照附件 B 的规定通知其动植物卫生检疫措施的变更，并提供有关其动植物卫生检疫措施的信息。在附件 B"卫生和植物卫生措施的透明度"中又对通报的时间、提供通报的咨询点、通报程序、通报的具体内容，甚至文本的语言文字都作了相应的规定。

⑤ 国际协调要求

为了尽可能协调实施动植物卫生检疫措施，成员方应将其动植物卫生标准建立在健全的现行国际标准、指南或建议上，但可以存在例外，即成员方可以在科学依据的基础上制定较高的保护水平。

2. 美国食品安全法律法规

美国是一个十分重视食品安全的国家，为食品安全制定了非常具体的标准及监管程序。美国目前拥有与食品有关的法律 100 部，其中最重要的法律有《联邦食品药品和化妆品法》《联邦肉类检查法》《公共健康服务法》《食品质量保障法》《家禽制品检查法》《蛋制品检查法》《公共健康安全与生物恐怖主义预防应对法》等。

《联邦食品药品和化妆品法》（Food Drug and Cosmetic Act，FDCA）是美国所有食品安全法律中最重要的一部法律。其前身是 1906 年颁布的《食品和药品法》（Food and Drug Act），随后经过多次修正和补充形成了现在的 FDCA。美国食品药品监督管理局的大部分工作就是实施 FDCA。该法对食品及其添加剂等做出了严格规定，对产品实行准入制度，对不同产品建立质量标准；通过检查工厂和其他方式进行监督和监控市场，明确行政和司法机制以纠正发生的任何问题。该法明确地禁止任何掺假和错误标识的行为，还赋予相关机构对违法产品进行扣押、提出刑事诉讼及禁止贸易的权利。进口产品也适用该法，FDA 和美国海关总署（USCS）会对进口产品进行检查，有问题的产品将不能进入美国。该法的监管范围不包括肉类、禽类和酒精制品。

《联邦肉类检查法》（FMIA）与 FDCA 同时被美国国会通过，这同 1957 年颁布的《家禽制品检查法》（PPIA）和 1970 年颁布的《蛋制品检查法》（EPIA）一起成为美国农业部（LSDA）食品安全与检查局（FSIS）所主要执行的法律，对肉类、禽类和蛋类制品进行安全性监管。其内容和监管方式与 FDCA 类似。

《公共健康服务法》（PHSA）于 1944 年颁布，涉及了十分广泛的健康问题，包括生物制品的监管和传染病的控制。该法保证牛奶和水产品的安全，保证食品服务业的卫生及洲际交通工具上的水、食品和卫生设备的卫生安全。该法对疫苗、血清和血液制品作出了安全性规定，还对日用品的辐射水平制定了明确的规范。

《公共健康安全与生物恐怖主义预防应对法》在"9·11"事件发生后被美国政府立即颁布，意在增强对公共健康安全突发事件的预防及应对能力，并要求 FDA 对进口的和国内日用品加强监督管理。该法大大加强了进口食品的监管力度。

3. 欧盟食品安全管理的法律法规体系

（1）欧盟食品安全管理的法律法规体系概况

在 2000 年，欧盟公布了《欧盟食品安全白皮书》，并于 2002 年 1 月 28 日正式成立了"欧盟食品安全局"（EFSA），颁布了第 178/2002 号指令，规定了食品安全法规的基本原则和要求。2004 年 4 月发布 2004/41/EC 指令宣布：自 2006 年 1 月 1 日起停止使用涉及水产品、肉类、肠衣、乳制品等食品的 91/492/EEC、91/493/EEC、91/494/EEC、91/495/EEC 等 16 个指令，并对部分已发布并执行的指令内容进行了修订。同时发布了（EC）No852/2004、853/2004、854/2004，882/2004 规章，规定了欧盟对各成员国以及从第三国进口到欧盟的水产品、肉类、肠衣、乳制品以及部分植物食品的官方管理。控制要求与加工企业的基本卫生要求，且不再把食品安全和贸易混为一谈，只关注食品安全问题。法规被大大简化，适用于所有食品，并要求实行食品链（从田间到餐桌）的综合管理，对生产者提出了更多的要求。法规具有责任可追溯性，问题食品将被召回。

2006年1月1日，欧盟实施新的《欧盟食品及饲料安全管理法规》。该项法规是欧盟委员会于2005年2月份提出并递交欧洲议会审议的，在3月份举行的欧洲议会全体会议上获得批准。这项法规具有两项功能，一是对内功能，所有成员国都必须遵守，如有不符合要求的产品出现在欧盟市场上，无论是哪个成员国生产的，一经发现立即取消其市场准入资格；二是对外功能，即欧盟以外的国家，其生产的食品要想进入欧盟市场都必须符合这项新的食品法规，否则不准进入欧盟市场。与此之前的有关食品安全法规相比，欧盟该项食品安全法有几个值得关注的地方：一是大大简化了食品生产、流通及销售的监督检测程序；二是强化了食品安全的检查手段；三是大大提高了食品市场准入的标准；四是增加了已经准入欧盟市场的食品安全的问责制；五是更加注意食品生产过程的安全，不仅要求进入欧盟市场的食品本身符合新的食品安全标准，而且从食品生产的初始阶段就必须符合食品生产安全标准，特别是肉食品，不仅要求终端产品要符合标准，在整个生产过程中的每一个环节也要符合标准。

目前，欧盟已经建立了一个较完善的食品安全法规体系，涵盖了"从农田到餐桌"的整个食物链，形成了以《食品安全白皮书》为核心的各种法律、法令、指令等并存的食品安全法规体系新框架。在立法和执法方面欧盟和欧盟诸国政府之间的特殊关系，使得欧盟的食品安全法规标准体系错综复杂。

欧盟现有主要的农产品（食品）质量安全方面的法律有《通用食品法》《食品卫生法》《添加剂、调料、包装和放射性食物的法规》等，另外还有一些由欧洲议会、欧盟理事会、欧委会单独或共同批准，在《官方公报》公告的一系列EC、EEC指令，如关于动物饲料安全法律的、关于动物卫生法律的、关于化学品安全法律的、关于食品添加剂与调味品法律的、关于与食品接触的物料法律的、关于转基因食品与饲料法律的、关于辐照食物法律的指令等。

(2) 欧盟主要的食品安全法律简介

①《食品安全白皮书》

欧盟《食品安全白皮书》（以下简称《白皮书》）长达52页，包括执行摘要和9章的内容，用116项条款对食品安全问题进行了详细阐述，制定了一套连贯和透明的法规，提高了欧盟食品安全科学咨询体系的能力。《白皮书》提出了一项根本改革，就是食品法以控制"从农田到餐桌"全过程为基础，包括普通动物饲养、动物健康与保健、污染物和农药残留、新型食品、添加剂、香精、包装、辐射、饲料生产、农场主和食品生产者的责任，以及各种农田控制措施等。在此体系框架中，法规制度清晰明了，易于理解，便于所有执行者实施。同时，它要求各成员国权威机构加强工作，以保证措施能可靠、合适地执行。

《白皮书》中的一个重要内容是建立欧洲食品安全局，主要负责食品风险评估和食品安全议题交流，设立食品安全程序，规定了一个综合的涵盖整个食品链的安全保护措施，并建立一个对所有饲料和食品在紧急情况下的综合快速预警机制。欧洲食品局由管理委员会、行政主任、咨询论坛、科学委员会和8个专门科学小组组成。另外，《白皮书》还介绍了食品安全法规、食品安全控制、消费者信息、国际范围等几个方面。《白皮书》中各项建议所提的标准较高，在各个层次上具有较高透明性，便于所有执行者实施，并向消费者提供对欧盟食品安全政策的最基本保证，是欧盟食品安全法律的核心。

② EC 178/2002号法令

EC 178/2002号法令是2002年1月28日颁布的，主要拟订了食品法律的一般原则和要求、建立 EFSA 和拟订食品安全事务的程序，是欧盟的又一个重要法规。178/2002 号法令包含 5 章 65 项条款。范围和定义部分主要阐述法令的目标和范围，界定食品、食品法律、食品商业、饲料、风险、风险分析等 20 多个概念。一般食品法律部分主要规定食品法律的一般原则、透明原则、食品贸易的一般原则、食品法律的一般要求等。EFSA 部分详述 EF-SA 的任务和使命、组织机构、操作规程，EFSA 的独立性、透明性、保密性和交流性，EFSA 财政条款，EFSA 其他条款等方面。快速预警系统、危机管理和紧急事件部分主要阐述了快速预警系统的建立和实施、紧急事件处理方式和危机管理程序。程序和最终条款主要规定委员会的职责、调节程序及一些补充条款。

4. 日本食品（卫生与安全）法律法规

日本保障食品安全的法律法规体系由基本法律和一系列专业专门法律法规组成，主要有《食品安全基本法》（Food Safety Basic Law）、《食品卫生法》（Food Sanitation Law）、《农药管理法》（Agricultural Chemicals Regulation Law）、《植物防疫法》（Plant Quarantine Law）、《家畜传染病预防法》（The Law for the Prevention of Infections Disease in Domestic Animals）、《屠宰场法》（Abattoir Law）、《家畜屠宰商业控制和家禽检查法》（Poultry Slaughtering Business Control and Poultry Inspection Law）等。日本食品安全监管的方法是科学地评估风险（即对健康危害的可能性和程度）和在此基础上采取必要的措施。风险分析由三部分组成：风险评估——科学地评估风险；风险管理——在风险评估的基础上采取必要的措施；风险传达——在能代表公众、政府和学术界的相关人群中交流信息和看法。《食品安全基本法》负责风险评估，《食品卫生法》和其他相关法律负责风险管理。

（1）《食品安全基本法》

该法颁布于 2003 年 5 月，并于同年 7 月实施，是一部旨在保护公众健康、确保食品安全的基础性和综合性法律。随着这部法律的颁布，日本在食品安全管理中开始引入了风险分析的方法。该法的要点：①以国民健康保护至上为原则，以科学的风险评估为基础，预防为主，对食品供应链的各环节进行监管，确保食品安全；②规定了国家、地方、与食品相关联的机构、消费者等在确保食品安全方面的作用；③规定在出台食品安全管理政策之前要进行风险评估，重点进行必要的危害管理和预防，风险评估方与风险管理者要协同行动，促进风险信息的广泛交流，理顺应对重大食品事故等紧急事态的体制；④在内阁府设置食品安全委员会，独立开展风险评估工作，并向风险管理部门提供科学建议。

该法强化了发生食品安全事故之后的风险管理与风险对策，同时强化了食品安全对健康影响的预测能力。在具体实施时，风险管理机构与风险评估机构依部门而设，为更好地进行食品安全保护工作打下坚实的基础。

（2）《食品卫生法》

该法首次颁布于 1947 年，后根据需要经过几次修订，是日本食品卫生风险管理方面最主要的法律，其解释权和执法管理归属厚生劳动省。该法既适用于国内产品，也适用于进口产品。

《食品卫生法》大致可分为两部分：一是有关食品、食品添加剂、食品加工设备、容器/包装物、食品业的经营与管理、食品标签等方面的规格、标准的制定；二是有关食品卫生监管方面的规定。

在标准制定和执行方面，《食品卫生法》规定，厚生劳动省负责制定食品及食品添加剂的生产、加工、使用、准备、保存等方法标准、产品标准、标识标准，凡不符合这些标准的进口或国内的产品，将被禁止销售；地方政府负责制定食品商业设施要求方面的标准以及食品业管理操作标准，凡不符合标准的经营者将被吊销执照，在检查制度方面，对于国内销售的食品，在地方政府的领导下，保健所的食品卫生检查员可以对食品及相关设施进行定点检查，对于进口食品，任何食品、食品添加剂设备、容器包装物的进口，均应事先向厚生劳动省提交进口通告和有关的资料或证明文件，并接受检查和必要的检验。

另外，针对食品添加剂，2008年、2012年先后对《食品卫生法》及其相关的实施条例进行修改，设立了严格的标准；2013年日本批准乳酸钾和硫酸钾为食品添加剂并设定了相应的安全标准。

针对进口食品，日本增加了食品和出口商的名称、地址以及该食品包装商的名称、地址等申报事项。2006年日本正式实施"肯定列表制度"。根据此项制度，不仅对于化学品残留超过规定限量的食品，而且对于那些含有未制定最大残留限量标准的农业化学品残留且超过一定水平（0.01mg/kg）的食品，一律将被禁止生产、进口、加工、使用、制备、销售或为销售而储存。2011年，日本接连经历了地震、海啸和福岛核泄漏等事故，食品安全问题再度被推到了风口浪尖。为此，日本对《食品卫生法》及相关实施条例进行修改，确定一般食品、婴幼儿用品、牛乳和饮用水等食品的放射性元素铯的新标准值，并定期对食品中的放射性元素进行检查，形成调查报告并进行通报。

（3）其他相关法律

《日本农业标准法》也称《农林物质标准化及质量标志管理法》（简称JAS法），该法是1950年制定，1970年修订，2000年全面推广实施的。JAS法中确立了两种规范，分别为：JAS标识制度（日本农产品标识制度）和食品品质标识标准。依据JAS法，市售的农渔产品皆须标示JAS标识及原产地等信息。JAS法在内容上不仅确保了农林产品与食品的安全性，还为消费者能够简单明了地掌握食品的有关质量等信息提供了方便。日本在JAS法的基础上推行了食品追踪系统，该系统要求农林产品与食品标明生产产地、使用农药、加工厂家、原材料、经过流通环节与其所有阶段的日期等信息。借助该系统可以迅速查到食品在生产、加工、流通等各个阶段使用原料的来源、制造厂家以及销售商店等记录，同时也能够追踪掌握到食品的所在阶段，这不仅使食品的安全性和质量等能够得到保障，而且在发生食品安全事故时也能够及时查出事故的原因、追踪问题的根源并及时进行食品召回。

《农药管理法》由农林水产省负责，其主要规定有：一是在日本所有农药（包括进口的）使用或销售前，必须依据该法进行登记注册，农林水产省负责农药的登记注册；二是在农药注册之前，农林水产省应就农药的理化和作用等进行充分研究，以确保登记注册的合理性；三是农林水产省负责研究注册农药使用后对环境的影响。

随着对有机农产品需求的扩大，日本于1992年颁布了《有机农产品及特别栽培农产品标志标准》和《有机农产品生产管理要领》，在此基础上，于2000年制定并于2001年4月1日正式实施了《日本有机食品生产标准》。

此外，日本还制定了大量的相关配套规章，为制定标准、实施检验检测等奠定了法律依据。

根据这些法律、法规，日本厚生劳动省颁布了2000多个农产品质量标准和1000多个农药残留标准，农林水产省颁布了351种农产品品质规格。

二、国内食品安全法律法规

1.《食品安全法》

《中华人民共和国食品安全法》（以下简称《食品安全法》）是2009年2月28日由中华

人民共和国第十一届全国人民代表大会常务委员会第七次会议审议通过的，2015 年 4 月 24 日第十二届全国人民代表大会常务委员会第十四次会议修订。《食品安全法》的立法宗旨是为了保证食品安全，保障公众身体健康和生命安全。

现行的《食品安全法》在 2018 年 12 月 29 日第十三届全国人民代表大会常务委员会第七次会议上进行修正，共 10 章 154 条，包括总则、食品安全风险监测和评估、食品安全标准、食品生产经营、食品检验、食品进出口、食品安全事故处置、监督管理、法律责任和附则。

（1）总则

总则共 13 条，原则规定了食品安全法涉及的一些重大问题。主要包括立法目的、使用范围、食品生产经营者的社会责任、食品安全监管体制、各部门之间的分工协作关系、行业自律、食品安全知识宣传、食品安全科学研究以及组织或个人举报、知情、监督建议权等内容。

（2）食品安全风险监测和评估

食品安全风险监测和评估共 10 条。主要包括食品安全风险监测制度的建立、食品安全风险监测计划的制定实施、食品安全风险信息的通报与交流、食品安全风险评估制度的建立、食品安全风险评估专家委员会的组建、食品安全风险评估建议制度以及食品安全状况综合分析等内容。

（3）食品安全标准

食品安全标准共 9 条，规定了食品安全标准的相关问题，主要包括以下几方面内容。

① 规定了食品安全标准的制定原则，明确了食品安全标准为强制性标准；

② 食品安全标准应包括的内容，并提出了具体要求；

③ 明确了国务院卫生行政部门负责制定和颁布食品安全国家标准，明确规定了食品安全国家标准的制定依据和制定程序；

④ 明确了对现行的各类食品安全标准予以整合，统一为食品安全国家标准；

⑤ 明确了食品安全地方标准的制定机关、制定依据和备案要求；

⑥ 明确了食品安全标准应公布，公众可以免费查阅；

⑦ 规定了食品生产企业食品安全标准的制定要求，国家鼓励食品生产企业制定严于国家食品安全标准的企业标准。

（4）食品生产经营

食品生产经营共 51 条，主要包括以下几方面内容。

① 规定了食品生产经营的各项要求和制度。如食品生产经营的必备条件和要求、食品生产经营的禁止性要求、食品生产经营许可和行政许可、食品生产经营企业安全管理和认证、食品生产经营从业人员健康管理以及食品、食品添加剂和食品相关产品的生产和销售等。

② 规定了食品添加剂的管理制度以及食品和食品添加剂的标签、说明书和警示说明的使用。如食品添加剂许可制度、食品添加剂使用范围和用量标准、食品添加剂以外的化学物质或其他可能危害人体健康物质的禁止性规定以及食品和食品添加剂标签等。

③ 规定了食品相关产品生产的要求和管理制度。

④ 规定了食品中添加药品的要求和保健食品、特殊医学用途配方食品和婴幼儿配方食品等特殊食品的管理制度。

⑤ 规定了食品召回制度和食品广告管理制度，鼓励建立食品追溯制度。

⑥ 规定了餐饮服务提供者、集中交易市场开办者、网络食品交易第三方平台提供者和食用农产品批发市场等的食品安全管理义务。

（5）食品检验

食品检验共 7 条，规定了食品检验制度。主要包括食品检验机构、食品检验要求、食品检验报告、监管部门开展食品检验以及食品生产经营企业开展食品检验等相关制度。

（6）食品进出口

食品进出口共 11 条，规定了食品进出口制度。主要包括进口食品应经检验符合标准、首次进口的食品应取得许可、进口预包装食品的标签要求、进口商的食品进口和销售记录以及食品安全信息的收集汇总和通报等。

（7）食品安全事故处置

食品安全事故处置共 7 条，规定了食品安全事故处置制度。

（8）监督管理

监督管理共 13 条，规定了食品安全监管的具体内容。主要包括政府及其行政管理部门的监管和社会公众的监督。

（9）法律责任

法律责任共 28 条，规定了违反食品安全法行为的行政责任、民事责任和刑事责任。

（10）附则

附则共 5 条，规定了食品安全法的用语含义、转基因食品和食盐的安全管理、食品安全监管体制调整和法的实施日期等。

2.《中华人民共和国农产品质量安全法》

《中华人民共和国农产品质量安全法》（以下简称《农产品质量安全法》）是 2006 年 4 月 29 日中华人民共和国第十届全国人民代表大会常务委员会第二十一次会议审议通过，2018 年 10 月 26 日第十三届全国人民代表大会常务委员会第六次会议修正。《农产品质量安全法》的立法宗旨是为了保障农产品质量安全，维护公众健康，促进农业和农村经济发展。

《农产品质量安全法》共 8 章 56 条，包括总则、农产品质量安全标准、农产品产地、农产品生产、农产品包装和标识、监督检查、法律责任和附则。

（1）总则

总则共 10 条，概括地规定了农产品质量安全法的若干重要问题。主要包括立法目的、调整范围、管理体制、规划和经费、健全服务体系、风险评估制度、信息发布制度、发展优质农产品、科研与推广以及宣传引导等。

（2）农产品质量安全标准

农产品质量安全标准共 4 条，主要包括农产品质量安全标准体系的建立、农产品质量安全标准的制定要求、修订要求和组织实施等。

（3）农产品产地

农产品产地共 5 条，主要包括农产品产地安全管理和基地建设、产地要求、产地保护以及防止投入品污染等。

（4）农产品生产

农产品生产共 8 条，主要包括生产技术规范和操作规程制定、投入品许可和监督抽查、投入品安全使用制度、科研推广机构职责、生产记录、投入品合理使用、产品自检、中介组织自律与服务等。

（5）农产品包装和标识

农产品包装和标识共 5 条，主要包括包装标识管理规定、保鲜剂等使用要求、转基因标识、检疫标志与证明以及农产品标志等。

（6）监督检查

监督检查共 10 条，主要包括禁止销售要求、监测计划与抽查、检验机构管理、复检与赔偿、批发市场和销售企业责任、社会监督、现场检查和行政强制、事故报告、责任追究、进口农产品质量安全要求等。

（7）法律责任

法律责任共 12 条，主要包括监管人员责任、监测机构责任、产地污染责任、投入品使用责任、生产记录违法行为处罚、包装标识违法行为处罚、保鲜剂等使用违法行为处罚、农产品销售违法行为处罚、冒用标志行为处罚、行政执法机关处罚、刑事责任和民事责任等。

（8）附则

附则共 2 条，主要规定了生猪屠宰管理和法的实施日期。

3.《中华人民共和国产品质量法》

《中华人民共和国产品质量法》（以下简称《产品质量法》）是 1993 年 2 月 22 日颁布的，根据中华人民共和国第九届全国人民代表大会常务委员会第十六次会议《关于修改〈中华人民共和国产品质量法〉的决定》，《产品质量法》于 2000 年 7 月 8 日进行第一次修正，2009 年 8 月 27 日第十一届全国人民代表大会常务委员会第十次会议第二次修正，2018 年 12 月 29 日第十三届全国人民代表大会常务委员会第七次会议第三次修正。《产品质量法》的立法宗旨是为了加强对产品质量的监督管理，提高产品质量水平，明确产品质量责任，保护消费者的合法权益，维护社会主义经济秩序。

《产品质量法》共 6 章 74 条，主要内容有产品质量监督、产品质量义务和法律责任 3 部分内容。

（1）产品质量监督

① 产品质量监督体制。产品质量监督体制是指执行产品质量监督的主体，它确定了国家和行业在产品质量监督方面的权限和职责范围。《产品质量法》规定：国务院产品质量监督部门主管全国产品质量监督工作。国务院有关部门在各自的职责范围内负责产品质量监督工作。

县级以上地方产品质量监督部门主管本行政区域内的产品质量监督工作。《产品质量法》对各级人民政府的产品质量监督职责也做出了规定。

② 产品质量标准制度。《产品质量法》规定：中国实行产品质量标准制度。

③ 企业质量体系认证制度。《产品质量法》对企业质量体系认证制度进行了原则的规定，主要遵循两个原则：一是坚持与国际惯例和国际通行作法相一致的原则；二是坚持企业自愿申请的原则。

④ 产品质量认证制度。产品质量认证是依据产品标准和相应的技术标准，经认证机构确认，并颁发认证证书和认证标志的活动。《产品质量法》规定：国家参照国际先进的产品标准和技术要求，推行产品质量认证制度。企业根据自愿原则可以向国务院产品质量监督部门认可的或者国务院产品质量监督部门授权认可的认证机构申请产品质量认证。经认证合格的，由认证机构颁发产品质量认证证书，准许企业在产品或者其包装上使用产品质量认证标志。

⑤ 产品质量监督检查制度。产品质量监督检查制度是指国家对产品质量采取行政强制

监督检查管理措施的制度。《产品质量法》规定：国家对产品质量实行以抽查为主要方式的监督检查制度，对可能危及人体健康和人身、财产安全的产品，影响国计民生的重要工业产品以及消费者和有关组织反映的有质量问题的产品进行抽查。监督抽查工作由国务院产品质量监督部门规划和组织。县级以上地方产品质量监督部门在本行政区域内也可以组织监督抽查。

（2）产品质量义务

产品质量义务又称为产品质量责任和义务，是指产品质量法律关系主体应当作出或不作出一定行为的约束，或者是产品质量法律关系主体行为的法定范围限度。按照义务人的不同，产品质量义务分为生产者的产品质量义务和销售者的产品质量义务。《产品质量法》规定：生产者应当对其生产的产品质量负责；销售者应当建立并执行进货检查验收制度，验明产品的合格证明和其他标识。

（3）法律责任

违反《产品质量法》的法律责任有民事责任、行政责任和刑事责任3种。

① 产品质量民事责任主要包括生产者与销售者的产品瑕疵担保责任、产品缺陷损害赔偿责任以及相关单位的产品质量民事责任等。

② 产品质量行政责任主要包括产品质量行政处分和产品质量行政处罚，其中产品质量行政处罚是最主要的产品质量行政责任。

③ 产品质量刑事责任是一种个人责任，也是产品质量法律责任中最严厉的一种，是对产品质量犯罪人进行的刑事制裁，而追究产品质量刑事责任的前提是存在着产品质量犯罪。《产品质量法》规定了9个方面的产品质量刑事责任。

4.《中华人民共和国消费者权益保护法》

《中华人民共和国消费者权益保护法》（以下简称《消费者权益保护法》）是1993年10月31日颁布的，2009年8月27日第一次修正，2013年10月25日第二次修正。《消费者权益保护法》的立法宗旨是为了保护消费者的合法权益，维护社会经济秩序，促进社会主义市场经济健康发展。《消费者权益保护法》共8章63条，主要包括消费者的权利、经营者的义务、消费者合法权益的保护和法律责任4部分内容。

（1）消费者的权利

消费者的权利是指国家法律规定赋予或确认的公民为生活消费所需而购买、使用商品或者接受服务时享有的权利。《消费者权益保护法》规定：消费者的权利有安全保障权、知悉真情权、自主选择权、公平交易权、损害求偿权、依法结社权、获取知识权、维护尊严权和监督批评权。

（2）经营者的义务

消费者权利的实现，离不开经营者的义务的遵守，如果经营者违反了应尽的义务，就必然会侵犯消费者的权利。《消费者权益保护法》规定：经营者的义务包括接受监督的义务、保障安全的义务、不作虚假宣传的义务、表明真实名称和标记的义务、出具凭证的义务、保证质量的义务、保证公平交易的义务和维护消费者人身权的义务等。

（3）消费者合法权益的保护

消费者合法权益的保护包括国家对消费者合法权益的保护和消费者组织对消费者合法权益的保护两方面。国家对消费者合法权益的保护主要是立法保护、行政保护和司法保护。

（4）法律责任

违反《消费者权益保护法》的法律责任有民事责任、行政责任和刑事责任3种。

第三节　国内外食品安全标准体系

一、国外食品安全标准体系

1. 国际标准体系

国际标准分为全球性国际标准和区域性国际标准。全球性国际标准是由全球性国际组织所制定的标准。主要是指由国际标准化组织和国际电工委员会所制定的标准。食品法典委员会、国际铁路联盟国际计量局、世界卫生组织、国际谷物科学和技术协会等专业组织制定的，经国际标准化组织（International Organization for Standardization，ISO）认可的标准，也可视为国际标准，全球性国际标准为世界各国所承认并在各国间通用。

（1）国际食品法典委员会简介

国际食品法典委员会（CAC），由联合国粮农组织（FAO）和世界卫生组织（WHO）于1963年前创建，是世界上第一个政府间协调国际食品标准法规的国际组织，是目前制定国际食品标准最重要的国际性组织。其发布的CAC/RCP1-1969，Rev. 4（2003）《推荐的国际操作规范食品卫生总则》（以下简称CAC《食品卫生总则》）虽然是推荐性的，但自从WTO/SPS协定强调采用3大国际组织CAC、世界动物卫生组织（OIE）、国际植物保护公约（IPPC）的标准后，CAC标准在国际食品贸易中日益显示出重要的作用。

CAC标准是作为保护消费者而普遍采用的统一食品标准，国际食品法典委员会具有明显的优势。因此《实施动植物卫生检疫措施协议》（SPS协议）和《技术性贸易壁垒协议》（TBT协议）均鼓励采用协调一致的国际食品标准。作为乌拉圭回合多边贸易谈判的产物，SPS协议引用了法典标准、指南及推荐技术标准，以此作为促进国际食品贸易的措施。因此，法典标准已成为在乌拉圭回合协议法律框架内衡量一个国家食品措施和法规是否一致的基准。

（2）CAC食品标准体系

由CAC组织制定的食品标准、准则和建议称为国际食品法典（Codex），或称为CAC食品标准。全部CAC食品标准构成CAC食品标准体系，又称CAC农产品加工标准体系。CAC食品标准体系的结构模式采用横向的通用原则标准和纵向的特定商品标准相结合的网格状结构。横向通用原则标准简称通用标准，纵向特定商品标准简称专用标准。按照标准的具体内容可将CAC的标准分为商品标准、技术规范、限量标准、分析与取样方法标准、一般准则及指南五大类。

CAC的商品标准覆盖国际食品贸易中重要的大宗商品，并与国际上食品贸易紧密结合，是CAC标准体系中的主要内容之一，约占CAC标准总数的70%，对于已经给出最大农药残留限量和兽药残留限量的商品，在该种食品的商品标准中只对该指标进行引用，不再出现该限量指标的具体限量。

国际食品法典中包括越来越多的为保障食品良好的品质、安全及卫生而建立良好的操作规范、良好的实验室规范和卫生操作指南等。这是一种全方位立体式控制整个食品质量的概念。其已经制定的卫生或技术规范涉及面广，重点突出，未来计划制定延伸至耕作、饲养、收获等加工前的良好农业操作规范内容，更强调和推荐HACCP与GMP的联合使用。

CAC制定的9项（农药、兽药、添加剂、有害元素等）限量标准，包括了食品中农药残留最大限量标准、兽药残留最大限量标准、有害元素和生物毒素的限量标准等。CAC/

MRL 给出了 197 种农药在 289 种食品中的 2374 个农药最大残留限量值；CAC/MRL 2 给出了 15 种肉类及其制品中 54 种兽药共 289 项兽药最大残留限量值；CAC/MRL 3 给出了 148 个农药残留限量值；Codex Stan-192 规定了可用于食品和食品加工中的 1005 种食品添加剂，该标准具体内容包括：添加剂种类、添加剂的使用要求、不允许使用食品添加剂的食品及允许使用的最大剂量。另外还制定了有毒有害物质和污染物的限量标准 5 项：CAC/GL 6、CAC/GL 7、CAC/GL 5、CAC/GL 39、Codex Stan-230。

分析与采样方法标准一般由各商品委员会提出申请，并负责制定标准的全过程，同时负责向法典委员会就有关问题进行报告和讨论，法典委员会负责协调工作。CAC 已经开展的领域有：黄曲霉毒素/花生、玉米抽样计划草案，水产品中农药残留分析和取样方法，鱼和水产品分析方法（含取样），特殊膳食与营养食品分析方法，污染物一般分析方法。

法典涉及的各种咨询、管理和程序等一般准则和指南共 38 项。这类标准涵盖了食品卫生、食品标签及包装、食品添加剂、农药和兽药残留标准、污染物、取样和分析方法、食品进出口检验和认证体系、特殊膳食和营养食品、食品加工、贮藏规范多个方面。

总之，CAC 食品标准涵盖面广，覆盖了国际食品贸易中重要的大宗商品，并且对商品的细分程度完整，与国际贸易紧密结合，其制定重点突出，首先考虑的是消费者的利益，尤其是食品添加剂限量、污染物和农药残留限量的种类多，以及与各种食品组合数量大，限量值规定严格。其标准制定程序更具科学性，包括发起阶段、草案建议稿的起草、草案建议稿征求意见、草案建议稿的修改、草案建议稿被采纳为标准草案、标准草案送交讨论、标准草案的修改以及大会通过在内的 8 个阶段，制定周期短，采用了风险评估等先进技术，因此具有先进性。

2. 美国食品安全标准

美国推行民间标准优先的标准化政策，鼓励政府部门参与民间团体的标准制定活动，现已拥有食品安全标准 600 多种，其中主要的有：

良好操作规范（Good Manufacturing Practices，GMP）即 GMP 制度，于 1975 年正式提出，是一种注重在生产过程中实施对产品质量与卫生安全的自主性管理制度。GMP 要求食品生产及加工企业应具备良好的生产设备、合理的生产过程、完善的质量管理和严格的检测系统，以确保最终产品符合规定要求。GMP 所规定的内容，是食品加工企业必须达到的最基本条件。

危害分析及关键点控制（Hazard Analysis and Critical Control Point，HACCP）系统，该观念最早起源于 1960 年，为当时供应太空食品而提出的，在 1973 年又应用于低酸性食品罐头，1997 年应用于水产品，2003 年受 FDA 和农业部的委托，美国国家科学院（NAS）发布的《确保食品安全的科学标准》（Scientific Criteria to Ensure Safe Food）表明其认可这种系统，至此美国开始全面推行 HACCP 系统。该系统重在提高食品安全的预防性。

卫生标准操作程序（Sanitation Standard Operation Procedure，SSOP）是食品加工企业为帮助完成在食品生产中维护 GMP 的目标而使用的过程，SSOP 描述的是一套特殊的食品卫生处理和加工厂环境的清洁程度及处理措施，以及与满足这些活动相联系的目标额。在某些情况下，SSOP 可以减少在 HACCP 计划中关键控制点的数量，使用 SSOP 而不是 HACCP 系统来减少危害控制，但不减少其重要性或不显示更低的优先权。实际上危害是通过 SSOP 和 HACCP 关键控制点的组合来控制的。

良好农业规范（Good Agricultural Practice，GAP）是美国食品药品监督管理局（FDA）和美国农业部（USDA）1998 年联合发布的《关于降低新鲜水果与蔬菜微生物危害的企业指南》中首次提出的。GAP 主要针对未加工或最简单加工出售给消费者或加工企业的大多数果蔬的种植、采收、清洗、摆放、包装和运输过程中常见的微生物危害控制。其关注的是新鲜果蔬的生产和包装，包括从农场到餐桌的整个食品链的所有步骤。GAP 是自愿执行的，但 FDA 和 USDA 强烈建议鲜果和蔬菜生产者采用此标准。

3. 欧盟

欧盟已经形成较为完善的食品安全标准法规体系，EU178/2002《食品安全基本法》奠定了欧盟食品安全总的指导原则、方针和目标，之后持续补充颁布了《食品安全法规及指令》，这些指令的内容涉及食品管控、食品检测、食品中有毒物质、食品卫生、特殊食品等各项标准；欧盟食品法规、食品使用标准及产品规格标准为一体，对国际标准采标率约为80％，成员国依据欧盟法规及指令制定本国的食品安全标准。

欧盟的食品安全标准分为产品标准、过程控制标准、环境卫生标准和食品安全标签标准4 大方面，其中，欧盟食品卫生系列标准包括 EU852/2004 号、EU853/2004 号、EU854/2004 号；食品安全标签标准，EU2000/13 号指令产品标准包括动物性食品（肉类、蛋类、鲜奶及奶制品）、植物性食品标准、食品微生物、食品添加剂等。欧盟的食品技术法规包括了所有的食品安全标准，欧盟食品安全体系有 4 大基本原则：预防原则、风险分析原则、可追溯原则、全程监控原则。欧盟通过完善的风险评估机制保证食品安全标准制定科学且合理，食品安全风险评估是由欧盟食品安全局（European Food Safety Authority，EFSA）负责。欧盟理事会、欧盟议会负责风险评估管理，实现二者职能上的分离。在食品安全监管方面，欧盟采用统一监管方式，成立欧洲食品权力机构，负责与食品相关的事务以及食品安全监管。

4. 日本

日本食品标准分为国家、行业及企业标准 3 类。国家标准以农、林、畜、水产品及其加工制品和油脂为主要对象；行业标准由团体、协会和社团组织制定，作为国家标准的补充；企业标准是各株式会社制定的技术标准及操作规程。国家标准由日本的厚生劳动省规定，包括食品添加剂使用、农药限量等，适用于包括进出口的所有食品。对比 CAC 标准，日本食品安全国家标准的采标率为 90％以上。

5. 国际食品标准体系特点

经济发达国家十分重视食品安全标准体系的建设，综合目前国外的情况，主要有以下几个特点。

（1）体系健全，法律作用强

目前国外对食品安全的控制已从单纯检验、把好最后一道关，发展到监控生产、加工、包装、贮运和销售（从农场到餐桌）的全过程，每一个环节和阶段都有相应的标准来严格控制食品质量与安全，各标准之间也都具有内在的制约和连带关系，形成了完整的食品安全标准体系。此外，不同领域和部门之间都尽量使各自推行的标准不与其他领域和部门发生冲突。

对于食品安全标准的制定与实施一般都尽量赋予法律的内涵和给予法律的保证，使技术要求与法律权威结合起来。如美国的食品安全标准体系就是以联邦和州的法律为基础的。

（2）管理和运作规范

能够充分发挥标准化权威管理机构的职能，积极处理和协调不同的利益集团在标准制定、修订和实施过程中的冲突，并协调和沟通不同管理机构之间的矛盾。如欧盟在 2001 年通过立法，建立了独立的食品安全管理机构。

通过标准化权威管理机构对信息的收集和分析，提供科学的指导和法律规定，加强对食品安全的及时而有效的监控和预防。标准化权威管理机构还通过与各政府职能机构的分工合作，广泛吸收生产者和经营者参与标准的制定的建议，同时也加强了标准化的宣传、教育和培训。

（3）标准的种类多，技术水平高

食品安全标准的种类繁多，涉及种植、果蔬、水产、畜牧等许多行业，标准的规定也较为具体，除了生产、加工、品质、等级、包装、贮运、销售等，还包括食品添加剂和污染物、最大农兽药允许残留量，甚至还有进出口检验和认证以及取样和分析方法等标准规定，具有很强的可操作性。美国和欧盟由于经济和技术水平高，标准较严，指标也高，尤其是对食品的环境标准要求，更是让很多国家望尘莫及。如欧盟对肉制品，不但要检验农药残留量，还要检查出口国生产厂家的卫生条件，有的还对生产车间温度、肉制品配方、包装和容器等都做了严格规定。

（4）注重与国际标准接轨

美国和欧盟等在食品安全标准制定的开始就注重与国际标准和国外先进标准接轨，并以国际标准化组织（ISO）和食品法典委员会（CAC）的标准为主，从一开始就融入到国际标准的行列和适应国际市场的要求。但同时它们又能结合本国和本地的具体情况加以细化，使之符合本国（本地）的实际情况，可操作性强。

在食品安全管理上普遍实行了"良好操作规范（GMP）""危害分析与关键控制点（HACCP）"体系，并以食品法典委员会（CAC）标准作为最重要的参照。

二、国内食品安全标准体系

1. 我国食品安全标准体系概况

中国食品质量与安全的标准化工作经过几十年的积累和发展，取得了可喜的成绩，现已初步形成了食品安全标准体系。目前中国的重点任务是要加快农兽药残留等有害物质限量标准、食品添加剂和营养强化剂使用标准及其相应的先进检验方法标准的制修订工作，加强食品安全管理标准和基础标准的制定工作，提高食品安全水平，并尽快与国际标准接轨，为扩大中国食品出口提供技术服务。中国食品安全标准体系虽然已初步形成，但仍然存在着不够完善和科学等诸多问题，主要表现在以下几个方面。

（1）未能形成科学完善的食品安全标准体系

虽然中国已经制定了许多有关食品质量安全和食品卫生等方面的标准，但缺乏系统性，未能形成科学完善的标准体系，致使食品安全标准的制定和管理缺乏科学的宏观调控手段，使标准的覆盖面不均衡，重点也不突出。此外，现有的标准中，很多已不能适应新形势的需要，应予以调整、修订或废止；同时也应及时补充和完善中国急需的标准。

（2）管理体制分散，缺乏统一的规划

食品安全标准管理涉及农业、卫生、质检、环保、经贸和工商等多部门，政出多门，各自为政，多头管理，最终造成了标准管理上的重复和空白，标准内容上的交叉、重复和矛盾。特别是行业标准，不同的部门立项、起草、审查、批准和发布，造成了生产、加工、流通标准的互不衔接，甚至相互矛盾，更没能形成完善的标准体系，对国内外食品贸易都具有负面的影响。

（3）标准的指标数量少

目前中国农药残留量指标只有484项（包括国家标准和行业标准），占食品法典委员会

（CAC）标准（2572 项）的 18.8％，欧盟标准（22289 项）的 2.2％，美国标准（8669 项）的 5.6％，日本标准（9052 项）的 5.3％，在标准指标数量上与国外相比仍有很大差距。

（4）标准水平低

不少国家标准的水平比国际标准和国外先进标准的水平明显偏低，这也是中国食品质量安全水平低的重要原因之一。

（5）对国际标准的采标率低

国家标准的总体采标率为 43.5％，实际上真正采标（等同采用）的只有 24％。

2. 中国的食品安全标准体系框架

建立食品安全标准体系是标准化的一项基础性研究工作，其理论依据是系统工程学的系统分析原理。即任何系统工程都可按工程特点或分析目的将其分解成许多分系统，同样又可将每个分系统进一步分解成许多子系统，然后找出属于全局的问题列为整体系统的第一层内容，将属于各分系统中的全局问题列为整体系统的第二层内容，也就是此分系统的第一层内容。依此类推，就可将一个复杂的整体系统有层次地分析得十分清晰、科学、有条理。

食品安全标准体系应包括种植业（粮食）、果蔬业、水产业和畜牧业（畜禽）等若干子体系。从总体上考虑，应本着对食品实施"从农田到餐桌"的全过程监管，从产前、产中到产后的全过程都实行标准化控制的指导思想，食品安全标准体系应按照整个生产过程分为产地环境要求、生产技术规程、加工技术规程、包装贮运技术标准、商品质量标准和卫生安全要求六个分系统。将最具共性特征的名词、术语、分类方法、抽样方法、分析检验方法和管理标准等作为通用标准列为标准体系的第一层；而作为分系统的共性问题，即产地环境要求、生产技术规程、加工技术规程、包装贮运技术标准、商品质量标准和卫生安全标准作为标准体系的第二层，也是各分系统的第一层。每个分系统又可以分解为若干子系统，即第三层。依此类推，按照相互依存、相互制约的内在联系，将所有的标准分层次和顺序排列起来就可以形成食品安全标准体系。

目前，我国标准体系主要是由食品工业基础及相关标准、食品通用检验方法标准、食品产品质量标准、食品包装材料及容器标准、食品安全限量标准、食品添加剂标准等构成。

3. 食品工业基础及相关标准

食品工业基础及相关标准是指在食品领域具有广泛的使用范围，涵盖整个食品或某个食品专业领域内的通用条款和技术事项。主要包括通用的食品技术术语、符号、代号、通则和规范等标准，如 GB 28050—2011《食品安全国家标准　预包装食品营养标签通则》、GB 29923—2013《食品安全国家标准　特殊医学用途配方食品良好生产规范》、GB 7718—2011《食品安全国家标准　预包装食品标签通则》等。

4. 食品卫生标准

食品卫生标准包括食品、食品添加剂、食品容器、包装材料、食品用工具、设备、食品及其工具设备的洗涤剂、消毒剂以及食品中污染物质、放射性物质容许量的卫生标准、卫生管理办法和检验规程。食品中污染物质限量标准又包括食品中农药残留限量标准、兽药残留限量标准、食品中有害金属和非金属及化合物限量标准、食品中生物毒素限量标准、食品中致病微生物限量标准等。如 GB 29921—2013《食品安全国家标准　食品中致病菌限量》、GB 2762—2012《食品安全国家标准　食品中污染物限量》、GB 2761—2011《食品安全国家标准　食品中真菌毒素限量》、GB 14881—2013《食品安全国家标准　食品生产通用卫生规范》、GB 12693—2010《食品安全国家标准　乳制品良好生产规范》等。

食品生产厂卫生规范以国家标准的形式列入食品标准中，但它不同于产品的卫生标准，它是食品企业生产活动和过程的行为规范。主要是围绕预防、控制和消除食品微生物和化学污染，确保产品卫生安全质量，对食品企业的工厂设计、选址和布局、厂房与设施、废水与处理、设备和器具的卫生、工作人员卫生和健康状况、原料卫生、产品的质量检验以及工厂卫生管理等方面提出的具体要求。我国的食品卫生规范主要依据良好操作规范（GMP）和危害分析与关键控制点（HACCP）的原则制定，属于技术法规的范畴。

5. 食品检验方法标准

包括食品微生物检验方法标准、食品理化分析方法标准、食品感官分析方法标准、毒理学评价方法标准等，如 GB 29989—2013《食品安全国家标准　婴幼儿食品和乳品中左旋肉碱的测定》、GB 4789.31—2013《食品安全国家标准　食品微生物学检验沙门氏菌、志贺氏菌和致泻大肠埃希氏菌的肠杆菌科噬菌体诊断检验》、GB 5009.205—2013《食品安全国家标准　食品中二噁英及其类似物毒性当量的测定》等。

6. 食品产品质量标准

食品产品质量标准为涉及食品工业产品分类的 18 类产品中消费量大、与日常生活和出口贸易密切相关的重要产品标准。如 GB 2758—2012《食品安全国家标准　发酵酒及其配制酒》、GB 26878—2011《食品安全国家标准　食用盐碘含量》、GB 19295—2011《食品安全国家标准　速冻面米制品》、GB 14963—2011《食品安全国家标准　蜂蜜》、GB 5420—2021《食品安全国家标准　干酪》、GB 10770—2010《食品安全国家标准　婴幼儿罐装辅助食品》、GB 10765—2010《食品安全国家标准　婴儿配方食品》等。根据新修订的《中华人民共和国食品安全法》，我国已开始的新一轮食品国家标准清理与修订，可能会把部分食品产品质量标准清理废止，不再作为国家强制性标准。

7. 食品包装材料及容器标准

这类标准涉及与食品接触的材料及制品的质量和安全要求。如 GB 4806.10—2016《食品安全国家标准　食品接触用涂料及涂层》、GB 4806.9—2016《食品安全国家标准　食品接触用金属材料及制品》等。

8. 食品添加剂标准

随着食品工业的发展，食品添加剂在食品工业中的地位越来越重要，其种类也越来越多，为了规范食品添加剂的生产与安全使用，有关食品添加剂的标准也逐渐完善。如 GB 2760—2014《食品安全国家标准　食品添加剂使用标准》、GB 30614—2014《食品安全国家标准　食品添加剂　氧化钙》、GB 30605—2014《食品安全国家标准　食品添加剂　甘氨酸钙》等。

第四节　国内外食品安全管理体系

一、食品安全管理体系概述

食品的卫生和安全是食品安全管理的重要内容，就食品而言，安全卫生是食品的重要指标。国际食品法典委员会（CAC）在《食品卫生通则》中对食品安全定义为：当根据食品的消费用途进行处理或食用时，不会给消费者带来危害的一种保证。为保证食品安全，我们需要在食品链中各个阶段采取适当的管理工具和方法，并在组织内部有机地综合运用这些工具和方法。这些工具和方法通常包括 HACCP（危害分析与关键控制点）、GMP（良好操作规范）、SSOP（卫生标准操作程序）、GAP（良好农业规范）、ISO 9001（质量管理体系要求）等，对这些方法的有机运用，能够有效地提升食品安全管理水平。

HACCP 是控制食品安全的经济有效的管理体系。即通过危害分析，确定生产过程中需要关注的显著危害，对显著危害进行分析、判断、识别，确定相应关键控制点，并建立相应的控制体系。近三十年来，HACCP 已经成为国际上共同认可和接受的用于确保食品安全的科学的、经济的、有效的控制体系。目前它已经扩大到对食品中化学和物理危害的安全控制。近年来消费者对食品安全性的普遍关注和食品传染病的持续发生是 HACCP 体系得到广泛应用的动力。

HACCP 是预防性的食品安全控制体系，对所有潜在的生物的、物理的、化学的危害进行分析。HACCP 的应用强化了食品的安全保障，HACCP 将食品安全管理延伸到食品生产的每一个环节，从原有的产品终端检验变成全程控制，强化了食品生产者在食品安全体系中的作用，HACCP 在现有食品安全管理体系中起着核心作用。目前世界各国政府、商业协会基于不同角度提出各种各样的针对食品安全管理的法规、准则和指南等，这些法规、准则和指南的核心内容正是 HACCP 原理。

GMP 规定了食品生产、加工、包装、贮存、运输和销售的规范性卫生要求。其核心思想是确保构建一个良好的卫生加工环境来加工食品，其主要目的是确保食品企业生产加工出卫生的食品。各国通常以法规、条例和准则等形式公布，不同国家和地区的 GMP 要求，其内容在编排和组合形式、表达方式等方面可能不同，但是规定的内容所涉及的范围均大同小异。GMP 要求通常存在通用要求和针对特定产品的特定要求两方面。除了各国政府部门制定的 GMP 要求外，在一些国家的行业协会、零售商组织、认证机构等也制定相应的 GMP。

在一个组织管理活动中存在许许多多的标准操作程序，在食品企业管理中，针对食品所提出的卫生要求，制定出相应的 SSOP。我国的卫生标准操作程序参考美国 FDA 发布的联邦法规 21CFR Part123《水产品 HACCP 法规》中有关章节内容，推荐食品生产组织按至少包括 8 个方面建立卫生操作控制程序，这 8 个方面通常包括：水和冰的安全、食品接触表面的状况和清洁、防止交叉污染、洗手卫生设施的维护、防止污染物的污染、有毒有害物质的控制、员工健康控制、鼠虫害控制等。

GAP 是主要针对种植业和养殖业分别制定和执行的相应操作规范，鼓励减少农用化学品和药品的使用，关注动物福利、环境保护以及工人的健康、安全和福利，保证初级农产品生产安全的规范体系。

ISO 9000 族标准是国际标准化组织（ISO）针对质量管理而制定的系列标准。其核心标准包括 ISO 9000：2005《质量管理体系基础和术语》、ISO 9001：2008《质量管理体系要求》、ISO 9004：2000《质量管理体系业绩改进指南》以及 ISO 19011：2002《质量和（或）环境管理体系审核指南》。其中 ISO 9001：2008 标准应用了以过程为基础的质量管理体系模式，规定了建立和实施质量管理体系的要求。它是 ISO 9000 族标准中唯一的可用于内部和外部评价组织满足顾客、法律法规和组织自身要求的标准。

GMP 是 SSOP 的基础，而 GMP 和 SSOP 的有效建立和实施是 HACCP 体系的基础和前提条件。食品生产组织没有一个有效的 GMP 或没有可操作的 SSOP，实施 HACCP 就会成为空中楼阁。GMP 是整个食品安全管理体系的基础，SSOP 是根据 GMP 中相关管理要素而制定的卫生控制程序，是执行 HACCP 的重要基础。ISO 9001 标准作为通用的质量管理体系，对组织进行食品安全管理起到积极的支持作用，但要注意的是它同 HACCP 两者不能相互替代，毕竟两个体系关注的重点不一样。国际标准化组织为了协调各国将食品安全管理所制定的标准上升到国际标准，于 2005 年正式发布 ISO 22000：2005《食品安全管理体系食品链中各类组织的要求》，该标准同 ISO 9001 能进行有效体系整合，更好地帮助食品生产组织全方位地保证食品安全。

二、危害分析与关键控制点

1. HACCP 概述

在传统的食品中成品微生物检验控制不能确保食品安全性的情况下，一种全面分析食品状况预防食品不安全的体系——HACCP 也就应运而生。HACCP 的目标是确保食品的安全性。1997 年 6 月，FAO/WHO 食品法典委员会（CAC）对 1993 年发布的《HACCP 体系应用准则》作了修改，形成了新版法典指南——《HACCP 体系及其应用准则》。

HACCP 在 20 世纪 80 年代传入中国，90 年代初原国家进出口商品检验局科学技术委员会的食品专业技术委员会针对出口食品出现的安全问题，开展了"出口食品安全工程的研究和应用计划"，在包括水产品、肉类、禽类和低酸性罐头食品等 10 种食品中采用 HACCP 原理进行控制其安全的研究，并制定了良好卫生规范（GHP）。这是 HACCP 在中国首次运用。1993 年 FAO 培训署与中国农业部联合在青岛举办了 HACCP 培训班。1997 年国家商检局派人到美国接受了培训，随后又对商检系统水产品检验人员进行分批分期培训；后又对出口水产品加工厂人员培训，并在此基础上指导水产品加工厂建立 HACCP 体系管理。2001 年国家质量监督检验检疫总局成立，国家认证认可监督委员会（简称国家认监委）负责包括 HACCP 为核心的食品安全管理体系认证在内的认证认可工作。国家认监委 2002 年 3 月发布《食品生产企业危害分析与关键控制点（HACCP）管理体系认证管理规定》，自 2002 年 5 月 1 日起执行；2002 年 1 月发布《出口食品生产企业卫生注册登记管理规定》，自 2002 年 5 月 20 日起施行。按照上述管理规定，目前必须建立 HACCP 体系的有 6 类出口食品企业，分别是水产品、肉及肉制品、速冻蔬菜、果蔬汁、含肉及水产品的速冻食品、罐头产品的企业，这是中国首次强制性要求食品生产企业实施 HACCP 体系，标志着中国应用 HACCP 进入新的发展阶段。

中国卫生系统从 20 世纪 80 年代开始在有关国际机构的帮助下开展 HACCP 的宣传、培训工作，并于 20 世纪 90 年代初开展了乳制品行业的 HACCP 应用试点，特别是在十一届亚运会（1991 年 12 月）上成功地运用 HACCP 原理进行食品安全保障。2002 年 7 月 19 日，卫生部组织制定并发布了《食品企业 HACCP 实施指南》。2003 年卫生部发布的《食品安全行动计划》中确定酱油、食醋、植物油、熟肉制品等食品加工企业、餐饮业、快餐供应企业和医院营养配餐企业 2007 年实施 HACCP 管理。

1996 年 12 月开始，农业部结合水产品出口贸易的形势和新颁布的冻虾仁、冻扇贝等 5 项水产品行业标准的宣讲贯彻，开始了较大规模的 HACCP 培训活动。1999 年 10 月，农业部推出了行业标准 SC/T 3009—1999《水产品加工质量管理规范》，该标准采用了 HACCP 原则作为产品质量保证体系。农业部已将推行 HACCP 管理作为加强饲料生产安全监管，提高饲料行业国际竞争力的战略性措施，并在各项农产品质量安全推进计划中提出积极推行 HACCP 质量认证。

中国虽是食品生产和消费大国，但食品安全控制技术与发达国家存在很大的差距。在中国推广应用 HACCP 可以提高食品企业的质量控制技术与水平，有效地保证食品安全和消费者的健康。通过采用 HACCP 体系也有助于中国食品安全监督，并通过增加食品安全可信度促进国际贸易。

2. HACCP 的特点

作为科学的预防性的食品安全体系，HACCP 具有以下特点。

① HACCP 是预防性的食品安全控制保证体系，HACCP 不是一个孤立的体系，HACCP 建立在现行的食品安全计划的基础上，例如 GMP、SSOP 等。

② 每个 HACCP 计划都反映了某种食品加工方法的专一特性，其重点在于预防，设计上在于防止危害进入食品。

③ HACCP 体系作为食品安全控制方法已为全世界所认可，虽然 HACCP 不是零风险体系，但 HACCP 可以尽量减少食品安全危害的风险。

④ 恰如其分地肯定了食品行业对生产安全食品有基本责任，将保证食品安全的责任首先归于食品生产商/销售商。

⑤ HACCP 强调的是理解加工过程，检验员通过确定危害是否正确地得到控制来验证工厂的 HACCP 实施，包括检查工厂的 HACCP 计划和记录。

⑥ 克服传统食品安全控制方法（现场检查和终成品测试）的缺陷。当食品管理方将力量集中于 HACCP 计划制定和执行时，将使食品控制更加有效。

⑦ HACCP 可使检验员在食品生产中将精力集中到加工过程中最易发生安全危害的环节上。

⑧ HACCP 的概念可推广、延伸应用到食品质量的其他方面，控制各种食品缺陷。

⑨ HACCP 有助于改善工厂与管理机构的关系以及工厂与消费者的关系，树立食品安全的信心。

上述诸多特点的根本在于 HACCP 是使食品生产厂商或供应商把对以最终产品检验为主要基础的控制观念转变为建立从收获到消费，鉴别并控制潜在危害，保证食品安全的全面的控制系统。

食品企业建立并实施 HACCP 后，主要有下列的收益：

① 提供给顾客或者下一级加工者更高的满意度，特别是面对国际知名食品生产商或大公司的客户，或者是原料的供应商以及希望成为大客户的供应商而正接受安全评估时，这个体系的作用显得尤为重要。

② 成为其他食品生产商受欢迎的合作者。

③ 已经实施 HACCP 体系的生产商会直接影响其原料供应商也采用相似的方法来控制食品安全。

④ 在预防性防止的前提下，现场检查和成品抽样检验不再是作为产品安全的唯一保证，而是作为验证的一种方法。其抽样的批次、频率和数量可以大大减少，即减少了破坏性地对成品的抽查检验，从而避免了严重的浪费。

⑤ 生产商的社会收益得到较大的提高。

⑥ 可以更好地控制还在厂内的产品出厂，防止带有显著危害的产品进入销售渠道，避免了产品回收所花费的资金和被消费者投诉应承担的法律责任。

⑦ 使操作者能更好地了解产品的生产步骤以及应承担的安全责任，增强职员的责任感和成就感。

⑧ 具备了改善食品质量的潜能，可以潜在地提高产品质量。建立 HACCP 体系后，产

品的安全危害风险降低，在此基础上，生产商可以利用其余的力量，加大对产品质量的改进。

作为一个食品生产商，应充分认识到 HACCP 对于降低危害风险的科学性和作用，在目前法律还无强制规定的前提下，应尽快地建立 HACCP 体系，以对消费者和社会负责。也许在不久的几年内，中国任何食品加工企业和生产商都要实施 HACCP，否则产品将无法进入市场，HACCP 体系可能成为市场准入证。

3. HACCP 基本原理

(1) HACCP 的 7 个基本原理

HACCP 主要包括危害分析（hazard analysis，HA）以及关键控制点（critical control point，CCP）。HACCP 原理经过实际应用与修改，已被食品法典委员会（CAC）确认，由以下 7 个基本原理组成。

① 危害分析

通过对比和资料的分析、现场实地观测、实地采样检测等方法确定与食品生产各阶段有关的潜在危害性，它包括原材料生产、食品加工制造过程、产品贮运、消费等各环节。危害分析不仅要分析其可能发生的危害及危害的程度，也要涉及有防护措施来控制这种危害。

② 确定关键控制点

CCP 是能够对一个或多个危害因素实施控制的点、步骤或方法，经过控制可以使食品潜在的危害得以防止、排除或降至可接受的水平。这可以是生产加工过程的某一操作方法或工艺流程，也可以是食品生产加工的某一场所或设备。

③ 确定关键限值，保证 CCP 受控

对每个 CCP 点需确定一个关键限值作为标准，以确保每个 CCP 限制在安全值范围以内。控制上使用的用于检测和建立临界值的最普通方法见《关键临界值最常用标准》，该标准包括如温度、时间、水活度、pH 值、滴定酸度、防腐剂含量、黏度及有效氯等。

④ 确定 CCP 的监控措施

监控是有计划、有顺序地对已确定的 CCP 进行观察或测试，将结果与关键限值进行比较，以判断 CCP 是在控制中，并有准确的记录，可用于未来的评价。应尽可能通过各种物理及化学方法对 CCP 进行连续的监控，若无法连续监控关键限值，应有足够的间歇频率来观察测定 CCP 的变化特征，以确保 CCP 是在控制中。

⑤ 确立纠偏措施

当监控显示出现偏离关键限值时，要采取纠偏措施。虽然 HACCP 系统已有计划防止偏差，但从总的保护措施来说，应在每一个 CCP 上都有合适的纠偏计划，以便万一发生偏差时能有适当的手段来恢复或纠正出现的问题，并有维持纠偏动作的记录。具体的纠偏措施必须说明关键点已经回到控制中。

⑥ 确定验证程序

通过提供客观证据，包括应用监控以外的审核、监视、测量、检验和其他评价手段，对 HACCP 计划运行的符合性和有效性进行认证，包括审核关键限值是否能够控制确定的危害，保证 HACCP 计划正常执行。

⑦ 建立有效的记录保存程序

要求把列有确定的危害性质、CCP、关键限值的书面 HACCP 计划的准备、执行、监控、记录保存和其他措施等与执行 HACCP 计划有关的信息、数据记录文件完整地保存下来。

（2）执行 HACCP 的前提计划

HACCP 不是一个孤立的体系，在体系文件中，除了与 HACCP 计划直接相关的文件（如危害分析工作单、HACCP 计划表、确定 CCP 和关键限值的支持性科学依据、执行 HACCP 所需的监控记录、纠偏记录和验证记录等）之外，其他必备的体系文件均可称为执行 HACCP 的前提计划。这些计划是实施 HACCP 计划的必备的先决条件。在 HACCP 计划实施之前，前提计划应进行制定、实施和记录。

前提计划必须是书面的并能够进行监控。主要的前提计划包括卫生标准操作程序（SSOP）、人员培训保障计划、基础设施保障维护计划、原辅料采购卫生保障计划、产品包装和贮藏及运输防护计划、标识和可追溯性保障计划，其他的前提计划包括应急计划、雇员的健康计划、企业的内审计划、良好农业规范（GAP）、质量保证程序、产品配方、加工标准操作程序、贴标、食品生产作业规范、良好兽医规范（GVP）、良好操作规范（GMP）、良好卫生规范（GHP）、良好销售规范（GDP）、良好贸易规范（GTP）等。

（3）HACCP 计划的实施过程及要求

HACCP 计划在不同的国家有不同的模式，即使在同一国家，不同的管理部门对不同的生产推行的 HACCP 计划也不尽相同。FDA 推荐采用 18 个步骤来制定 HACCP 计划，包括一般资料、描述产品、描述销售和贮存的方法、确定预期用途和消费者、建立流程图、建立危害分析工作单、确定与品种有关的潜在危害、确定与加工过程有关的潜在危害、填写危害分析工作单、判断潜在危害、确定潜在危害是否显著、确定关键控制点、填写 HACCP 计划表、设置关键限值、建立监控程序、建立纠偏措施、建立记录保存系统、建立验证程序等内容。食品法典委员会（CAC）和美国食品微生物标准咨询委员会（NACMCF）推荐采用以下 12 个步骤来实施 HACCP 计划，如图 11-1 所示。

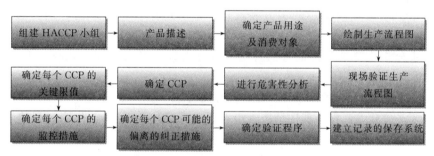

图 11-1　HACCP 计划的 12 个步骤

① 组建 HACCP 小组

HACCP 小组的任务是要使 HACCP 计划的每个环节能顺利执行，其人员常由技术人员及对生产工艺、产品有深入了解的人员构成，包括质量管理人员、控制人员、采购人员、生产部门人员、实验室人员、销售人员、维修保养人员等，也可邀请外来专家。

实施小组人员必须熟悉公司情况，对工作认真负责，能确认潜在的不安全因素及其危害程度，提出控制方法、监督程序和补救措施，在 HACCP 计划的重要信息不详的情况下，能提出解决办法。另外，公司选择的实施小组人员需获得主管部门的批准或委任，并经过严格的训练。

② 产品描述

描述产品的特性、规格及分销办法，如产品名称、成分表、重要产品性质（如 a_w、pH 值、含盐量等）、计划用途（主要消费对象、分销方法等）、包装、销售点、标签说明、特殊贮运要求等。

③ 确定产品用途及消费对象

确定产品最终使用者或消费者怎样使用产品；确定产品的消费者，特别要关注特殊消费人群，如婴儿、老人、体弱者、免疫功能缺乏者。

④ 绘制生产流程图

生产流程图由 HACCP 人员确定。流程图中每个步骤要简明扼要，包括从原材料的选择、生产、分销、消费者的意见处理都需按顺序标明，防止含糊不清。为便于危害分析，应在细致检验产品生产过程的基础上描绘流程图（即产品的生产流程图）。流程图常用文字表示，一般仅为产品加工步骤，需要时也可包括加工前后的食品链各环节。环境或加工过程会出现其他危害时，也要将其列出。

⑤ 现场验证生产流程图

将生产流程图与实际操作过程进行比较，在不同操作时间检查生产工艺，以确保该流程有效，所有 HACCP 实施人员都要参与该流程图的确认工作。若有必要，对流程图进行调整，如改进产品配方或改变设备等，以确保流程图的准确性和完整性（应包含所有的 CCP）。

⑥ 进行危害性分析

危害是指一切可能造成食品不安全消费，引起消费者疾病和伤害的生物的、化学的和物理的特征性污染。危害分析是 HACCP 最重要的一环，根据对食品安全造成的危害来源与性质，常划分为生物性危害、化学性危害和物理性危害。HACCP 要求在危害分析中不仅要确定潜在的危害及其发生点，并且要对危害程度进行评价。

确认加工过程中可能出现的每一危害（生物、化学及物理性危害），并说明可用于控制这些危害的办法。这些办法可以排除或减少危害出现，使其达到可接受水平。有时可以有几种防治方法来控制某一危害，或者几种危害能用一种简单的特别方法（关键点）来控制。

通常危害分析主要是分析危害的种类、程度及改进条件、安全措施，常以提问形式进行。

a. 原材料多来自动植物原料，主要危害有微生物（各种致病菌等）、化学物（抗生素、杀虫剂、农药、兽药等）和物理性杂质（小石子、玻璃、金属等）。生产过程的用水及其他辅料的卫生状况也需引起重视。

b. 加工过程和加工后，食品的物理特性与组成变化，加工过程哪些有害微生物会存在、繁殖，有哪些毒素可能形成，上述有害成分是否可能在流通、贮藏时形成对人体健康不安全的因素，对食品的 pH 值、酸性种类、可发酵营养物、防腐剂等成分在加工过程与加工后的变化、稳定性应清楚。

c. 生产设备及车间内设施工艺流程布置是否将原材料与成品分开，人流、物流是否有交叉感染存在，包装区域是否具备正压条件，设备及各种仪表（如温度、时间）运行是否稳定，是否产生不安全因素（碎玻璃、碎金属、机油渗漏等），设备清洗消毒是否有效，是否存在不安全因素，是否需要安装辅助设备以保证产品安全（如金属探测器、吸铁石、过滤网、温度计、紫外杀菌灯）等。

d. 操作人员的健康、个人卫生是否会影响加工产品的安全性，生产人员是否理解采取的控制手段、方法及其重要性，是否理解食品安全操作的必要性和重要性，操作人员是否清楚如何处理各种问题或报告有关人员处理问题。

e. 包装材料、包装方式能否防止微生物感染（如细菌侵袭）及毒素物质形成（有氧或无氧包装），包装过程是否存在安全保证措施，是否有合适的包装标签。

f. 食品贮运过程是否容易被存放在不当的温度环境条件下，不当贮运是否会导致危害发生或加重，消费者是否在加热后食用，消费对象是否有易于生病的群体（体弱者、免疫功能缺陷者等），食物吃后是否剩余并再食用。

美国食品微生物标准咨询委员会（NACMCF）曾将食品的潜在危害程度分为6类。

a类：专门用于非杀菌产品和专门用于特殊人群（如婴儿、老人等）消费的食品。

b类：产品含有对微生物敏感的成分，如牛奶、鲜肉等含水分高的新鲜食物。

c类：生产过程缺乏可控制的步骤，不能有效地杀灭有害的微生物，如碎肉过程、分割、破碎等无热处理过程。

d类：产品在加工后，包装前会遭受污染的食品，如大批量杀菌后再包装的食品。

e类：在运输、批发和消费过程，易造成消费者操作不当而存在潜在危害的产品，如应冷藏的食品，却在常温或高温下放置。

f类：包装后或在家里食用时不再加热处理的食品（如即食食品等）。

根据危害分析，评价食品危害程度，习惯上将微生物造成的危害程度分为七级，最高潜在危害性食品为a类特殊性食品，其次为含b~f类所有特征的食品，含b~f类所有特征中四项的食品，含b~f类所有特征中三项的食品，含b~f类所有特征中两项的食品，含b~f类所有特征中一项的食品和不含b~f任何特征的食品。

⑦ 确定关键控制点

关键控制点（CCP）的数量取决于产品或生产工艺的复杂性、性质和研究的范围等。通常食品加工制造过程的CCP包括蒸煮、冷却、特殊卫生措施、产品配方控制、交叉污染的防止、操作工人及环境卫生状况。采用关键控制点判断树（CCP decision tree）图比较容易找出生产流程中的关键控制点。HACCP执行人员常采用的判断树，见图11-2。通常要按图先后回答每一个问题。

关键控制点常常是危害介入的那一点，但也需注意远离显著危害介入点几个加工步骤以外的点，只要这些点有预防、消除或降低危害到可接受水平的措施也属CCP。一种危害可由几个CCP来控制，若干种危害也可由一个CCP来控制。

⑧ 确定每个CCP的关键限值

对每个CCP需有对应的一个或多个参数作为关键限值（CL），且这些参数应能确实表明CCP是可控制的。CL应直观，易于监测和可连续监测。一般不用微生物指标作为CL，而常用物理参数和可快速测定的化学参数。这些参数包括温度、时间、流速、水分含量及a_w、pH值、盐度、有效氯、质量等，这些关键限值都有辅助证明可获得控制。基于主观决定的数据（如观察）应该有明确说明，什么是可接受的，什么是不可接受的。

在实际执行HACCP计划中，生产过程的监控也可以选择一个比关键限值（CL）稍严格的操作限值（OL），它既可充分考虑产品的消费安全性，也能最大限度地减少经济损失，弥补设备和监测仪表自身存在的正常误差（如水银温度计和自动温度记录仪的记录误差），且可为生产条件的瞬间变化设立一个缓冲区。有时候，需用多个关键限值来控制一种特殊的危害，如熟牛肉小馅饼的微生物控制的CL有时间与温度组合、饼厚度及传送带速度等。

⑨ 确定每个CCP的监控措施

监控是一个有计划、有序的观察或测定来证明CCP在控制中，并产生一组准确记录用于未来验证。监控过程必须能检测出CCP控制的失误，监控必须及时提供信息用于校正

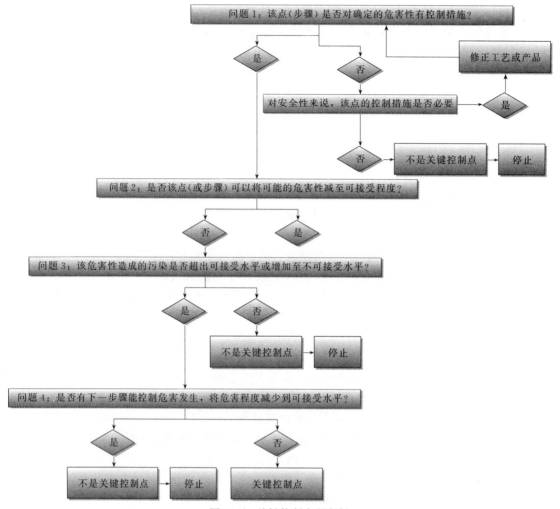

图 11-2　关键控制点判断树

操作,使控制恢复。在此之前,需将产品隔离或抛弃。监控可能是在线(如时间、温度测量)或离线测量(如含盐量、pH 值、a_w 等)。在线测量可以随时提供执行情况;离线监控是离开生产线的监控,容易造成纠偏动作之前较长时间的失控状态,要特别注意。来自监控过程的数据需由专门训练的人员评价,必要时采取纠偏措施。对监控的方法、步骤、频率、执行需严格规定和控制。

⑩ 确定每个 CCP 可能的偏离的纠正措施

针对 CCP 出现的 CL 偏差所采取的行动叫纠偏措施。纠偏措施包括纠正和消除偏离的原因,重建加工控制。出现偏差时生产的产品,应有对应措施对它们进行处理。为了消除实际存在的或潜在的不能满足 HACCP 计划指标(关键限值)要求的可能性,需在 HACCP 中建立补救的措施,即在所有 CCP 上都有具体的补救措施,并以文件形式表达。

纠偏措施应包括:采用的纠偏动作能保证 CCP 已经在控制限值以内;纠偏动作受到权威部门确认;有缺陷产品能及时处理;纠偏措施实行后,CCP 一旦恢复控制,有必要对这系统进行审核,防止再出现偏差;授权给操作者,当出现偏差时停止生产,保留所有不合格产品,并通知工厂质量控制人员;在特定的 CCP 失去控制时,使用经批准的可替代原工艺的备用工艺(如生产线某处出现故障,可按 GMP 法,用手工控制)。无论采用什么纠偏措施，均应保存以下记录：被确定的偏差、保留产品的原因、保留的时间和日期、涉及的产量、产品的处理和隔离、做出处理决定的人、防止偏离再发生的措施。

⑪ 确定验证程序

验证程序是为了确保 HACCP 系统是处于正常工作状态中。验证的目的要明确，HACCP 系统是否按 HACCP 计划进行，原制定的 HACCP 计划是否适合目前实际过程并且是有效的。审核措施应确保 CCP 的确定，监控措施和关键限值是适当的，纠偏措施是有效的。

验证工作由 HACCP 执行小组负责，应特别重视监督中的频率、方法、手段或试验法的可靠性。包括：对 HACCP 计划，所采用（记录）文件的审查，偏差和纠偏结果的评论，中间及终产品的微生物检查，检查 CCP 记录，现场检查 CCP 控制是否正常，不合格产品的淘汰记录，检查 HACCP 修正记录，顾客对产品的意见总结。

⑫ 建立记录的保存系统

文件记录的保存是有效地执行 HACCP 的基础，以书面文件证明 HACCP 系统是有效的。保存的文件应包括：说明 HACCP 系统的各种措施（手段），用于危害分析采用的数据，HACCP 执行小组会议上的报告及决议，监控方法及记录，由专门监控人员签名的监控记录，偏差及纠偏记录，审定报告及 HACCP 计划表，危害分析工作表等表格。

三、良好操作规范

1. GMP 概述

GMP 主要目标是确保在食品企业生产加工出卫生的食品。一般情况下，它以法规、推荐性法案、条例和准则等形式公布，其内容常包括以下几个方面：加工环境，厂房、设施的结构与卫生要求，厂区及车间卫生设施，加工用水，设备与工具，人员（卫生、健康与培训），原材料卫生管理，生产过程管理，成品管理与实验室检测（质量检验、贮存、运输、销售管理等），卫生和食品安全控制（管理体系要求等）。食品生产卫生规范是从药品生产质量管理规范中发展起来的。1963 年美国制定颁布世界上第一部药品的良好操作规范（GMP）。食品和药品都是与人类生命息息相关的特殊商品，在药品 GMP 取得良好成效之后，GMP 很快就被应用到食品卫生质量管理中，并逐步发展形成了食品 GMP。

2. 中国食品生产企业 GMP

(1)《食品生产通用卫生规范》GB 14881

《食品生产通用卫生规范》规定了中国食品企业在加工过程、原料采购、运输、贮存、工厂设计与设施上的基本卫生要求及管理准则，适用于食品生产、经营的企业、工厂，并作为制定各类食品厂的专业卫生规范的依据。以此国标作为中国食品 GMP 总则。

《食品生产通用卫生规范》包括以下 7 个要素：

原材料采购、运输的卫生要求；

工厂设计与设施的卫生要求；

工厂的卫生管理；

生产过程的卫生要求；

卫生和质量检验的管理；

成品贮存、运输的卫生要求；

个人卫生与健康的要求。

(2) 出口食品生产企业卫生要求

为了保证中国出口食品质量和卫生，满足进口国卫生注册制度的规定，根据国际食品贸易发展的需要，1981 年 7 月，国家商检局会同卫生部联合发布了《出口食品卫生管理办法（试行）》，其中规定商检部门对出口食品的加工厂、屠宰场、冷库、仓库和出口食品进行卫生监督和检验，并实施出口厂、库卫生注册登记制度。1981 年 10 月国家商检局发布了类似 GMP 的卫生法规《出口食品厂、库最低卫生要求（试行）》和《出口食品厂、库卫生注册细则（试行）》，对出口食品生产企业提出了强制性的最低卫生要求。

根据食品贸易全球化的发展以及对食品安全卫生要求的提高，《出口食品厂、库最低卫生要求》已经不能适应形势的要求，经过修改，于 1991 年 11 月发布了《出口食品厂、库卫生要求》。在此基础上，对出口速冻蔬菜、畜禽肉、罐头、水产品、饮料、茶叶、糖类、面食制品、速冻方便食品和肠衣 10 类食品企业的卫生注册进行了规范。为保证出口食品的安全卫生质量，规范出口食品生产企业的安全卫生管理，根据《中华人民共和国食品卫生法》、《中华人民共和国进出口商品检验法》及其实施条例等有关规定，国家质检总局对原来 1991 年发布的《出口食品厂、库卫生要求》进行了修改，于 2002 年 5 月发布实施了《出口食品生产企业卫生要求》。这一规定是中国对出口食品生产企业加工操作的官方要求，也是中国出口食品生产企业的良好操作规范（简称出口食品 GMP）。

四、卫生标准操作程序

卫生标准操作程序（SSOP）是食品生产企业为了保证达到 GMP 所规定的卫生要求，保证加工过程中消除不良的人为因素，使其所加工的食品符合卫生要求而制定的指导食品生产加工过程中如何实施清洗、消毒和卫生保持的作业指导文件。SSOP 的正确制定和有效执行，对控制危害是非常有价值的。企业可根据法规和自身需要建立文件化的 SSOP。生产企业按至少 8 个主要卫生控制方面来起草一个卫生操作管理文件。这 8 个方面是：

① 与食品或食品表面接触的水或生产用冰的安全；
② 食品接触表面（包括器具、手套和工作服）的状况和清洁；
③ 防止不卫生的物品与食品、食品包装材料和其他与食品接触的表面的交叉污染，以及未加工原料对已加工产品的交叉污染；
④ 手消毒和卫生间设施的维护；
⑤ 防止食品、食品包装材料和与食品接触的表面混入润滑油、燃料、杀虫剂、清洁剂、消毒剂、冷凝水及其他化学、物理和生物污染物；
⑥ 正确标识、存放和使用有毒化合物；
⑦ 员工健康状况的控制，避免对食品、食品包装材料和与食品接触的表面造成微生物污染；
⑧ 害虫的灭除。

这 8 个方面也已被国家认证认可监督管理委员会（简称国家认监委）所接受。国家认监委在 2002 年发布的《食品生产企业危害分析与关键控制点（HACCP）管理体系认证管理规定》中已明确，企业必须建立和实施卫生标准操作程序，达到以上 8 个方面的卫生要求，也就是说，企业制定的 SSOP 计划应至少包括以上 8 个方面的卫生控制内容，企业可以根据产品和自身加工条件的实际情况增加其他方面的内容。SSOP 各个方面的内容应该是具体的、具有可操作性的，还应该有一整套相关的执行记录、监督检查和纠偏记录，否则将成为一纸空文。

五、良好农业规范

1. 概述

随着化肥、农药、良种等增产要素在农业生产经营活动中的广泛使用，农业生产总量明显增长。伴随着大量农业投入品的使用和农业生产经营活动的不当，土壤肥力下降，农产品农兽药残留超标、重金属超标等问题越来越严重。1991 年 FAO 召开了"农业与环境会议"，发表了著名的《博斯登宣言》，提出了"可持续农业与农村发展（SARD）"的概念，得到联合国各成员国的广泛支持。良好农业规范在此背景下应运而生，其基本思想是建立规范的农业生产经营体系，保证农产品产量和质量安全的同时，更好地配置资源，寻求农业生产和环境保护之间的平衡，实现农业可持续发展。

1997 年欧洲零售商农产品工作组（EUREP）在零售商的倡导下提出了"良好农业规范"，简称为 EUREPGAP；2001 年 EUREP 秘书处首次将 EUREPGAP 标准对外公开发布。EUREPGAP 是以危害分析与关键控制点（HACCP）、良好卫生规范、可持续发展农业和持续改良农场体系为基础，避免在农产品生产过程中受到外来物质的严重污染和危害。该标准主要涉及大田作物种植、水果和蔬菜种植、畜禽养殖、牛羊养殖、奶牛养殖、生猪养殖、家禽养殖、畜禽公路运输等农业产业。水产养殖和咖啡种植的 EUREPGAP 标准正在制定和完善之中。

2003 年中国卫生部制定和发布了《中药材 GAP 生产试点认证检查评定办法》。2003 年 4 月，国家认证认可监督管理委员会首次提出在中国食品链源头建立"良好农业规范"体系，并于 2004 年启动了 China GAP 标准的编写和制定工作，China GAP 标准起草主要参照 EUREPGAP 标准的控制条款，并结合中国国情和法规要求编写而成，目前 China GAP 标准为系列标准，包括：术语、农场基础控制点与符合性规范、作物基础控制点与符合性规范、大田作物控制点与符合性规范、水果和蔬菜控制点与符合性规范、畜禽基础控制点与符合性规范、牛羊控制点与符合性规范、奶牛控制点与符合性规范、生猪控制点与符合性规范、家禽控制点与符合性规范。

2. 良好农业规范的实施

(1)《良好农业规范》系列国际标准基本内容

① 食品安全危害的管理要求。在种植业生产过程中，针对不同作物生产特点，对作物管理、土壤肥力保持、田间操作、植物保护组织管理等提出了要求；在畜禽养殖过程中，针对不同畜禽的生产方式特点，对养殖场选择、畜禽品种、饲料和水的供应、设施设备、畜禽健康、药物使用、养殖方式、运输、废弃物的无害化处理、养殖生产过程记录和追溯以及员工培训等提出要求。

② 提出环境保护的要求。通过要求生产者遵守环境保护的法规和标准，构建良好生态环境，协调农产品生产和环境保护的关系。

(2) 良好农业规范实施要点

① 生产用水与农业用水的良好规范。管理包括：水的质量影响着农产品的污染程度，有效的灌溉技术，减少对水资源的浪费；尽量增加小流域地表水渗透率和减少无效外流；改善土壤结构，增加土壤有机质含量；通过采用节水措施或进行水再循环防止土壤盐渍化；为牲畜提供充足、安全、清洁的水。

② 肥料的使用。管理包括：利用适当的作物轮作、施用肥料、牧草管理和其他土地利用方法以及合理的机械、保护性耕作方法；通过利用调整碳氮比的方法，保持或增加土壤的有机质；保护土层；使用有机肥和矿物肥料以及其他农用化学物的施用量、时间和方法应适合农学、环境和人类健康的需求。

③ 农药使用规范。管理包括：加强对有害生物和疾病进行生物防治；对有害生物情况进行趋势分析，预防为主；尽量减少农用化学物使用量；按照法规要求储存农用化学物并按

照用量和时间以及收获前的停用期规定使用农用化学物；严禁使用法律法规禁止的农药；在使用农药时应尽量把对环境的破坏降到最低；对从事农药处理人员进行必要的培训，规范用药。

④ 作物和饲料生产的良好规范。管理包括：根据品种特性合理安排生产；设计作物种植制度，优化种植模式。

⑤ 收获、加工及储存规范。管理包括：收获的时机、产品储存的适宜温度和湿度要求、产品清洁的安全方式、容器清洗消毒安全方式、运输设施设备的维护保养和清洁。

⑥ 员工健康规范。管理包括：员工符合健康要求、员工的卫生清洁、接受相关卫生培训。

⑦ 卫生设施规范。管理包括：厕所洗手设施的配置、使用方式和清洁卫生。

⑧ 溯源规范。管理包括：建立有效的产品溯源系统，建立产品从种子到收获全过程的追溯信息。

六、 ISO 9000 族

1. ISO 标准简介

ISO 是一个国际性的非营利的组织。目前的成员已经超过了 150 个。国际标准化组织的前身是国家标准化协会国际联合会和联合国标准协调委员会。1947 年 2 月 23 日，国际标准化组织正式成立。ISO 的宗旨是在全世界促进标准化及有关活动的发展，以便于国际物资交流和服务，并扩大知识、科学、技术和经济领域中的合作。

ISO 9001 就是 ISO 在世界范围内推行最成功的标准之一。这套标准是由国际标准化组织的质量管理和质量保证技术委员会（TC176）负责制定的。

ISO 9000 族标准的产生有着几个因素，首先它是市场经济的产物，20 世纪中期，尤其是二次大战以后，科技水平在不断地发展，技术力量从一个方面带动了经济的发展，经济全球化的特征日益显著，使得全球成为一个大的加工厂，各个国家都在扮演不同的角色，国际化分工越来越细。在这种情况下，怎样才能够保证产品的质量，使得在贸易时可以有一个统一的标准来进行衡量，逐渐提上了日程。ISO9000 族标准就是在这种情况下开始酝酿并产生的。

ISO 在 1986 年 6 月发布了第一个与质量有关的管理标准——ISO 8402：1986 质量术语，1987 年发布 ISO 9000、ISO 9001、ISO 9002、ISO 9003、ISO 9004 等五个标准。这套标准在推出以后，得到了世界上的普遍关注，越来越多的企业将其作为质量管理的标准之一，9000 的系列认证已经成为国际间商贸交流和市场的通行证之一。中国于 2000 年 12 月 28 日发布，2000 版 9001 的中文版，编号为 GB/T 19001—2000。2005 年颁布了 ISO 9000：2005《质量管理体系 基础和术语》。2008 年 11 月 15 日正式发布 ISO 9001：2008 质量管理体系标准。中国均采用等同采用方式将以上标准转化为国家标准。采用双编号方式，即国家标准号与国际标准号相结合。GB/T 19000—2005 idt ISO 9000-20050 中的"GB"，表示"国家标准"，"T"，表示推荐，均由汉语拼音的第一个之母表示，"idt"是"identical"的缩写，表示"等同"。

2. 2008 版 ISO 9000 族标准的构成和特点

（1）主要特点

① 适用于所有产品类别、不同规模和各种类型的组织，也能满足汽车、通信、医疗器械等特殊行业对标准的需求。

② 对标准的应用做了更加严格和灵活的规定，允许组织根据产品的特性对部分标准要求进行删减。

③ 采用"过程方法"的模式结构，逻辑性强，相关性好。将资源和活动按照过程进行管理的方法就是过程方法。

④ 强调最高管理者的作用。

⑤ 突出持续改进的思想。

⑥ 减少了过多的文件化要求，扩大组织自行决定文件化程度和自由度。

⑦ 重视结果，强调有效性要求。

⑧ 突出了以顾客满意或不满意作为衡量组织质量管理体系业绩的手段。

⑨ 充分体现了现代质量管理的原则。

⑩ 标准明确了以顾客为关注焦点，并考虑了所有相关方的利益和需求。

⑪ ISO 9001 与 ISO 9004 标准是协调一致的标准，可以相互补充，以利于组织业绩的持续改进。

⑫ 提高了与其他标准，如环境管理体系标准的兼容性。

⑬ 术语准确，语言精练。

（2）质量管理原则

① 以顾客为关注焦点：组织依存于顾客。因此，组织应当理解顾客当前和未来的需求，满足顾客要求并争取超越顾客期望。

② 领导作用：领导者确立组织统一的宗旨和方向，应当创造并保持使员工能充分参与实现组织目标的活动。

③ 全员参与：各级人员都是组织之本，只有他们的充分参与，才能使他们为组织的利益发挥其才干。

④ 过程方法：将活动和相关的资源作为过程进行管理，可以更高效地得到期望的结果。

⑤ 管理的系统方法：将相互关联的过程作为系统加以识别、理解和管理，有助于组织提高实现目标的有效性和效率。

⑥ 持续改进：持续改进总体业绩应当是组织的一个永恒目标。

⑦ 基于事实的决策方法：有效决策是建立在数据和信息分析的基础上。

⑧ 与供方互利的关系：组织与供方是相互依存的，互利的关系可增强双方创造价值的能力。

以上八项质量管理原则形成了 ISO 9000 族质量管理体系标准的基础。

3. 2008 版 ISO 9000 族标准的 4 个核心标准的主要内容

ISO 9000：2005《质量管理体系——基础与术语》标准包括三方面的重点。在引言中引入了八项质量管理原则，明确了八项质量管理原则是 ISO 9000 族标准的理论基础。阐述了建立和运行质量管理体系应遵循的 12 项质量管理体系基础内容，给出了与质量管理体系有关的 84 个术语。

ISO 9001：2008《质量管理体系——要求》标准应用了以过程为基础的质量管理体系模式，规定了建立和实施质量管理体系的要求，是 ISO 9000 族标准中唯一的可用于内部和外部评价组织满足顾客、法律法规和组织自身要求的标准。

ISO 9004：2000《质量管理体系——业绩改进指南》标准向组织提供了超出 ISO 9001 标准的对质量管理体系业绩改进的指南，但不是 ISO 9001 的实施指南。为便于使用，在 ISO 9004 标准的每一条款中均有 ISO 9001 标准对应条款，这两个标准相互协调，使用共同的术语。ISO 9004 除了考虑 ISO 9001 标准考虑的顾客要求和质量管理体系的适宜性、充分性和有效性外，还要求考虑到其他相关方的需求和期望，更多关注持续改进组织质量管理体系的总体业绩和效率，并给出了质量改进中的自我评价方法。

ISO 19011：2002《质量和（或）环境管理体系审核指南》标准提供了管理和实施质量管理体系审核和环境管理体系审核的指南，其主要内容包括：审核的原则、管理审核方案的指南、实施质量管理体系和（或）环境管理体系审核的指南、审核员所需能力的指南。

4. 实施 ISO 9000 族标准的意义和作用

① 实施 ISO 9000 族标准有利于提高产品质量，保护消费者利益。

② 提高组织的运作能力提供有效的方法。

③ 利于开展国际贸易，消除技术壁垒。

④ 有利于组织的持续改进和持续满足顾客的需求和期望。

参 考 文 献

[1] 钟耀广．食品安全学 [M]．3 版．北京：化学工业出版社，2020．

[2] 丁晓雯．食品安全学 [M]．北京：中国农业大学出版社，2011．

[3] 黄昆仑，车会莲．现代食品安全学 [M]．北京：科学出版社，2018．

[4] 王硕，王俊平．食品安全学 [M]．北京：科学出版社，2018．

[5] 余以刚．食品标准与法规 [M]．北京：中国轻工业出版社，2019．

[6] 钱和．食品安全法律法规与标准 [M]．北京：化学工业出版社，2013．

[7] 颜廷才．食品安全与质量管理学 [M]．北京：化学工业出版社，2016．

[8] 吴澎．食品安全管理体系概论 [M]．北京：化学工业出版社，2017．

[9] 邓攀，陈科，王佳．中外食品安全标准法规的比较分析 [J]．食品安全质量检测学报，2019，10 (13)：4050-4054．